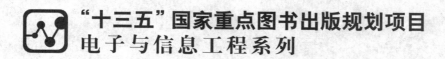

“十三五”国家重点图书出版规划项目
电子与信息工程系列

Design Methodology for Frequency Selective Surface at Microwave Bands Applications

新型微波频率选择表面设计方法

杨国辉　张狂　丁旭旻　编著

哈爾濱工業大學出版社
HARBIN INSTITUTE OF TECHNOLOGY PRESS

内容简介

本书是一部关于频率选择表面理论与设计的前沿著作，介绍了频率选择表面的工作原理、分析方法以及各种用途的频率选择表面设计方法，同时介绍了几种极具特色的频率选择表面设计，例如大入射角宽带高透波率的频率表面设计、有源可控频率选择表面通用结构设计等，使读者掌握频率选择表面的基本理论和分析方法的同时，提高分析问题和解决问题的能力。

本书可作为电磁场与微波技术专业的研究生专业课教材，也可供相关领域科研人员参考。

图书在版编目(CIP)数据

新型微波频率选择表面设计方法/杨国辉，张狂，丁旭旻编著．—哈尔滨：哈尔滨工业大学出版社，2018．6

ISBN 978－7－5603－7392－8

Ⅰ．①新… Ⅱ．①杨… ②张… ③丁… Ⅲ．①微波技术 Ⅳ．①TN015

中国版本图书馆 CIP 数据核字(2018)第 110514 号

电子与通信工程
图书工作室

策划编辑 许雅莹 杨 桦 张秀华
责任编辑 李长波 张艳丽
封面设计 刘洪涛
出版发行 哈尔滨工业大学出版社
社　　址 哈尔滨市南岗区复华四道街 10 号 邮编 150006
传　　真 0451－86414749
网　　址 http://hitpress.hit.edu.cn
印　　刷 哈尔滨市工大节能印刷厂
开　　本 787mm×1092mm 1/16 印张 16 字数 380 千字
版　　次 2018 年 6 月第 1 版 2018 年 6 月第 1 次印刷
书　　号 ISBN 978－7－5603－7392－8
定　　价 48.00 元

前　言

频率选择表面是一种空间滤波器，它可作为雷达天线的带通天线罩，也可作为无线通信双频天线的双工器，又可作为特定通带的吸波结构件等。频率选择表面理论与技术发展已有半个多世纪的历史，它的发展也促进了相控阵天线设计技术的发展。

本书是一部关于频率选择表面理论与设计的前沿著作，介绍了频率选择表面的工作原理、分析方法以及各种用途的频率选择表面设计方法，既注重基础理论，也强调与实际应用的联系；同时介绍了几种极具特色的频率选择表面设计，例如大入射角宽带高透波率的频率表面设计、有源可控频率选择表面通用结构设计等，使读者掌握频率选择表面的基本理论和分析方法的同时，提高分析问题和解决问题的能力。本书可以作为相关领域科研人员的参考用书和研究生的专业课教材。

本书共分为 8 章。第 1 章为频率选择表面的基本理论，简述了频率选择表面的分类、应用、工作机理、相关电磁仿真软件、仿真流程以及仿真计算的可靠性验证。第 2 章介绍了频率选择表面的等效电路分析方法，从频率选择表面谐振的物理机制出发，引出了几种常见的频率选择表面的等效电路，并根据传输线理论建立了等效电路模型、提取了等效电路参数，最后通过了仿真验证。第 3 章为频率选择表面的宽带设计方法，介绍了宽带频率选择表面基础、宽带频率选择表面的设计与仿真、宽带频率选择表面的测试及场分析。第 4 章为频率选择表面的小型化设计方法，分为单层、多层、带加载元件三种情况，并分别举例说明。第 5 章为有源可控频率选择表面通用结构的设计，分别介绍了左右可调结构、四象限可调结构、特殊可调结构以及外加电压方向与极化敏感方向同向的可调结构，并对不同有源频率选择表面结构传输特性进行了总结。第 6 章讲述了基于有源频率选择表面的电扫描天线设计，介绍了电扫描天线的研究进展及反射辐射电控扫描天线的设计，讨论了用于反射辐射电控扫描天线的有源频率选择表面以及反射辐射电控扫描天线辐射器的设计方法，并对反射辐射电控扫描天线系统进行了测试与验证。第 7 章讨论了几种新型分形结构的双频频率选择表面的设计方法。第 8 章讨论了 X 波段角度一致性宽带及高透波频率选择表面的设计。

本书由杨国辉、张狂、丁旭旻撰写。杨鑫、戴瑞伟、管春生、张谅、韩阔、刘志航、李婉露等也参与了本书的撰写工作。其中，第 1～3 章由杨国辉撰写，第 4～6 章由张狂撰写，第 7～8 章由丁旭旻撰写。全书由杨国辉统稿。

由于作者的水平有限，书中难免有疏漏和不足之处，恳请广大读者提出宝贵意见并与作者联系（邮箱：gh.yang@hit.edu.cn）。

作　者

2018 年 3 月

目　录

第 1 章 频率选择表面基本理论

频率选择表面(Frequency Selective Surface,FSS)对电磁波具有选择透过性,当电磁波入射到 FSS 上时,表现出不同的特性,呈现带通或带阻滤波器的特点。一个完整的 FSS 结构主要由介质基底与排列于基底上的二维周期性金属阵列组成,基底主要起支撑作用,以增加整个结构的机械强度;金属阵列通过与电磁波的感应而使整个结构对电磁波呈现特定的选择透过性。在 FSS 的研究过程中,周期性阵列中的单个单元是研究的基本单位。

1.1 频率选择表面的分类

在进行设计时,往往最先面临的问题便是选取基本单元类型,某些单元相比其他单元类型,本身就具有宽带或窄带特性,这在设计时是不容忽视的。

1.1.1 按传输性能分类

FSS 按传输性能可以分为四种基本类型:带阻型 FSS、带通型 FSS、高通型 FSS、低通型 FSS。图 1.1 所示为上述四种基本类型的 FSS 结构,这几种结构在设计中可以综合使用,以达到特殊的滤波效果。

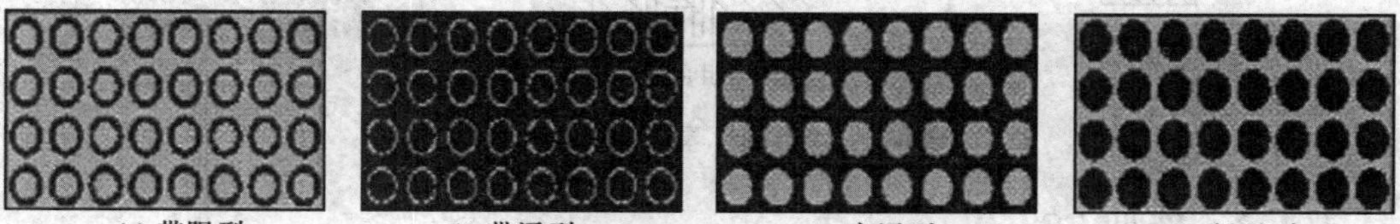

(a) 带阻型　(b) 带通型　(c) 高通型　(d) 低通型

图 1.1　频率选择表面的四种基本类型的结构

1.1.2 按单元特性分类

FSS 按单元特性可分为贴片型与缝隙型。贴片型 FSS 是指固定形状的金属单元贴片在介质基底上以某一固定周期广泛分布形成的 FSS 结构,这种类型的 FSS 必须有介质作为基底起到支撑作用,不可能脱离介质基底而单独存在;缝隙型 FSS 也称为孔径型 FSS,是由在金属平板上的固定形状的缝隙单元按照一定周期排列而成的,这种类型的 FSS 理论上可以脱离介质基底单独存在,但在实际应用中,为增加 FSS 的机械强度,缝隙型 FSS 也是附着在介质基底表面或内部的。

在设计过程中，FSS 单元的形状极多，如图 1.2 所示，总体可分为四类："中心连接型"单元，也称为 N 极型，包括直线单元、Y 形和锚型单元等；"环形"单元，是目前使用最多的单元结构；"实心型"单元，由于其对电磁波不同入射角的稳定性较弱，一般不单独使用，多数情况下是和与其互补的 FSS 结合使用；"组合型"单元的种类是无穷多的，任何简单单元的结合都有可能成为一种新的种类。

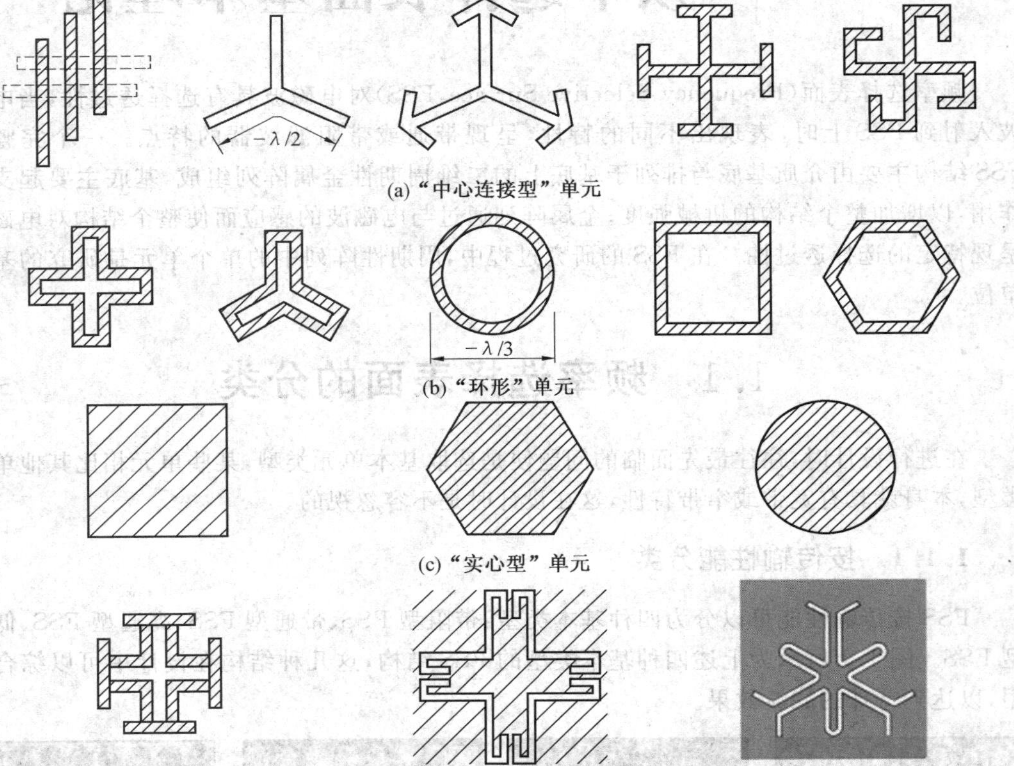

(a)"中心连接型"单元

(b)"环形"单元

(c)"实心型"单元

(d)"组合型"单元

图 1.2　频率选择表面常用单元形状

1.1.3　新型 FSS

新型 FSS 是在传统 FSS 的基础上产生的，主要指在传统 FSS 的设计制造过程中引入了新的设计方法与新的材料，旨在改善某方面电磁特性或通过 FSS 改善其他材料的特性。目前新型 FSS 的研究主要有以下几个方面：①有源 FSS 的研究，主要通过引入二极管等有源器件使得 FSS 的谐振频率、工作带宽等参数可调，增加 FSS 使用的灵活性，拓宽其使用范围；②分形结构 FSS 的研究，将分形技术应用到了传统 FSS 的设计流程中；③FSS与吸波体的综合研究，通过在吸波体中引入 FSS 来改善其吸波特性；④FSS 与超材料的综合研究，超材料是近年来的重点研究方向，而 FSS 与超材料的结合更是受到学术界的极大关注，成为新的研究热点。

1.2　频率选择表面的应用

军事工业推动了 FSS 研究的迅速发展，是由于 FSS 在军事工业上具有很好的应用前景，尤其在隐身技术的研究方面，欧美国家的研究时间早，已经得到了许多实际科研成果。FSS 早已运用到美国军队的隐形机上；欧美国家海军的许多新型战舰上均应用了 FSS，如美国的 LPD－17 San Antonio 级两栖运输舰、瑞典的 Visby 级护卫舰均已开始服役。其中 Visby 级护卫舰上的传感器整合于塔状封罩式桅杆内，而 LPD－17 San Antonio 级两栖运输舰的隐身桅杆由 FSS 制作，属于全封闭式。与欧洲和美国相比，我国起步较晚，但实际应用需求使其很快成为研发热点。

在实际工程应用中，FSS 的应用范围几乎包括全波段：①在红外及远红外波段，FSS 主要用于谱滤波器、波数分光仪、耦合器、太阳能选择表面及光学激光器的泵浦镜等，其中太阳能选择表面能够充分透过通带内的太阳光，并且发散掉其他频带的电磁波，将太阳能“净化”；②在微波段，主要被用来参与制作滤波器、多频天线、极化鉴定器等；③在毫米波及以下波段，它被用于干涉仪、双工器和滤波器等。

1.3　频率选择表面的工作机理

1.3.1　工作机理概述及微观解释

FSS 通常是由平面二维周期结构形成的，其基本的电磁特性表现在它对具有不同工作频率、极化状态和入射角度的电磁波具有频率选择特性。首先对 FSS 的工作机理做一简单介绍。

传统的 FSS 是以金属谐振单元的散射特性为基础的，其组成单元的基本形式也是谐振的金属贴片或完整金属贴片上的谐振缝隙。当平面电磁波照射在 FSS 上时，便会在每一个单元上激励起感应电流，并由此产生散射场，这些散射场与入射场相叠加，便形成具有空间滤波特征的总场。单元上激励起的感应电流的幅度依赖于单元与入射电磁波的耦合能量的大小，它在单元具有谐振尺寸时具有最大值。因此，合理设计 FSS 的结构参数(例如单元的形状和尺寸以及单元间的相对位置等)，便可以控制每个单元上的感应电流分布，从而得到所需的频率选择特性。

传统 FSS 可以分为贴片型和缝隙型两种类型，它们在谐振时分别呈现出带阻和带通的特征。在特定的入射电磁波特性下，结构参数确定的贴片型 FSS 结构在谐振频率处等效为一张理想的导电平面，使得入射的电磁波完全反射，而在其他频率上则呈现不同程度的透射。图 1.3 给出了贴片型 FSS 结构及其对平面电磁波的反射系数曲线，图中所示结构为无限大的自由空间 FSS。缝隙型 FSS 是贴片型 FSS 的互补形式，在特定的入射电磁波特性下，结构参数确定的缝隙型 FSS 结构在谐振频率处对入射电磁波呈现完全透射的状态，对于其他频率则呈现出不同程度的反射。图 1.4 给出了缝隙型 FSS 结构及其对平面电磁波的透射系数曲线。

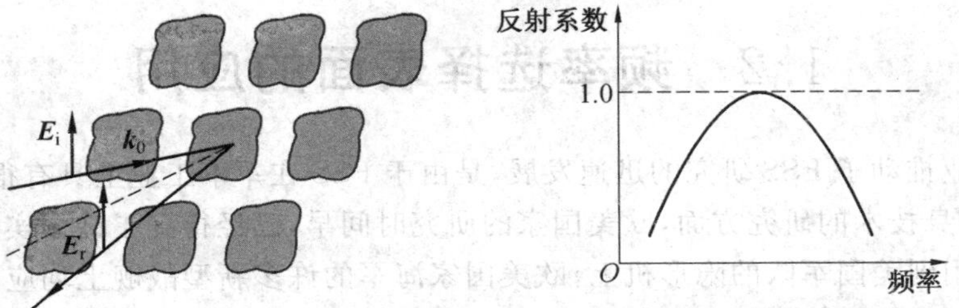

(a) 结构　　(b) 平面电磁波的反射系数曲线

图 1.3　贴片型 FSS 结构及其对平面电磁波的反射系数曲线

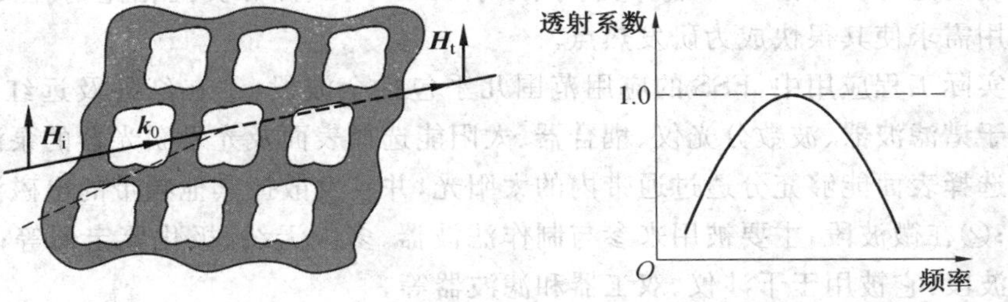

(a) 结构　　(b) 平面电磁波的透射系数曲线

图 1.4　缝隙型 FSS 结构及其对平面电磁波的透射系数曲线

由于贴片型 FSS 具有低频传输、高频反射的特性，因此通常也被称为电容性表面，它具有类似于低通滤波器的特性。而缝隙型 FSS 通常被称为电感性表面，它具有低频反射、高频传输的特性，类似于电路中的高通滤波器。

不同于传统 FSS 的工作原理和设计思路，近年来有学者提出利用综合滤波器的理论来设计 FSS。由于贴片阵列是低频传输、高频反射的电容性表面，而带栅阵列（等同于缝隙阵列）则为电感性表面，因此可以利用它们的组合以设计滤波器的方法来设计 FSS。

FSS 是一种具有空间滤波特性的二维周期结构，其基本工作原理从微观上可以归结为电子受激振荡及二次辐射现象。

首先从单个电子的振荡状况入手进行分析。假设一个电子被束缚于平面内一根无限长细导线上，平面波垂直入射，当电场 $\boldsymbol{E}$ 方向与导线平行时，如图 1.5(a)所示，所产生的电场力将促使电子振荡，入射电磁波的一部分能量被转化成电子振荡的动能，而剩余能量则继续传输。当入射电磁波达到某一特定频率时，全部电磁能量都将转化成电子振荡的动能，根据能量守恒定律，此时能量的传输系数为零。入射电磁波的能量被电子吸收后，如何进行转化呢？如上所述，能量先转化成电子振荡的动能，振荡电子作为一个电偶极子

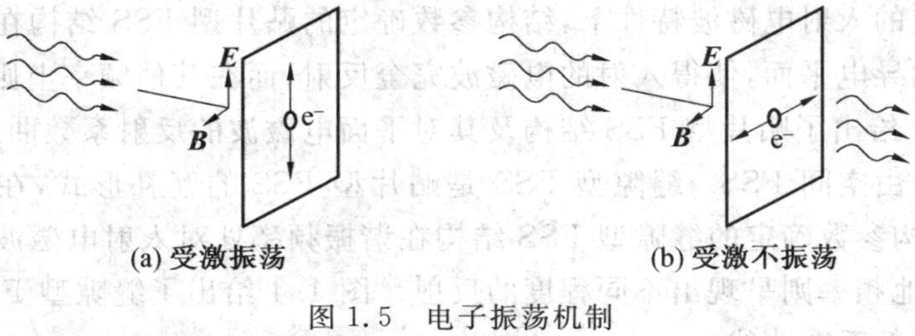

(a) 受激振荡　　(b) 受激不振荡

图 1.5　电子振荡机制

进行自发辐射。该辐射与电子振荡方向垂直，在电子所处平面的左半空间形成反射波；在右半空间与入射电磁波干涉，削弱传输系数。当右半空间散射波与入射电磁波干涉相消时，传输系数为零，即出现谐振现象。

保持电场方向不变，将平面内的导线旋转 90°，如图 1.5(b)所示，电子所受电场力与导线垂直，所以沿导线方向电子将不能获得加速度。此时，电子不吸收电磁能量，入射电磁波全部通过。

对于周期性无限长金属带栅，当时变电场垂直于带栅时，电子受激振荡。随着电场方向的不断变化，带栅上的电子被来回驱动，电荷分布如图 1.6 所示。分别考虑低频入射电磁波(其波长远大于栅格间距)照射和高频入射电磁波(其波长远小于栅格间距)照射这两种极限情况下的电子运动状态。当低频入射电磁波照射到带栅上时，由于低频入射电磁波周期较长，电场方向变化较慢，带栅会在较长的时间内处于同一带电状态，直到电场方向发生改变。电子长时间保持稳定状态，无法构成辐射回路，导致带栅上的电子只能吸收很小一部分能量，几乎没有能量向外辐射。这种情况下，入射电磁波传输能力较强。高频入射电磁波情况恰好相反，由于高频入射电磁波周期较短，电场方向改变较快，导致金属中的电子不停振荡，从而大量吸收电磁能量并向外辐射。这种情况下，入射电磁波能量大部分被吸收，传输能力较弱。综上，电场方向垂直于带栅时，结构具有低通滤波特性，此时带栅表现为电容特性。对其进行等效电路建模，如图 1.7 所示。由滤波器原理可知，该等效电路中，低频信号电流可以直接到达出射端，而高频信号电流穿过电容入地，是一种低通滤波结构。

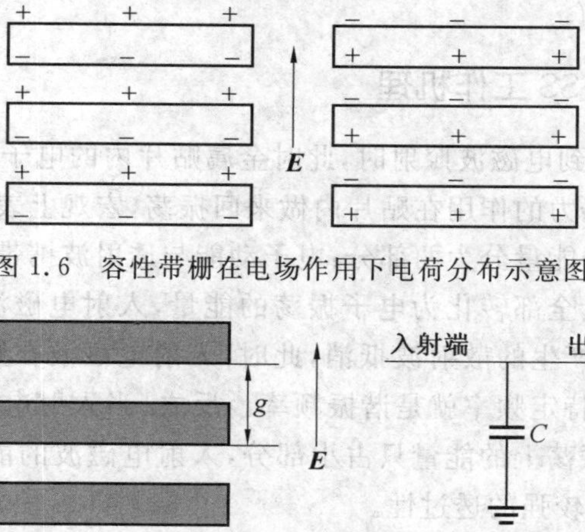

图 1.6　容性带栅在电场作用下电荷分布示意图

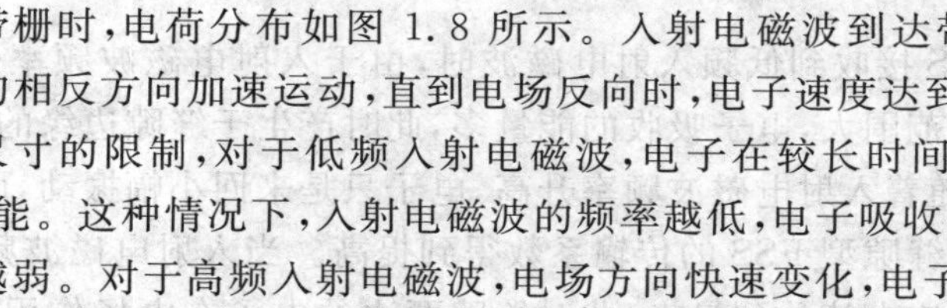

图 1.7　容性带栅及其等效电路示意图

当电场平行于带栅时，电荷分布如图 1.8 所示。入射电磁波到达带栅表面时，带栅上的电子沿着电场的相反方向加速运动，直到电场反向时，电子速度达到最大值。由于电子的移动距离不受尺寸的限制，对于低频入射电磁波，电子在较长时间内向同一方向移动，将获得较大的动能。这种情况下，入射电磁波的频率越低，电子吸收的能量越多，入射电磁波的传输能力越弱。对于高频入射电磁波，电场方向快速变化，电子能达到的速度较小，此时，电子仅吸收很少的能量，因而，入射电磁波具有较高的传输能力。综上，电场方向平行于带栅时，结构具有高通滤波特性，此时带栅表现为电感特性。对其进行等效电路建模，如图 1.9 所示，低频信号电流穿过电感入地，而高频信号电流直接到达出射端，是一种高通滤波结构。

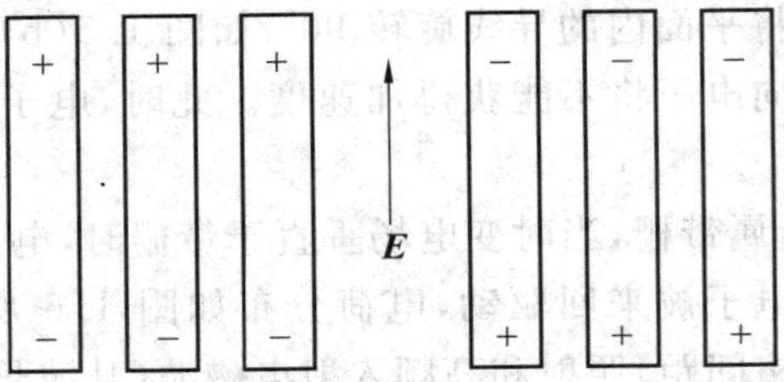

图 1.8　感性带栅在电场作用下电荷分布示意图

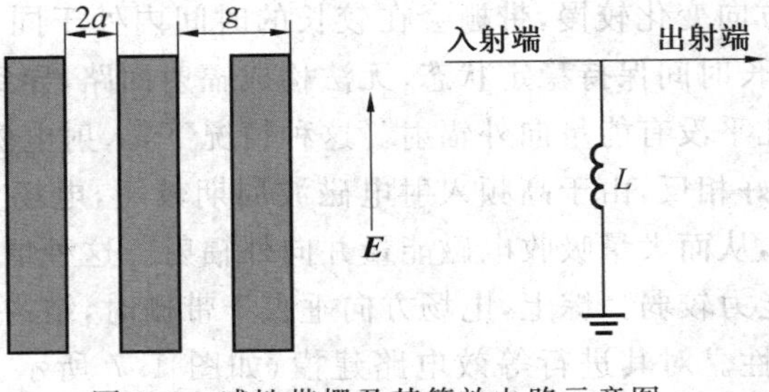

图 1.9　感性带栅及其等效电路示意图

对于一般的贴片型或缝隙型 FSS 结构，其微观滤波机制本质上也与电子受激振荡和二次辐射有关。

1.3.2　贴片型 FSS 工作机理

当贴片型 FSS 接收到电磁波照射时，此时金属贴片内的电子受到的电场方向与金属贴片平行，电子受到电场力的作用在贴片内做来回振荡，宏观上表现为贴片表面的感应电流。此时，入射电磁波的能量分为两部分：电子动能与透射波携带的能量。在某一特定频率下，入射电磁波的能量全部转化为电子振荡的能量，入射电磁波在贴片型 FSS 另一侧的透射波与电子振荡所产生的散射波抵消，此时，入射电磁波在贴片型 FSS 上只形成反射波，透射系数为零，该特定频率就是谐振频率。反之，当入射电磁波的频率不在谐振频率附近时，消耗在电子振荡上的能量只占小部分，入射电磁波的能量绝大部分都能穿过，此时贴片型 FSS 表现出较强的透过性。

1.3.3　缝隙型 FSS 工作机理

当缝隙型 FSS 接收到低频入射电磁波时，由于入射电磁波频率低，电子朝单一方向运动时间长，运动范围大，电子吸收的能量多，此时产生于缝隙边缘的感应电流较小，使得传输系数很小。随着入射电磁波频率升高，电子只是来回小幅振动，而缝隙边缘的感应电流增加，这样使得缝隙型 FSS 的传输系数得到提高。当入射电磁波频率升高到某特定值时，缝隙两侧的感应电流达到最大，此时缝隙两边的电子在电场作用下吸收大部分能量，同时不停地穿过缝隙向 FSS 的另一侧散射能量，此时缝隙型 FSS 的传输系数达到最大值，该频率为缝隙型 FSS 的谐振频率。但随着入射电磁波频率的进一步增大，电子来回振动的距离更短，缝隙边沿的感应电流呈段状，使得透射场减弱，传输系数下降。

1.3.4　贴片型 FSS 与缝隙型 FSS 的关系

若不考虑介质，两者的特性是互补的，具有相反的频域响应特性。从等效电路的角度看，入射电磁波频率在谐振点以上时，缝隙型 FSS 呈现为容性电路的特性，在谐振点以下时，则呈现为感性电路的特性，因此其等效电路为电容电感并联型。当入射电磁波的频率在谐振点上时，缝隙型 FSS 对该入射电磁波呈全透状态；贴片型 FSS 的性质与之恰恰相反。

1.3.5　频率选择表面的技术参数及影响因素

根据实际应用背景的不同，可以从多个方面来衡量 FSS 的性能，主要包括谐振频率、工作带宽、电磁波入射角度的稳定性、交叉极化电平、反射（或透射）谐振频率上的损耗、反射或透射频带间隔等。影响因素主要有以下几个方面。

1. 单元参数

单元参数主要包括结构形式和尺寸。单元的结构形式内在地决定了 FSS 的工作带宽、电磁波入射角度的稳定性和交叉极化电平等，直接决定了感应电流的分布，因而合理地选择单元结构形式是 FSS 设计过程中最首要也是最重要的一步；单元的尺寸则直接决定了谐振频率和工作带宽等性能。

传统 FSS 的单元结构形式根据谐振时呈现的频率选择特性（带通或者带阻）的不同可以分为贴片型和缝隙型两种，且这两种类型的 FSS 在尺寸相同、结构互补（二者组合即为完整的无限大、无限薄金属平面）时其传输特性也表现出互补特性，即其中一种结构的传输系数等同于其互补结构的反射系数。在实际应用这一对应关系时，需要满足一定的限制条件：①FSS 金属层的厚度为无限薄（典型值为小于 1/1 000 波长），如果金属层的厚度增加，则贴片型 FSS 的工作带宽会变大而缝隙型 FSS 的工作带宽会减小；②FSS 为置于自由空间中没有介质层支撑的独立金属屏（介质加载的影响将在后面进行介绍）；③FSS 的金属层为理想导体，没有损耗。

总体来说，“环形”单元具有较好的频率稳定性，作为对比，表 1.1 列出几种常见的 FSS 单元的特性。

表 1.1　几种常见的 FSS 单元的特性（基于无介质衬底的单屏频率选择表面）

单元形式	角度稳定性	交叉极化电平（小）	工作带宽（大）	（反射或透射）频带间隔（小）
加载偶极子	1*	2	1	1
耶路撒冷十字	2	3	2	2
圆形环	1	2	1	1
Y 形振子	3	3	3	2
交叉十字偶极子	3	3	3	3
方形环	1	1	1	1
偶极子	4	1	4	1

* 1—最好；2—次好；3—差；4—最差

传统的FSS都是基于谐振的金属单元,单元的尺寸取决于FSS谐振时的有效波长(即考虑介质加载效应之后的波长)。由天线基本原理可知,自由空间中偶极子的谐振发生在其长度为半波长的整数倍时,即在法向入射(电场与偶极子平行)的平面电磁波的作用下感应电流并散射。对于贴片型偶极子FSS,其谐振尺寸相同(实际上,由于相邻单元的能量耦合,其谐振长度略小),在平面电磁波的作用下,FSS的各个谐振单元会产生一定的相位延迟,并最终将FSS单元的散射场叠加到与入射方向呈镜像反射的方向上,从而贴片型偶极子单元所形成的无限大FSS在谐振时呈完全反射(不考虑损耗),等效为无限大理想导体平面。需要指出的是,FSS的高阶谐振往往会带来栅瓣,引起能量损失或干扰,因此通常只考虑其基模谐振(偶极子长度为半个有效波长)。对于Y形振子有类似的分析过程,其两条枝节的长度之和为半个有效波长。对于方形环,可以将其视为末端连接(因末端电势相同)的弯折形偶极子,故谐振时环的周长应为一个有效波长,如图1.10所示。对于缝隙型FSS,可以从磁场和等效磁流的角度出发,得到一致的结论,但在谐振时呈现完全透射的状态。

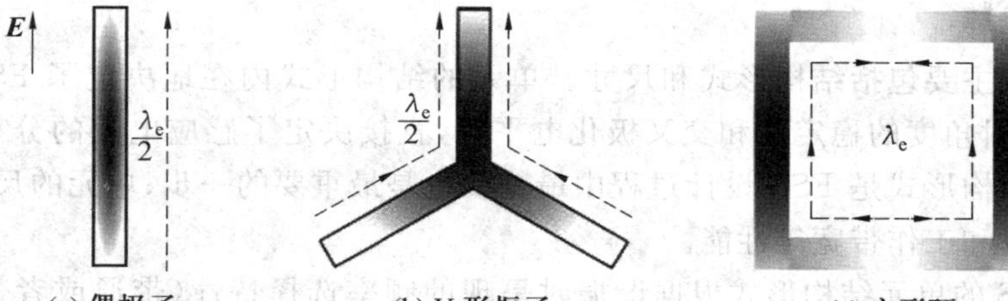

(a) 偶极子　　(b) Y形振子　　(c) 方形环

图1.10　贴片型频率选择表面单元及其电流分布

2. 组阵方式与阵元间距

FSS的组阵方式和阵元间距决定了栅瓣和表面波的出现频率;另外,单元间距的变化会影响单元之间的能量耦合,从而改变FSS的工作带宽和谐振频率。

FSS的组阵方式分为矩形栅格和等腰三角形栅格,其设计原则主要为避免栅瓣与表面波的出现。这两种栅格类型可以通过阵元延伸方向的夹角联系在一起,并且可对等腰三角形栅格排布的阵列做适当的周期延拓使其成为矩形栅格排布的阵列,从而在谱域法分析FSS的过程中,显著降低傅里叶变换的复杂度,并可以通过快速傅里叶变换(FFT)来加速阻抗矩阵的填充,大大缩短计算时间。

阵元间距(与阵列周期相关)也是FSS设计中的一个重要参数,对FSS的谐振频率和工作带宽以及它们对入射角度的稳定性有很大影响。一方面,减小阵元间距可以增强FSS相邻单元的能量耦合,等效为电抗元件加载,从而降低FSS的谐振频率,并对其工作带宽有一定的展宽。另一方面,通过对FSS单元进行弯折处理或者利用集总电抗元件加载的方式,可以显著减小单元尺寸(即阵列周期减小),从而改善FSS的谐振频率和工作带宽对入射角度的稳定性,还可以实现常规单元所不具备的小频带间隔(反射或透射)。此外,值得指出的是,在阵列周期和阵元间距大小确定的情况下,通过对相邻单元的边缘轮廓进行交指弯折处理,可以有效地降低FSS的谐振频率,展宽工作带宽,并降低FSS传输特性对入射角度的敏感性,这将在本章的后续部分中详述。

3. 介质特性

在实际的工程应用中，为了便于加工或减小单元尺寸，通常都会将 FSS 的金属层印刷在介质基板上。此外，为了增强 FSS 的机械强度或对其进行保护，也会在 FSS 上覆盖介质层。介质加载对 FSS 传输特性的影响主要表现在如下几个方面。

(1)降低谐振频率。具有介质基板的单屏 FSS 基本可以分为两类，即金属网格单元印刷在介质基板的一面和金属网格单元嵌入在两层介质基板的中间，如图 1.11 所示。这两类介质加载对 FSS 谐振频率的影响是不同的，可以分别等效相对介电常数为 ε_e 的介质在 FSS 单元两侧半空间介质填充和全空间介质填充。由电磁场基本理论可知，假设无介质加载的自由空间 FSS 其谐振频率为 f_0，对于相对介电常数为 ε_r 的介质半空间填充和全空间填充，对应的 FSS 谐振频率将分别降低至 $f_0/\sqrt{(\varepsilon_r+1)/2}$ 和 $f_0/\sqrt{\varepsilon_r}$ 。

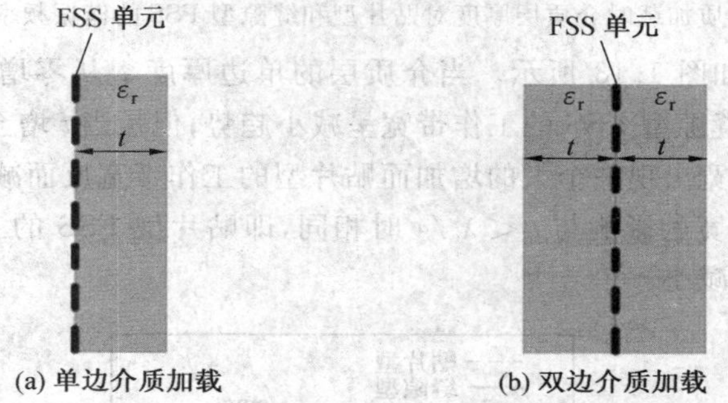

图 1.11　介质加载的基本类型

对于厚度有限的介质层，介质加载对 FSS 的谐振频率的影响等效相对介电常数 ε_e 总是小于等于 ε_r（只有真空中 $\varepsilon_e=\varepsilon_r=1$）的介质填充，因此，单边介质加载时，FSS 的谐振频率将介于 f_0 和 $f_0/\sqrt{(\varepsilon_r+1)/2}$ 之间，并随介质厚度的增加而趋近于 $f_0/\sqrt{(\varepsilon_r+1)/2}$ ；双边介质加载时，FSS 的谐振频率将介于 f_0 和 $f_0/\sqrt{\varepsilon_r}$ 之间并趋近于 $f_0/\sqrt{\varepsilon_r}$ 。这种渐进过程并非线性的，且相对于贴片型和缝隙型 FSS 分别呈现出不同的方式，如图 1.12 所示。由图可以看出，对于单边与双边介质加载，当介质厚度从零增加至较小值（典型值为 $0.05\lambda_e$）时，贴片型和缝隙型 FSS 的谐振频率都呈现出快速下降的趋势。当介质层的厚度进一步增加时，贴片型 FSS 的谐振频率继续降低，并趋近于 $f_0/\sqrt{(\varepsilon_r+1)/2}$（对应单边加载的情形）和 $f_0/\sqrt{\varepsilon_r}$（对应双边加载的情形）；而缝隙型 FSS 的谐振频率先上升后下降再上升的来回振荡，并关于 $f_0/\sqrt{(\varepsilon_r+1)/2}$ 和 $f_0/\sqrt{\varepsilon_r}$ 呈现出振荡的形式，这种振荡来源于介质层的通带谐振（即介质层的厚度 $t\approx n\cdot\lambda_e/4$）。

值得指出的是，对于单边介质加载的情形，除非介质层的厚度为 $t\approx n\cdot\lambda_e/2$，否则缝隙型 FSS 谐振时介质层会带来失配损耗；对于双边介质加载的缝隙型 FSS，当 FSS 两侧的介质层厚度相等时，则介质与空气分界面上的反射波将会相互抵消，因此无论介质层的厚度为多少，都不会产生失配损耗。

(2)影响工作带宽。介质加载对于贴片型和缝隙型 FSS 的影响也有显著的差异，这里以双边介质加载时介质层厚度对贴片型和缝隙型 FSS 的 −1 dB 带宽的影响（法向入

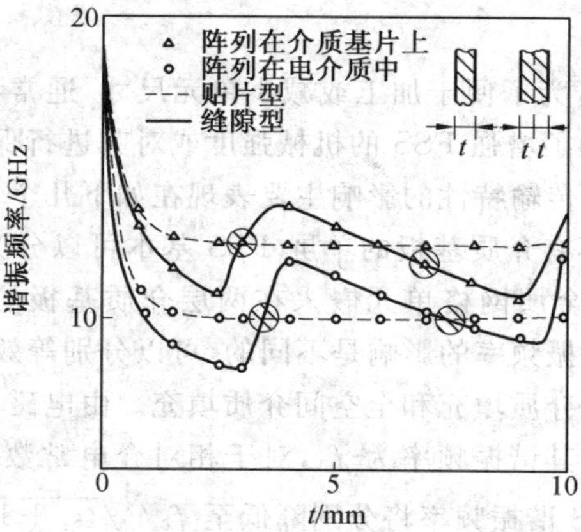

图 1.12 单边与双边介质加载时介质层厚度对贴片型和缝隙型 FSS 的谐振频率的影响(法向入射)

射)为例来进行说明,如图 1.13 所示。当介质层的单边厚度 t 从零增加时,贴片型 FSS 的工作带宽会增加而缝隙型 FSS 的工作带宽呈减小趋势;但是当 t 增至 $t\approx\lambda_e/4$ 附近时,缝隙型 FSS 的工作带宽出现一个大的增加而贴片型的工作带宽反而减小;继续增大介质层的厚度,则对工作带宽的影响与 $t<\lambda_e/4$ 时相同,即贴片型 FSS 的工作带宽增加而缝隙型 FSS 的工作带宽减小。

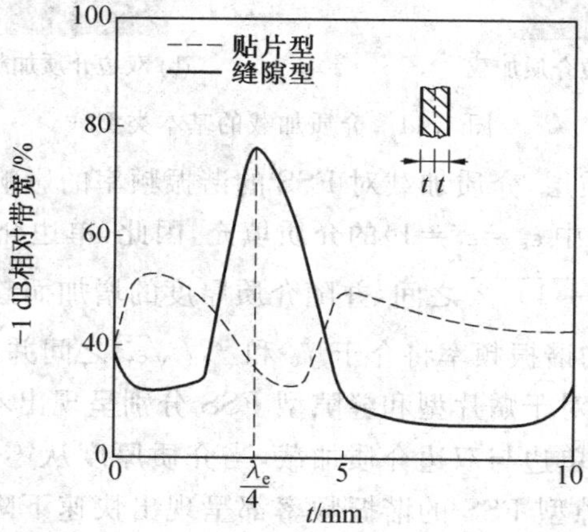

图 1.13 双边介质加载时介质层厚度对贴片型和缝隙型 FSS 的−1 dB 相对带宽的影响(法向入射)

要解释上述介质层影响 FSS 工作带宽的过程,需要考虑置于自由空间中的介质层对电磁波的反射与透射,以及贴片型 FSS 在谐振时等效为短路而缝隙型 FSS 在谐振时等效为开路等因素的影响。实际上,介质加载的 FSS 的散射问题可以分解为两个独立的问题:求解没有 FSS 金属屏存在时单独由介质层产生的反射场和透射场;根据 FSS 金属屏上未知的表面电流建立积分方程求解反射场和透射场。

介质层波阻抗与自由空间波阻抗的不匹配,会导致电磁波在空气/介质分界面上产生反射,且在介质板厚度为半个有效波长时反射抵消而产生完全透射(即半波夹层)。当介质层厚度 $t<\lambda_e/4$ 时,介质层的反射与谐振的贴片型 FSS 的反射相叠加从而展宽其工作带宽,但是对于谐振的缝隙型 FSS,则由于介质层的反射,减小了透射的工作带宽;当介

质层的厚度增加至 $2 \cdot t \approx \lambda_e/2$ 时，则由于半波夹层的作用，空气/介质分界面上没有反射，从而减小了贴片型 FSS 的反射带宽而增加了缝隙型 FSS 的透射工作带宽。实际工程应用中，四分之一(有效)波长的介质层加载常作为一个展宽缝隙型 FSS 工作带宽的有效手段而应用于金属天线罩的设计中。

(3)改善电磁波入射角度的稳定性。对于自由空间中无介质加载的 FSS 金属屏，随着照射到 FSS 金属屏上的平面电磁波入射角度的增加，不可避免地产生 FSS 谐振频率的偏移和有效工作带宽的减小，而加载介质层则可以起到稳定谐振频率以及在一定程度上稳定工作带宽的作用。由 Snall 定理可知，介质层的折射使得照射到 FSS 金属屏上的平面电磁波的等效入射角度有所减小，从而使得斜入射时 FSS 的传输响应相比于自由空间中无介质加载的 FSS 金属屏时更接近于法向入射。尤其对于缝隙型 FSS 加载四分之一(有效)波长的介质层时，由于介质层本身的谐振，对电磁波入射角度稳定性的改善更加明显。

总而言之，介质加载能够降低 FSS 的谐振频率，或是给定谐振频率的情况下减小 FSS 单元的尺寸，从而改善 FSS 对电磁波不同入射角度的稳定性。双边介质加载由于没有失配损耗，通常是一种更优的方案，但是在实际的工程应用中使用平面印刷电路板时，多层介质覆铜板之间需要使用介质黏合层，其介质特性的影响需要充分考虑。

4. 电磁波的入射角度与极化特性

FSS 的空间滤波特性是 FSS 结构与电磁波相互作用的结果，因此 FSS 的传输特性也依赖于入射电磁波的状态。FSS 作为一种空间滤波器对不同入射角度和不同极化方式的电磁波呈现出不同的响应。FSS 的谐振频率和工作带宽对电磁波的入射角度和极化相当敏感，其稳定性通常与 FSS 的单元形式及阵列周期大小有关，这为 FSS 的设计带来了许多困难。

事实上，随着电磁波入射角度的增加，FSS 的谐振频率会偏移，工作带宽也会发生明显变化，而且在两种极化方式下的变化趋势也不同。对于贴片型 FSS 而言，随着电磁波入射角度的增加，横电波(Transverse Electric，TE) 极化的谐振频率逐渐降低，工作带宽逐渐展宽，而横磁波(Transverse Magnetic，TM) 极化的谐振频率逐渐升高，工作带宽逐渐变窄；对于缝隙型 FSS 而言，随着电磁波入射角度的增加，TE 极化的谐振频率逐渐升高，工作带宽逐渐变窄，而 TM 极化的谐振频率逐渐降低，工作带宽逐渐展宽。介质层的谐振频率(即介质层发生完全透射所对应的频率)会随着电磁波入射角度的增加而升高。

FSS 的谐振频率和工作带宽对电磁波入射角度的稳定性通常可以从加载介质层和减小 FSS 的阵列周期大小两方面来加以改善，而对极化的需求通常是从 FSS 单元的结构对称性来考虑。

5. 多屏特性

习惯上，一个谐振周期表面及与之直接相关的介质支撑结构被称为一个 FSS 屏，将多个 FSS 屏通过一定的介质层级联起来便构成了多屏 FSS 结构。多屏 FSS 的传输/反射特性相对于单屏 FSS 具有显著的提高，例如具有更宽的谐振工作带宽，更加平坦的带内响应，以及更为陡峭的谐振频带边缘截止特性等。在某些应用场合，要显著提高 FSS

的性能(例如展宽工作带宽,增加带内平坦度,增强频率选择性等),则需要利用多屏组合的结构。这时 FSS 屏的数量以及屏间距就会对其性能产生决定性的影响。例如对于采用多个谐振单元组合在一个栅格的形式来实现多频段工作的单屏 FSS,一般为了不出现栅瓣,需要由高端谐振频率决定 FSS 的单元间距,但是当确定出的阵列间距值太小,以至于难以容纳低端谐振频率所对应的单元结构时,则需要利用介质层加载或者多屏结构(各个 FSS 屏对应不同的谐振频率)加以解决。依据多屏 FSS 的构造形式与设计方法的不同,可以将其大致划分为以下几类,现做一简要介绍。

(1)传统多屏 FSS。对于传统多屏 FSS,一般可以先分别设计各个单屏 FSS 然后进行级联,此时屏间距将对整个多屏 FSS 的性能产生至关重要的影响,控制多屏 FSS 的传输/反射响应曲线的形状,例如,可以设计成最平坦(Butterworth,巴特沃茨)类型或带内等波纹(Chebyshev,切比雪夫)类型的带通或带阻响应。图 1.14 给出了对称结构的双屏 FSS 的截面示意图,图 1.15 给出了典型对称双屏 FSS 的传输响应。由图 1.15 可以看出,对于对称双屏 FSS,屏间距决定了屏之间的耦合从而控制了传输/反射响应曲线的形状,当两个 FSS 屏之间的耦合达到临界时即得到 Butterworth 类型响应,继续增大间距则增加了谐振频带内的起伏,进一步形成 Chebyshev 类型响应。为了获得传输特性稳定的 FSS,通常将中间介质层的相对介电常数 ε_{r2} 选取较低,且其厚度为 $t_2 \approx \lambda_{e1}/4 \approx n \cdot \lambda_{e3}/4$($\lambda_{e1}$ 和 λ_{e3} 分别为低端和高端谐振频率对应的有效波长)。

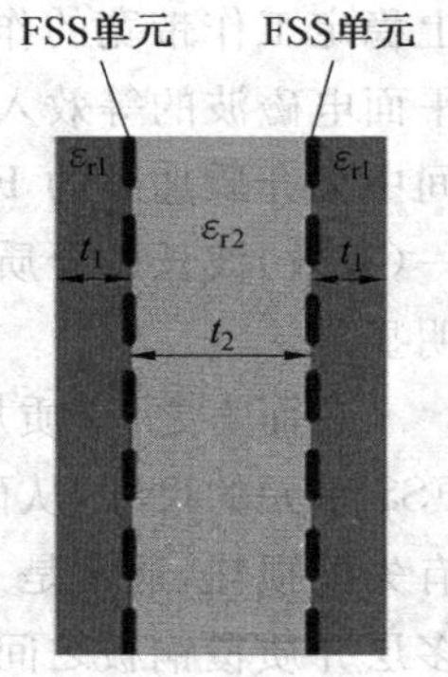

图 1.14 对称结构的双屏 FSS 的截面示意图

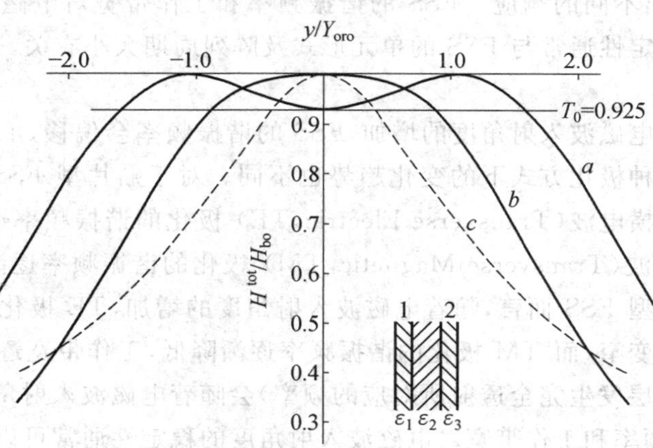

图 1.15 典型对称双屏 FSS 的传输响应

(曲线 a、b 和 c 分别对应 Chebyshev 类型、Butterworth 类型和单屏结构)

(2)基于法布里—珀罗干涉仪(Fabry—Perot Interferometer,FPI)原理的窄带带通型 FSS。对于多屏缝隙型 FSS,除非各屏的谐振频率相同(或足够接近),否则不能形成有效的通带;对于多屏贴片型 FSS,除了各个屏分别由单元谐振产生的阻带以外,还会在某个特定的频段形成一个通带,该通带即是反射波干涉的结果。以图 1.16(a)所示的贴片型对称双屏 FSS 为例,假定电磁波从 $z<0$ 的空间入射到 FSS 上,则在特定的频率下,有一

部分电磁波在左屏 1 上发生部分反射(具有一定的幅度和相位),同时有一部分电磁波发生透射并在右屏 2 上发生部分反射,该反射波入射到屏 1 时再次发生部分反射,此过程不断重复的结果是,当所有的反射波(向 $z<0$ 的空间传播的电磁波)反相叠加相抵消时,便会形成一个传输通带。该通带的谐振频率除了和各个屏在此频率的反射相位相关外,还取决于屏间距 s,而工作带宽则仅仅取决于 FSS 的反射幅度,幅度越大则谐振腔的 Q 值越高,从而通带带宽越窄。

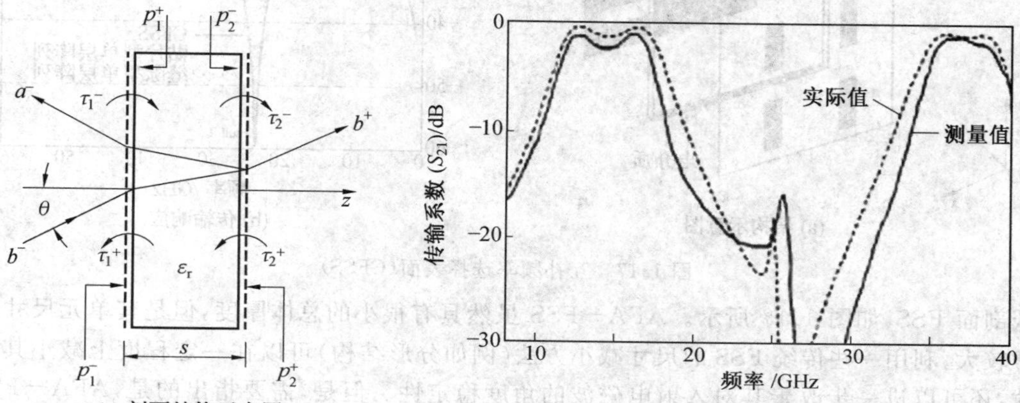

(a) 剖面结构示意图　　(b) 传输响应

图 1.16　基于 FPI 原理的带通型频率选择表面

(3)互补频率选择表面(Complimentary Frequency Selective Surface, CFSS)。在多频段 FSS 设计中,除了采用多谐振单元的单屏结构外,还可以采用多层结构,各层均为具有单一基模谐振频率的贴片型或缝隙型谐振单元,通常可以在两个传输(或反射)频带之间形成一个反射(或传输)频带,但是这类多频段 FSS 的入射角度稳定性通常较差。不同于传统的多频段 FSS 结构,CFSS 相邻很近的两层 FSS 屏分别利用互补类型(贴片型与缝隙型)且具有相同谐振频率(单独存在时)的单元形式,如图 1.17(a)所示。这类 CFSS 可以形成两个传输通带,并在其间产生一个传输零点(即形成一个反射频带),并且低频传输通带远低于单屏 FSS 的谐振频带,如图 1.17(b)所示。因此 CFSS 的单元可以具有很小的尺寸,从而显著改善了其传输响应的入射角度稳定性。对于 CFSS,由于互补屏之间的电磁耦合非常强烈,因此屏间距对于其传输响应曲线的形状影响很大。

(4)基于天线－滤波器－天线结构的频率选择表面(Antenna Filter Antenna－Frequency Selective Surface, AFA－FSS)。如前所述,利用传统多屏结构可以显著改善 FSS 的传输特性,但是相应地也会带来一定的局限,其中最主要的就是屏间距带来的总厚度的增加,这对于有些低频或曲面 FSS 应用场合通常是难以接受的。AFA－FSS 对此是一个很好的突破,在继承传统多屏 FSS 的优良传输特性的同时保持其低剖面特性,还可以设计出传统 FSS 所不具备的 Quasi－Elliptic 类型的带通响应,即具有带内等波纹和带外传输零点的准椭圆函数型带通滤波响应。最早提出的 AFA－FSS 是一种利用缝隙耦合的微带贴片结构,它在本质上可以视为一种二阶 Chebyshev 带通响应的 FSS,其后续的改进可以实现具有更高阶数的或 Chebyshev 带通响应或 Quasi－Elliptic 类型带通响应的

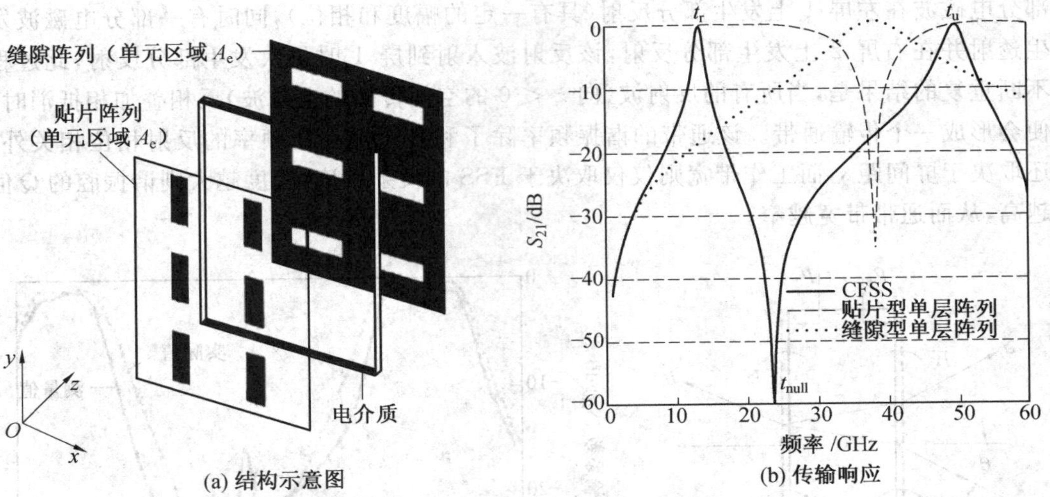

图 1.17　互补频率选择表面(CFSS)

低剖面 FSS,如图 1.18 所示。AFA－FSS 虽然具有很小的总体厚度,但是其单元尺寸通常较大,利用一些传统 FSS 的尺寸减小方法(例如分形结构)可以在一定程度上减小其尺寸,还可以进一步改善其对入射电磁波的角度稳定性。但是,需要指出的是,AFA－FSS 只能设计成带通型空间滤波器,而无法具备带阻特性;此外,AFA－FSS 通常具有较窄的工作带宽,这也限制了它们的应用。

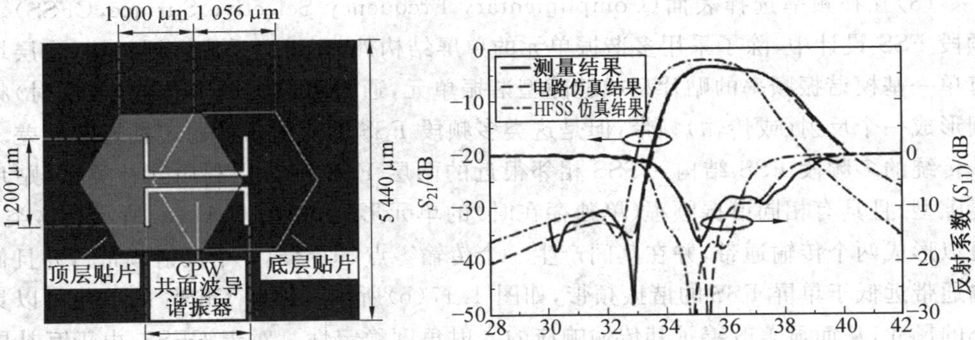

图 1.18　基于天线－滤波器－天线结构的频率选择表面(AFA－FSS)

(5)基于基片集成波导腔体结构的频率选择表面(Substrate Integrated Waveguide Cavity - Frequency Selective Surface, SIWC－FSS)。SIWC－FSS 是另一种低剖面多屏 FSS 结构,也可以实现 Quasi－Elliptic 类型的带通响应,如图 1.19 所示。对于 SIWC－FSS,由于在缝隙型 FSS 结构中引入了基于基片集成波导结构的高 Q 值腔体谐振模式,因此这类带通型 FSS 具有很好的频率选择性和入射角度稳定性,而且可以利用滤波器设计思想控制缝隙谐振模式与腔体谐振模式的耦合,从而实现一些传统 FSS 所不具有的滤波响应类型(例如单边陡降滤波特性和准椭圆滤波特性)。但是,与 AFA－FSS 一样,SIWC－FSS 也只能设计成带通型空间滤波器,且具有窄的工作带宽。

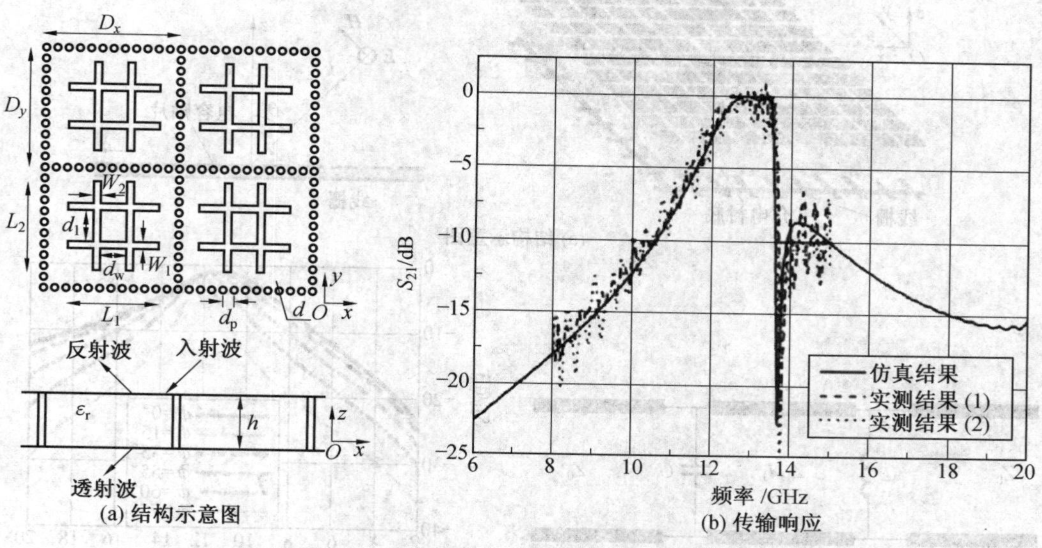

图 1.19　基于基片集成波导腔体结构的频率选择表面(SIWC－FSS)

(6)基于亚波长结构(或超材料)的频率选择表面(Metamaterial-inspired Frequency Selective Surface)。上述 AFA－FSS 与 SIWC－FSS 虽然具有性能良好的传输响应和低剖面特性,但是它们的单元尺寸通常较大,在大入射角度的应用中可能会出现栅瓣,且在有限 FSS 结构的应用中由于单元数量的限制而使得其传输特性受到影响。近年来有学者提出了一种新颖的 FSS 设计方法,即从贴片阵列和带栅阵列(等同于缝隙阵列)分别等效为电容性表面和电感性表面这一基本特性出发,利用它们的组合以设计滤波器的方法来设计 FSS,如图 1.20 所示。这种方法与传统 FSS 最显著的差异在于它们基于非谐振的单元利用阵列来构造所需的等效电感与电容,再根据滤波器的设计理论综合出具有特定传输响应的 FSS 结构。这种 FSS 结构的单元尺寸很小,具有良好的入射角度稳定性,可以设计出具有高阶滤波响应和低剖面的高性能 FSS。

事实上,由于相邻 FSS 屏之间的电磁能量紧密耦合,后面四种多屏结构的 FSS 已不能再利用先分别设计单屏再进行级联并优化屏间距的方法了,而必须利用一体化全波分析的方法才能得到比较准确的传输特性。对于 AFA－FSS 的分析与设计,将在后续章节详细阐述。

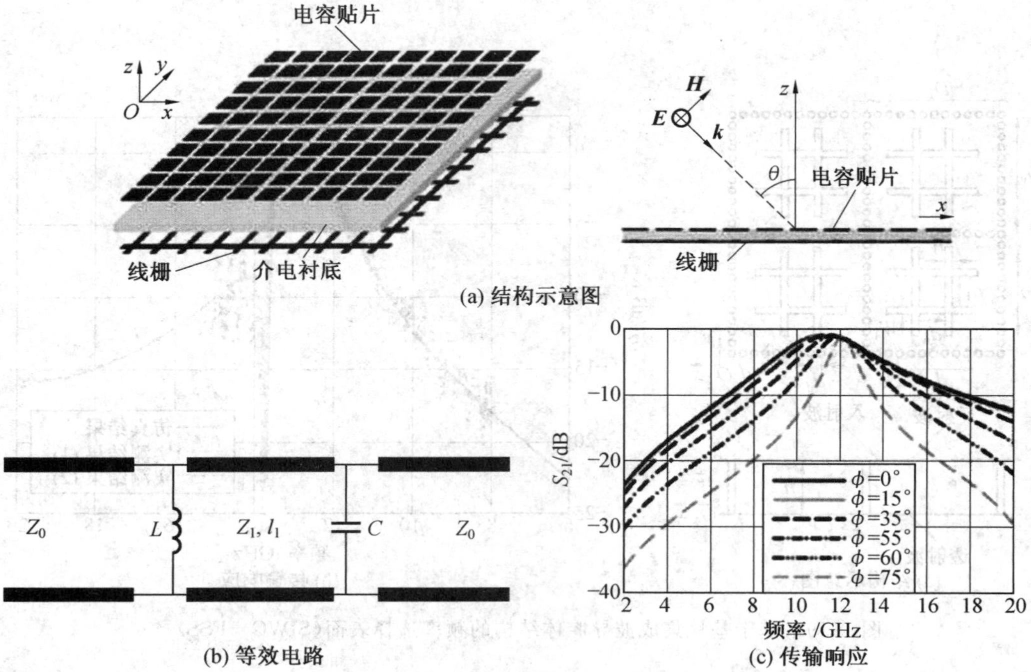

(a) 结构示意图

(b) 等效电路

(c) 传输响应

图 1.20　基于亚波长结构的频率选择表面

1.3.6　栅瓣现象

在阵列天线的设计中，通常需要考虑阵元间距以避免出现栅瓣而带来的能量损失或干扰，作为由金属散射单元构成的周期阵列，也需要合理地设计 FSS 的单元间距。下面以自由空间中一维周期阵列为例推导栅瓣出现的条件，并给出 FSS 设计中避免栅瓣出现的单元间距条件。

如图 1.21 所示，当平面波以角度 θ_i 入射到阵元间距为 P 的一维周期阵列上时，可知入射到每个单元的平面波相对于其左边相邻的单元具有 $k_0 P\sin\theta_i$ 的相位延迟，但在透射和反射方向上每个单元又有 $k_0 P\sin\theta_i$ 的相位超前，因此入射到每个单元上的平面波在发生透射和反射后仍处于同相状态，并在这些方向形成向前传播的平面波。除此之外，该周期阵列在入射电磁波的作用下也可能在其他方向上形成可以传播的散射波即栅瓣，其形成条件为所有的阵元在该方向上散射的电磁波具有相位相同的波前。若用 θ_g 来表示栅瓣的传播方向，则阵列出现栅瓣的条件为

$$k_0 P(\sin\theta_i + \sin\theta_g) = 2n\pi \tag{1.1}$$

栅瓣出现的频率为

$$f_g = \frac{c}{\lambda_g} = \frac{nc}{P(\sin\theta_i + \sin\theta_g)} \tag{1.2}$$

式中　$n = 0, \pm 1, \pm 2, \cdots$；

c ——真空光速。

最早出现栅瓣的方向为 $\theta_g = 90^\circ$ 的方向，因此平面波以任意角度 θ_i 入射到一维周期阵

列上时，栅瓣出现的最低频率为

$$f_{g0}=\frac{nc}{P(\sin\theta_i+1)} \tag{1.3}$$

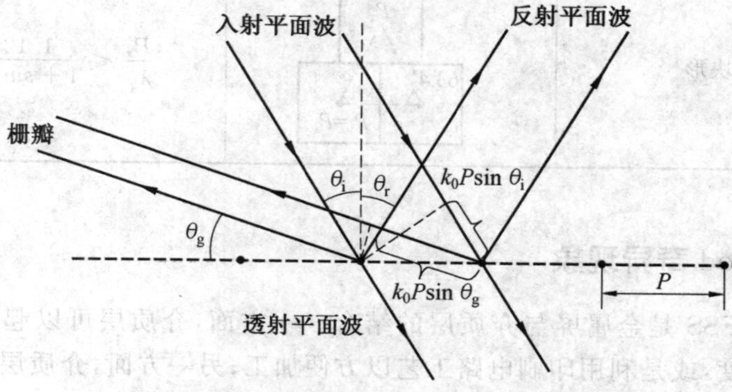

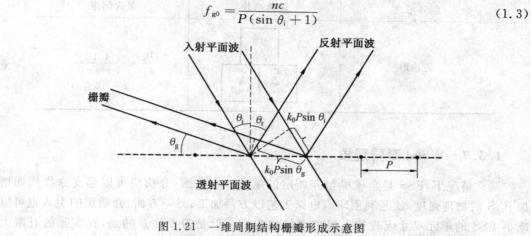

图 1.21　一维周期结构栅瓣形成示意图

由式(1.3)可以看出，栅瓣出现的最低频率只依赖于入射电磁波的角度和阵元间距，减小阵元间距可以提高栅瓣出现的频率，且当入射角度增加时，为了避免栅瓣的出现，还需进一步减小阵元间距。此外由式(1.1)可知，当单元间距小于半个波长时则在任意入射角度下均不会出现栅瓣。对于具有介质加载的 FSS，介质层的存在并不会改变栅瓣在自由空间中开始出现的频率。

为了能给实际的 FSS 工程设计作为参考，表 1.2 列出了栅瓣抑制准则，即不同网格类型(FSS 单元的组阵方式)下避免 FSS 出现栅瓣所需的单元间距条件。需要指出的是，表中的间距条件只是避免栅瓣峰值进入可见区的要求，实际上，为了减少能量损失，需要将栅瓣完整地移出可见区，因而网格尺寸还需在此基础上进一步减小，大约取表中所列间距的 2/3 或更小。由表 1.2 可知，三角形排列比正方形排列时的最大间距大，即采用三角形排列更有利于抑制栅瓣。

表 1.2　栅瓣抑制准则

组阵形式	栅格形状	最大间距
正方形	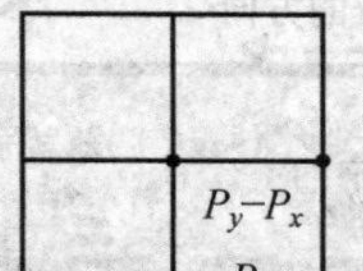	$\frac{P_x}{\lambda_0}<\frac{1}{1+\sin\theta_i}$
三角形	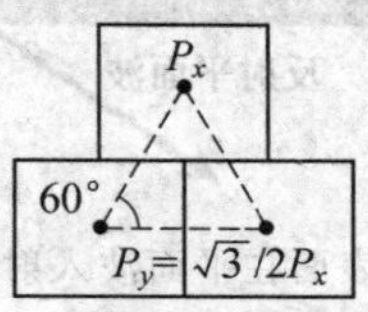	$\frac{P_x}{\lambda_0}<\frac{1.15}{1+\sin\theta_i}$

续表 1.2

组阵形式	栅格形状	最大间距
砖块形	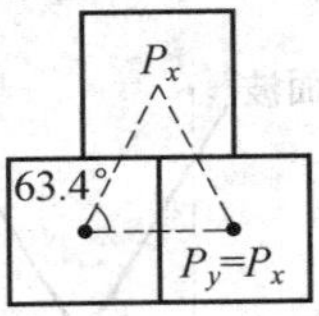	$\frac{P_x}{\lambda_0} < \frac{1.12}{1+\sin\theta_i}$

1.3.7 Wood 奇异现象

通常情况下，FSS 是金属屏与介质层的结合。一方面，介质层可以起支撑作用而增加 FSS 的物理强度，或是利用印刷电路工艺以方便加工；另一方面，介质层的引入也可以减小 FSS 的单元尺寸或改善入射角度的稳定性。但是需要注意的是，在实际的有限大 FSS 工程设计中，介质板的引入可能会引起 Wood 奇异现象，即产生表面波零值，它表现为频域响应上传输系数在狭窄频率范围内的快速跳变，会带来能量的损失。开始出现表面波的频率通常被认为是 FSS 有效工作频率的上限，与栅瓣一样，随着入射角度的增加而降低。

表面波的产生机制类似于栅瓣，频率增加时除了主传播方向(反射或透射方向)的电磁波能够传播，特定频率下 FSS 单元在掠射方向(平行于 FSS 阵列方向)的散射场同向叠加也形成传输模式，这是介质中最早出现栅瓣的方向。随着频率的增加，栅瓣的传播方向逐渐接近自由空间。由于电磁波从光密介质向光疏介质传播时存在全发射临界角，因此入射到介质与自由空间分界面的电磁波在入射角度大于临界角时会发生全反射，并最终形成在介质中传播的表面波。当频率进一步增加时，电磁波入射到介质与自由空间分界面的入射角度小于临界角，并进入自由空间形成在自由空间中传播的栅瓣。介质加载的频率选择表面在平面波入射下激励的电磁波模式如图 1.22 所示。

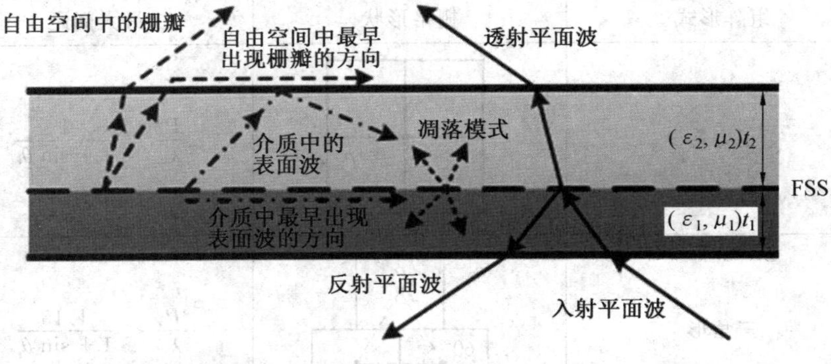

图 1.22 频率选择表面在平面波入射下激励的电磁波模式

与自由空间栅瓣不同的是，介质层相对介电常数的增加并不能使表面波的出现频率远离 FSS 的基模谐振频率。对于自由空间栅瓣，其出现的频率仅取决于入射电磁波的角度和阵元间距，引入介质层可以减小单元间距而使 FSS 的基模谐振频率不变，并提升栅瓣出现的频率；对于表面波，由于电磁波在介质中传播时传播常数会发生改变，因此表面波出现的频率还依赖于介质特性。

1.3.8　频率选择表面与 Floquet 空间谐波

Floquet（弗洛奎特）空间谐波作为周期性电磁结构中的一个重要概念，最早用于分析相控阵天线，现在多种分析频率选择表面的方法和商业软件包中都用到 Floquet 模式，因此这里对其进行推导过程与物理意义进行阐述。频率选择表面作为一种周期结构，在其阵列延伸方向且距离等于整数倍周期 mp 的横截面上场分布函数的幅度相同，只是相差一个相位因子 $e^{jm\beta p}$，其中 β 为传播常数。实际上，电磁波在周期结构传播时，波动方程的解的系数为周期函数。例如对于系数 $\varphi(x)$ 为周期函数的方程

$$\frac{d^2y}{dx^2}+[\lambda-\varphi(x)]y=0 \tag{1.4}$$

其解 $y(x)$ 也具有周期性，满足

$$y(x+\omega)=\sigma y(x) \tag{1.5}$$

式中　ω —— $\varphi(x)$ 的周期；

σ ——与 x 无关的复常数。

方程的解 $y(x)$ 构成方程（1.4）的 Floquet 解，该 Floquet 解的傅里叶变换则称为 Floquet 空间谐波，它们构成一个完备正交集，且每个空间谐波只是总场的一个分量。

设二维平面周期结构与入射平面波的坐标关系如图 1.23 所示，周期结构的阵元呈斜栅格（即平行四边形）排布，$\hat{a}_0$ 和 $\hat{b}_0$ 分别为沿阵元延伸方向的单位矢量，P_a 和 P_b 分别为 $\hat{a}_0$ 和 $\hat{b}_0$ 方向的单元间隔，Ω 为 $\hat{a}_0$ 和 $\hat{b}_0$ 之间的夹角。入射平面波的矢量传播常数为 $\hat{k}_0$，其方向为 (θ,φ)，其中 θ 为入射电磁波方向与 z 轴之间的夹角，φ 为入射电磁波在 xOy 面上投影方向与 x 轴之间的夹角。则满足 Floquet 条件的标量波动方程的解为一无穷求和式，其中的分量为

$$\Psi_{pq}=\exp\left[-j\left(\hat{k}_0\cdot\hat{a}_0+\frac{2\pi p}{P_a}\right)a\right]\exp\left[-j\left(\hat{k}_0\cdot\hat{b}_0+\frac{2\pi p}{P_b}\right)b\right]\exp[\pm j\gamma_{pq}z] \tag{1.6}$$

式中　$p,q=-\infty,\cdots,-1,0,1,\cdots,+\infty$；

$j=\sqrt{-1}$。

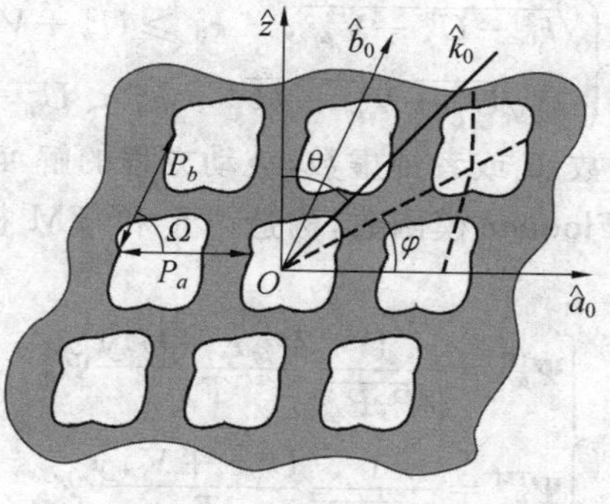

图 1.23　二维平面周期结构与入射平面波的坐标关系

由图 1.24 所示的斜坐标系与直角坐标系的转换关系，可以得到

$$\begin{cases} a = x - \dfrac{y}{\tan \Omega} \\ b = \dfrac{y}{\sin \Omega} \end{cases} \tag{1.7}$$

$$\begin{cases} \hat{a}_0 = \hat{x} \\ \hat{b}_0 = \hat{x}\cos \Omega + \hat{y}\sin \Omega \end{cases} \tag{1.8}$$

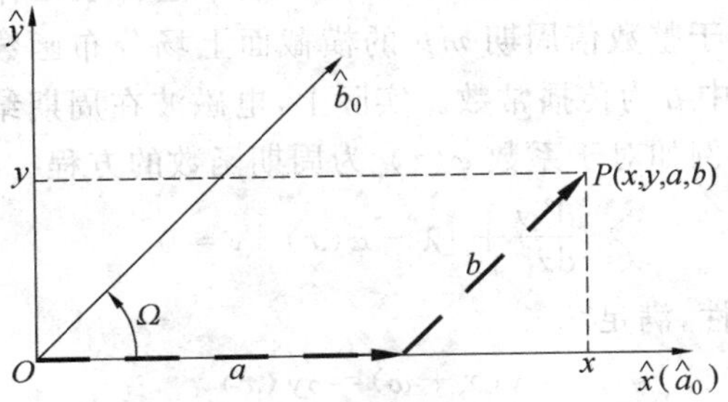

图 1.24　斜坐标与直角坐标的转换关系

将式(1.7)、式(1.8)代入式(1.6)并做适当化简，可以得到直角坐标系下满足 Floquet 条件的标量波动方程的解为

$$\Psi_{pq} = \exp\left[-\mathrm{j}\left(\hat{k}_0 \cdot \hat{x} + \frac{2\pi p}{P_a}\right)x - \mathrm{j}\left(\hat{k}_0 \cdot \hat{y} + \frac{2\pi q}{P_b \sin \Omega} - \frac{2\pi p}{P_a \tan \Omega}\right)y \pm \mathrm{j}\gamma_{pq} z\right] \tag{1.9}$$

定义 U_p 和 V_{pq} 分别表示 x 和 y 方向的传播常数，满足

$$\begin{cases} U_p = k_0 \sin \theta \cos \varphi + \dfrac{2\pi p}{P_x} \\ V_{pq} = k_0 \sin \theta \sin \varphi - \dfrac{2\pi p}{P_x \tan \Omega} + \dfrac{2\pi q}{P_y} \end{cases} \tag{1.10}$$

将 $k_0 = \omega\sqrt{\mu_0 \varepsilon_0}$，$P_x = P_a$，$P_y = P_b \sin \Omega$ 代入式(1.9)，则可得

$$\Psi_{pq} = \exp[-\mathrm{j}(U_p x + V_{pq} y \pm \mathrm{j}\gamma_{pq} z)] \tag{1.11}$$

由于 Ψ_{pq} 必须满足标量波动方程，因此有

$$U_p^2 + V_{pq}^2 + \gamma_{pq}^2 = k_0^2 \tag{1.12}$$

$$\gamma_{pq} = \begin{cases} \sqrt{k_0^2 - U_p^2 - V_{pq}^2}, & k_0^2 \geqslant U_p^2 + V_{pq}^2 \\ -\mathrm{j}\sqrt{U_p^2 + V_{pq}^2 - k_0^2}, & k_0^2 < U_p^2 + V_{pq}^2 \end{cases} \tag{1.13}$$

根据 γ_{pq} 的取值为正实数、0 或者纯虚数，波动方程的解 Ψ_{pq} 分别代表凋落模式、表面波或者传播栅瓣。由标量 Floquet 模函数，构造 TE 和 TM 极化的矢量 Floquet 模函数为

$$\begin{cases} \boldsymbol{\Psi}_{pq}^{\mathrm{TE}} = \dfrac{1}{\sqrt{P_x P_y}} \dfrac{V_{pq}\hat{x} - U_p \hat{y}}{T_{pq}} \Psi_{pq} \\ \boldsymbol{\Psi}_{pq}^{\mathrm{TM}} = \dfrac{1}{\sqrt{P_x P_y}} \dfrac{U_p \hat{x} + V_{pq}\hat{y}}{T_{pq}} \Psi_{pq} \end{cases} \tag{1.14}$$

由此可以得到自由空间的电场和磁场分别为

$$\begin{cases} \boldsymbol{E}_{pq}^{\mathrm{TE}} = \dfrac{1}{\sqrt{P_x P_y}} \dfrac{V_{pq}\hat{x} - U_p \hat{y}}{T_{pq}} \Psi_{pq} \\ \boldsymbol{E}_{pq}^{\mathrm{TM}} = \dfrac{1}{\sqrt{P_x P_y}} \dfrac{U_p \hat{x} + V_{pq}\hat{y}}{T_{pq}} \Psi_{pq} \end{cases} \tag{1.15}$$

$$\begin{cases} \boldsymbol{H}_{pq}^{\mathrm{TE}} = \dfrac{1}{\sqrt{P_x P_y}} \dfrac{U_p \hat{x} + V_{pq}\hat{y}}{\eta_{pq}^{\mathrm{TE}} T_{pq}} \Psi_{pq} \\ \boldsymbol{H}_{pq}^{\mathrm{TM}} = \dfrac{1}{\sqrt{P_x P_y}} \dfrac{-V_{pq}\hat{x} + U_p \hat{y}}{\eta_{pq}^{\mathrm{TM}} T_{pq}} \Psi_{pq} \end{cases} \tag{1.16}$$

式中　η_{pq}^{TE} 和 η_{pq}^{TM} ——TE 和 TM 极化的模阻抗，表达式为

$$\begin{cases} \eta_{pq}^{\mathrm{TE}} = \dfrac{k_0}{\gamma_{pq}} \sqrt{\dfrac{\mu_0}{\varepsilon_0}} \\ \eta_{pq}^{\mathrm{TM}} = \dfrac{\gamma_{pq}}{k_0} \sqrt{\dfrac{\mu_0}{\varepsilon_0}} \end{cases}$$

$$\Psi_{pq} = \exp[-\mathrm{j}(U_p x + V_{pq} y \pm \gamma_{pq} z)]$$

$$T_{pq}^2 = U_p^2 + V_{pq}^2 \tag{1.17}$$

$p=q=0$ 对应的 Floquet 模式代表的是平面波，其传播常数 γ_{00} 和模阻抗 η_{pq}^{TE}（或 η_{pq}^{TM}）总为正实数，因此它们总是传播模式；对于 p 和 q 不同时为零的其他 Floquet 模式，根据其传播常数 γ_{pq} 为正实数或纯虚数，分别代表凋落模式或者传播栅瓣。

1.4　频率选择表面相关电磁仿真软件介绍

现代电子设计要求使系统构建精细化，功用实现多样化，设备尺寸小型化，研发周期缩短化。目前，传统研究方法的使用范围正大幅减小，使用频率大幅下降，而使用电子设计自动化（Electronics Design Automation，EDA）软件，已然成为当今微波设计研究的新潮流及发展趋势。下面对本书仿真计算中使用的高频结构仿真器（High Frequency Selective Simulator，HFSS）软件进行简要介绍。

HFSS 软件是由美国 Ansoft 公司开发的，核心算法为有限元法，由于融合了数学分析与虚拟实验方法，已成为目前国际上电磁学仿真设计问题的主流软件。简洁的可视化设计界面、采用自适应迭代计算的求解器、分析功能极强的数据后处理器都是该软件在设计上的优势，在硬件配置合理的情况下，理论上能在全波段对任意三维无源结构进行仿真计算，具体应用实例主要有各种天线、谐振腔、介质滤波器、多层结构、雷达散射截面、传感器、无线设备等。该软件的最大特点是选用了自适应迭代算法，这使得仿真计算结果的精确度很高，其流程如图 1.25 所示。

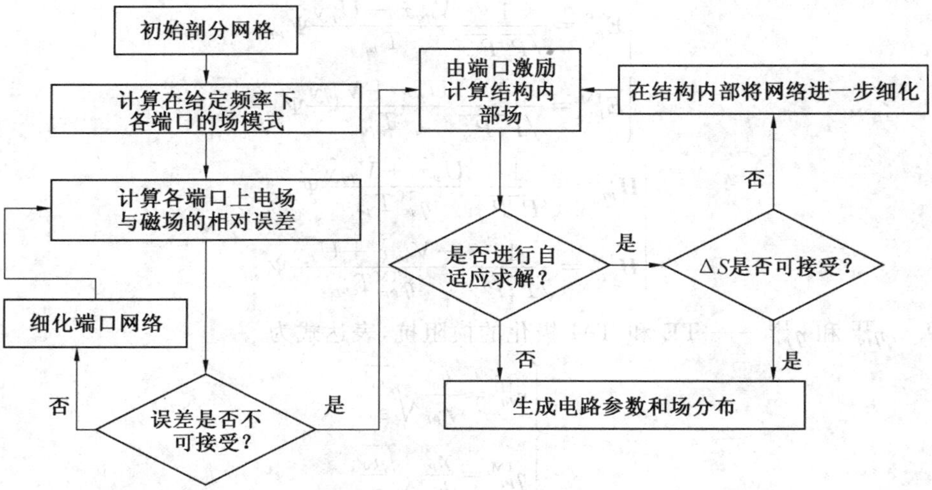

图 1.25　HFSS 软件自适应迭代算法流程图

1.5　频率选择表面仿真流程

1. 几何建模

利用 HFSS 软件所具有的可视化设计界面，可直接进行三维模型的建立与编辑过程。FSS 模型的具体结构如图 1.26 所示。

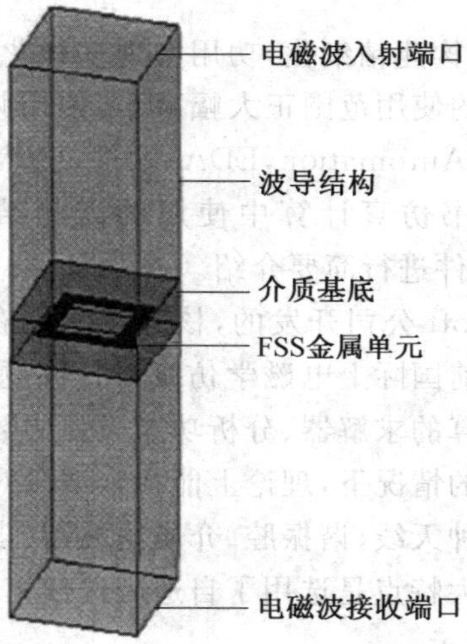

图 1.26　FSS 模型的具体结构

其中介质层的构成材料可以在软件资源库中选择已有的实际常用工程材料或手动输入介质层的相对介电常数、电损耗角正切等电磁参数以明确材料的电磁性质；单个单元的介质层尺寸大小即是 FSS 的周期大小，因为 FSS 本身是单个单元在二维平面上的周期性无限延伸；波导结构的作用主要是提供电磁波的入射/接收端口，通过计算分析入射端口与接收端口的电磁波能量计算出 FSS 的主要电磁参数，如传输系数和反射系数等。

2. 划分网格

有限元法在运算过程中，通过划分网格将大的物理结构划分为有限个小单元，HFSS 软件的突出优点在于使用了自适应网格划分技术。在求解过程中，通过误差估计程序确定足够细的网格，如果误差太大，软件将网格进一步细化，即进行下一次迭代，计算出新的解，重新进行误差估计。软件将一直进行上述步骤，直到误差小于预设值或运算次数达到预设值。

显然自适应网格划分技术降低了对设计者的经验要求与工作量，但有时处理大型计算问题时，比较耗时及占用计算机内存。在物理模型形状变化极大的区域，如转折面、滑移面、尖角等部位，由于物理解的波动范围大，可以手动将网格划分得更细，而在模型形状平缓的区域，则可以通过手动设置来获得较少的网格数，这样的手动设置往往能够既保证计算精度又可以兼顾时间效率。自适应划分的网格与手动划分后的网格如图 1.27、图 1.28所示，其中图 1.28 中手动将网格划分得更密集。

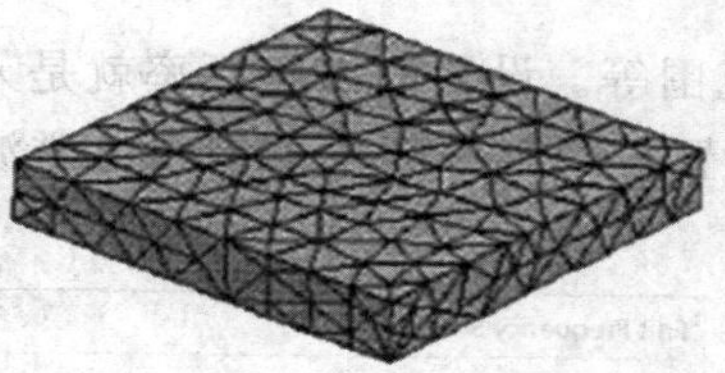

图 1.27　自适应划分的网格

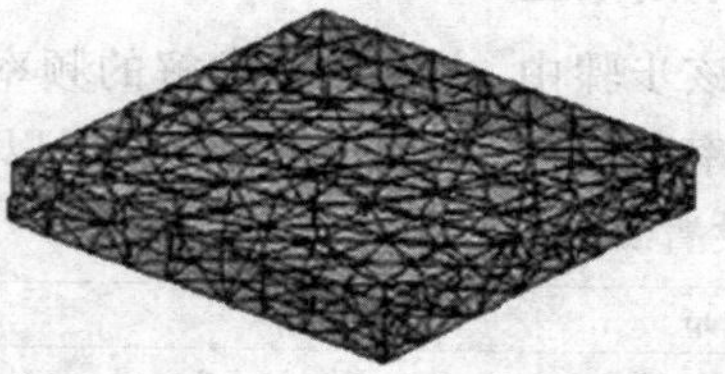

图 1.28　手动划分后的网格

3. 设定边界条件

为了模拟单个 FSS 单元在整个平面上的周期性无限延伸，需要加载主从边界。顾名思义，其是由主边界和从边界两部分组成的，这两部分的尺寸及方向要保持一致。由于 FSS 相邻单元之间的场量存在固定的相位差，这个相位差就是主从边界表面上的场存在的相位差。其值可以直接设置，或利用设置的入射角由软件计算得到。图 1.29 所示为 FSS 单元加载主从边界。

4. 设置激励

入射到 FSS 上的电磁波可以为平面波、TE 波或 TM 波，针对不同入射电磁波的设置方法有所区别。平面波入射时，使用的是波导传输法，激励源为平面波，该方法适用于电磁波垂直入射的情况；当电磁波斜入射时，把斜入射的电磁波分解为 TE 波与 TM 波的合成，此时使用的是 Floquet 端口法，激励采用的是 Floquet 端口，该端口利用电学中的 Floquet 定理计算场解，与主从边界配合使用，常用来仿真周期结构。图 1.30 所示为 FSS 单元加载 Floquet 端口。

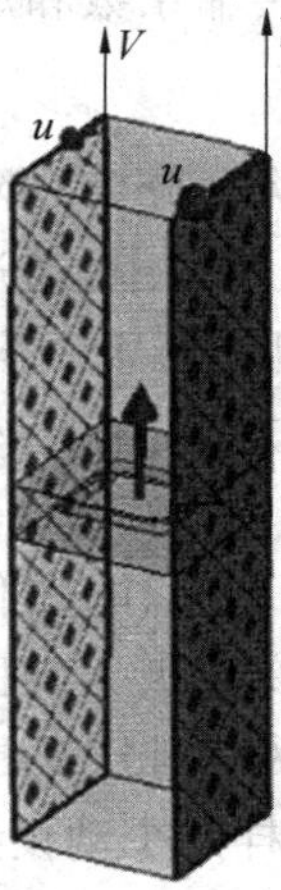

图 1.29　FSS 单元加载主从边界

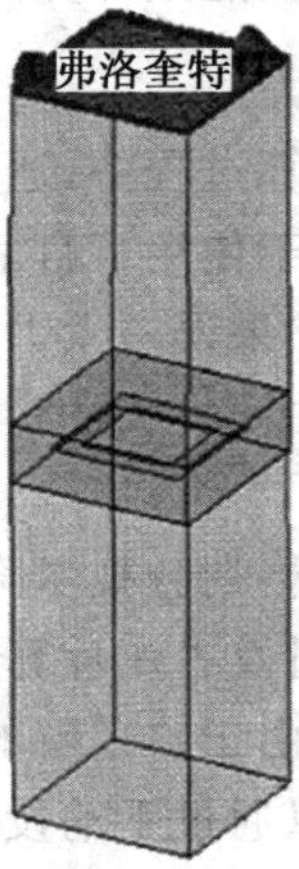

图 1.30　FSS 单元加载 Floquet 端口

5. 求解设置

在该步骤中，主要设置求解的频率以及扫频范围等。设置的求解频率就是入射电磁波的频率，它可以是单个频点，也可以通过扫频设置得到某一频率范围内电磁波入射的解，其设置如图 1.31 所示。

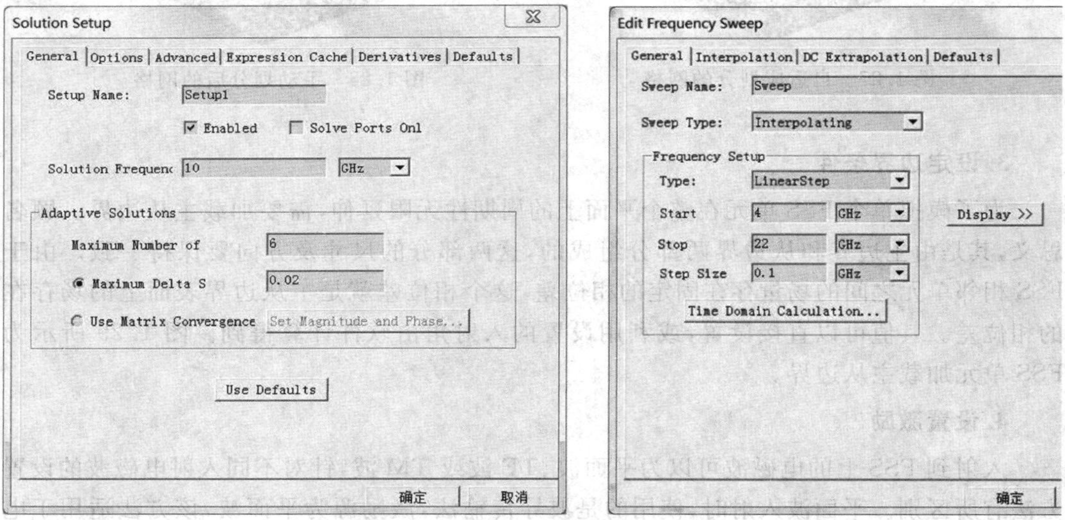

图 1.31　求解频率及扫频设置

6. 数据的处理

当 HFSS 软件求解顺利结束之后，通过对求解数据的处理，可以得到 FSS 结构的反射系数曲线、频域响应曲线、FSS 表面的场分布等结果，用于数据分析研究。

1.6　仿真计算的可靠性验证

为了验证该仿真计算流程的可靠性，本节对图1.32所示的方环结构在电磁波垂直入射时的情况进行了仿真计算，并与利用等效电路法(Equivalent Circuit Method)计算出的结果进行对比，传输系数对比结果如图1.33所示，谐振频率及－10 dB工作带宽对比结果见表1.3。

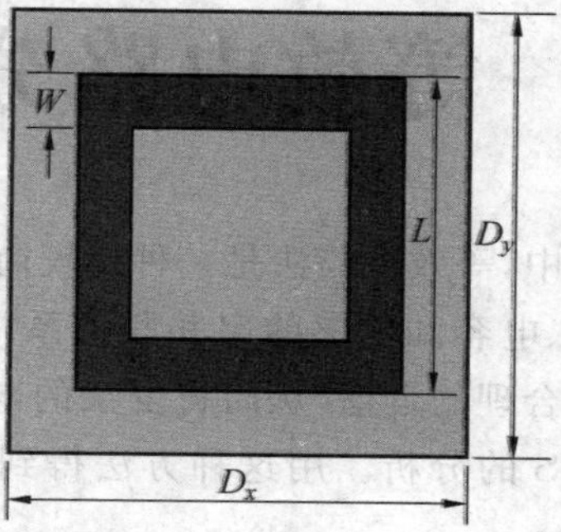

图1.32　仿真单元结构

图1.32中单元的具体参数如下：单元周期 $D_x=D_y=5.25$ mm，单元采用矩形排列；方环环宽 $W=0.47$ mm，方环长度 $L=5$ mm；介质基底的厚度为0.4 mm，相对介电常数为3.5。

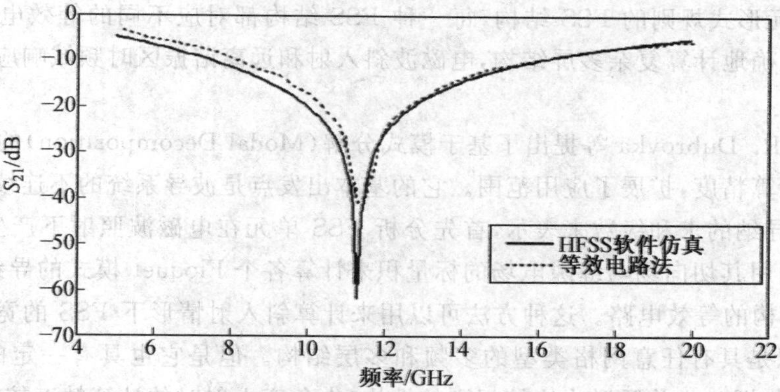

图1.33　传输系数(S_{21})计算结果的比较

表1.3　等效电路法与仿真结果对比

	谐振频率/GHz	－10 dB工作带宽/GHz
等效电路法	11.3	8.1
HFSS软件仿真	11.3	8.5

通过图1.33及表1.3中的结果可以看出，利用HFSS软件仿真得到的结果，与等效电路法的计算结果能较好地吻合，说明利用HFSS软件对FSS进行仿真的方法具有可靠性。

第 2 章 频率选择表面的等效电路分析方法

在频率选择表面的研究中，等效电路法是一种比较简便的近似方法，FSS 的单元表现出来的电特性可等效为电阻、电容和电感的串并联关系，入射电磁波在 FSS 上产生的电现象可通过传输线理论进行合理的近似，从而将复杂的电磁波问题转化为简单的微波射频电路进行求解，实现对 FSS 的分析。用这种方法得到的分析结果和实际情况吻合较好，适合工程上的需要。

等效电路法是一种可以用来分析周期结构的早期近似方法。它基于准静电/磁场的假设将 FSS 单元与其相邻单元的相互作用等效为传输线上的串联或并联电抗元件，并近似计算出等效的电路参数，由此便可以计算出 FSS 的传输或反射系数。这种分析方法简单、直观，能够快速地预测 FSS 的谐振频率和工作带宽等信息，但是具有一些缺点，例如只能分析单元形式规则的 FSS 结构，每一种 FSS 结构都对应不同的等效电路而缺乏通用性，不能准确地计算复杂多屏结构，电磁波斜入射和远离谐振区时频域响应的计算精度较差等。

近年来 R. Dubrovka 等提出了基于模式分解(Modal Decomposition)的等效电路方法，改善了计算精度，扩展了应用范围。它的基本出发点是波导系统的不连续性可用一个加权本征模导纳的求和级数来表示，首先分析 FSS 单元在电磁波照射下产生的 Floquet 模式，然后利用其切向场与缝隙电场的标量积来计算各个 Floquet 模式的导纳，并最终得到该 FSS 结构的等效电路。这种方法可以用来计算斜入射情形下 FSS 的宽频带传输响应，FSS 可以是具有任意网格类型的多频和多层结构。但是它也具有一定的局限性，例如仍然限于分析一些单元形式比较规则的结构，大角度入射时的计算精度较差，计算精度与截取的 Floquet 模式数量相关(更高的计算精度要求更大的计算代价)等。

2.1 频率选择表面谐振的物理机制

如第 1 章所介绍，FSS 是一种贴片单元或缝隙单元的周期阵列，对于入射的电磁波能够表现出带阻或带通滤波器的特性，对于不同的形状，FSS 有着不同的滤波性能。本节分析 FSS 单元是如何实现这种滤波机制的。

当电子不吸收入射电磁波能量时，波正常传输，反之则不传输。当入射电磁波的能量不被传输时，入射电磁波的能量转化为电子振荡的动能，同时，电子由于振荡将产生辐射，辐射的方向垂直于振荡轴的平面，向平面两侧发出，在图 1.5(a)中，右手方向发出的辐射严重干扰了从左边而来的入射电磁波，结果是向右边辐射的电场消失了，向左边的辐射加强了向左侧的散射，即形成了 FSS 的反射波，此时，FSS 呈现全反射特性。若仅有一部分的入射能量被吸收，则向右侧传输的波被部分抵消，周期结构呈现部分透明。通常，传输系数是频率的函数，也就是说金属上的电子吸收入射电磁波的能量，并重新辐射出一些波长。频域响应曲线的形状依赖于刻蚀在金属上的图形，因此，可通过在金属上刻蚀不同的图案来得到不同的滤波特性。

缝隙型 FSS 谐振的物理机制如图 2.1 所示。图 2.1(a)所示的缝隙型 FSS 其实是一个缝隙天线单元，可以在谐振频率处将缝隙的边缘考虑成如图 2.1(b)所示的两段并联的长为 $\lambda/4$ 的双导传输线。由传输线理论，末端短路会使缝隙的中心处阻抗无限大，于是允许入射场完全通过，在其他频率上则呈现部分透明。

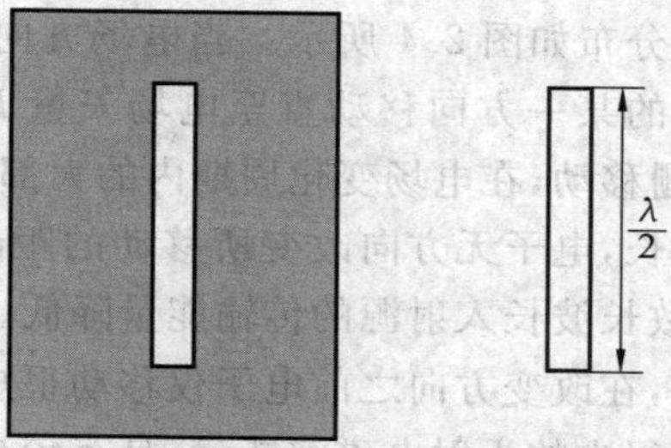

(a) 缝隙型 FSS　　(b) 等效传输线

图 2.1　缝隙型 FSS 谐振的物理机制

2.2　金属带栅的等效模型

容性金属带栅上的电荷分布如图 2.2 所示，假设入射电场为正弦周期型场，其方向垂直于金属带栅，金属带栅上的电子受感应振荡，随着电场的变化，电子被来回驱动，金属贴片上感应电子的状态将在图 2.2(a)与图 2.2(b)间转换。在电场为低频的情况下，其波长相对于栅格间的距离而言为长波长，而在高频情况下，波长相对于栅格间的距离而言为短波长。对于低频情况，假设入射电磁波入射到不带电的带栅上，驱动其为两个带电态之一。带栅将一直保持此状态直到电场矢量 $\boldsymbol{E}$ 反转方向并驱使电子朝相反的方向运动。然而，由于低频的电场矢量 $\boldsymbol{E}$ 变化很慢，金属贴片上的电子保持较长时间的稳定且在这

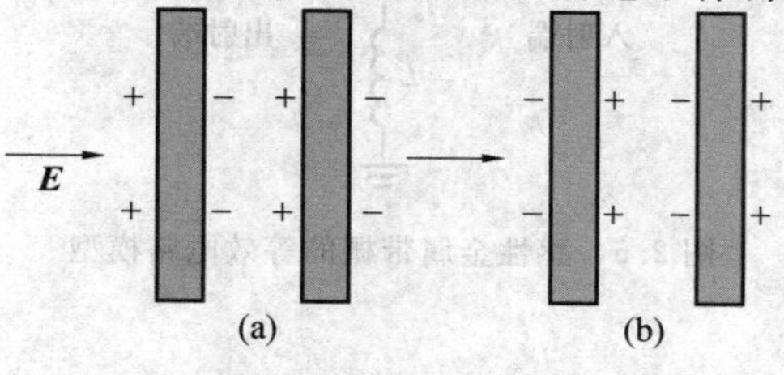

图 2.2　容性金属带栅上的电荷分布

些时间内不吸收能量,因此基本上不辐射能量。入射电磁波的大部分能量可正常传输,传输系数的值较大。高频情况则恰好相反,由于电场变化周期很短,因此短时间内电场矢量 **E** 即可反转方向,这将导致金属上的电子保持较长时间的振荡,吸收入射电磁波的能量。由于大部分的入射电磁波能量被吸收,导致传输系数降低,反射系数上升。

从上面的分析可知,容性金属带栅的传输特性类似于低通滤波器,可使用电容元件对其进行等效建模,如图 2.3 所示。在这种构造中,高频源将激励出穿过电容到达地面的电流,从传输线入射端进入的高频波将不会到达出射端,这正好符合容性带栅的工作特性。

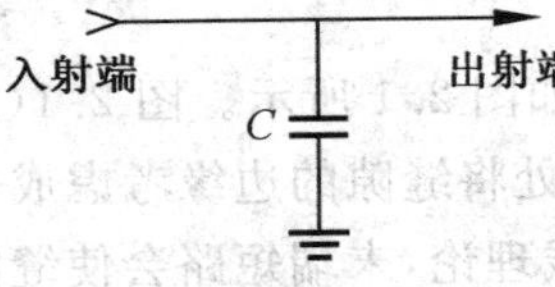

图 2.3　容性金属带栅的等效电路模型

感性金属带栅上的电荷分布如图 2.4 所示。当电场方向平行于金属带栅时,金属贴片上的电子自由地沿着带栅的某一方向移动直至电场矢量 **E** 方向发生变换。在低频情况下,由于沿着大尺寸的带栅移动,在电场变化周期内的大部分时间里电子自由地在同一方向移动。入射源的波长越长,电子无方向改变所移动的距离就越远。因此可预测到大部分的能量被电子吸收,导致长波长入射源的传输能量降低。在高频情况下,入射电磁波的快速摆动会导致电子振荡,在改变方向之前电子仅移动很短的距离,而不是像低频源那样大范围移动,于是,仅吸收很少的入射电磁波能量,具有较高的传输系数。由此可知,感性金属带栅可以作为高通滤波器,其相应的等效电路是并联到地的一个电感,它对低频信号短路,而对高频信号呈现高阻态,如图 2.5 所示。

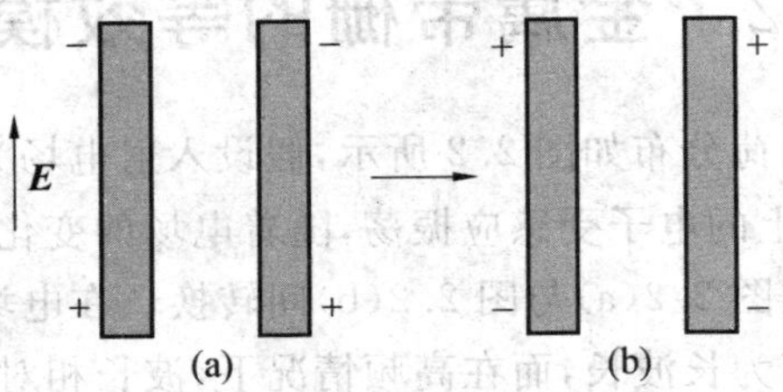

图 2.4　感性金属带栅上的电荷分布

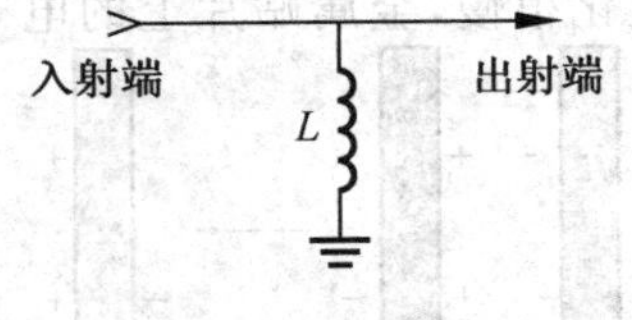

图 2.5　感性金属带栅的等效电路模型

2.3　频率选择表面的等效电路

2.3.1　贴片型和缝隙型偶极子周期阵列的等效电路

本节首先讨论贴片型和缝隙型偶极子周期阵列的等效电路。贴片型偶极子周期阵列可等效为 LC 串联电路，而缝隙型偶极子周期阵列可等效为 LC 并联电路。

贴片型偶极子周期阵列如图 2.6(a)所示。偶极子长度为 l，阵列周期为 D_x 和 D_y，当其暴露于电场矢量为 $\boldsymbol{E}_y$ 的入射平面波中时，部分能量将沿表面反射，另一部分将穿过表面向前传输，反射系数和传输系数会随着入射频率的变化而改变。可以这样理解：振元的条带状贴片表现为电感，振元的间隙形成串联电容，如图 2.6(b)所示。这就等效于在传输线上串接 LC 串联支路，如图 2.6(c)所示。在谐振频率 f_0 处，电场反射系数 $\Gamma_e=-1$，而电场传输系数 $T_e=0$，在其他频率处，该周期结构呈部分透明。

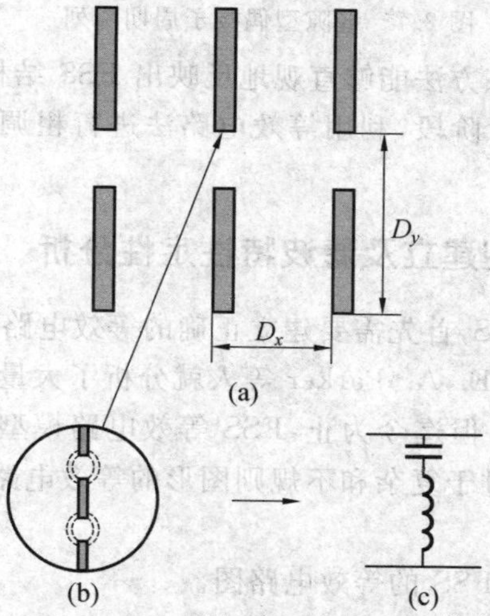

图 2.6　贴片型偶极子周期阵列

缝隙型偶极子周期阵列如图 2.7(a)所示。偶极子长度为 l，阵列周期为 D_x 和 D_y，当其暴露于电场矢量为 $\boldsymbol{E}_x$ 的入射平面波中时，部分能量将沿镜面反射，另一部分将穿过表面向前传输，当入射频率变化时，反射系数和入射系数也随之改变，但在谐振点 f_0 处表现出全透射的特性，电场反射系数 $\Gamma_e=0$，而电场传输系数 $T_e=1$，在其他频率处，该周期结构呈部分透明。典型缝隙表面的等效电路如图 2.7(d)所示，由等效传输线上并接 LC 并联支路组成。

以上所述为等效电路法的基本原理，等效电路仅适用于无栅瓣的情况，且随着入射角与极化方向的改变而不同。

等效电路法基于准静态场假设，根据传输线理论，将 FSS 的结构单元等效成电容、电感元件，建立等效 LC 电路，利用传输线理论给出的无限长金属带的电感计算公式和相邻带间的电容计算公式，定性或定量地分析等效电路参数，并根据 LC 谐振回路，分析或计

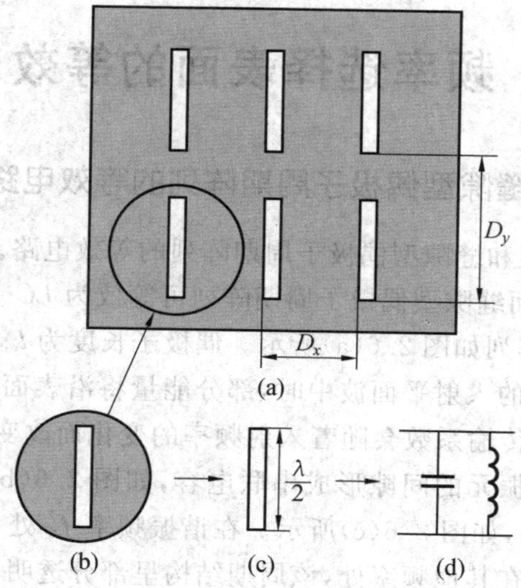

图 2.7　缝隙型偶极子周期阵列

算 FSS 的传输/反射特性。该方法能够直观地反映出 FSS 结构的滤波机制，快速地获得 FSS 的谐振特性，尤其在设计阶段，利用等效电路法进行粗调，能够大大提高设计速度，缩短设计周期。

2.3.2　等效电路模型建立及滤波特性定性分析

利用等效电路法分析 FSS，首先需要建立正确的等效电路模型。

从 20 世纪 80 年代开始，E. A. Parker 等人就分析了大量基本单元的 FSS 的等效电路模型，如金属栅格、方环等，但迄今为止，FSS 等效电路模型的建立大多是针对相对简单和规则的 FSS 单元图形，过于复杂和不规则图形的等效电路模型不易建立且等效电路参数不易获取。

图 2.8 给出了几种简单 FSS 的等效电路图。

图 2.8(a)、图 2.8(b)中，容性带栅和感性带栅可以分别等效为电容和电感，分别构成低通和高通滤波器。而图 2.8(c)、图 2.8(d)中，平面波正入射时，网栅可以等效成电感，类似于感性带栅，而网栅的互补结构可以等效成电容，类似于容性带栅，二者分别具有高通和低通滤波特性。网栅及其互补结构旋转 90°后结构不变，与感性带栅和容性带栅相比，具有更好的极化稳定性。

图 2.8(e)是方环缝隙阵列及其等效电路。平面波 TE 极化时，金属部分等效成电感，缝隙部分等效成电容，二者构成 LC 并联电路。利用等效电路分析这一结构的滤波特性：当入射电磁波频率较低时，电容阻抗大，电感阻抗小，电流都通过电感入地，两个端口间的传输能力较弱；当入射电磁波频率较高时，电感阻抗大，电容阻抗小，电流都流向电容，两个端口间的传输能力也很低；当输入频率等于谐振频率时，电容与电感阻抗相当，此时通过两者的电流大小相等、方向相反、互相抵消，LC 并联的综合效果为阻抗极大，两个端口间的传输能力极高。因此，方环缝隙阵列具有带通滤波特性。

图 2.8(f)是方环贴片阵列及其等效电路。平面波 TE 极化时，金属部分等效成电感，

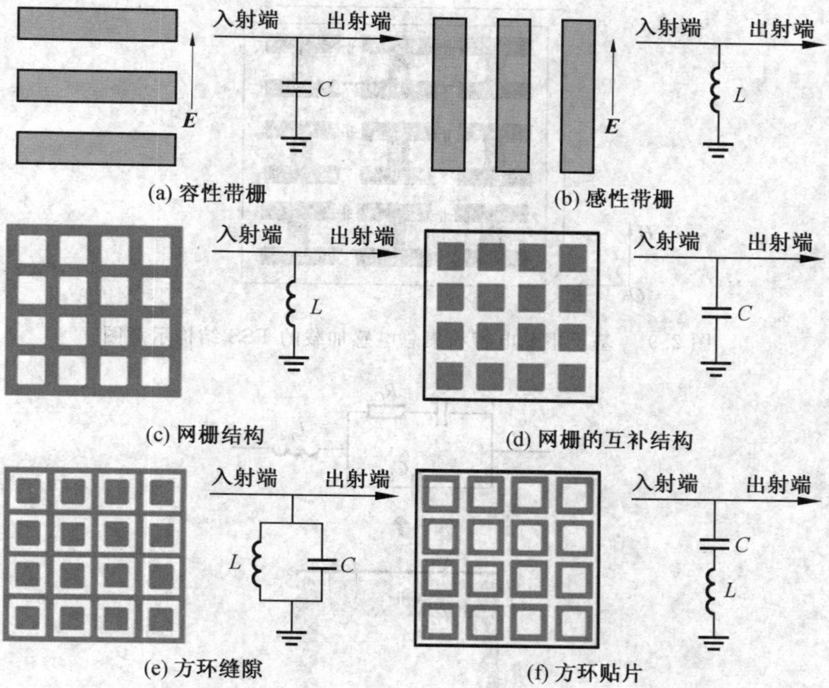

图 2.8　几种简单 FSS 的等效电路图

缝隙部分等效成电容,二者构成 LC 串联电路。利用等效电路分析这一结构的滤波特性,频率越高,电容呈现的阻抗越小。电感对直流而言是个通路,根据法拉第定律,交流时,频率越高电感呈现的阻抗越大。当输入频率较低时,电容阻抗较大,两个端口间传输能力较强;当输入频率较高时,电感阻抗大,两个端口间传输能力也较强;当频率等于谐振频率时,电容阻抗与电感阻抗相当,LC 串联的综合效果为阻抗最小,端口间传输能力最弱。因此,方环贴片阵列具有带阻滤波特性。

在实际应用中,FSS 一般要加载介质基底,随着有源 FSS 的逐渐发展,在建模中,集总元件影响需给予充分的考虑。下面以加载介质基底且引入集总电容和集总电感的“工”字形阵列为例,对等效电路建模过程加以详细说明。

对于图 2.9 所示的阵列结构,当入射电磁波的电场分量平行于集总元件时,集总元件处于工作状态,电流将会沿着金属贴片流动形成 LC 谐振回路,谐振回路的滤波特性将主要取决于集总元件的集总电感 L 和集总电容 C 大小。

当集总电容 C 和集总电感 L 处于工作状态时,在每个周期单元上,集总元件加载处的单元缝隙可等效为电容 C_{g1} 、C_{g2} ,分别与 L、C 并联,“工”字形金属贴片本身可以等效为电感 L_{p1} 、L_{p2} ,分别与 L、C 串联。集总电容和集总电感的电阻分别用 R_C 、R_L 表示。周期单元所对应的等效电路作用机理如图 2.10 所示。

在图 2.10 所示的等效电路基础上建立整个 FSS 结构所对应的等效电路模型。考虑两点因素:第一,周期单元间的互耦作用;第二,与周期单元结构相邻的电介质(包括自由空间空气层和介质基底)的调制作用。由于相邻周期单元缝隙两侧的金属贴片互相平行

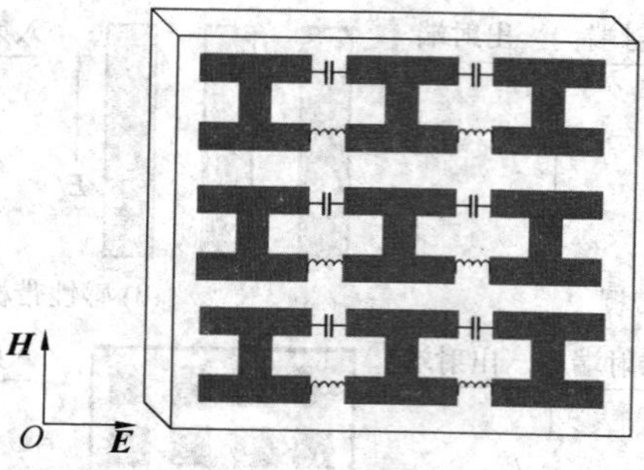

图 2.9　基于集总电容和集总电感加载的 FSS 结构示意图

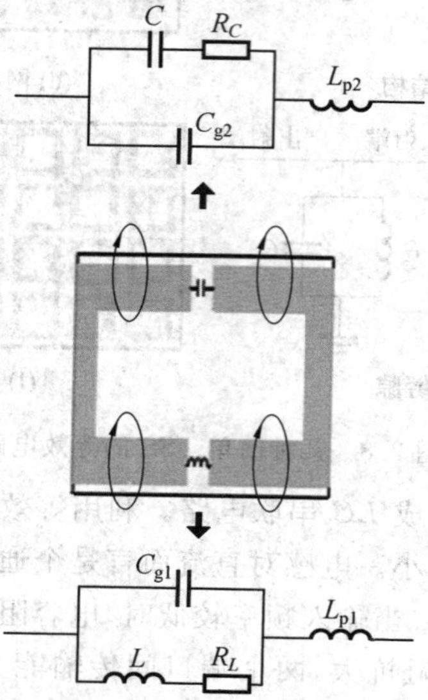

图 2.10　周期单元所对应的等效电路作用机理

且电流方向相反，因此，周期单元间存在耦合作用，可以通过在 L_{p1}、L_{p2} 间引入耦合系数 k 来表示。根据传输线理论，将自由空间空气层和介质基底分别等效为特征阻抗为 Z_0 和 Z_1 的传输线，$Z_0=377\ \Omega$，$Z_1=Z_0/(\varepsilon_r)^{1/2}$（$\varepsilon_r=4.3$ 为介质基底相对介电常数）。图2.11所示为 FSS 结构所对应的等效电路模型。

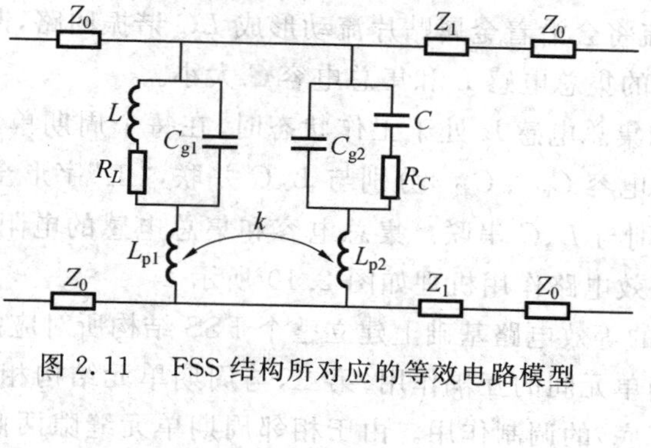

图 2.11　FSS 结构所对应的等效电路模型

2.3.3　等效电路参数提取

在正确建立等效电路模型的前提下，如何提取有效的等效电路参数是利用等效电路分析方法进行 FSS 设计和特性分析的关键。

根据传输线理论，金属贴片单元电感、电容的近似公式为

$$\begin{cases} L=-\mu_0 \dfrac{D}{2\pi}\log_2\left[\sin\left(\dfrac{\pi w}{2D}\right)\right] \\ C=-\varepsilon_0\varepsilon_{\text{eff}}\dfrac{2D}{\pi}\log_2\left[\sin\left(\dfrac{\pi s}{2D}\right)\right] \end{cases} \tag{2.1}$$

式中　D、w 和 s——结构电容及电感的长度、宽度及间隔；

ε_{eff}——介质层有效介电常数。

式(2.1)更适用于二维网栅结构，大量仿真实验证实，FSS 阵列中，用该式计算出来的电容、电感值与实际情况偏差较大。因此，式(2.1)只能用来进行定性分析而不能用来进行定量计算。

从 20 世纪初开始，很多学者致力于建立精确公式计算结构的 LC 值来准确获得 FSS 频响特性。通过引入半经验关系能较准确地计算网栅结构等简单图形的第一谐振，在 20 世纪 80 年代，Langley 等人给出了计算较复杂结构（如环形、双环形、十字形、耶路撒冷形）的分析公式。然而，这些公式应用范围较窄，并且随着 FSS 结构复杂程度的增加，这些公式越来越冗长繁杂，已经背离了简单便捷的初衷。

下面将采用对 FSS 全波分析法计算曲线进行拟合的方法，提取等效电路参数值。这一方法在处理复杂 FSS 结构和多屏 FSS 结构时更具优势，快捷直观，精确度更高。

仍然以图 2.9 所示的阵列为例进行说明。对这一阵列加载介质基底且引入集总电容和集总电感，比较具有代表性。

首先采用全波分析法进行数值计算，获取全波分析法频域响应曲线。

利用周期边界条件从无限大的周期结构提取出一个如图 2.12 所示的 FSS 周期单元模型。单元尺寸如下：$D_x=D_y=11$ mm，$h_1=h_2=10$ mm，$w=2$ mm，基底介电常数和厚度分别为：$\varepsilon_r=4.3$，$d=1.6$ mm，集总 L、C 值及元件本身的电阻值分别为：$L=7.5$ nH，$R_L=1.5\ \Omega$，$C=1.5$ pF，$R_C=1.5\ \Omega$。通过计算得到该结构的频域响应曲线如图 2.13 所示。

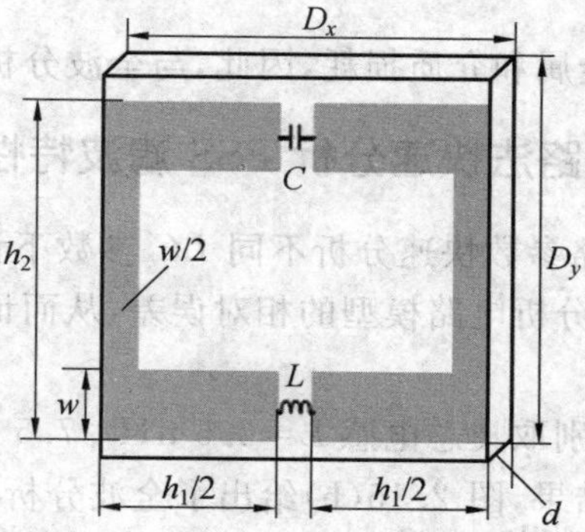

图 2.12　FSS 周期单元结构图

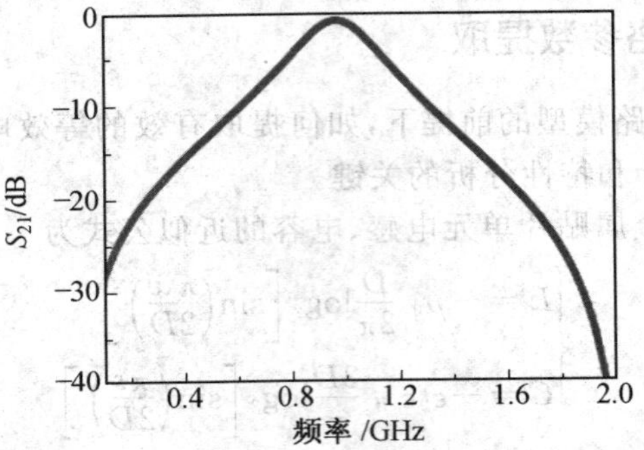

图 2.13　FSS 周期单元结构的频域响应曲线

为了提高拟合数据的精度，将全波分析法频域响应曲线的频率范围延伸至 12 GHz（FSS 实际工作范围由集总元件参数和实际需求决定），共包含 2 个通带和 4 个极值点，全波分析法频域响应曲线和等效电路模型拟合曲线如图 2.14 所示，所提取的等效电路参数见表 2.1。

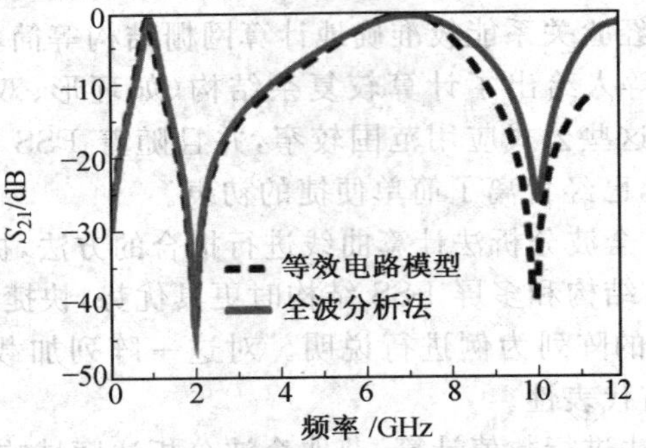

图 2.14　$L = 7.5$ nH、$C = 1.5$ pF 时全波分析法频域响应曲线和等效电路模型拟合曲线

表 2.1　等效电路参数

参数名称	C_{g1}/pF	C_{g2}/pF	L_{p1}/nH	L_{p2}/nH	k
参数值	0.106	0.106	4.2	4.2	−0.35

等效电路模型忽略了金属和介质损耗，因此，与全波分析法相比会存在一定偏差。

2.3.4　利用等效电路法快速分析 FSS 滤波特性

利用表 2.1 中等效电路参数快速分析不同 LC 参数下该小型化结构的传输特性，并通过与全波分析结果对比，分析电路模型的相对误差，从而证明等效电路参数的有效性和电路模型分析的可靠性。

保持其他参数不变，分别取集总电感 L=2.5 nH 、7.5 nH 和 15 nH。图 2.15(a)给出了等效电路法快速计算结果，图 2.15(b)给出了全波分析法的精确计算结果，数据对比见表 2.2。等效电路法计算的中心频点、传输系数和−3 dB 带宽的相对误差分别小于 9.48%、14.8%和 4.39%，由于等效电路法没有充分考虑金属和介质损耗，因此其传输系数略高。

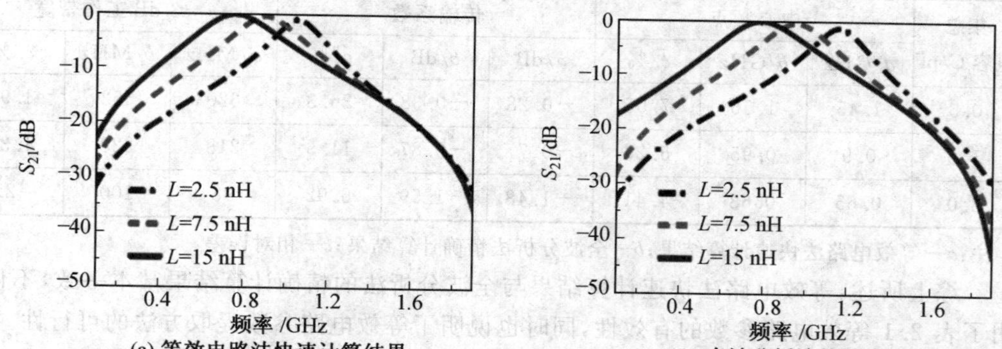

(a) 等效电路法快速计算结果　(b) 全波分析法的精确计算结果

图 2.15　集总电感 $L=2.5$ nH、7.5 nH 和 15 nH 时频域响应曲线图

表 2.2　不同集总电感 L 下 FSS 传输特性分析

集总电感 L/nH	中心频点			传输系数			−3 dB 工作带宽		
	a/GHz	b/GHz	c/%	a/dB	b/dB	c/%	a/MHz	b/MHz	c/%
2.5	1.05	1.16	9.48	−1.45	−1.68	13.7	138	137	0.73
7.5	0.9	0.95	5.26	−0.77	−0.87	11.5	218	228	4.39
15	0.75	0.78	3.85	−0.46	−0.54	14.8	288	296	2.7

注：a—等效电路法快速计算结果；b—全波分析法精确计算结果；c—相对误差

保持其他参数不变，分别取集总电容 $C=0.5$ pF、1.5 pF 和 3.0 pF 。图 2.16(a)、图 2.16(b)分别是等效电路法快速计算结果和全波分析法的精确计算结果，数据对比见表 2.3。等效电路法计算的中心频点、传输系数和−3 dB 带宽的相对误差分别小于7.05%、26.3%（相应的绝对误差仅为 0.1 dB)和 4.91%。

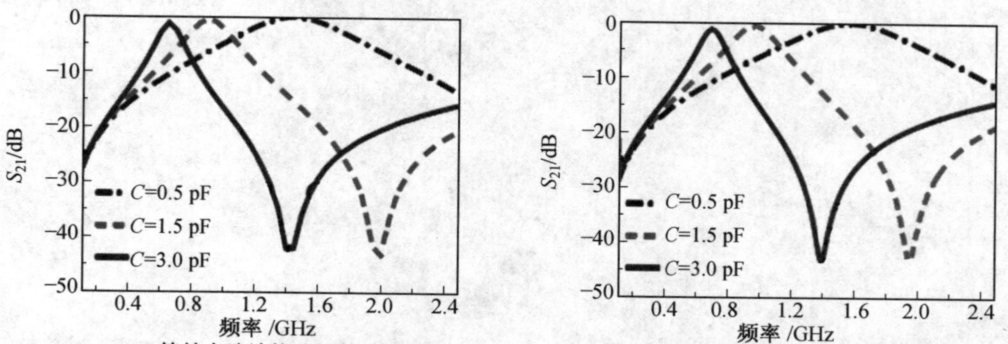

(a) 等效电路法快速计算结果　(b) 全波分析法的精确计算结果

图 2.16　集总电容 $C=0.5$ pF、1.5 pF 和 3.0 pF 时频域响应曲线图

表 2.3 不同集总电容 C 下 FSS 传输特性分析

集总电容 C/pF	中心频点			传输系数			−3 dB工作带宽		
	a/GHz	b/GHz	c/%	a/dB	b/dB	c/%	a/MHz	b/MHz	c/%
0.5	1.45	1.56	7.05	−0.28	−0.38	26.3	620	652	4.91
1.5	0.9	0.95	5.26	−0.77	−0.87	11.5	218	228	4.39
3.0	0.65	0.68	4.41	−1.48	−1.59	6.92	98	100	2

注:a—等效电路法快速计算结果;b—全波分析法精确计算结果;c—相对误差

综上所述,等效电路法快速计算结果与全波分析法的精确计算结果基本一致,不仅证明了表 2.1 等效电路参数的有效性,同时也说明了等效电路参数提取方法的可行性。

第3章 频率选择表面的宽带设计方法

3.1 宽带频率选择表面基础

3.1.1 频率选择表面原理简介

频率选择表面结构分为有源结构和无源结构，它们的性能差异较大，本章仅对无源结构进行研究。多年来国内外学者对于 FSS 的分析方法基本可以归结为四种，每种方法都有各自的优势和劣势：变分法，需要复杂过程以寻找试探函数；等效电路法，不易于确定集总参数的准确值，适用于电磁能量较为集中的区域；模分析法，需要将电磁波分解为各种 Floquet 模式，求解满足边界条件的积分方程；谱域法，需要利用傅里叶变换和边界条件，求解场值的真实解。本章便是利用简单谱域法求解。

FSS 的相关优化参数多种多样，主要包括边缘滚降速度、角度极化稳定性、工作带宽等，针对不同的参数要求，目前国内外主要从以下几个方面对 FSS 进行研究。

(1)利用不同结构或者相同结构不同尺寸的单元组合。这种组合方式主要希望利用不同形式的单元在不同的频点产生谐振，如果这些频点较为接近，且大部分工作带宽重叠，往往能带来宽带特性和快滚降特性。

(2)利用三维频率选择表面结构代替传统二维结构。这种做法可以从多个方面改善 FSS 的特性，主要体现在工作带宽的展宽和结构整体的小型化方面。

(3)利用多层结构代替单层结构，并适当加载有源器件以实现更高的可控性。多层结构的引入使得不同层之间的耦合成为可优化部分，从而提高了设计自由度。同时有源器件如变容二极管对于电流的控制可以改变 FSS 结构对于入射电磁波幅值和相位两方面的调整，使 FSS 变得可变可控。

1. 可供调整的频率选择表面参数

对于不同形式的频率选择表面，影响其频域响应的参数多种多样，但可以总结为两个维度上的参数。从 FSS 平面来讲，最主要的还是单元本身的结构形式，除此以外单元的周期排布方式以及单元中心点的间距也起重要作用；从纵向角度来讲，由于金属厚度在制作工艺中基本固定，因此介质基板的厚度成为主要的影响因素。

(1)单元结构参数。

针对不同形式和几何基础的 FSS 单元,单元的结构参数往往不宜一概而论,但大体有一定的规律可循。对于条状结构,在条宽度与长度相差较大的情况下,通常条长等于半波长的整数倍时,发生谐振;而对于环状结构,无论是多边形结构还是圆环结构,通常的设计要求是环周长约等于一个波长(对于圆周长等于多个波长的情况,将会出现高次谐波,对原谐振响应产生影响)。如图 3.1 所示,对于三脚形式的条状结构通常希望三条边的总长度恰好为一个波长;而对于六边形结构,则希望六边形周长等于一个波长。

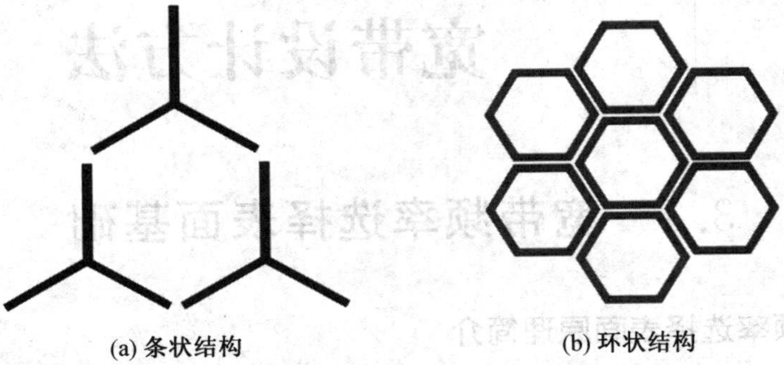

图 3.1　条状结构和环状结构示意图

(2)单元排布形式及中心间距。

前面已经给出了最为常见的单元排布形式——矩形排布,其实对于多数规则图形而言,矩形排布较为简单实用。然而很多时候出于不同的目的,比如希望获得较小的单元间距以及特殊的耦合效果,往往需要借助菱形排布甚至普通平行四边形排布,这在设计时很好理解,但在 CST(Computer Simulation Technology)软件中设置时需要特殊强调,如图 3.2 所示。S1 和 S2 分别代表 x、y 两个方向上的单元中心距离,Grid angle 为方向向量夹角。

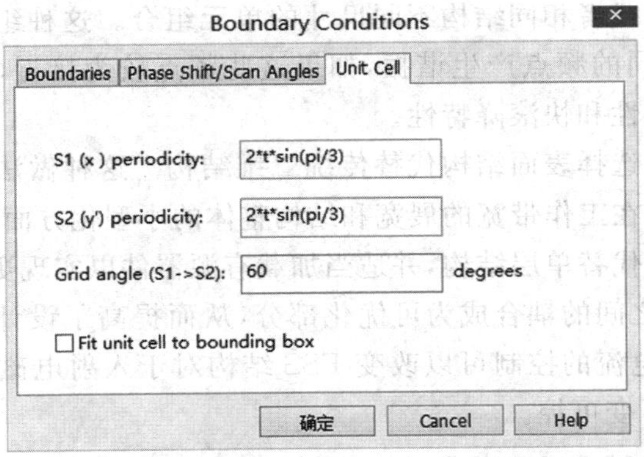

图 3.2　CST 软件中对于单元排布的设置

在设计不同形式 FSS 单元时,单元中心间距始终需要重点考虑,通常希望单元间距尽可能小,其主要原因在于当单元间距超过某一阈值后,原本以消逝波形式存在的模式将转换为以非消逝波形式存在的栅瓣,对于整体响应造成影响。接下来将给出栅瓣的具体出现条件。

以简单的一维情况为例，如图 3.3 所示，阵列单元呈直线排列，间距为 D_x，平面波入射角为 θ。正常在没有栅瓣形成的情况下，入射电磁波到达某一单元时的相位比到达其左侧单元滞后，滞后值为 $\beta D_x \sin\theta$。无论是反射波还是透射波，相位都将超前于其左侧单元，并且超前值也为 $\beta D_x \sin\theta$，因此反射波和透射波也都是平面波。

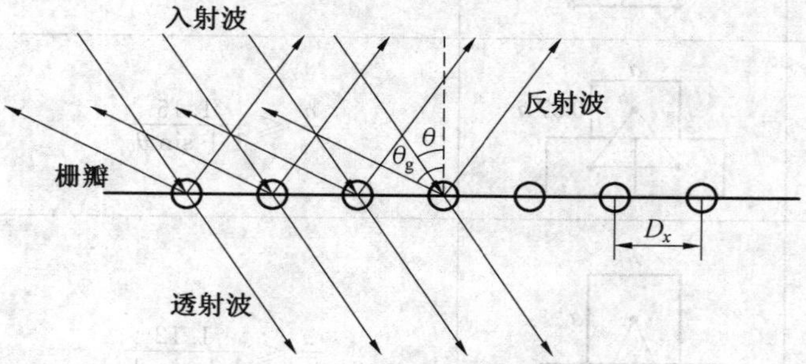

图 3.3　一维阵列栅瓣形成示意图

当由于散射存在而造成栅瓣出现时，假设栅瓣的传播方向如图 3.3 中所示，与法线夹角为 θ_g，左侧单元的栅瓣波相位超前于其右侧单元，超前值为 $\beta D_x \sin\theta_g$，从而造成左侧单元波相位总体超前于右侧 $\beta D_x(\sin\theta+\sin\theta_g)$，当这一数值恰好等于 2π 的整数倍时，在栅瓣方向上形成的波依旧是同相位的，原本这一方向上的消逝波将以平面波的形式传输。通过前面的分析，可以得到栅瓣出现的条件为相位差达到 $2n\pi$，即

$$\beta D_x(\sin\theta+\sin\theta_g)=2n\pi,\quad n=1,2,3,\cdots$$

在上式中，利用传播系数 $\beta=2\pi/\lambda_g$ 可以进一步求解栅瓣出现频率：

$$f_g=\frac{c}{\lambda_g}=\frac{nc}{D_x(\sin\theta+\sin\theta_g)}$$

式中　θ_g —— 变量，当其取最小值 $\pi/2$ 时，对应的栅瓣出现频率最小，其值为

$$f_{g0}=\frac{nc}{D_x(\sin\theta+1)}\tag{3.1}$$

观察式(3.1)可以发现，对于固定的入射角 θ，单元间距 D_x 是栅瓣出现最小频率的唯一决定因素，因此对 D_x 的限制可以保证栅瓣不出现。当入射电磁波频率为 f_0 时，D_x 限制条件为

$$D_x=\frac{nc}{f_0(\sin\theta+1)}$$

上式的最大值在 $n=1,\theta=\pi/2$ 时出现，此时满足

$$D_x\leqslant\frac{\lambda_0}{2}$$

也就是说，FSS 阵列的单元间距不能超过半个波长。有学者基于 Floquet 原理，对于不同排布形式的 FSS 特性进行了总结，见表 3.1，为后续研究提供了可靠依据。

表 3.1　不同排布形式的 FSS 特性

阵列形式	排布示意图	无栅瓣最大间隔	$\theta_0=0°$
正方形	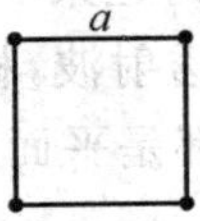	$\frac{a}{\lambda_0}\leqslant\frac{1}{1+\sin\theta_0}$	$\frac{a}{\lambda_0}\leqslant 1$
正三角形	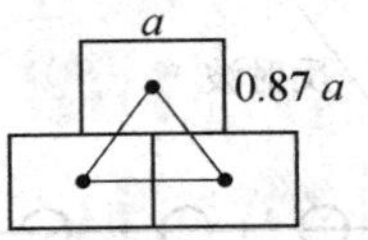	$\frac{a}{\lambda_0}\leqslant\frac{1.15}{1+\sin\theta_0}$	$\frac{a}{\lambda_0}\leqslant 1.15$
交错型	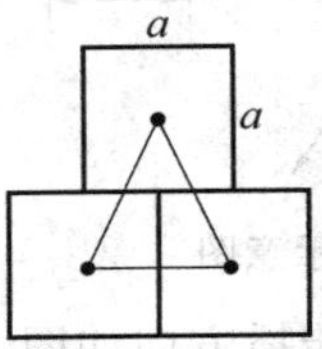	$\frac{a}{\lambda_0}\leqslant\frac{1.12}{1+\sin\theta_0}$	$\frac{a}{\lambda_0}\leqslant 1.12$

表 3.1 中给出了三种不同形式的单元排布下对于单元间距的要求，由于本书中仅对电磁波垂直入射情况进行讨论，因此表中仅给出入射角 $\theta_0=0°$ 情况下的相应值，其中 a 表示单元中心横向间距；λ_0 表示工作波长。

(3)介质基板的设置。

一般的金属结构很难独立存在于空间中，尤其是工作于自然环境下的情况。无论从机械强度还是加工固定方面都需要介质基板作为衬底。

图 3.4 给出了本节所涉及的结构在加入和不加入介质基板两种情况下的仿真结果。从图中可以看出，是否加入基板对于频域响应的主要影响体现在谐振频点的左右平移方向，另外，加入基板的情况谐振深度也得到了明显的增强，然而对工作带宽几乎没有改善。当然除了在机械固定方面给予支持外，能够为设计加入新的自由度已经十分不易了。

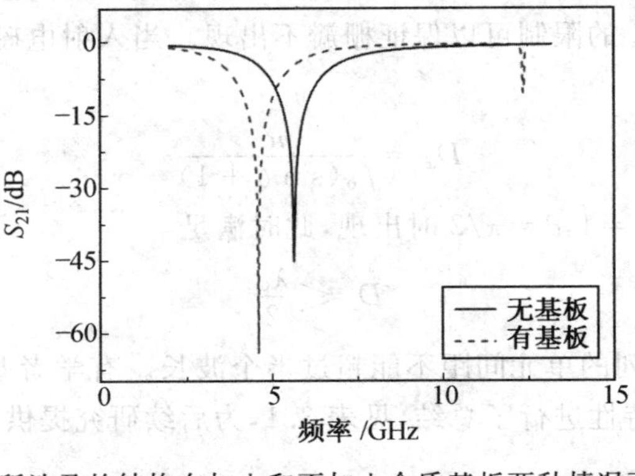

图 3.4　本书所涉及的结构在加入和不加入介质基板两种情况下的仿真结果

多数情况下，介质基板会对整体的频域响应产生影响(一般导致频率下降)，当加入相对介电常数为 ε_r 的介质基板时，谐振频率变化为

$$f=\frac{f_0}{\sqrt{\varepsilon_r}}$$

式中　f_0——在不加入介质基板的情况下测得的谐振频率。

如果两侧均有介质基板，情况将会进一步变化，谐振频率变化为

$$f=\frac{f_0}{\sqrt{\frac{\varepsilon_r+1}{2}}}$$

从式中可以得到介质介电常数影响谐振频率的结论。介质厚度对于谐振频率的影响几乎呈现单调性。随着介质厚度增加，无论是贴片结构还是缝隙结构，其谐振频率都是逐渐降低的，而且增加的幅度越来越小，这是因为当介质厚度较小时，入射电磁波透过 FSS 阵列激励的高阶 Floquet 模传播到介质与空气的分界面时还有一定的幅值，在分界面处会发生反射，返回到 FSS 阵列，从而影响 FSS 阵列的电场分布，改变了其谐振特性。如果厚度一直增加，分界面距离 FSS 阵列比较远，这时高阶 Floquet 模传播到分界面时几乎已经衰减没了，反射后不能到达 FSS 阵列，因此对谐振特性的影响就比较微弱。

更为具体地讲，当介质较薄(小于 $\lambda/4$)，介质厚度增加将会导致中心频率下降，对于单侧加载，随着加载厚度的变化，中心频率曲线围绕 f_1 上下波动，并近似地呈现周期性；对于双侧加载，中心频率曲线围绕 f_2 上下波动，也近似地呈现周期性，满足

$$f_1=\frac{f_0}{\varepsilon_r}-0.5\,,\quad f_2=\frac{f_0}{\varepsilon_r+0.5}-0.5$$

2. 展宽工作带宽的主要措施

不同的学者对于 FSS 结构工作带宽的关注使得展宽工作带宽成为研究和实践中需要提高的主要性能指标，其中最为常见的措施包括：将单层结构设计为双层结构，采用工作带宽较宽的基本组成单元以及加入合适厚度和介电常数的介质基板。

首先研究双层结构对于工作带宽的改善作用。双层结构之所以能够对工作带宽起到作用主要是由于两层原本应谐振于同一频点的响应会出现小的偏移，这种偏移是两层之间相互耦合造成的。对于典型的六边形环状结构，将单层结构在所有参数不变的情况下转换为双层，层间距设置为 2 mm，其工作带宽比较如图 3.5 所示。

图 3.5(a)所示为 TE 极化模式下的工作带宽比较，图 3.5(b)所示为 TM 极化模式下的工作带宽比较，无论是哪种情况，基模的工作带宽从视觉上即可分辨，双层结构达到单层结构的 1.5 倍左右。

第二种改善结构工作带宽的方式是在双层结构基础上，将其中一层的尺寸做相应的调整，对应的频点出现进一步偏移与原有阻带融合之后形成宽带特性，如图 3.6 所示。图 3.6(a)、图 3.6(b)分别为 TE 和 TM 两种极化模式下的工作带宽比较结果，基模工作带宽都得到了一定程度的展宽。需要注意的是，此处两层之间的二维尺寸比例为 0.95，即只需要较为轻微的偏移，若将尺寸比例确定在较小的数值上，则很可能在两阻带之间出现大于－10 dB 的通带，使原本期望得到的宽频特性变为双频特性，无法实现真正意义上的工作带宽改善。

对于单元的排布形式前面只针对栅瓣的出现条件进行了适当的说明，其实单元的排

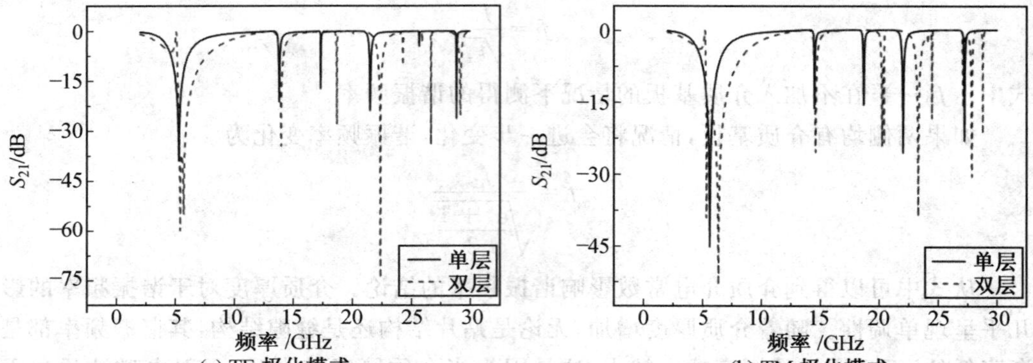

(a) TE 极化模式　　(b) TM 极化模式

图 3.5　单层结构与双层结构的工作带宽比较

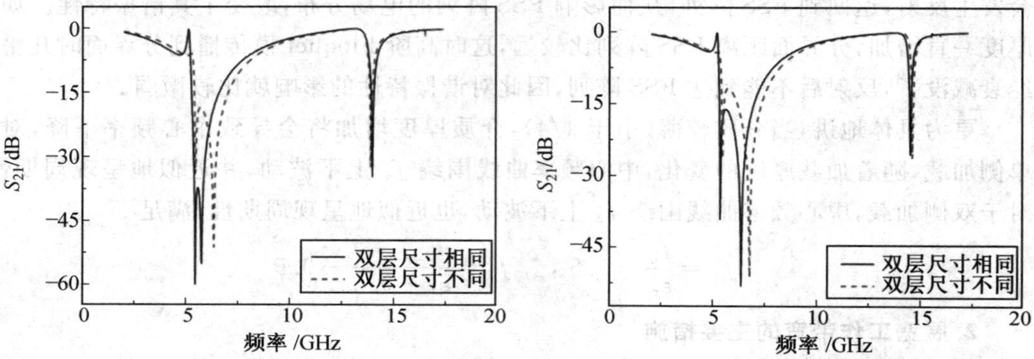

(a) TE 极化模式　　(b) TM 极化模式

图 3.6　双层同尺寸与双层异尺寸的工作带宽比较

布形式除了对栅瓣的出现条件造成影响外，还对整体阵列的工作带宽产生一定的作用。图 3.7 中以四角环状结构为例，分别给出三角形排布和正方形排布两种情况下的频域响应，由于三角形排布的单元排列比起其他形式更为紧密，因此其工作带宽在理论和仿真中都略宽，当然这并不是影响最终工作带宽的决定因素。

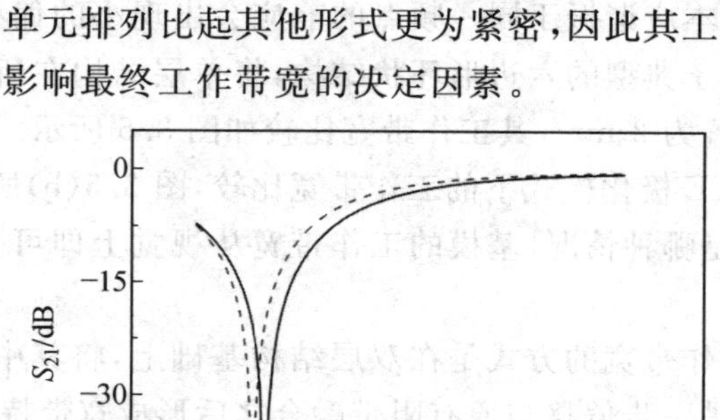

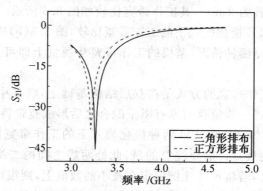

图 3.7　四角环状结构不同排布的工作带宽比较

对于单元结构本身对工作带宽的影响将在 3.1.2 节中进行详细说明，最终确定以六边形环状结构作为基本组成部分主要因为其在工作带宽方面的表现要明显优于除细致优化过的单极子缝隙以外的多数结构。

3.1.2　FSS 基本单元仿真结果

1. FSS 典型基本单元仿真结果分析

金属单极子的响应特性已经非常成熟，此处不再进行详细说明，只需明确金属的长度约等于波长时会出现第一个也是最强的谐振点即可。

与金属单极子互补的结构为单极子缝隙结构，如图 3.8(a)所示。其主要参数为条长 l 和条宽 w，此处为方便起见将其设定为 $l=10$ mm，$w=5$ mm。当单极子缝隙极化方向平行长边(顺极化)时，在 15 GHz 附近出现基模谐振，在 30 GHz 附近出现二次模谐振(中间奇异点为两种模式的耦合)，完全符合 $l=\lambda/2$ 的已知结论。随着长度变化谐振点左右偏移，如图 3.8(b)所示。在理论分析方面，通常将条状缝隙等效为磁流元，随着 w 的变长矩形结构逐渐向正方形结构过渡，频域响应也相应地发生变化，不再符合传统的规律，在此不做进一步研究。

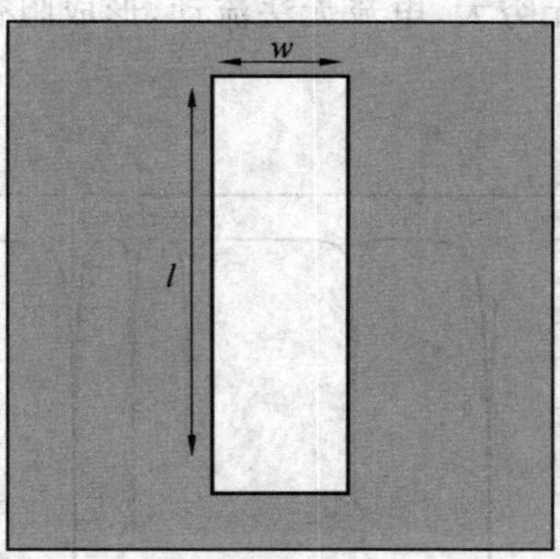

(a) 结构示意图

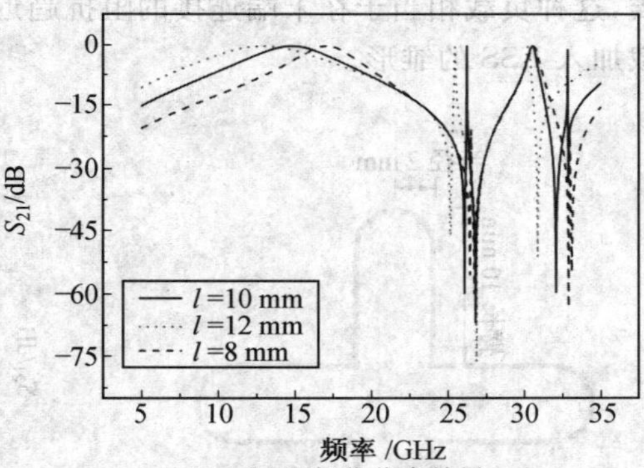

(b) 顺极化仿真结果

图 3.8　单极子缝隙

这种简单结构在合理的几何尺寸调整下可以达到不错的工作带宽，甚至可以达到相当带宽 20%以上，再加上其加工和优化的便利性，使得应用十分广泛。本节欲设计带阻特性的结构，因此不再展开讨论。

接下来研究的结构是从小型化目的出发设计的最初想法，即将直线型的金属条进行弯折处理以实现空间上的节省，如图 3.9(a)所示。其中涉及三个可调的几何参数，单臂长 $l=10$ mm，弯折处半径 $r=2$ mm，金属条宽度 $w=0.5$ mm。当平面波的电场方向平行于短臂方向时，在 6.689 GHz 处出现阻带，工作带宽为 8.7%；当平面波的电场方向平行于长臂方向时，基模在 3.51 GHz 处出现阻带，工作带宽为 6.9%[图 3.9(b)]，10 GHz 左右的谐振是高次模产物，此时整体的周长约等于 3.3 GHz 处的半波长，接近 3.51 GHz 处的半波长，这是 FSS 小型化最早的雏形。

接下来研究的结构是从稳定性的角度出发设计的最初想法，如图 3.10 所示，给出了四角环结构，其单臂长为 10 mm，金属条宽度为 0.5 mm，末端半圆半径为 2 mm。其频域

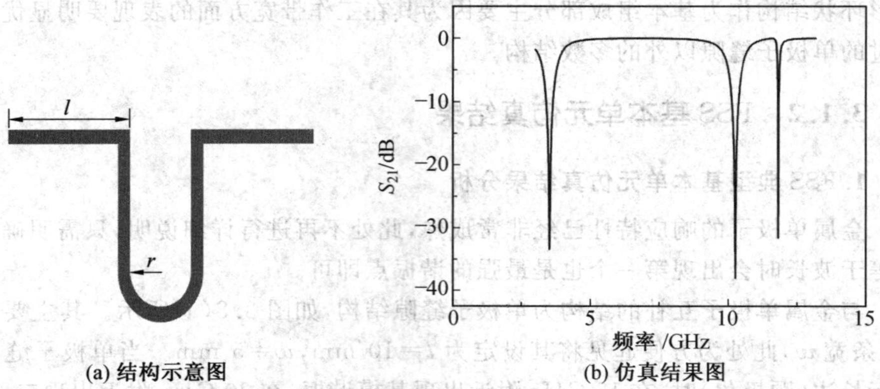

图 3.9　中心弯折金属条

响应 TM 模式与 TE 模式完全相同，这是极化稳定 FSS 最早的雏形。前两个阻带的中心频点分别位于 3.221 GHz（相对带宽 9.9%）和 7.199 GHz（相对带宽 1.9%），第一个频点出现在半周长等于半波长的时候，第二个频点出现在将垂直极化方向的臂作为 λ/4 负载的时候，这种负载相当于在末端连接的阻抗趋近于无穷大，电流无法流动，形成阻带，这也是负载加入 FSS 的雏形。

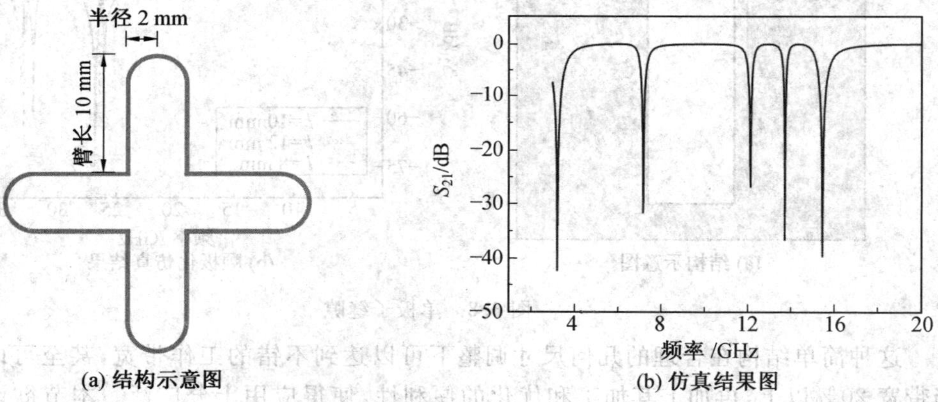

图 3.10　四角环结构

对于六边形环状结构的分析将在下一节中具体分析，因为它是本章宽带 FSS 结构的基本组成部分。

2. FSS 基本单元仿真结果列表

改变相应的几何参数对带宽的影响较为明显，具体见表 3.2。

表 3.2　改变相应的几何参数对带宽等的影响

单元名称	单元描述	结果分析
单极子	单元长度 $l_1=10$ mm，宽度 $w_1=5$ mm，间距 $D_x=D_y=15$ mm	TE：在 14.53 GHz 和 22.83 GHz 处出现两个阻带，其他部分为通带。第一阻带相对带宽为 10.77%，第二阻带相对带宽为 2.85%
		TM：在 20.08 GHz 处出现阻带，相对带宽很小(<2%)
	单元长度 l_1 为 8～12 mm，其他参数不变(观察 TE 模式)	l_1↑，第一谐振频点左移明显，第二谐振频点几乎无变化。l_1↑，Δf↑，$\Delta f/f$↑，相对带宽可以达到百分之十几
	单元长度 l_1 为 3～7 mm，其他参数不变	TE：w_1↑，第一谐振频点右移明显，第二谐振频点同时右移，但右移量小于第一谐振频点。这里只研究低次谐波的第一谐振频点。w_1↑，工作带宽↑，相对带宽可以达到百分之十几
		TM：w_1↑，第一谐振频点和第二谐振频点同时右移，第二谐振频点移动量大。w_1↑，工作带宽↑，最宽相对带宽为 2.25%，没有第二谐振频点宽(最宽为 9.1%)
	改变 x 方向单元间距，取为 13～17 mm，其他参数不变	TE：D_x↑，工作带宽↓，最宽相对带宽可达 31%(此时 $D_x=6$ mm)，缺点在于滚降速度慢，由 −10～−20 dB 占用整个阻带的 2/3 带宽
		TM：D_x 变化对于第一谐振频点的位置以及工作带宽并没有明显影响。对第二谐振频点影响显著，使 D_x↑，f_0←，工作带宽↓

续表 3.2

单元名称	单元描述	结果分析
单极子槽缝(等效磁流元)	单元长度 $l=10$ mm，宽度 $w=5$ mm，间距 $D_x=D_y=15$ mm	TE：在 23.06 GHz 和 33.59 GHz 处出现两个通带，32.21 GHz处出现奇异点，其他部分为阻带。第一通带相对带宽为 4.31%，第二通带相对带宽为 2.36%
		TM：在 14.81 GHz 和 30.53 GHz 处出现两个通带，26.24 GHz处出现奇异点，其他部分为阻带。第一通带相对带宽为 18.99%，第二通带相对带宽很小
	单元长度 l_1 为 8～12 mm，其他参数不变	TE：l_1 ↑，f_0 →。工作带宽 ↑，但并不明显，最宽相对带宽为 4.53%
		TM：l_1 ↑，f_0 ←。工作带宽 ↑，并且明显宽于 TE 模式，最宽相对带宽为 29.19%
	宽度 w_1 为 3～7 mm，其他参数不变	TE：w_1 ↑，f_0 ←。工作带宽 ↑。对于工作带宽最大情况，在 20.75 GHz 处出现通带，相对带宽为 12.62%
		TM：w_1 ↑，f_0 →。工作带宽 ↑。对于工作带宽最大情况，在 15.89 GHz 处出现通带，相对带宽为 24.75%
四角环一单臂	单臂长 $l=10$ mm，金属条宽度 $w=0.5$ mm，弯折处半径 $r=2$ mm，间距 $D_x=26$ mm，$D_y=14$ mm	TE：平面波的电场方向平行于短臂方向，在 6.689 GHz 处出现阻带，相对带宽为 8.7%
		TM：平面波的电场方向平行于长臂方向，在 3.51 GHz 处出现阻带，相对带宽为 6.9%。整体的周长约等于 3.3 GHz处的半波长，接近 3.51 GHz 处的，这是 FSS 小型化最早的雏形
四角环	单臂长 10 mm，金属条宽度 0.5 mm，末端半圆半径 $r_1=2$ mm，间距 $D_x=26$ mm，$D_y=14$ mm	TE：前两个阻带的中心频点分别位于 3.221 GHz(相对带宽为 9.9%)和 7.199 GHz(相对带宽为 1.9%)处，第一个频点出现在半周长等于半波长的谐振情况，第二个频点出现在将垂直极化方向的臂作为 λ/4 负载的时候，这也是负载加入 FSS 的雏形
		TM：其频域响应与 TE 形式完全相同，这是极化稳定 FSS 最早的雏形
六边形环	六边形边长 10 mm，金属条宽度 0.5 mm，单元间距 $D_x=22$ mm，$D_y=19$ mm。	TE：第一频点出现在 5.33 GHz 左右，相对带宽为 19.2%，工作带宽在所有多边形环形单元中最宽。5 GHz 左右的频点也是单元周长等于波长的情况，这是设计多边形环形单元的基本准则
		TM：与 TE 模式频点、工作带宽几乎一致

注：TE 波极化平行长边方向；阻带以 −10 dB 为标准；通带以 −1 dB 为标准

3.2　宽带频率选择表面的设计与仿真

3.2.1　宽带 FSS 结构的设计原则

在 FSS 单元的设计过程中，从不同的设计目的和不同的设计方法出发，涉及多种多样的设计原则，在真正开始提出宽带 FSS 之前，凭借作者工作经验以及诸多参考文献中的典型实例，对这些原则进行了系统的总结。

首先，多层结构对于 FSS 的特性有至关重要的影响，多层 FSS 比单层 FSS 具有更大的工作带宽，同时在工作频带内具有平坦的频域响应曲线，这些已经在上一节的仿真中给予说明，除此以外多层结构的工作频带的边缘衰减趋势也明显加快。归结其原因较为复杂，主要由于多层结构有效地改善了单层结构的失配损耗问题。

绝大多数 FSS 结构都可以通过取其金属图案的互补结构来实现频率选择特性的倒置。互补周期结构的定义是当两个周期结构放到一起时，恰好能够形成完整的金属平面。由巴比涅原理可知，理想情况下互补周期表现出正好相反的入射电磁波响应，但条件苛刻。首先，要求金属是无穷薄的，一般金属厚度要小于 1/1 000 波长，在仿真中通常定义为理想导体，如果不是无穷薄金属，随着金属的加厚，贴片型的阻带变宽，缝隙型的通带变窄；其次，要求 FSS 结构是纯金属且没有介质板的介入，介质板的介入会使贴片型阻带与缝隙型通带两种情况的频率都下降，如果介质板的厚度可以与 1/4 波长相比拟，那么对于两种情况的影响是大不相同的；最后，还要求 FSS 为单层结构，多层 FSS 级联，对于贴片型阻带与缝隙型通带两种情况都会得到平滑的顶部和更快的滚降速度，但程度不同。

对于谐振单元本身的设计有很多方法，目前较为常见的是将天线设计中的分形结构引入 FSS 的设计中。分形结构可以通过增加电流的路径长度来减小天线尺寸，在 FSS 中用到的也是这一特性。分形结构的个体单元和整体阵列具有相似性，但又在尺寸上存在差异，使得分形结构的个体单元本身很容易出现多频特性，这往往使得在只要一个单层的情况下就有实现宽频的可能。从另一个角度讲，对称结构可以降低 FSS 阵列对于入射电磁波方向和极化方向的敏感性，这一点从简单的几何学方面就能够理解。此外，加载元件的 FSS 结构也是设计中具有很高利用价值的思路。

对于整体系统而言，高介电常数的基板可以用于减小 FSS 的尺寸，介电常数越高，谐振频率越低。组合结构的频域响应曲线往往更陡峭，同时频带也更宽。对于多频的组合 FSS，一般低频由单元周长决定，而高频由单元间距决定，另需要说明小间距对于斜入射的稳定性有益处。

3.2.2　宽带 FSS 基本组成部分——六边形环的仿真特性

通过对上一节中基本单元的仿真结果分析可知，在所有结构中环状结构具有较为优秀的工作带宽响应，同时对于入射电磁波的极化和角度不敏感。本节的结构以六边形环作为基本组成部分。六边形环单元属于环状单元的一种，是环形结构中工作带宽表现最为优秀的。对于环状单元已经存在较为完善的结论，其中最为重要的一点就是当周长约等于波长(基模谐振)或者波长的整数倍(高次模谐振)时发生谐振。

在确定了单元长度之后,设计的自由度已经很少,这里便涉及另一个不经常被关注到的结论,即金属条宽度对于结果的影响,图 3.11 给出了对于六边形环状结构的仿真。图 3.11(a)、图 3.11(b)分别为六边形单元及其阵列的示意图,其中单元为边长 $l=10$ mm 的六边形环,图 3.11(c)是随金属条宽度变化而变化的仿真结果。从图 3.11(c)中不难看出,按照金属周长(30 mm)约等于波长的规则,阵列的基模应谐振于 5 GHz,在金属条宽度由 0.25 mm 向 1 mm 过渡的过程中,金属条的宽度越窄,结构的响应越接近理想情况。受加工精度的限制 0.25 mm 已经是能够接受的最小 w 值。

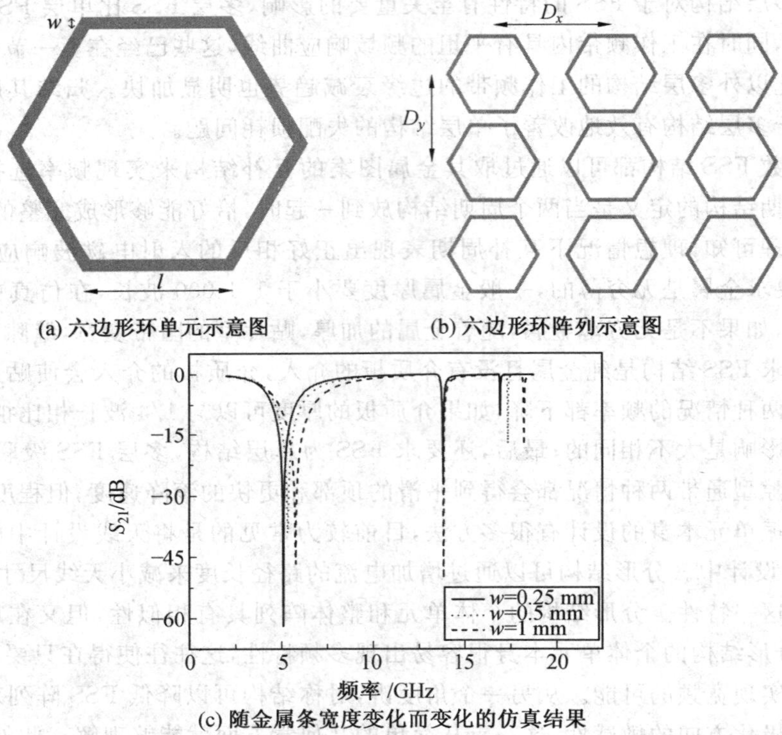

(a) 六边形环单元示意图　(b) 六边形环阵列示意图

(c) 随金属条宽度变化而变化的仿真结果

图 3.11　六边形环状结构的仿真

3.2.3　放射式六边形环 FSS 结构的设计

受到分形结构设计思想的启发,本节提出了一种放射式六边形环 FSS 结构,如图 3.12所示。图中,小环与大环的尺寸比例用 K 值表征,分别取 0.9 和 0.8;大小环向内有公共边,向外呈渐变形式。这里期望以尺寸相近的六边形环各自谐振为依托,在距离不是很远的频点发生谐振,并通过调整尺寸使各谐振点之间彼此连通从而形成宽带。在 4～6 GHz的区间内,在设计过程中选择环状的六边形结构作为基础而没有利用尺寸相当的六边形平板,主要是考虑其他频带内的机械遮挡以及整体的质量。

这种结构的缺点在于,六边形由于单元之间金属结构的连通,使得其或多或少要呈现一些缝隙型结构的特性,即出现带通特性,这一点也可以从图 3.12(b)中的起伏看出。这

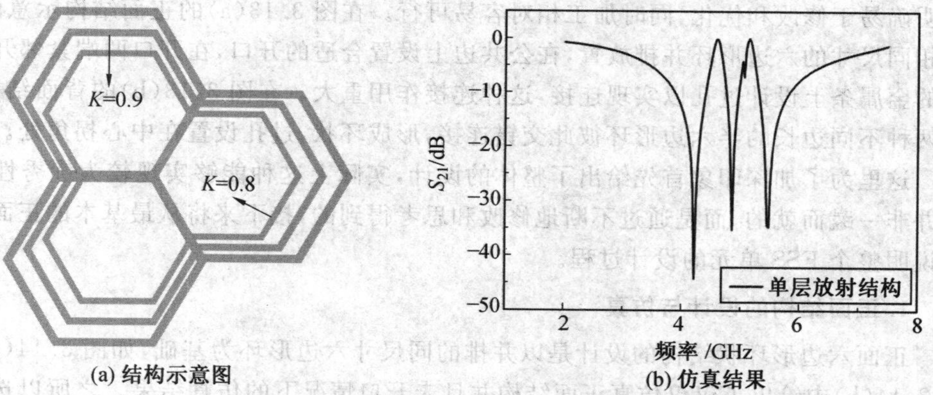

图 3.12　放射式六边形环 FSS 结构

种最初设计的放射式六边形环结构主要希望利用不同尺寸的六边形谐振于不同频点，将各频点融合实现带宽展宽，但实际的工作带宽并没有设想的出色，相对带宽只达到7%左右。

3.2.4　渐变链环式宽带FSS结构的设计和仿真

本节最终设计出一种新型的宽带FSS结构，如图3.13所示，这一结构基于六边形环状单元，将传统的二维结构拓宽为双层，由于将两层间的相互作用考虑在内，增加了设计的自由度，比先前所提出的放射式等其他结构具有更宽的工作带宽，优化后的最终结果使相对带宽可以达到23.6%。本结构的中心频点设计位于12.5 GHz处，希望其有效领域能够覆盖到X波段雷达罩的应用频段。

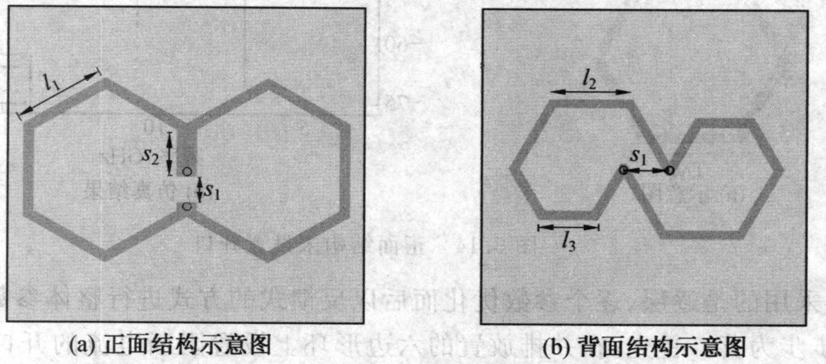

图 3.13　双层六边形结构 FSS 单元

设计中除了考虑上下两层的单独谐振，还将层与层之间的耦合考虑在内，并实现了多谐振频点的相互融合。出于对加工难易程度方面的考虑，并没有将有源器件加入到设计中，相关的工作可以在后续研究中进行。本节的仿真借助CST Microwave Studio软件实现。

该双层FSS结构的设计思路主要是基于传统的电磁场耦合理论，同时融合了经典的频率选择表面设计方法，实际上利用的是入射电磁波的吸收及二次辐射特性。利用六边形环状结构的主要原因是在所有基本结构中六边形环状结构工作带宽最宽，并且几何参数明确易于修改和优化，同时加工相对容易可行。在图 3.13(a)的正面结构示意图中，两个相同尺寸的六边形环并排放置，在公共边上设置合适的开口，在开口两端紧邻开口的位置的金属条上设计过孔以实现连接，这种连接作用重大。在图 3.13(b)的背面结构中，拥有两种不同边长的半六边形环彼此交错连接，形成环状，过孔设置在中心拐角处。

这里为了加深印象首先给出了整体的设计，实际上这种能够实现较为优秀性能的设计并非一蹴而就的，而是通过不断地修改和思考得到的，接下来将从最基本的正面结构开始说明整个 FSS 单元的设计过程。

1. 正面结构的设计与仿真

正面六边形环状结构的设计是以并排的同尺寸六边形环为基础，如图 3.14(a)所示，图 3.14(b)中给出了仅仅仿真正面结构并且未开口情况下的仿真结果。之所以选择并排的放置，是希望通过金属的连通将周长扩大。最初的工作范围设定为 10～15 GHz，因此通过在已知环状结构的周长约等于工作波长的前提下，六边形边长的初始值设定为 l_1＝5 mm，条宽设为 w＝0.5 mm(上一节中给出了条宽的取值原则)。

仿真中分别对两个不同极化方向的入射电磁波进行讨论，电场平行于长轴方向的为 TE 模式，电场垂直于长轴方向的为 TM 模式，在后续的仿真中也基本如此。从图 3.14(b)中可以看出，TE 模式的极化入射电磁波使得响应阻带的中心频点位于 7 GHz 左右。

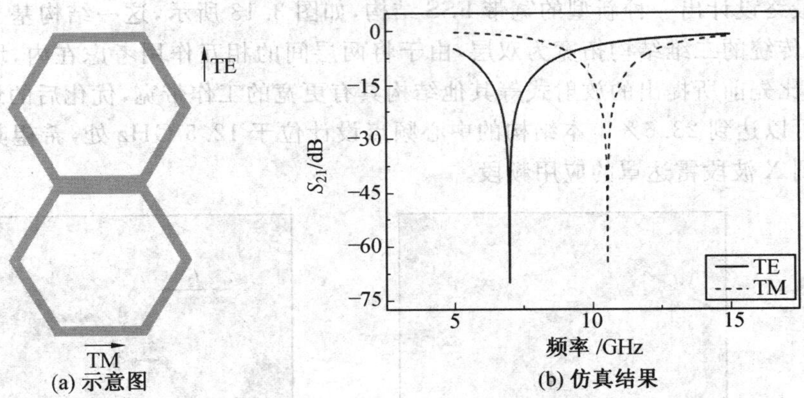

图 3.14　正面结构未设置开口

本节采用的是逐层、逐个参数优化而后以反馈式的方式进行整体参数优化的方法，层层递进、步步为营。首先，在并排放置的六边形环上设置阻断电流的开口，并且进行了开口长度的优化。设置开口结构相当于将单元中心位置的电流断路，将原本存在的六边形环打破成为十边形环，其仿真结果如图 3.15 所示。当然，与十边形环并不相同的地方在于断开后形成两个容易聚集电荷的端，不能忽略与尖端放电理论相类似的这种聚集电荷端对于整体响应的影响。对于图 3.15(a)中所示的 TE 模式仿真结果，当开口从无到有时，谐振频点发生大幅度变化，原本处于 10 GHz 附近的较宽的谐振频带突变到 6 GHz 左右并明显变窄，此时原本的六边形环状结构不再起到谐振作用，并且发现开口大小对于谐振频点也有一定的影响，随着开口宽度 s_1 的逐渐变大，谐振的中心频点逐渐向 6 GHz 的理论值靠近，当 s_1 达到理论极限值 4.5 mm 时，相当于原本并排放置的六边形的公共边完全被开口取代，此时响应与理论情况相同，最接近 6 GHz；对于图 3.15(b)中的 TM 模式的仿真结果，$s_1=4.5$ mm 时的理论极限值也并非完全与 6 GHz 契合，而是更接近未开口情况下的 7 GHz，这与 x 和 y 两个方向单元间的耦合有关。

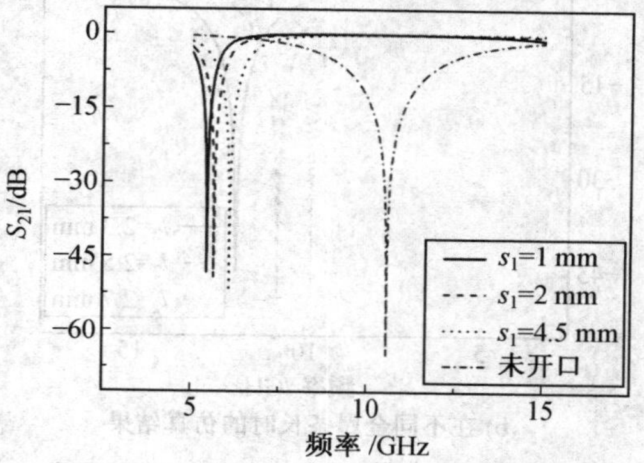

(a) TE 模式

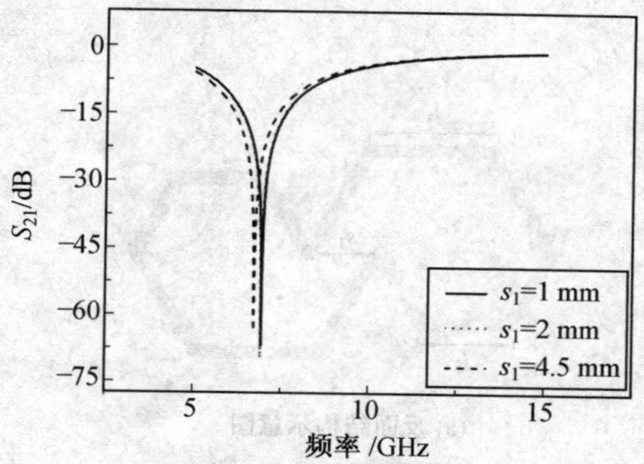

(b) TM 模式

图 3.15　正面结构中开口对应的仿真结果

正面结构中开口与近端之间的距离用参数 s_2 表征，这一参数表明了开口在正面结构中的位置，其示意图以及仿真结果如图 3.16 所示。

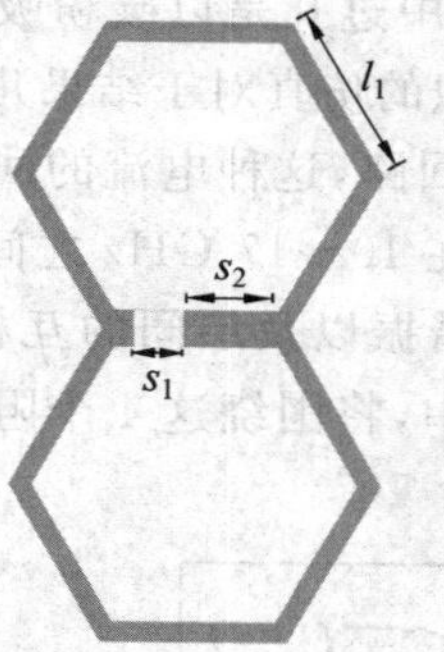

(a) 示意图

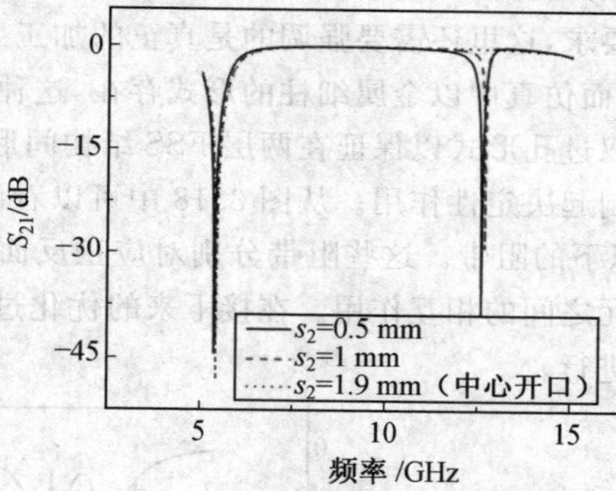

(b) 仿真结果

图 3.16　正面结构中开口与近端之间的距离示意图及仿真结果

由图 3.16 可知，开口与近端之间的距离对于基模谐振无论从中心频点还是工作带宽方面都没有明显的影响。但对于二次模谐振而言，偏移的开口方式才可能会出现这种高次模模式的谐振，本节的设计主要基于的并不是基模的谐振特性而是期望利用二次模谐振得到符合要求的带阻特性，因此一定要选择非中心开口的形式。其次，从图 3.16 中还能够看出，随着 s_2 的增大，二次模的谐振工作带宽呈下降趋势。

2. 反面结构的设计与仿真

对于反面结构而言，其设计的自由度受正面既定尺寸的限制，变得十分有限，尤其是反面环中的短边边长 l_3，在后文含有过孔的情况下 $l_3=l_2-r_1-s_1/2$ 已经成为定值。这里仅对金属环状结构长边的长度 l_2 进行优化设计，仿真结果如图 3.17(b)所示。从图中不难发现，l_2 主要对谐振的中心频点产生较大影响，这也与前文提到的周长决定谐振点原则相适应。这里的尺寸对于工作带宽的影响并不明显，在后续的设计中可以较为自由地选定。

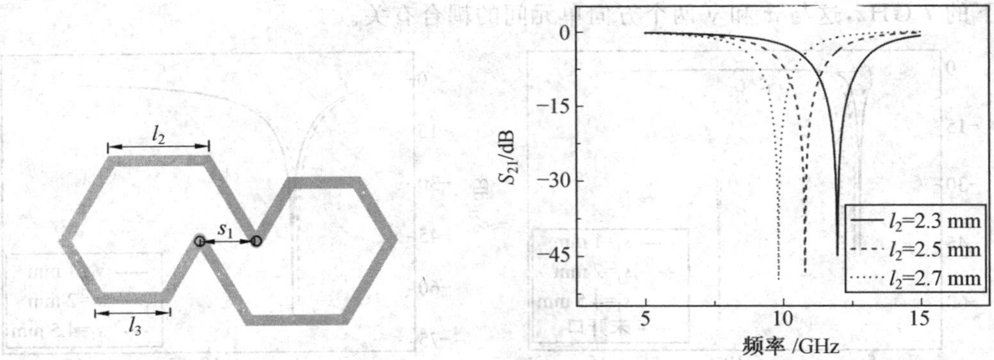

(a) 反面结构示意图　　(b) 在不同金属条长时的仿真结果

图 3.17　反面结构示意图及在不同金属条长时的仿真结果

3. 双层结构过孔连接后的设计与仿真

图 3.18 中给出了双层结构过孔连接后的仿真结果，由于制作方面的限制，两层金属之间的距离被固定为 2 mm，这种尺寸的微波板无论从成本还是介电常数方面考虑都最符合设计的要求，这里还需要强调的是真正的加工工艺中过孔是以碳粉吸附金属薄层的形式存在的，而仿真中以金属细柱的形式存在，这种近似的仿真对于结果几乎无影响。本设计中采用双过孔形式以保证在两层 FSS 结构间形成回路，这种电流的回路对后文中对于磁场的限制起决定性作用。从图 3.18 中可以看出，在 10～17 GHz 之间先后出现了 4 个－10 dB 以下的阻带。这些阻带分别对应正反面的谐振以及层间的互相耦合，同时还必须考虑单元之间的相互作用。在接下来的优化过程中，将围绕这 4 个阻带相互级联形成超宽带而进行。

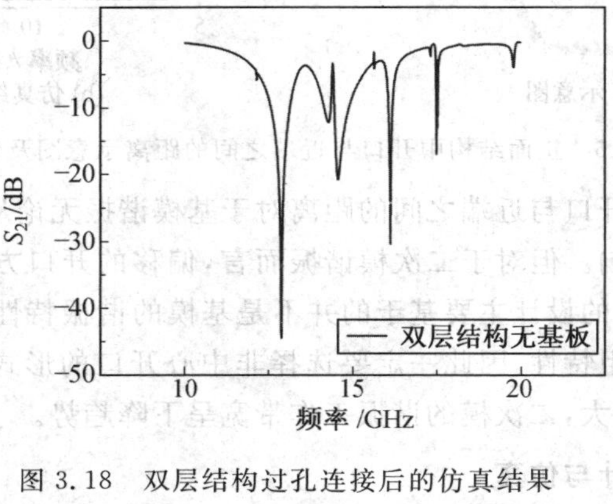

图 3.18　双层结构过孔连接后的仿真结果

至此经过初步优化的 FSS 单元结构已经说明完毕，但这还远不能达到预期的指标，还有很多值得改进的部分。

以金属结构为基础（贴片型）的 FSS 结构理论上呈现带阻特性，但随着金属成分所占比例的增加，带阻特性将逐渐向带通特性过渡，慢慢过渡为缝隙型结构，因此为实现更好的阻带频域响应，FSS 金属条状结构应尽量限制金属成分所占的比例，具体为金属宽度在加工精度允许的情况下应保证尽量窄，这又一次重申了金属条宽度取值 0.25 mm 的必要性。

由于一个 FSS 单元包含三个谐振部分（三种六边形的不同长度边），因此频域响应至少含有三个阻带，实际上第四个阻带由上下层间耦合形成。图 3.19 所示为通过优化实现频带合并的仿真结果，中心频点为 11.8 GHz，相对带宽为 11%，滚降速度非常出色。结构中的其他参数，比如过孔之间的间距以及开口的具体位置（s_2表征）对于仿真结果的影响不大，已经在前文中给出。

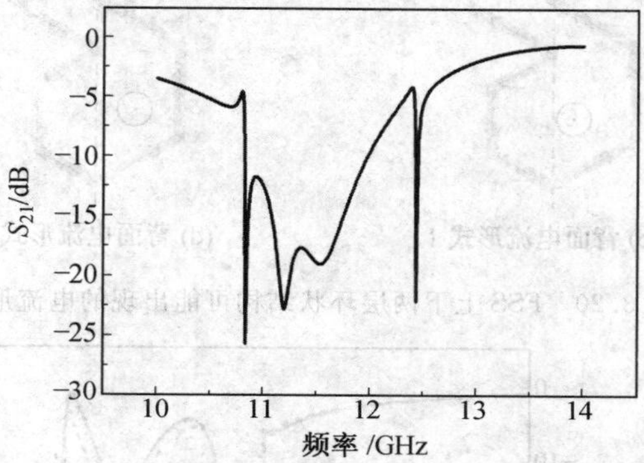

图 3.19　通过优化实现频带合并的仿真结果

通过对各个几何参数反复优化，将前文提到的三个阻带彼此拉近，形成超宽带响应，这样的思路有效地提高了整个 FSS 阵列的工作带宽，此时的中心频点调整到 11.8 GHz，仍然处于合理的应用范围内。

4. 双层结构过孔连接后的电磁理论分析

接下来以电磁耦合理论为基础，从上下两层不同电流的走向方面分析这种双层 FSS 的工作机理。无论是对于正面还是背面，最为理想的电流走向都是相邻的两环出现彼此方向相反的电流。

在理想情况下，如图 3.20(a)、图 3.20(c)所示，根据右手定则，磁场将在两层间形成回路，回路对于电磁场的束缚使得辐射的电磁能量被大幅度削弱，在响应的 S_{21} 曲线上对应频点会出现阻带。下面需要做的是通过一种有效的可行策略来验证真实的电流走向以满足上面所提及的理想情况。从图 3.20 中可以看出，无论是正面还是背面，在金属条状结构上都分别有不止一种可能的电流形式，其中可以分别用两种情况代替全部其他情况。从理论上讲，这些电流形式可以自由组合从而形成四种需要分析的情况。

这里给出的研究策略是通过改变正面开口位置[图 3.16(a)中参数 s_2]，分析频域响应的变化方式，从而验证电流方向。众所周知，一般当磁场形成回路的情况下才可能出现阻带，因此图 3.20(b)与图 3.20(d)所示的两种情况的组合不可能带来希望的带阻特性，可以首先排除图 3.20(b)与图 3.20(d)的组合。接下来从图 3.21 中可以看出，随着开口位置 s_2的变化，频域响应几乎没有变化，说明电磁场能量的消耗与补偿从量上彼此相同，从时间上彼此同步。

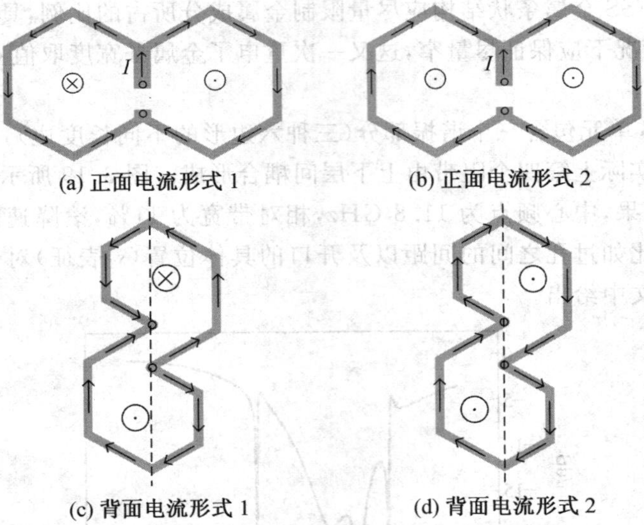

图 3.20　FSS 上下两层环状结构可能出现的电流形式

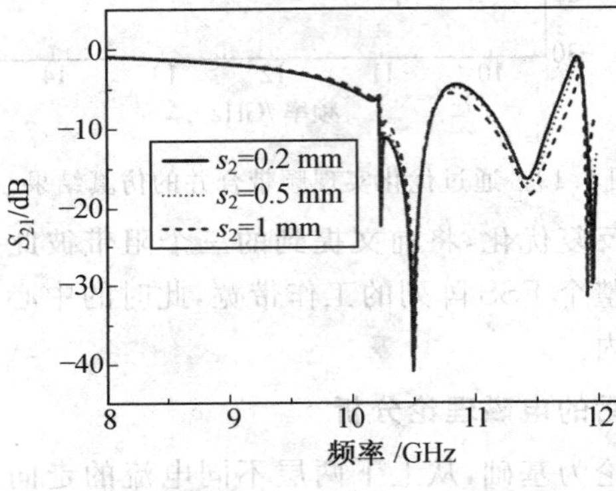

图 3.21　随着开口位置 s_2 变化形成的几乎相同的频域响应

这样的试探结果能够充分地说明正反两个 FSS 表面的电流走向是图 3.20(a)与图 3.20(c)的组合，这也恰好是所希望得到的理想情况。其他两种组合[图 3.20(a)与图 3.20(d)、图 3.20(b)与图 3.20(c)]都将导致一侧电磁场加强，另一侧削弱，没有实现同步，或者正好相反，如图 3.22 所示。

5. 双层结构 FSS 加入贴片修正

虽然图 3.19 中给出的仿真结果已经显示了与通常情况相比可获得更宽的工作带宽，但可以看到在 12.5 GHz 附近出现了一个很深的下降频点，因此如果能够将这一频点加以利用，使得 12.5 GHz 左侧的峰值实现下降，工作带宽将会进一步展宽。但不幸的是，通过对主谐振结构上的各个几何参数进行调整并没能实现这一目的，下面采用最为传统也相对有效的方式进行补偿——加入额外的阻带结构。

从空间允许程度到设计加工的简易程度考虑，决定将简单的贴片调整到响应在二分之一波长附近。由于正面空间不足，因此加入到剩余空间较大的反面结构中，如图 3.23 所示，金属贴片放置方向与过孔连线平行放置(要求入射电磁波极化方向沿此方向)，从而

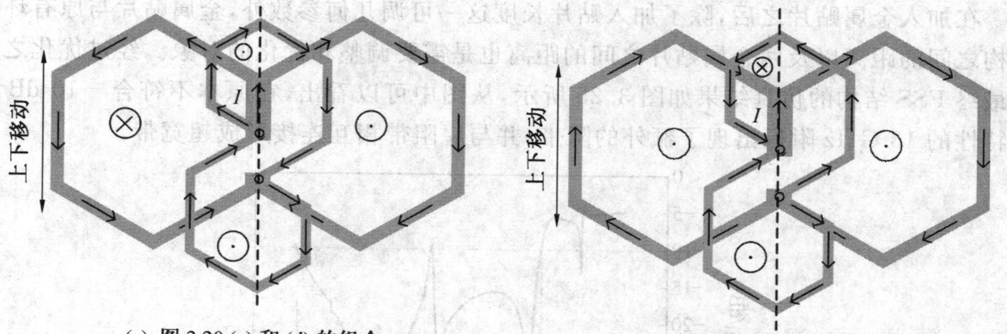

(a) 图 3.20 (a) 和 (d) 的组合　　(b) 图 3.20 (b) 和 (c) 的组合

图 3.22　非理想情况下的电流形式组合

将现有频域响应在 12.5 GHz 左侧“拉低”。

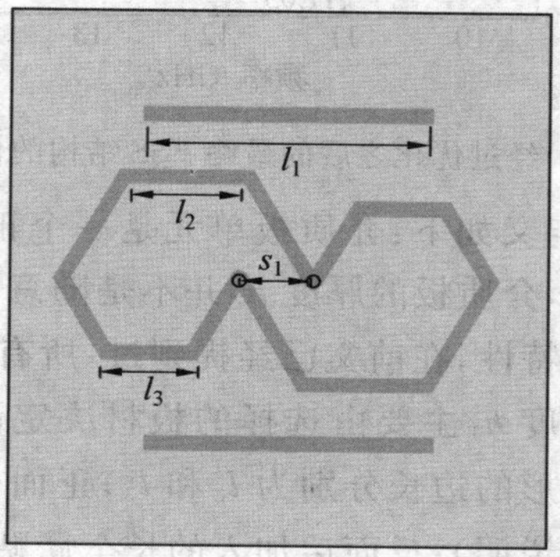

图 3.23　加入金属贴片的反面结构示意图

为了进一步改善和优化现有结果，另一对与后加入金属贴片相同宽度，长度为其 1.2 倍的贴片加入到整体结构中，如图 3.24 所示，之所以选择金属贴片进行修正，除了其典型的带阻特性外，还因为它的中心频点的移动随着边长的变化较为规律，这里将谐振点设置在 12.2 GHz 处，需要注意的是，不同谐振结构彼此之间存在强耦合，这种耦合使得金属贴片的长度并不一定严格按照 $l=\lambda/2$ 设计，根据仿真结果需要进行反馈式的修正。

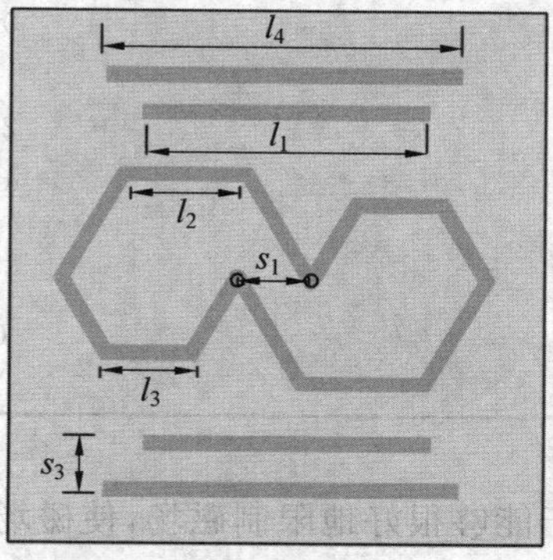

图 3.24　加入两对金属贴片结构的 FSS 反面结构

在加入金属贴片之后，除了加入贴片长度这一可调几何参数外，金属贴片与原有环状结构之间的距离以及两金属贴片之间的距离也是需要调整和优化的对象。经过优化之后的最终 FSS 结构的仿真结果如图 3.25 所示，从图中可以看出，在原本不符合 −10 dB 带通特性的 13 GHz 附近出现了额外的阻带，并与原阻带相互连接形成超宽带。

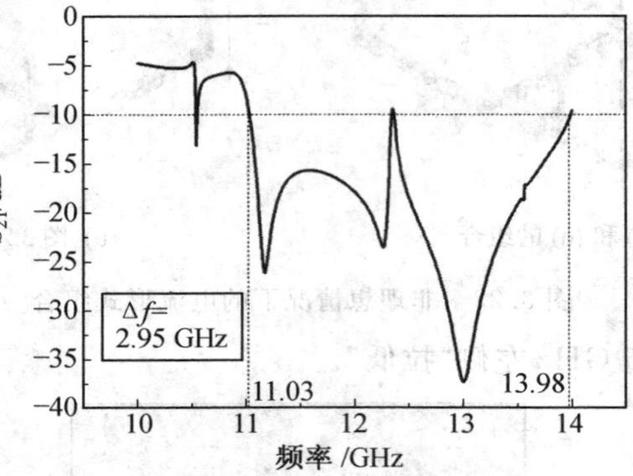

图 3.25　经过优化之后的最终 FSS 结构的仿真结果

结构中涉及的几何参数定义如下：介质板单元是一个正方形结构，边长为 a，主要对应于前文提到的单元间距 D_x，介质板的厚度 h_2 并不是随意设计，需要综合考虑设计成本和现有加工库存；为突出带阻特性，在前文已经提到过，所有金属贴片的宽度 w 都选择加工宽度的下限，金属结构的厚度 h_1 主要由选择的板材决定；FSS 结构正面的六边形环边长为 l_1，反面的两种不同六边形的边长分别为 l_2 和 l_3；正面公共边上的开口大小为 s_1，开口的位置由 s_2 确定（前文已经说明）；反面后加入的长金属贴片长度 l_4 = 14 mm，短金属贴片长度 l_3 = 11.7 mm，两贴片之间的距离为 s_3；所有可调几何参数的优化后取值见表3.3。最终的 FSS 结构相对带宽达到 23.6%，相对于原有工作带宽得到了很大改善。

表 3.3　优化后几何参数

参量	值/mm
a	17.7
h_1	0.035
h_2	2
w	0.25
l_1	5
l_2	2.35
l_3	1.85
l_4	14
s_1	1
s_2	0.5
s_3	2

环状结构的天然优势在于能够很好地限制磁场，使磁场在单元内部形成回路，从而带来较宽的工作带宽。同时对于环形单元，在数值求解的过程中可以将其等效为磁流元从而带来计算的简便性。

由于金属结构的尺寸是决定单元中心频点的第一重要因素，因此可以设法将谐振在不同频点的金属结构的频点彼此靠拢，从而在较宽的频带内实现通带或阻带。上述结构中存在三种不同尺寸的结构，理论上会存在三个极值点。双层结构的引入同样会有利于工作带宽的展宽，过孔的存在使得上下两层不是彼此独立地存在，导致电流部分可控。

6. 其他参数的优化

通过进一步探索发现两条贴片之间的比例对于频域响应最后一个突起的高度有一定的影响。设第二条贴片的长度为第一条贴片的 k 倍，当 k 值逐渐增大，即两条贴片的长度差距逐渐增大时，响应的最右端突起将会逐渐向 −10 dB 以下转化，k 值不可能没有上限，达到一定值后将贴片侵入邻近单元。此外，还不可忽略单元之间的影响。

侵入邻近单元无论从仿真还是制造上都会带来麻烦，因此不希望 k 值超过 1.25，图 3.26 中给出了 k 值变化对于阻带细节的影响（仅给出 14～15 GHz 区域），在最终的优化中 k=1.22。

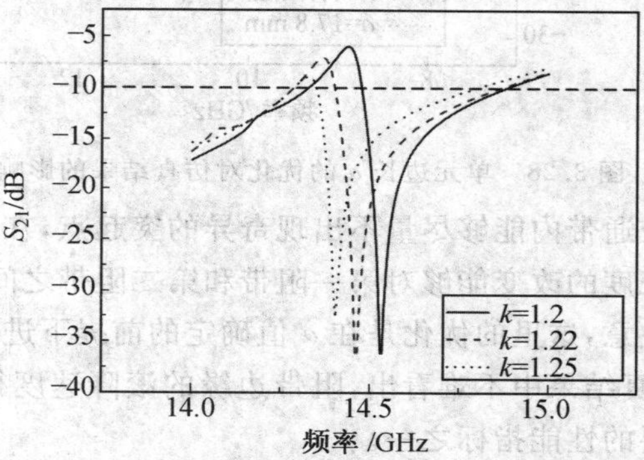

图 3.26　k 值变化对于阻带细节的影响

前文已经对普通的六边形单元在有基板和无基板情况下的不同响应做了较为细致的分析，在此处加入基板后对于响应的主要影响体现在中心频点的移动，而左移的阻带正巧符合技术指标的要求，同时对工作带宽也有适当的展宽。图 3.27 给出双层结构在有基板和无基板两种情况下的仿真结果比较。

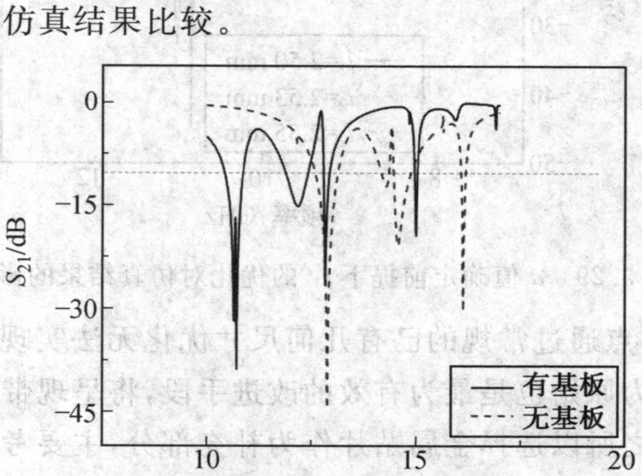

图 3.27　有无基板时双层结构的仿真结果比较

介质基板对于阵列的响应有着至关重要的影响，本设计仿真中将介质基板设置为正方形形式，边长用 a 表示，其主要决定了单元之间的横向间距和纵向间距，而这种间距在上一节中已经详细说明了其对于栅瓣(高次模谐振)的作用。图 3.28 给出了单元边长 a 的优化对仿真结果的影响，初始设定为 18 mm，符合上一节的要求。随着 a 值的逐渐减小，在 11 GHz 附近大于 −10 dB 的突起变得越来越明显，综合考虑多方面因素，a 的最终取值为 17.7 mm。

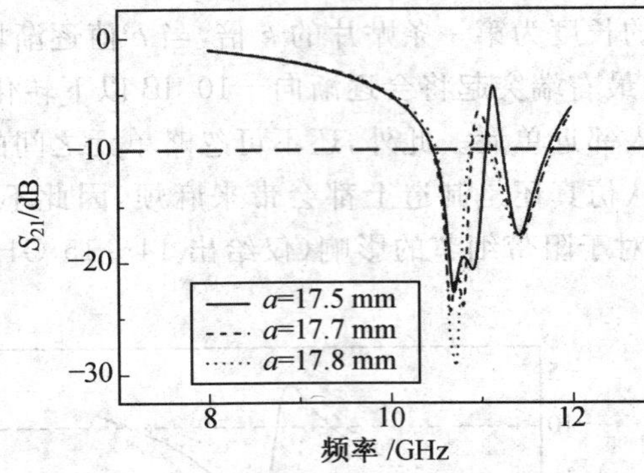

图 3.28　单元边长 a 的优化对仿真结果的影响

设计过程中希望在通带内能够尽量不出现奇异的突起点，在对反面长边边长 l_2 进行优化的过程中发现其长度的改变能够对第一阻带和第二阻带之间的突起点起到拉低的作用，如图 3.29 所示。注意，这里的优化是在 a 值确定的前提下进行的，虽然有一定程度的工作带宽损失，但从仿真结果中不难看出，阻带边缘的滚降速度得到了明显改善，这也是 FSS 设计过程中很重要的性能指标之一。

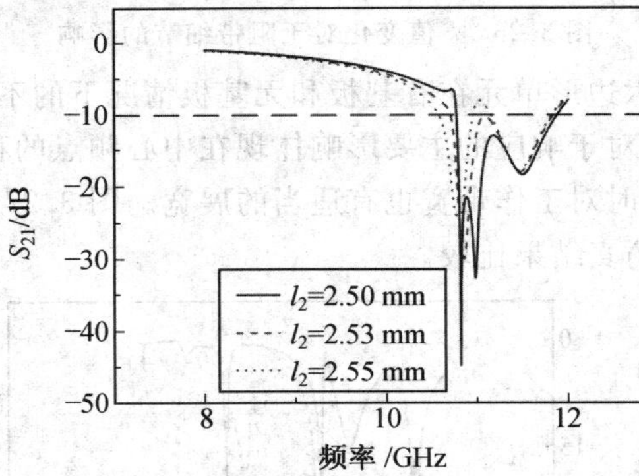

图 3.29　a 值确定前提下 l_2 的优化对仿真结果的影响

由于最右端的奇异点通过常规的已有几何尺寸优化无法实现拉低到 −10 dB 以下的效果，因此决定采用最为原始也是最为有效的改进手段，将呈现带阻特性的金属贴片结构加入到已有的设计中，之所以选择金属贴片作为补充部分，主要考虑其设计加工的简易程度以及其谐振频点的可控特性。需要改善的频点位于 12.4 GHz 左右，按照金属贴片长度约等于半波长的设计准则，加入金属贴片的长度初始值设置为 14 mm。图 3.30 给出了对金属贴片长度 l_4 进行优化对应的仿真结果，发现当 l_4 = 14 mm 时，12.4 GHz 附近的拉低作用最为明显。

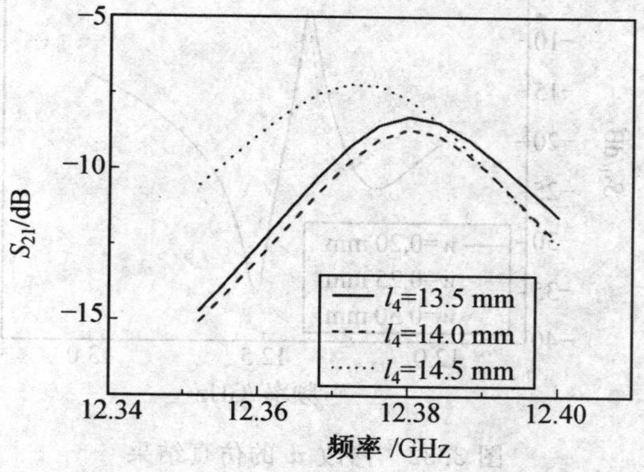

图 3.30　优化 l_4 对应的仿真结果

从尽量合理利用空间的角度考虑，初始将金属贴片设置在距离反面结构长边2.4 mm的位置，用 s_3 表示，此时设置 $s_3=0$ mm。图 3.31 中给出了 s_3 的变动对最右端突起的改善作用，以牺牲少量工作带宽为代价可以基本将此突起消除，s_3 的取值最终恰好为0 mm。

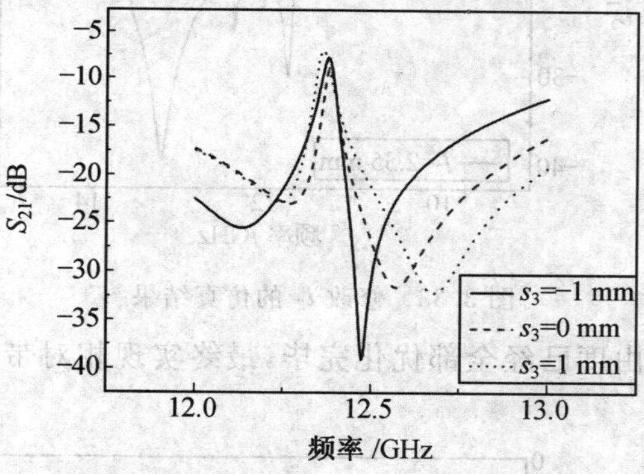

图 3.31　s_3 的变动对右端突起的改善作用

前面提到，金属贴片的工作带宽由于多种原因应尽量在加工工艺允许的前提下选择小值，图 3.32 给出的仿真结果也得到了一致的结论，图中对加入的金属贴片宽度进行了优化处理，发现随着金属贴片宽度的降低奇异点高度下降，因此选择加工的极限 $w=0.25$ mm。

加入两条金属贴片后对于仿真结果的影响并不尽如人意，需要反过来对既定参数进行反馈式的修改，这里仅修改 l_2 即可将阻带内大于－10 dB 的奇异点修正到符合要求的标准。最终确定 $l_2=2.35$ mm，优化后的相对带宽可达 19.07%。在图 3.33 中，奇异点被完美地拉低到－10 dB 以下，使得原本的多频特性能够按照设想的方式形成单一的宽带，符合最初的设计要求。

当加入第二条金属贴片后，两金属贴片除各自谐振之外，彼此之间的感生电容所造成的耦合也会对整体的谐振响应产生一定的影响，因此对于两金属贴片之间的距离进行调整就显得额外重要。在图 3.34 中，对于用参数 s_3 表示的两金属贴片之间的距离进行了调整，发现在 $s_3=2$ mm 的情况下中心处的上突奇异点能够最为接近－10 dB。至此能够

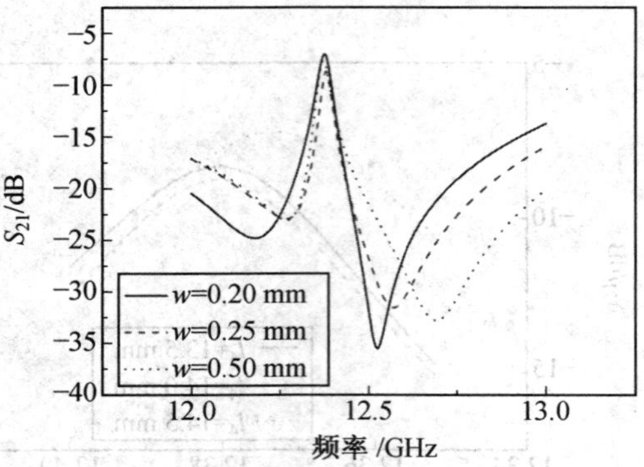

图 3.32　修改 w 的仿真结果

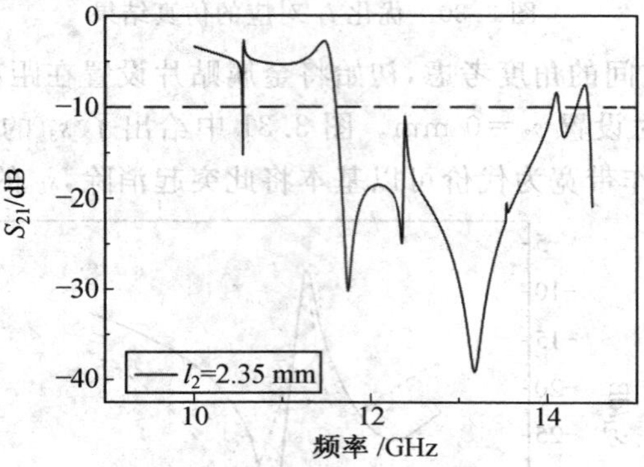

图 3.33　修改 l_2 的仿真结果

进行调整的所有几何自由度已经全部优化完毕，最终实现相对带宽为 23.06%的带阻特性。

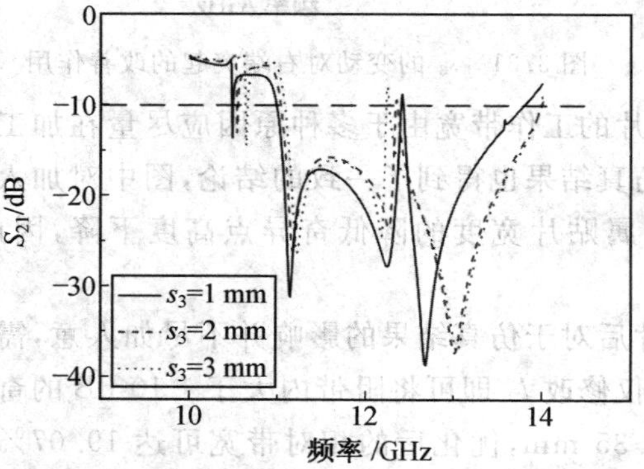

图 3.34　修改 s_3 的仿真响应结果

3.3　宽带频率选择表面的测试及场分析

3.3.1　渐变链式 FSS 结构的实物加工及测试

1. FSS 加工实物说明

上一节中的放射式结构并不完全符合技术指标的要求，因此没有对其进行实物加工，而渐变链式 FSS 结构在工作带宽上已实现展宽，因此将仿真结构以 Gerber 文件形式导出，绘制印制电路板(Printed Circuit Board，PCB)并进行实物加工。为了验证前文给出的仿真结果在实际中的应用价值，在仿真中得到 23.06％的相对带宽的前提下，以厚度为 2 mm的微波电路板为基础制作了渐变链式 FSS 结构的实物并且进行测试和分析，将分析的结果与仿真结果进行比较，期望中心频点和工作带宽无太大偏差。

从理论上讲，FSS 阵列需要二维无穷大尺寸才能够精确地模拟出真实的电磁场仿真结论，最为完美的测试应该将整个暗室作为腔体而以巨大的 FSS 平板作为膜式隔断，显然这在实测中不易实现。实际加工和测试中通常有相应的标准来说明结构阵列的无穷大特性，一般认为二维周期结构每个维度的尺寸都应大于 5 倍波长，本节采用一般情况下的测试标准并兼而考虑过孔等工艺的复杂性，利用 12×12 单元作为模型，在电尺寸上每一维都超过了 5 倍波长，基本符合模拟无穷大尺寸的要求。制板中用于导出 Gerber 文件的整体模型如图 3.35 所示。

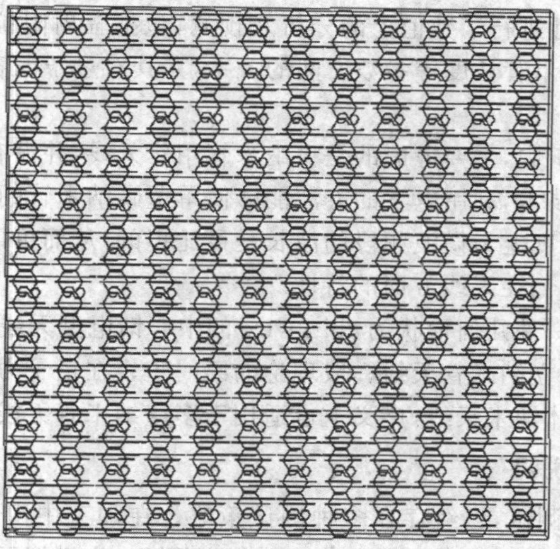

图 3.35　制板中用于导出 Gerber 文件的整体模型

真实加工后的实物照片如图 3.36 所示。单元尺寸和单元间距严格按照仿真优化后的结果确定。加工后的平板由于其厚度和硬度的原因，会有一定程度的弯曲，对测试会产生一定的影响。在进行测试之前要保证金属过孔不出现阻塞情况(主要依靠目测检查)。

本节从理论上研究了一维电子系统与微波辐射之间的关系，从而对用作天线的纳米

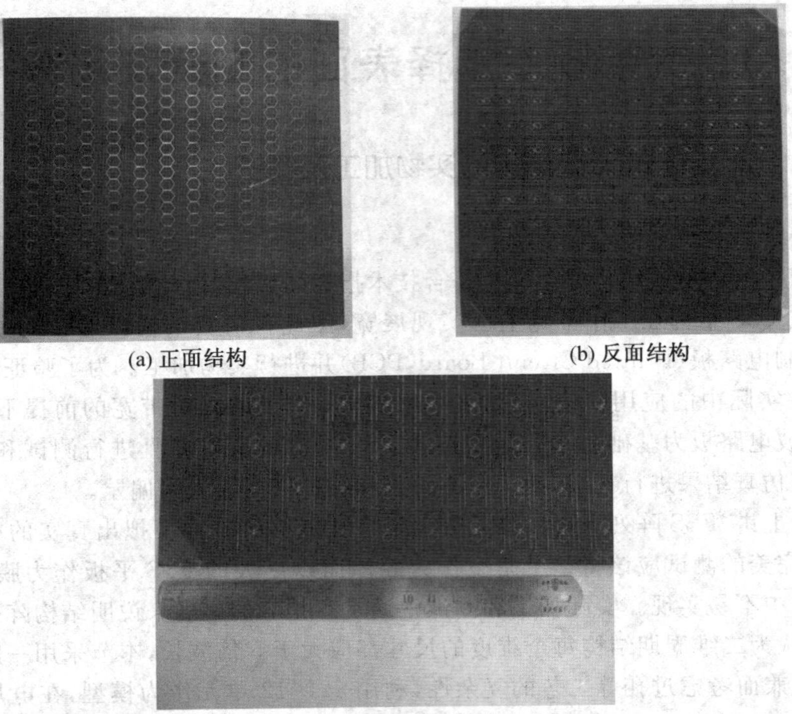

(a) 正面结构

(b) 反面结构

(c) 实物尺寸说明

图 3.36　真实加工后的实物照片

管以及纳米天线的特性进行了数值上的分析及预测，包括辐射阻抗、输入电抗及电阻、天线辐射效率与频率、纳米管长度等参数之间的关系，尤其对量子电容以及动态电感进行了着重的分析。

在以往的模型分析中，主要考虑的是将纳米管用作天线，并没有从数值理论上分析它们的特性。以目前的技术，利用电学的方法能够使单壁碳纳米管的长度达到 1 cm。在自由空间中，这些管在长度上与微波频段的波长是可比拟的，从而可以研究微波与纳米管之间的联系，并且开发它们在天线方面的特性。

本节选用天线是一种几何形状为 thin-wire 的中心馈电型天线，天线由金属性的单壁碳纳米管组成，这是建立纳米管天线一般理论的第一步。在量子力学一维限制的条件下，此计算也适用于半导体纳米天线，广义上也适用于多壁纳米管天线。

2. FSS 实物测试说明

对于传统 FSS 的测试，已经存在多种测试策略。在加工中由于成本、机械强度和制作复杂程度的限制，不可能制造出尺寸上过分大的平板。为模拟无穷大的周期结构，最初给出的 FSS 测试机构是以波导结构作为测试环境基础的，如图 3.37 所示。

在波导结构中以膜片的形式将单个单元或几个单元的 FSS 平面加入其中，测试端口的 S 参数即可。由于波导结构在基模前提下宽边可以近似模拟理想电导体(Perfect Electric Conductor，PEC)，而窄边可以近似模拟理想磁导体(Perfect Magnetic Conductor，PMC)，因此从理论上可行。然而在实际的测试条件下不易模拟合理的入射平面波，同时

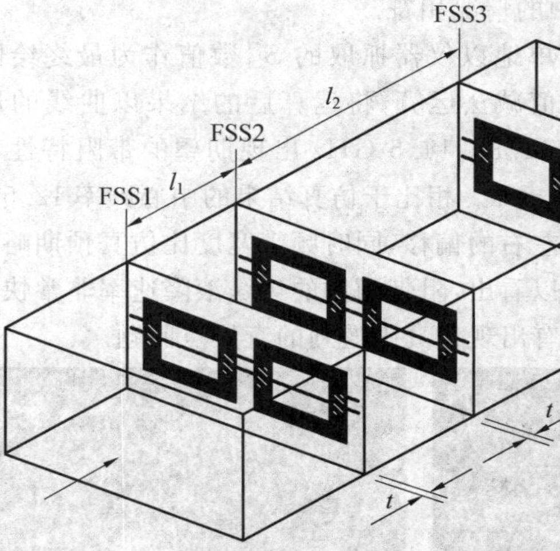

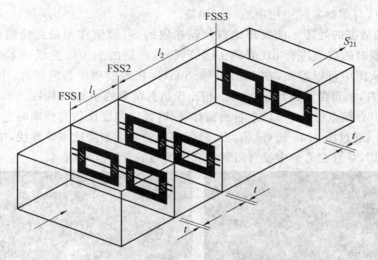

图 3.37 以波导结构作为测试环境基础的 FSS 测试结构

在波导结构内部加入 FSS 贴片本身也是难于实现的，所以必须寻求除此以外的其他测试方案。

在真实的测试中，采用远场比较的方式。首先按照电场方向竖直极化的方式进行喇叭的空载测试，空载测试的结果如图 3.38 所示。由于本章设计的 FSS 结构在 8～14 GHz呈现宽频带特性，因此实验设施需采用两个喇叭彼此拼接的测试方法。通过图 3.38 可以发现，真实的空载测试并不像理论上那样平整，但曲线的上下波动基本处于 5 dB的波动范围内。由于本实验所使用的发射喇叭是处于 2～18 GHz 的超宽带喇叭，因此不需更换。图 3.38(b)说明 16 GHz 之后的测试结果已经处于不可信状态。

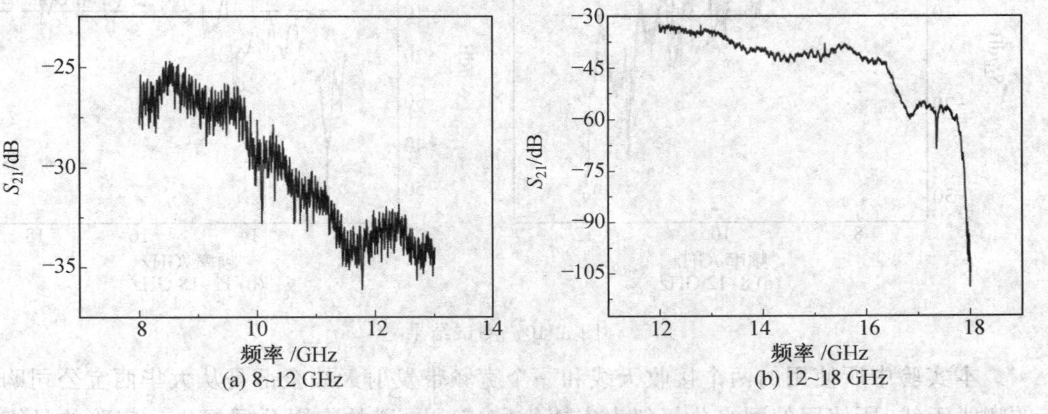

(a) 8~12 GHz (b) 12~18 GHz

图 3.38 空载测试的结果

在加入 FSS 平板的测试中，首先将 FSS 平板固定于接收天线喇叭口处，尽量使得 FSS 能够完全覆盖住喇叭端口(因此频率较低的大端口喇叭需要加工面积更大的实物)。依据仿真对于极化方式的要求，放置时应保证反面的金属贴片处于水平状态，这样的极化方式就符合 TM 模式。图 3.39 中给出了暗室中测试的实际场景。虽然 FSS 平板位于接收天线的进场区域，但由于暗室的尺寸达到 4 m 以上，因此 FSS 平板完全位于发射天线的远场区域,这与多数实际应用中的情况相符。

对于实验数据的处理不能简单地以仪器抓取的 S_{21} 数值作为最终绘图依据,需要将 S_{21} 数值与空载时的数值进行 dB 值减法运算,将运算后的结果以曲线的形式绘出,如图 3.40 所示。从图中可以看出,在 11.3～14.5 GHz 出现期望的带阻特性,中心频点位于 12.9 GHz 左右,相对带宽达到 24.8%。相比于仿真结果的中心频率 12.5 GHz 和相对带宽 23.06%,中心频点发生了 3%左右的偏移,同时频带宽度比仿真预期略宽,符合宽带标准。除此以外,通过图 3.40 还可以看出,阻带两侧的边缘滚降速率非常快,中心谐振的深度达到－30 dB,并且在通带中没有出现仿真中遇到的奇异点问题。

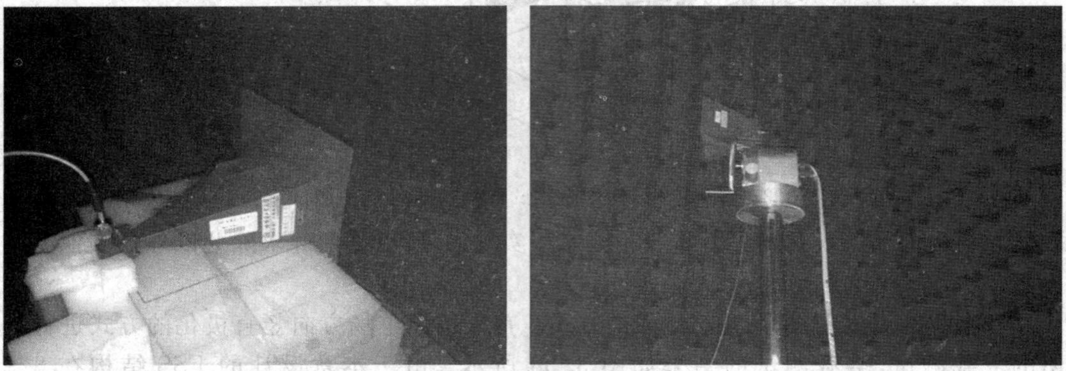

(a) 接收喇叭　　(b) 发射喇叭

图 3.39　暗室中测试的实际场景

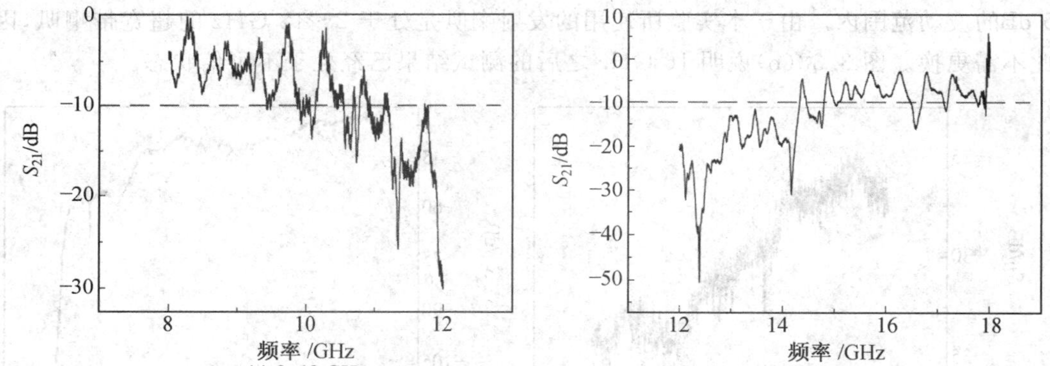

(a) 8~12 GHz　　(b) 12~18 GHz

图 3.40　测试结果

本实验中所使用的两个接收天线和一个宽频带发射天线全部是从大华西宝公司购置的喇叭天线,所使用的网络分析仪由安捷伦(Agilent)科技有限公司提供。实验的最终测试结果虽然与仿真结果吻合较好,但在中心频点和工作带宽上仍然存在一定程度的差异,造成这些差异的主要原因包括:

(1)本节制作的 FSS 平板虽然满足模拟无穷大的 5 倍波长条件,但是毕竟在边界处与无穷大界面存在差距,边界反射和突变使得入射电磁波可能出现衍射和散射等没有被考虑在内的现象。

(2)由于采用的是介电常数为 2.2 的微波板，机械强度较低，在测试过程中很容易发生弯曲，边缘可能会出现入射电磁波的泄漏。

(3)FSS 平板金属结构与金属喇叭的接触可能造成不良影响。

3.3.2 渐变链式 FSS 结构场值推导

在前文中虽然已经给出了以电磁场耦合理论为基础的电流分析，通过分析非常合理地说明了阻带出现的原因以及其电磁场的主要存在形式，但是由于 Floquet 相关原理的应用，使得无明显弯曲结构的周期单元可以在二维条件下得到较为精确的电磁场求解结果。因此本节也试图给出所设计结构的解析求解，其推导过程较为严谨，得到的数值结论也相对比较复杂。

本节的推导以 Maxwell 方程组作为最初依据，但由于其在电磁场专业中作为基本常识出现，因此本推导并没有从最简单的要素出发。为使推导过程不至于过分繁杂，忽略了对最终结果影响很小的一些因数，在正式求解之前给出了适当的简化条件以及合理假设。

(1)由于本推导并不以电磁场对于入射电磁波的接收和二次辐射为前提，而是以电流为基础，因此要求整个 FSS 周期阵列中至少有一个单元表面的电流分布是已知的，这种已知要求幅度和相位两方面的内容，且认为在同一六边形环状结构上的各边电流分布除方向不同外，幅值和相位相同。在真实的应用中可以用场探针求得一点的场值，再利用公式反推电流，得知电流之后按照步骤正方向推导即可求得整个场值的分布。

(2)作为 FSS 的基本定义中不可或缺的一部分需要再次强调，要求所有单元必须呈周期排布，单元大小、朝向完全相同。

(3)由于分析过程中将上下两层金属结构进行了分割，并且整个求解过程仅针对二维结构进行，作为第三维结构给出的过孔本身如果加入求解将带来一个数量级的运算量提升，因此在求解过程中忽略过孔本身带来的电磁辐射，认为过孔只是起到电流的连接作用。

在遵从以上假设的前提下求解将使整个过程合理而直观，下面对推导过程中涉及的诸多参数的物理意义进行简要介绍。

本分析认为电磁波沿 y 方向进行入射，因此分析多数位于 xOz 平面之内，下标 x 和 z 表示两个方向，q 和 m 分别说明单元在几何上的排布位置；与前文提及的相同，D_x 和 D_z 分别是 x 和 z 两个方向上单元之间的中心间距(这一参数对于工作带宽和栅瓣的影响很大)；认为起始的单元序号为 0，因此 I_{00} 表示参考单元上的电流分布，认为参考单元上的参考点为坐标原点(0,0,0)，而这种电流分布在中间过程中也会随着单元上不同的测试点而发生变化，例如认为测试点 1 处的电流值为 $I_{00}(1)$；在 FSS 表面形成二次激发效应，二次激发波的方向矢量 $\boldsymbol{r}$ 表示为

$$\boldsymbol{r}_{\pm} = \boldsymbol{x}S_x \pm \boldsymbol{y}S_y \pm \boldsymbol{z}S_z$$

其中，S_y 的正负选择分别对应于透射波和反射波的传播方向。

$\mathrm{d}\boldsymbol{A}$ 根据下标的不同代表着不同的矢量位；$\mathrm{d}\boldsymbol{A}_{qm}$ 为单元的矢量位；$\mathrm{d}\boldsymbol{A}_q$ 对应某一列的矢量位；没有下标的 $\mathrm{d}\boldsymbol{A}$ 则代表整个阵列的矢量位；观察点的设置是必需的也是很随意的，设其位置为 $R(x,y,z)$，从而在几何上就很容易得到任意单元与观察点之间的距离：

$$R_{qm}^2 = y^2 + (qD_x - x)^2 + (mD_z - z)^2 \tag{3.2}$$

除了 $\boldsymbol{r}$ 以外，过程中还用 $\boldsymbol{p}$ 矢量表征阵列上单元极子的放置方向。

由于本章所设计的双层FSS结构都分别位于两个平面之内，因此仅需要对二维排布的阵列进行处理。由 Floquet 原理(对于周期阵列电流相位关系的说明)可以得到任意单元上的电流分布为

$$I_{qm} = I_{00}\mathrm{e}^{-\mathrm{j}\beta qD_x S_x}\mathrm{e}^{-\mathrm{j}\beta mD_z S_z} \tag{3.3}$$

电磁场中电基本阵子的矢量位表达式为

$$\mathrm{d}\boldsymbol{A}_{qm} = \boldsymbol{p}\frac{\mu I_{qm}\mathrm{d}l}{4\pi}\cdot\frac{\mathrm{e}^{-\mathrm{j}\beta R_{qm}}}{R_{qm}}$$

在得到单元矢量位的基础上，将单元矢量位相对于行序号 m 直接加和，可以得到对应 q 列的列矢量位为

$$\mathrm{d}\boldsymbol{A}_q = \boldsymbol{p}\frac{\mu\mathrm{d}l}{4\pi}\cdot\sum_{m=-\infty}^{\infty} I_{qm}\frac{\mathrm{e}^{-\mathrm{j}\beta R_{qm}}}{R_{qm}}$$

将式(3.3)代入，得

$$\mathrm{d}\boldsymbol{A}_q = \boldsymbol{p}\frac{\mu I_{00}\mathrm{d}l}{4\pi}\mathrm{e}^{-\mathrm{j}\beta qD_x S_x}\cdot\sum_{m=-\infty}^{\infty}\mathrm{e}^{-\mathrm{j}\beta mD_z S_z}\frac{\mathrm{e}^{-\mathrm{j}\beta R_{qm}}}{R_{qm}} \tag{3.4}$$

式(3.4)虽然从严格的数学角度讲是收敛的，但其收敛速度很慢，不符合运算要求，因此需要引入泊松求和公式：

$$\sum_{m=-\infty}^{\infty}\mathrm{e}^{-\mathrm{j}m\omega_0 t}F(m\omega_0) = T\sum_{m=-\infty}^{\infty}f(t+nT) \tag{3.5}$$

将式(3.4)右侧的求和部分与式(3.5)左侧的求和部分进行比较，容易发现目标变得十分明确，即现在需要寻求的是经过傅里叶变换后的函数形式，类似于 $\mathrm{e}^{-\mathrm{j}\beta Rqm}/R_{qm}$ 的可用函数，注意这里涉及的 R_{qm} 是在二维平面内，所以根据式(3.3)，应该是平方和的平方根形式。通过寻找发现第二类零阶汉克函数的傅里叶变换符合要求，即

$$\frac{\mathrm{e}^{-\mathrm{j}\beta\sqrt{a^2+\omega^2}}}{\sqrt{a^2+\omega^2}} = F\left[\frac{1}{2\mathrm{j}}H_0^{(2)}\left(a\sqrt{\beta^2-t^2}\right)\right] \tag{3.6}$$

这里还涉及一个简单的傅里叶变换性质：

$$F(\omega-\omega_1) = F\left[\mathrm{e}^{-\mathrm{j}\omega_1 t}f(t)\right]$$

将傅里叶变换的性质代入式(3.6)中，得

$$\frac{\mathrm{e}^{-\mathrm{j}\beta\sqrt{(qD_x-x)^2+(mD_z-z)^2}}}{\sqrt{(qD_x-x)^2+(mD_z-z)^2}} = F\left[\frac{\mathrm{e}^{-\mathrm{j}\omega_1 t}}{2\mathrm{j}}H_0^{(2)}(qD_x-x)\sqrt{\beta^2-t^2}\right]$$

这里需要额外强调，由于对于泊松求和公式(3.5)的应用是纯粹数学上的形式变换借鉴，其中不涉及任何物理意义，因此可以根据需要对其中的参数进行替换：

$$w_0 = D_z,\quad T = \frac{2\pi}{w_0} = \frac{2\pi}{D_z},\quad t = \beta S_z,$$

$$w_1 = z,\quad a = qD_x - x,\quad w = mD_z$$

将以上各式代入式(3.4)，可以得到阵列在求和公式变换后的表达式为

$$\mathrm{d}\boldsymbol{A}_q=\boldsymbol{p}\frac{\mu I_{00}\mathrm{d}l}{4\pi}\cdot\frac{2\pi}{D_z}\mathrm{e}^{-\mathrm{j}\beta qD_xS_x}\cdot\sum_{n=-\infty}^{\infty}\mathrm{e}^{-\mathrm{j}z(\beta S_z+n\frac{2\pi}{D_z})}\cdot\frac{1}{2\mathrm{j}}\cdot H_0^{(2)}\left[(qD_x-x)\sqrt{\beta^2-(\beta S_z+\frac{2\pi n}{D_z})^2}\right]$$

对于二维结构而言，已经完成了一个维度上的矢量位合并，接下来再对行序号 q 进行求和，该过程中同样利用到泊松求和公式的转化，最终得到整个阵列的矢量位：

$$\mathrm{d}\boldsymbol{A}=\boldsymbol{p}\frac{\mu I_{00}\mathrm{d}l}{2\mathrm{j}\beta D_xD_z}\sum_{k=-\infty}^{\infty}\sum_{n=-\infty}^{\infty}\mathrm{e}^{-\mathrm{j}\beta z(S_z+\frac{n\lambda}{D_z})}\mathrm{e}^{-\mathrm{j}\beta x(S_x+\frac{k\lambda}{D_x})}\cdot\frac{\mathrm{e}^{-\mathrm{j}\beta y\sqrt{1-(S_x+\frac{k\lambda}{D_x})^2-(S_z+\frac{n\lambda}{D_z})^2}}}{\sqrt{1-(S_x+\frac{k\lambda}{D_x})^2-(S_z+\frac{n\lambda}{D_z})^2}}$$

其中，波长 λ 由 β 的波数表达式引入。此时已经将具有物理意义的公式由坐标定位序号 (q,m) 域转换到了仅有数学意义而没有物理意义的 (k,n) 域上。

将上面的式子进行简化以利于后续推导，则

$$\mathrm{d}\boldsymbol{A}=\boldsymbol{p}\frac{\mu I_{00}\mathrm{d}l}{2\mathrm{j}\beta D_xD_z}\sum_{k=-\infty}^{\infty}\sum_{n=-\infty}^{\infty}\frac{\mathrm{e}^{-\mathrm{j}\beta\boldsymbol{R}\cdot\boldsymbol{r}_\pm}}{r_y}\tag{3.7}$$

其中

$$\boldsymbol{r}_\pm=\boldsymbol{x}r_x\pm\boldsymbol{y}r_y+\boldsymbol{z}r_z=\boldsymbol{x}(S_x+k\frac{\lambda}{D_x})\pm\boldsymbol{y}\sqrt{1-(S_x+\frac{k\lambda}{D_x})^2}+\boldsymbol{z}(S_z+n\frac{\lambda}{D_z})$$

式中　$\boldsymbol{r}$——二次激励波的传播方向，当然不一定是单位矢量；

$\boldsymbol{R}$——观察点的位置矢量，满足

$$\boldsymbol{R}=x\boldsymbol{x}+y\boldsymbol{y}+z\boldsymbol{z}$$

在得到阵列矢量位之后，可以利用公式以及结论：

$$\mathrm{d}\boldsymbol{H}=\frac{1}{\mu}\nabla\times\mathrm{d}\boldsymbol{A}$$

$$\nabla\times(\boldsymbol{A}\Phi)=\Phi\nabla\times\boldsymbol{A}-\boldsymbol{A}\times\nabla\Phi$$

$$\nabla\times\boldsymbol{p}=\boldsymbol{0}$$

$$\boldsymbol{E}=(\frac{1}{\mathrm{j}\omega\varepsilon})\nabla\times\boldsymbol{H}$$

将式(3.7)代入上式中，得

$$\mathrm{d}\boldsymbol{H}=\frac{I_{00}\mathrm{d}l}{2D_xD_z}\sum_{k=-\infty}^{\infty}\sum_{n=-\infty}^{\infty}\frac{\mathrm{e}^{-\mathrm{j}\beta\bar{\boldsymbol{R}}\cdot\bar{\boldsymbol{r}}_\pm}}{r_y}\boldsymbol{p}\times\boldsymbol{r}_\pm$$

$$\mathrm{d}\boldsymbol{E}=\frac{I_{00}\mathrm{d}l}{2D_xD_z}\sum_{k=-\infty}^{\infty}\sum_{n=-\infty}^{\infty}\frac{\mathrm{e}^{-\mathrm{j}\beta\bar{\boldsymbol{R}}\cdot\bar{\boldsymbol{r}}_\pm}}{r_y}\boldsymbol{e}_\pm$$

式中　$\boldsymbol{e}$——电场方向矢量。

接下来需要对电场求积分（原来是对无穷多个点组成的阵列求电场，现在需要对单元长度上求积分，求得真实的由竖直单元所激发的场）：

$$\boldsymbol{E}^{(1)}(\bar{R})=\frac{Z}{2D_xD_z}\sum_{k=-\infty}^{\infty}\sum_{n=-\infty}^{\infty}\frac{\mathrm{e}^{-\mathrm{j}\beta\bar{\boldsymbol{R}}\cdot\bar{\boldsymbol{r}}_\pm}}{r_y}\boldsymbol{e}_\pm\int I_{00}^{(1)}(\bar{R}'')\mathrm{e}^{\mathrm{j}\beta\bar{R}''\cdot\bar{r}_\pm}\mathrm{d}l$$

式中　Z——波阻抗；

$\bar{R}''$——单元上任意点的位置；

上标(1)——真实应用中单元上的沿方向(1)的条状结构的场。

把积分项单独提取进行研究：

$$\boldsymbol{E}^{(1)}(\bar{R})=I^{(1)}(\bar{R}^{(1)})\frac{Z}{2D_xD_z}\sum_{k=-\infty}^{\infty}\sum_{n=-\infty}^{\infty}\frac{\mathrm{e}^{-\mathrm{j}\beta(\bar{R}-\bar{R}^{(1)})\cdot\bar{r}_\pm}}{r_y}\boldsymbol{e}_\pm^{(1)}P^{(1)}$$

$$P^{(1)}=\frac{1}{I^{(1)}(\bar{R}^{(1)})}\int I^{(1)}\mathrm{e}^{\mathrm{j}\beta l\boldsymbol{p}^{(1)}\cdot r_\pm}\mathrm{d}l$$

式中　$\boldsymbol{R}^{(1)}$——单元上参考点的坐标。

将结构的正面和背面分别沿不同方向的竖条为基础剖分，下面分别进行说明。

(1)最简单的是背面的金属条结构，独立存在，中心对称。将其按上述方法求解两次，直接对称点处得出另外两根金属条的场。不过此处两金属条上电流并不一致。

(2)对于六边形结构，如果分解为六个边分别求解，即使由于对称电流的存在，每一面也至少需要六项加和来表达，为了简化运算，利用等效磁流代替等效电流参与运算，正面对称电流产生相反方向磁流，背面也是如此。需要额外强调的是，背面结构导致两个磁流源实际由四部分磁流组成(四个半六边形)，求解时由于对称只需求解两次。

(3)设坐标轴为金属条平行于 x 轴，xOz 平面平行于结构背面，结构中心为原点。

最终结果如下：

对于金属条，存在

$$\boldsymbol{E}^{(1)}(\bar{R})=I^{(1)}(\bar{R}^{(1)})\frac{Z}{2D_xD_z}\sum_{k=-\infty}^{\infty}\sum_{n=-\infty}^{\infty}\frac{\mathrm{e}^{-\mathrm{j}\beta(\bar{R}-\bar{R}^{(1)})\cdot\bar{r}_\pm}}{r_y}\boldsymbol{e}_\pm^{(1)}P^{(1)}$$

$$\boldsymbol{E}^{(2)}(\bar{R})=I^{(2)}(\bar{R}^{(2)})\frac{Z}{2D_xD_z}\sum_{k=-\infty}^{\infty}\sum_{n=-\infty}^{\infty}\frac{\mathrm{e}^{-\mathrm{j}\beta(\bar{R}-\bar{R}^{(2)})\cdot\bar{r}_\pm}}{r_y}\boldsymbol{e}_\pm^{(2)}P^{(2)}$$

$\boldsymbol{E}^{(3)}$ 和 $\boldsymbol{E}^{(4)}$ 场值与 $\boldsymbol{E}^{(1)}$、$\boldsymbol{E}^{(2)}$ 相同，在 z 方向上分量取反。

对于正面六边形，存在

$$\boldsymbol{E}^{(5)}=\left(\frac{1}{\mathrm{j}\omega\varepsilon}\right)\nabla\times\boldsymbol{H}^{(5)}$$

$$\boldsymbol{E}^{(6)}=\left(\frac{1}{\mathrm{j}\omega\varepsilon}\right)\nabla\times\boldsymbol{H}^{(6)}$$

$$\boldsymbol{H}^{(5)}(\bar{R})=I_m^{(5)}(\bar{R}^{(5)})\frac{1}{2D_xD_z}\sum_{k=-\infty}^{\infty}\sum_{n=-\infty}^{\infty}\frac{\mathrm{e}^{-\mathrm{j}\beta(\bar{R}-\bar{R}^{(5)})\cdot\bar{r}_\pm}}{r_y}\boldsymbol{h}_\pm^{(5)}P_m^{(5)}$$

$$\boldsymbol{H}^{(6)}(\bar{R})=I_m^{(6)}(\bar{R}^{(6)})\frac{1}{2D_xD_z}\sum_{k=-\infty}^{\infty}\sum_{n=-\infty}^{\infty}\frac{\mathrm{e}^{-\mathrm{j}\beta(\bar{R}-\bar{R}^{(6)})\cdot\bar{r}_\pm}}{r_y}\boldsymbol{h}_\pm^{(6)}P_m^{(6)}$$

式中　P_m——磁流的积分；

I_m——磁流密度，$I_m=\mathrm{j}\omega\mu_0 SI$；

S——环面积；

I——环电流。

对于背面六边形，存在

$$\boldsymbol{E}^{(7)}=\left(\frac{1}{\mathrm{j}\omega\varepsilon}\right)\nabla\times\boldsymbol{H}^{(7)}$$

$$\boldsymbol{E}^{(8)}=\left(\frac{1}{\mathrm{j}\omega\varepsilon}\right)\nabla\times\boldsymbol{H}^{(8)}$$

$$\boldsymbol{H}^{(7)}(\bar{R})=I_m^{(7)}(\bar{R}^{(7)})\frac{1}{2D_xD_z}\sum_{k=-\infty}^{\infty}\sum_{n=-\infty}^{\infty}\frac{\mathrm{e}^{-\mathrm{j}\beta(\bar{R}-\bar{R}^{(7)})\cdot\bar{r}_\pm}}{r_y}\boldsymbol{h}_\pm^{(7)}P_m^{(7)}$$

$$\boldsymbol{H}^{(8)}(\bar{R})=I_m^{(8)}(\bar{R}^{(8)})\frac{1}{2D_xD_z}\sum_{k=-\infty}^{\infty}\sum_{n=-\infty}^{\infty}\frac{\mathrm{e}^{-\mathrm{j}\beta(\bar{R}-\bar{R}^{(8)})\cdot\bar{r}_\pm}}{r_y}\boldsymbol{h}_\pm^{(8)}P_m^{(8)}$$

画图可以看出，对于对称的 $H^{(9)}$ 和 $H^{(10)}$，激发的电场方向相同。将 $E^{(1)}$ 到 $E^{(10)}$ 全部求和，就是求得的最终电场的表达式。

第 4 章 频率选择表面的小型化设计方法

4.1 单层频率选择表面单元结构的小型化设计

4.1.1 等效电路理论简介

频率选择表面之所以能够在电磁波入射时显现出频率选择的特性，在于其可以等效为与传输线结构相近的 LC 电路，在谐振频率处发生谐振使得该频率的波几乎能够全部通过(带通)或反射(带阻)。实际上，FSS 等效电路的基本原理如图 4.1 所示。两个金属条之间留有一定间隙，该单元结构的 FSS 在竖直方向极化的电磁波入射时可以等效为右侧的电路结构。其中两个金属条可以分别等效成为两个电感，二者之间的间隙则形成了一个电容结构，与两个电感进行串联，形成了 LC 电路。与实际电感、电容的机理相似，电感的大小受金属条的宽度、长度等因素影响，而电容值则与金属条之间的正对面积以及间隔距离等密切相关。但由于受电磁波入射的角度、极化方式，以及大量电感之间存在互感等因素的影响，非基本单元的 FSS 结构其等效电路的数值往往不能通过简单计算得出，等效电路更多应用于对 FSS 性能的定性研究。

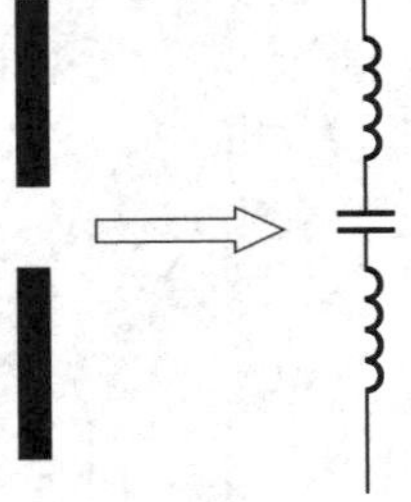

图 4.1 FSS 等效电路的基本原理

图 4.2 所示是两种以矩形结构为基础构建的 FSS 单元结构。图 4.2(a)的 FSS 单元间全部由金属条相互连通，其等效的传输线模型均有一条电感通路；同时电流还可以通过方框间的电容及方环自身电感进行传输，因此，等效电路中又可以等效出一条由电容和电感串联的支路。图 4.2(a)所示 FSS 单元的等效电路如图 4.3(a)所示，该电路代表了一般

缝隙型 FSS 单元的基本电路，一般呈带通频率选择特性，在低频段具有较高的阻抗值。图 4.2(b)所示结构正好相反，由于任意两单元间均没有金属条相连，因此其等效电路的各支路均为 *LC* 串联电路，如图 4.3(b)所示。该等效电路代表了一般贴片型 FSS 单元的基本电路，一般呈带阻频率选择特性，在低频段阻抗值很小，波可以自由通过。

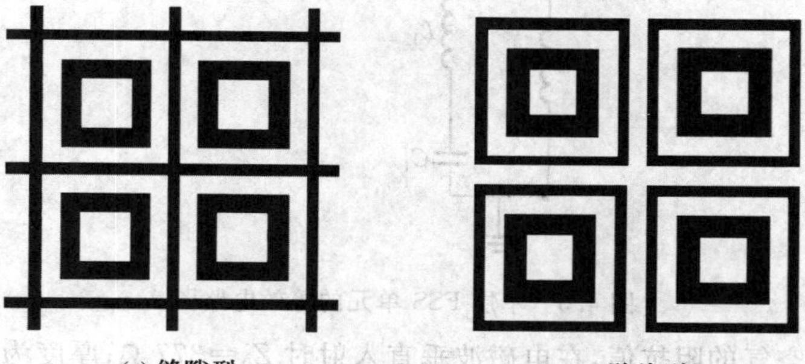

(a) 缝隙型　　(b) 贴片型

图 4.2　两种以矩形结构为基础构建的 FSS 单元结构

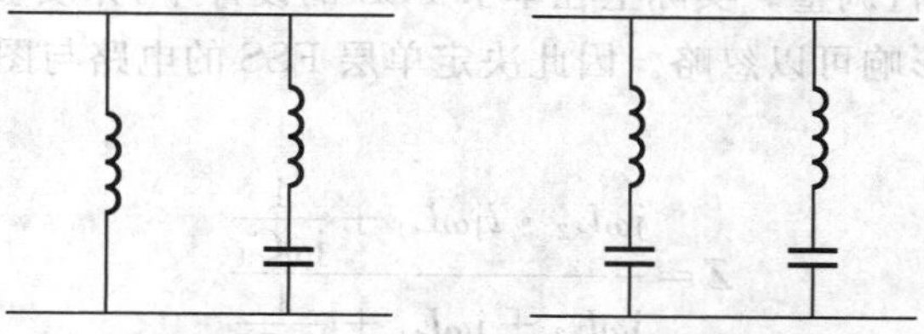

(a) 缝隙型　　(b) 贴片型

图 4.3　图 4.2 两种结构的等效电路

考虑到实际应用中带通型 FSS 的实用价值更大，本节之后都是在图 4.3(a)的基础上设计的带通型 FSS。但实际上，根据 B. A. Munk 的理论，在满足要求的情况下，绝大多数 FSS 结构都可以通过取其金属图案部分的互补结构来实现频率选择特性的倒置，也就是说，对本节之后所设计的 FSS 结构通过取金属图案部分的互补结构所构成的 FSS 同样能够实现带阻型的单元小型化效果。

4.1.2　单层 FSS 单元小型化设计的等效电路分析

本节所谓的单层 FSS，是指目前研究最广泛的单金属层放置于单层介质板上的 FSS 模型，其单元的基本结构如图 4.4 所示。

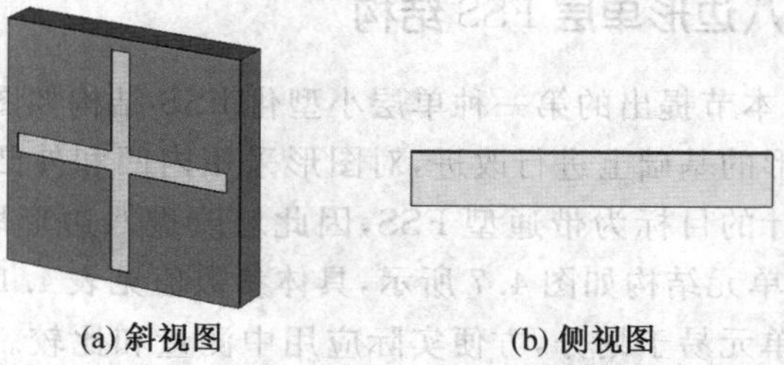

(a) 斜视图　　(b) 侧视图

图 4.4　单层 FSS 单元的基本结构

当单层 FSS 单元所组成的阵列被放置在空气中，垂直于单元表面(或包含垂直方向分量)的电磁波入射到 FSS 上时，单层 FSS 单元可以等效成图 4.5 所示的电路结构。

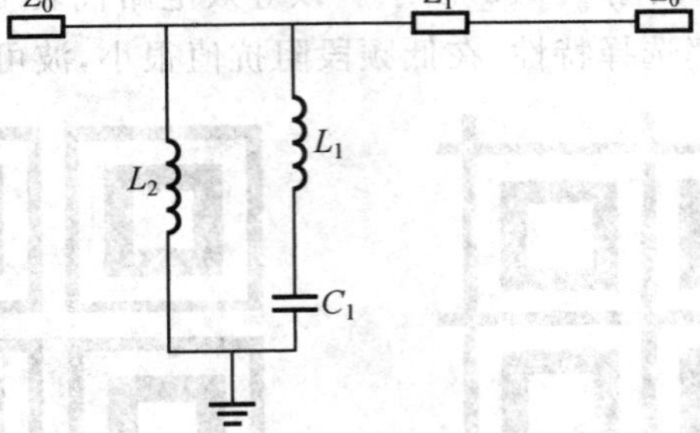

图 4.5　单层 FSS 单元的等效电路图

其中，Z_0 为空气的阻抗值，在电磁波垂直入射时 $Z_0=377\ \Omega$；厚度为 h 的介质板可以等效为长度为 h 的传输线，其阻抗值满足 $Z=Z_0/\sqrt{\varepsilon_r}$ 。上述关系必须在电磁波垂直入射的条件下，否则需要进行调整。实际上在本节 FSS 的设计中，介质板的厚度很小，因此其对应的传输线阻抗的影响可以忽略。因此决定单层 FSS 的电路与图 4.3(a)基本相同，其等效阻抗为

$$Z=\frac{\mathrm{j}\omega L_2\cdot l\mathrm{j}\omega L_1+\dfrac{1}{\mathrm{j}\omega C_1}}{\mathrm{j}\omega L_2+\mathrm{j}\omega L_1+\dfrac{1}{\mathrm{j}\omega C_1}} \tag{4.1}$$

将上式化简可得

$$Z=\mathrm{j}\,\frac{\omega^3L_1L_2C_1-\omega L_2}{\omega^2L_1C_1+\omega^2L_2C_1-1} \tag{4.2}$$

当该 FSS 实现带通频率选择特性时，应该使得电路等效阻抗尽量小，因此当取 $Z=0$ 时有

$$\omega^3L_1L_2C_1-\omega L_2=\omega L_2(\omega^2L_1C_1-1)=0 \tag{4.3}$$

由于 $\omega\neq 0, L_2\neq 0$，因此必须满足

$$\omega^2L_1C_1-1=0 \tag{4.4}$$

为了使小型化程度尽量高，即 ω 值尽量小，需使 L_1C_1 尽量大。这就是本节对单层 FSS 结构小型化的改进方向。

4.1.3　改进八边形单层 FSS 结构

基于上述讨论，本节提出的第一种单层小型化 FSS 结构如图 4.6 所示。该结构的基本思想是在基本图形的基础上进行改进，对图形采用内凹和外凸的方式来增加其单元的谐振长度。由于设计的目标为带通型 FSS，因此对改进八边形取互补结构，得到了如图 4.6 所示的结构，其单元结构如图 4.7 所示，具体参数值见表 4.1。与六边形结构相比，八边形的优势在于其单元易于划分，方便实际应用中测量和比较。而为了解决八边形不能像六边形图形之间完好吻合的问题，本节对每四个八边形排列后中间形成正方形结构同样进行了内凹和外凸之后取互补的处理，使得整个 FSS 单元所有部分都能够紧凑地排

列，极大程度地增加了单元内部的等效电容和电感值。

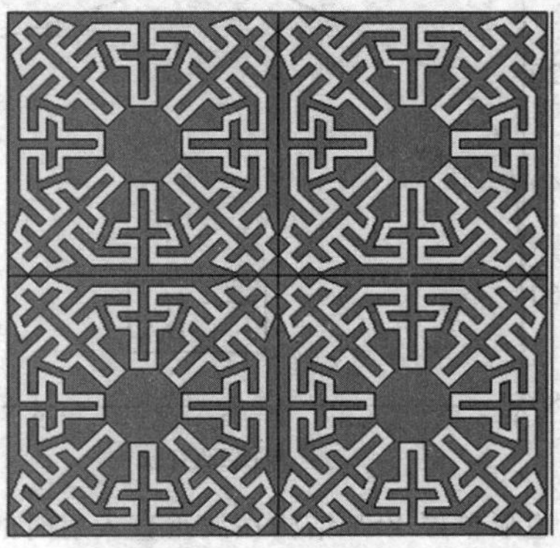

图 4.6　改进八边形单层 FSS 的周期结构

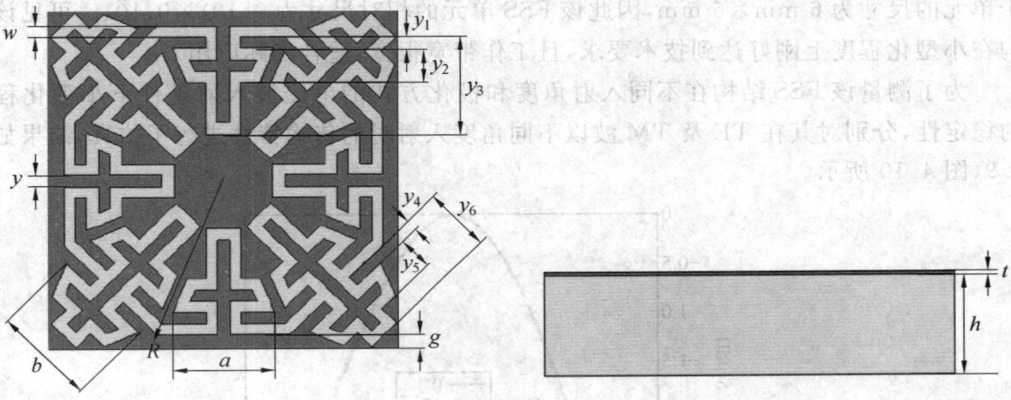

(a) 正视图　　(b) 侧视图

图 4.7　改进八边形单层 FSS 的单元结构

表 4.1　改进八边形单层 FSS 结构的具体参数

参数名	参数值	参数名	参数值
R	2.976 5 mm	y_1	0.2 mm
g	0.2 mm	y_2	0.6 mm
w	0.2 mm	y_3	1.7 mm
ε_r	4.5	y_4	0.2 mm
h	1.5 mm	y_5	0.6 mm
t	0.05 mm	y_6	1.15 mm
a	1.75 mm	b	1.75 mm

为了检验所设计的改进八边形 FSS 结构的传输特性，利用 CST 仿真软件，在分别以 TE 和 TM 平面波为激励源垂直入射的条件下进行了仿真，仿真结果如图 4.8 所示。

由图 4.8 可知，无论对 TE 还是 TM 波频域响应曲线都基本一致，谐振频率为

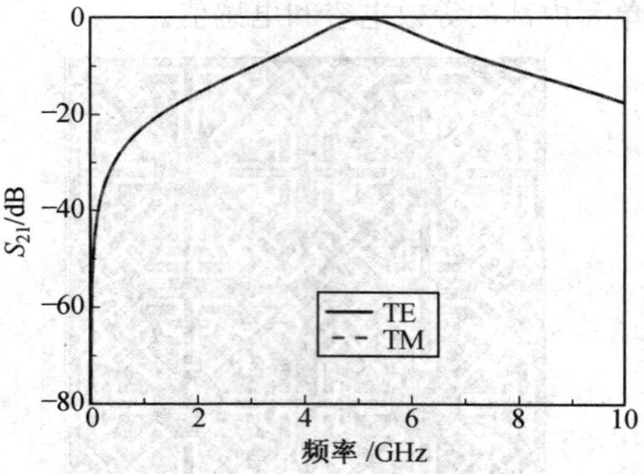

图 4.8　改进八边形单层 FSS 结构在波垂直入射时的频域响应曲线

5.07 GHz，通带范围为 4.31～6.00 GHz，工作带宽为 1.69 GHz，相对带宽为 32.9%。由于单元的尺寸为 6 mm×6 mm，因此该 FSS 单元的相对尺寸为 0.10λ×0.10λ。可见该结构在小型化程度上刚好达到技术要求，且工作带宽很宽，适合实际应用。

为了测量该 FSS 结构在不同入射角度和极化方式的电磁波入射条件下小型化程度的稳定性，分别对其在 TE 及 TM 波以不同角度入射时的传输特性进行了仿真，结果如图 4.9、图 4.10 所示。

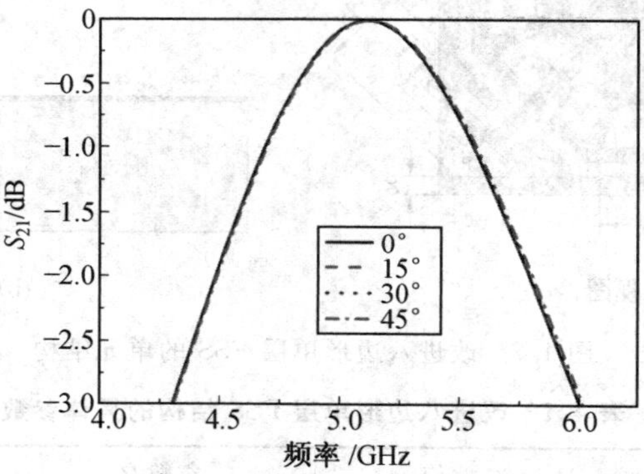

图 4.9　改进八边形单层 FSS 结构在 TE 波以不同角度入射时的频域响应曲线

由图 4.9 及图 4.10 可见，即使在大角度入射的条件下改进八边形单层 FSS 结构仍然能够保持较好的小型化特性，其频域响应曲线与垂直入射电磁波时相比保持了较好的稳定性，中心频率的最大偏移量仅为 0.01 GHz(约 0.2%)。

实际上，改进八边形单层 FSS 结构的小型化程度还可以进一步提升。图 4.7 所示的结构仅为每个八边形的八个边内凹(或外凸)一次的结果，实际上在制作精度允许的情况下，可以通过增加内凹(或外凸)阶数的方式来进一步提升小型化的程度；对于一个固定阶数的改进八边形结构，也可以通过将其内凹部分向八边形中心尽量靠拢放置的方式来提升小型化程度。但在本节中，为了统一规格，方便之后多层复杂结构的设计比较，所有设计的 FSS 单元尺寸均为 6 mm×6 mm，金属条宽度以及之间的间隙最小值均为0.2 mm。在这样的规格限制下，本节只讨论了图 4.7 所示的一阶改进八边形单层 FSS 结构的传输特性。

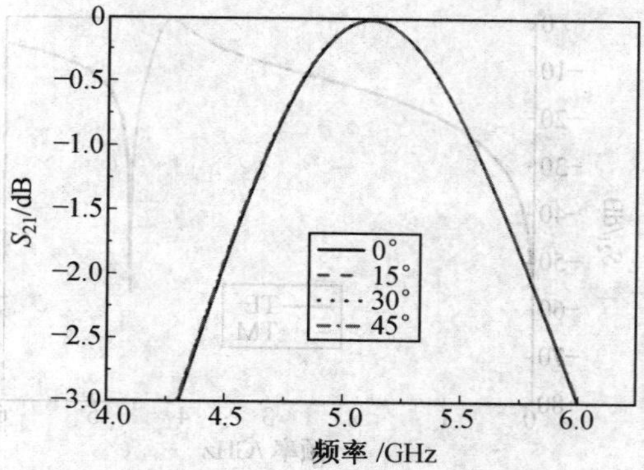

图 4.10　改进八边形单层 FSS 结构在 TM 波以不同角度入射时的频域响应曲线

4.1.4　改进蛇形线单层 FSS 结构

改进蛇形线单层 FSS 的单元结构如图 4.11 所示。该结构与上一节所介绍的改进八边形单层 FSS 结构的最大不同在于其单元内部的所有结构均与连接单元间的金属条相连，换句话说，整个 FSS 的金属部分都是相互连通的。因此单元内金属条之间的电势差比较小，相互之间产生的等效电容值也较小；但是该结构对于金属条的盘绕排列极大地增加了单元等效的电感值，该结构同样能够实现较好的小型化效果。此外，从四个方向分别引入结构相同的蛇形线金属的设计保证了对于不同极化方向的电磁波 FSS 结构等效电路的一致性，也保证了其传输特性的稳定性。

图 4.11　改进蛇形线单层 FSS 的单元结构图

为了方便与之前改进八边形单层 FSS 结构以及之后要讨论的结构的性能做比较，本节在仿真时均取了相同的结构参数，即金属层厚度为 0.05 mm，介质层厚度为 1.5 mm，介质层介电常数为 4.5，以及上一节所提到的单元长度为 6 mm，金属条宽度为 0.2 mm，金属条间距为 0.2 mm。

为了研究改进蛇形线单层 FSS 结构的传输特性，本节同样对其在平面波入射的条件下进行了仿真。在 TE 和 TM 波垂直入射时，改进蛇形线单层 FSS 结构的传输特性如图 4.12 所示。

由图 4.12 可知，改进蛇形线单层 FSS 结构的通带范围为 3.88～4.25 GHz，工作带

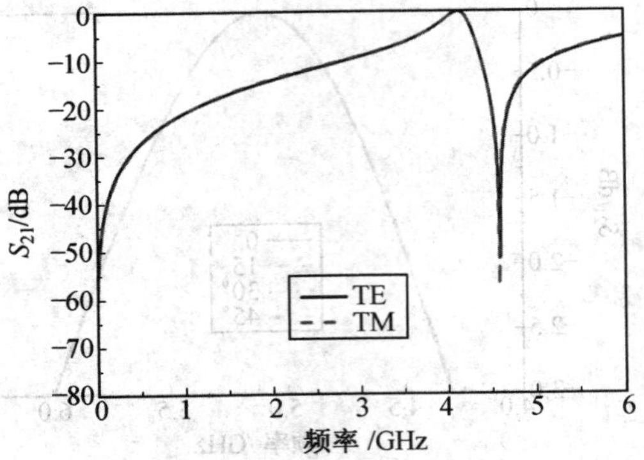

图 4.12　改进蛇形线单层 FSS 结构在波垂直入射时的频域响应曲线

宽为 0.37 GHz，中心频率为 4.13 GHz，其单元相对尺寸为 $0.0826\lambda \times 0.0826\lambda$，相对带宽为 9.0%。该结构与上一节讨论的改进八边形单层 FSS 结构相比，单元尺寸进一步减小了约 $\lambda/57$，但与此同时也牺牲了不少工作带宽。

改进蛇形线单层 FSS 结构对不同角度和极化方式的入射电磁波入射条件下的频域响应曲线的仿真结果如图 4.13、图 4.14 所示。

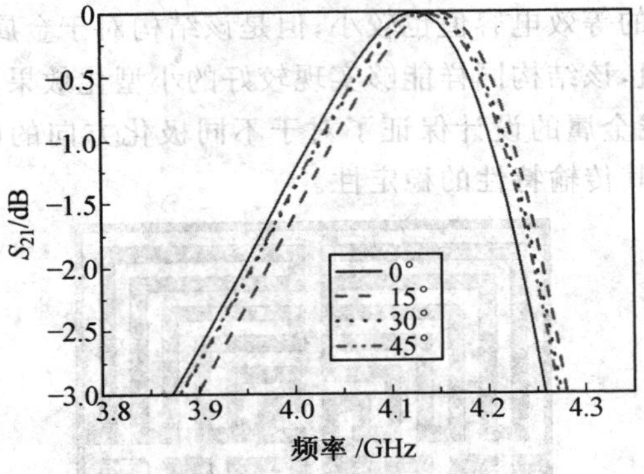

图 4.13　改进蛇形线单层 FSS 结构在 TE 波以不同角度入射时的频域响应曲线

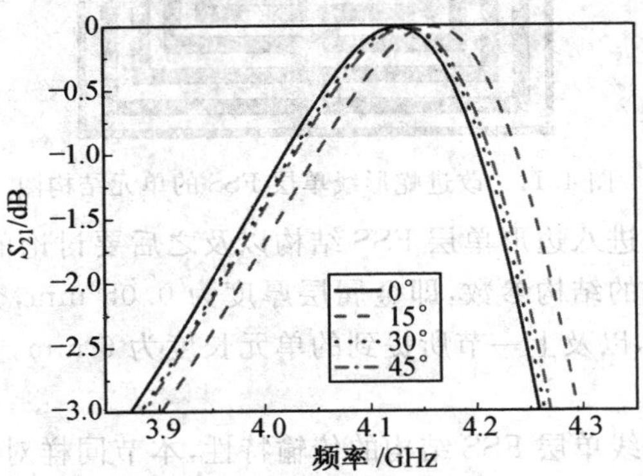

图 4.14　改进蛇形线单层 FSS 结构在 TM 波以不同角度入射时的频域响应曲线

由图 4.13、图 4.14 可知，即使在大角度入射的情况下，通带的偏移量也很小，在 15°

时中心频率的偏移量约为 4.8%，而 30°和 45°时偏移量则仅为 1.2%和 2.4%。可见，改进蛇形线单层 FSS 结构对不同角度和极化方式的入射电磁波的稳定性能满足技术要求，适合在实际中应用。

4.1.5　改进螺旋单层 FSS 结构

本节还提出了一种单层小型化 FSS 结构——改进螺旋单层 FSS 结构，其单元结构如图 4.15 所示。

图 4.15　改进螺旋单层 FSS 的单元结构

与改进蛇形线单层 FSS 结构相似，该结构同样是主要依靠增加单元的等效电感值来提升结构的小型化程度的。但与蛇形线结构不同的是，该结构金属条的有效电感长度更长，等效电感值更大；同时四个螺旋部分相互之间的正对面积更大，因此单元内部等效电容值也随之增大。相比改进蛇形线单层 FSS 结构，改进螺旋单层 FSS 结构能够提供更好的小型化效果，其在电磁波垂直入射时的频域响应曲线如图 4.16 所示。

图 4.16 所示的改进螺旋单层 FSS 结构在垂直波入射下的仿真结果也证明了其出众的小型化特性。由图可见，其中心频率值仅为 2.47 GHz，单元相对尺寸仅为 0.049 4λ × 0.049 4λ，也就是说其单元尺寸已小于 λ/20，小型化程度远高于技术要求指标。而通带范围为 2.34～2.56 GHz，绝对带宽为 0.22 GHz，相对带宽为 8.9%。

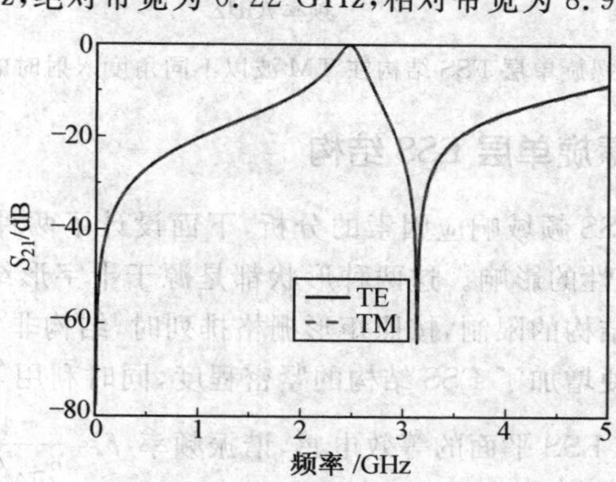

图 4.16　改进螺旋单层 FSS 结构在电磁波垂直入射时的频域响应曲线

改进螺旋单层 FSS 结构对不同角度和不同极化方式的入射电磁波入射条件下的仿真结果如图 4.17、图 4.18 所示。从图中可以观察到，尽管各频域响应曲线的中心频率值极为稳定，对于各角度均没有任何偏移，但是在大角度入射时，通带范围的变化较为明显，且表现出对不同极化方式的波频域响应的不一致性。尤其当 45°的大角度入射时，TE 波的频域响应曲线通带范围减小了 0.06 GHz，占其原工作带宽的 27.3%；而 TM 波的频域响应曲线通带范围增加了 0.09 GHz，占其原工作带宽的 40.9%。由此可见，改进螺旋单层 FSS 结构不适合应用在入射电磁波角度很大的情况下。

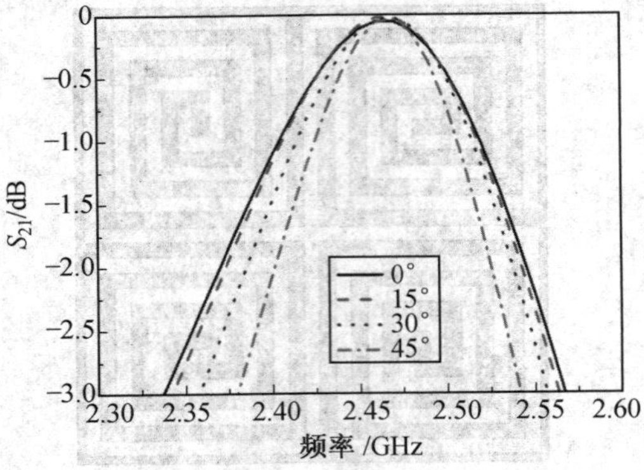

图 4.17　改进螺旋单层 FSS 结构在 TE 波以不同角度入射时的频域响应曲线

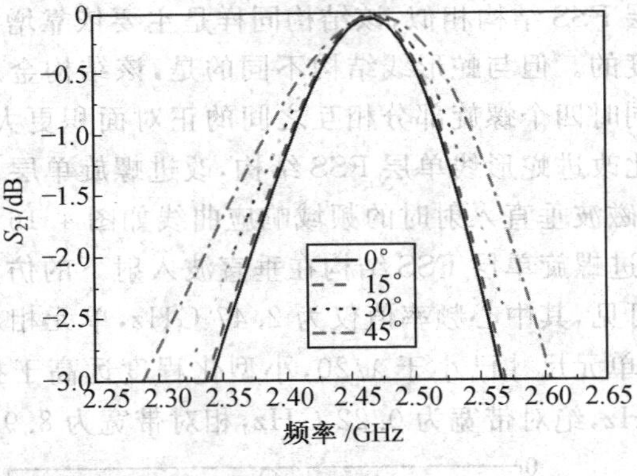

图 4.18　改进螺旋单层 FSS 结构在 TM 波以不同角度入射时的频域响应曲线

4.1.6　改进双螺旋单层 FSS 结构

针对前文对影响 FSS 频域响应因素的分析，下面设计了两种 FSS 形状，仿真模拟各个因素变化对其谐振特性的影响。这两种形状都是源于十字形结构，十字形具有很多良好的特性，但是由于其结构的限制，按照矩形栅格排列时，结构非常松散，如果在十字形的基础上加以螺旋缠绕，便增加了 FSS 结构的紧密程度，同时利用等效电路理论分析可得，螺旋缠绕相当于增加了 FSS 平面的等效电感，谐振频率 $f=\frac{1}{2\pi\sqrt{LC}}$ 会因此降低，可实现小型化 FSS 的特性，大大减少仿真时间和工程制作成本。

图 4.19 所示是基于十字形与螺旋结构基础设计的两种 FSS 单元结构，分别为四方

螺旋和双螺旋，其中图 4.19(a)所示是四方螺旋贴片结构的基本单元，图 4.19(b)所示是双螺旋缝隙结构的基本单元。

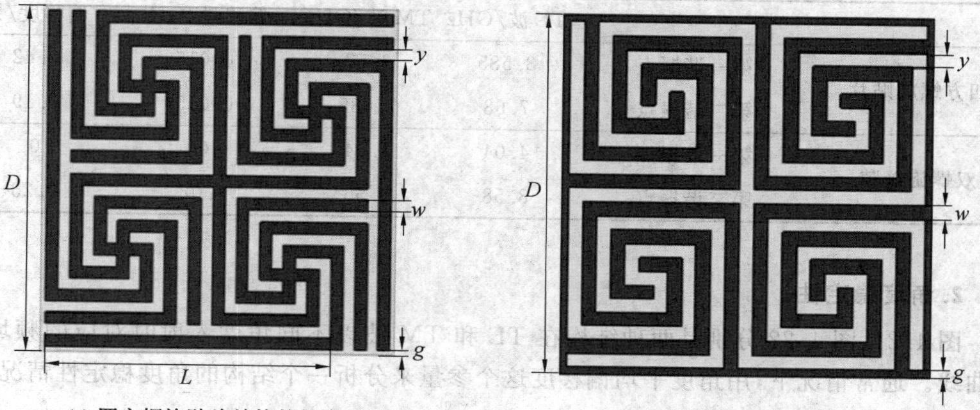

(a) 四方螺旋贴片结构的基本单元　　(b) 双螺旋缝隙基本单元

图 4.19　基于十字形与螺旋结构基础设计的两种 FSS 单元结构

1. 极化稳定性

图 4.20 是两种结构在不同极化方式的电磁波垂直入射时的频域响应曲线，从图中可以看到，这两种结构在 10 GHz 内都存在多个谐振点，具有多频特性，表 4.2 中列出了在不同极化波入射下两种结构的谐振频率、偏移量和偏移度的具体数值，在这里，用极化偏移度这个参量来分析一个 FSS 结构的极化稳定性，这个值越低，说明极化稳定性越好。计算公式如下：

$$\Delta f_a = | f_a^{TE} - f_a^{TM} | / f_a^{TE} \times 100\% \tag{4.5}$$

式中　f_a^{TE}——TE 波以某一角度入射时的谐振频率；

f_a^{TM}——TM 波以某一角度入射时的谐振频率。

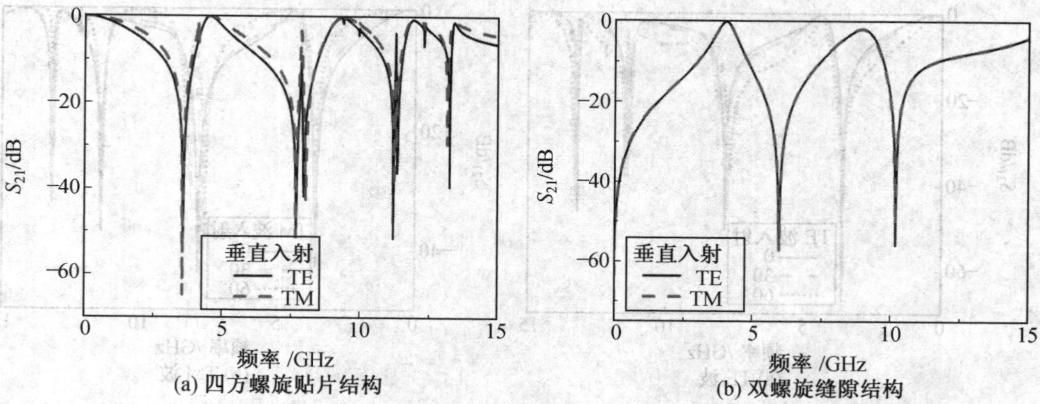

(a) 四方螺旋贴片结构　　(b) 双螺旋缝隙结构

图 4.20　两种结构在不同极化方式的电磁波垂直入射时的频域响应曲线

通过表 4.2 中的数据可以发现，四方螺旋贴片结构在前两个谐振点处频率偏移量均只有 0.015 GHz，偏移度分别为 0.42% 和 0.19%，而双螺旋缝隙结构在第一谐振点处无频率偏移，在第二谐振点处偏移度也只有 0.23%，说明这两种结构的极化稳定性都非常好。

表 4.2 在不同极化波入射下两种结构的谐振频率、偏移量和偏移度

		TE 波/GHz	TM 波/GHz	偏移量/GHz	偏移度/%
四方螺旋贴片	第一谐振点	3.585	3.57	0.015	0.42
	第二谐振点	7.68	7.685	0.015	0.19
双螺旋缝隙	第一谐振点	4.04	4.04	0	0
	第二谐振点	8.58	8.56	0.02	0.23

2. 角度稳定性

图 4.21、图 4.22 分别是两种结构在 TE 和 TM 波以不同角度入射时对应的频域响应曲线。通常情况下，用角度平均偏移度这个参量来分析一个结构的角度稳定性情况，计算公式如下：

$$\delta f_{\mathrm{P}}=\frac{|f_{\mathrm{P}}^{\mathrm{normal}}-f_{\mathrm{P}}^{a_1}|+|f_{\mathrm{P}}^{\mathrm{normal}}-f_{\mathrm{P}}^{a_2}|+\cdots+|f_{\mathrm{P}}^{\mathrm{normal}}-f_{\mathrm{P}}^{a_n}|}{nf_{\mathrm{P}}^{\mathrm{normal}}}\times 100\% \tag{4.6}$$

式中 $f_{\mathrm{P}}^{\mathrm{normal}}$——在 0°入射时的谐振频率；

$f_{\mathrm{P}}^{a_i}$——在第 a_i 个入射角时的谐振频率；

n——不同斜入射角度的个数。

δf_{P} 的值越小，说明该结构的角度稳定性越高。表 4.3 列出了两种结构在不同极化波以不同角度入射时的谐振频率及角度平均偏移度，由表中数据可以发现，两种结构无论是在 TE 波入射还是 TM 波入射时，两个谐振点处的平均角度偏移量均不超过 2%，说明这两种结构都具有较高的角度稳定性。此外，四方螺旋贴片结构的平均角度偏移量要小于双螺旋缝隙结构，说明四方螺旋贴片结构的角度稳定性要好于双螺旋缝隙结构的角度稳定性。

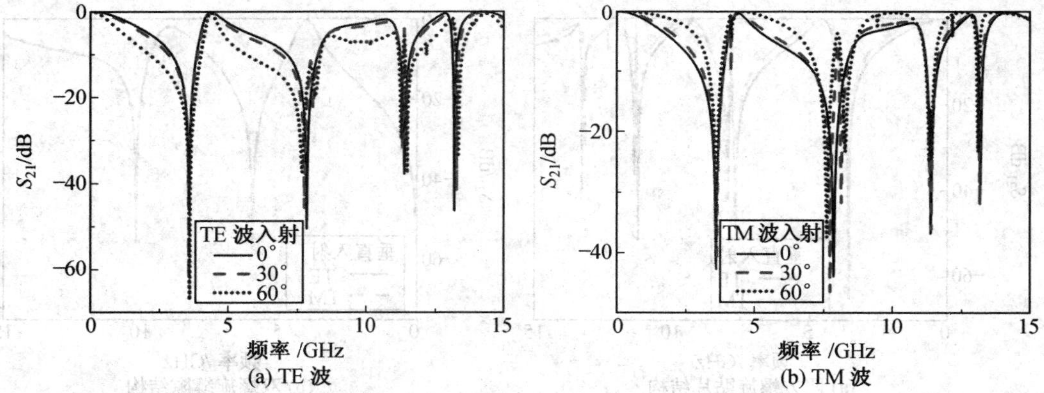

图 4.21 四方螺旋贴片结构在 TE 和 TM 波以不同角度入射时的频域响应曲线

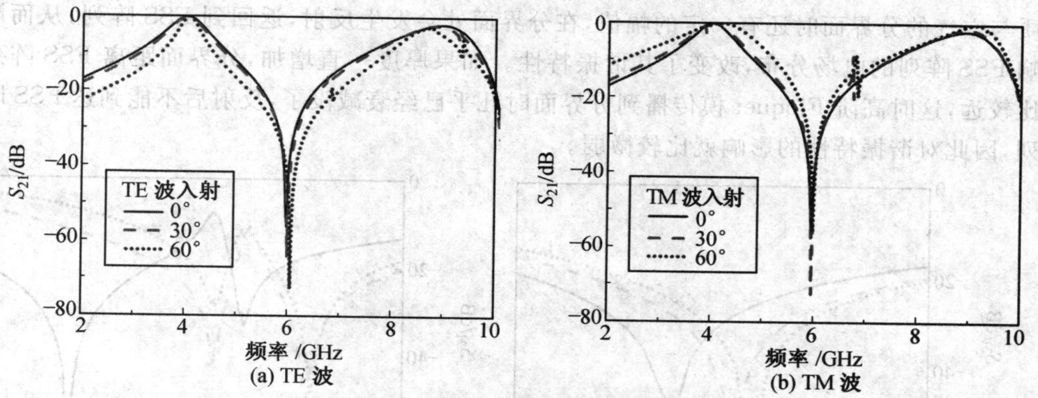

图 4.22 双螺旋缝隙结构在 TE 和 TM 波以不同角度入射时的频域响应曲线

表 4.3 两种结构在不同极化波以不同入射角度入射时的谐振频率及偏移

不同极化波		TE 波/GHz			TM 波/GHz			δf_P^{TE} /%	δf_P^{TM} /%
不同角度		0°	30°	60°	0°	30°	60°		
四方螺旋贴片结构	第一谐振点	3.60	3.60	3.62	3.60	3.62	3.60	0.28	0.28
	第二谐振点	7.86	7.78	7.68	7.86	7.74	7.62	1.27	1.65
双螺旋缝隙结构	第一谐振点	4.04	4.02	4.06	4.04	4.04	4.12	0.49	0.99
	第二谐振点	8.98	8.86	8.76	8.96	8.98	9.14	1.89	1.11

3. 小型化特性

理论上 FSS 是无限大的周期结构，但是在实际应用中，FSS 都是有限大的，并且通常使 FSS 的单元个数不少于 20×20，来模拟无限大的 FSS 特性。当 FSS 应用在低频段时，FSS 单元太大，在实用的尺寸内很难用足够的单元个数来体现 FSS 的选频特性。因此 FSS 的小型化就显得尤为重要。小型化尺寸通常定义为单元尺寸与谐振波长的比值，这个值越小，说明小型化效果越好。

由图 4.20 及表 4.2，可以计算出这两种结构的单元尺寸分别为 0.072λ 和 0.07λ，其中 λ 为第一谐振点处的波长，双方环加载电容结构实现的小型化单元尺寸为 0.114λ，互补形状构成的双层 FSS 结构实现的小型化单元尺寸为 0.086λ，而且这两种结构在既没有加载，也没有多层级联的前提下，小型化的尺寸均比相关文献中要小，可见其具有良好的小型化特性。

4. 介质的影响

加载介质层不仅会影响到 FSS 的机械特性，而且会显著影响 FSS 的电磁特性。在本书的设计中，只考虑了单侧加载的情况，讨论了当介质的厚度及介电常数变化时，对 FSS 结构传输特性的影响(图 4.23～4.26)。由图 4.23、图 4.24 可见，随着介质厚度的增加，无论是贴片结构还是缝隙结构，其谐振频率都是逐渐降低的，而且增加的幅度越来越小，这是因为当介质厚度较小时，入射电磁波透过 FSS 阵列激励的高阶 Floquet 模传播到介质与空气的分界面时还有一定的幅值，在分界面处会发生反射，返回到 FSS 阵列，从而影响 FSS 阵列的电场分布，改变了其谐振特性。如果厚度一直增加，分界面距离 FSS 阵列比较远，这时高阶 Floquet 模传播到分界面时几乎已经衰减没了，反射后不能到达 FSS 阵列，因此对谐振特性的影响就比较微弱。

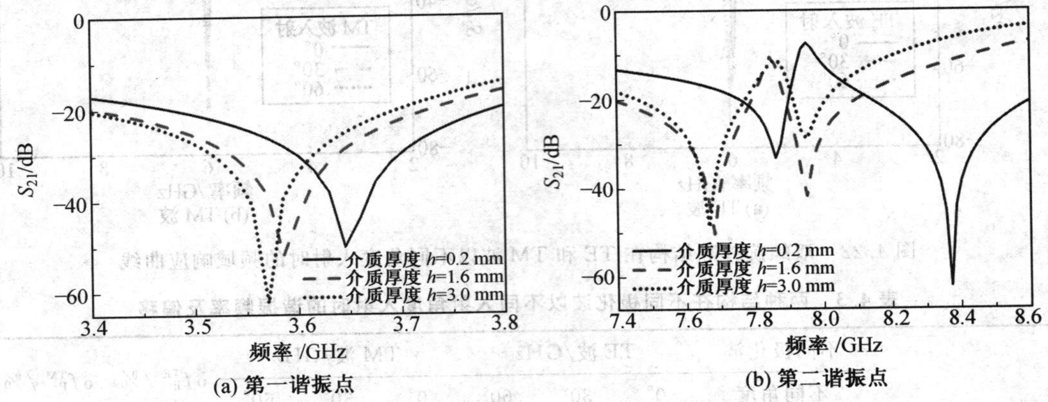

图 4.23　四方螺旋贴片结构在不同介质厚度下的频域响应曲线

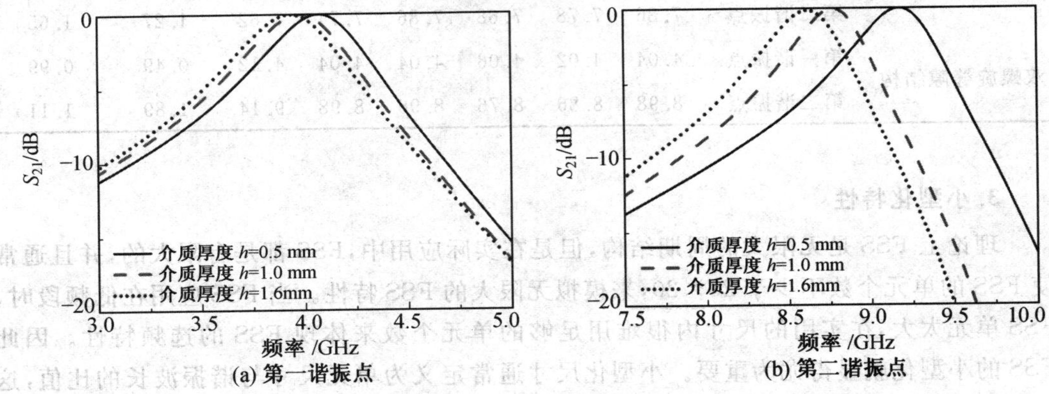

图 4.24　双螺旋缝隙结构在不同介质厚度下的频域响应曲线

图 4.25、图 4.26 分别显示了改变介质的介电常数对两种 FSS 结构传输特性的影响，由图 4.25、图 4.26 可见，谐振频率都是随着介电常数的增加而逐渐减小的，这个规律符合前文所提到的介质对 FSS 谐振特性影响的规律。

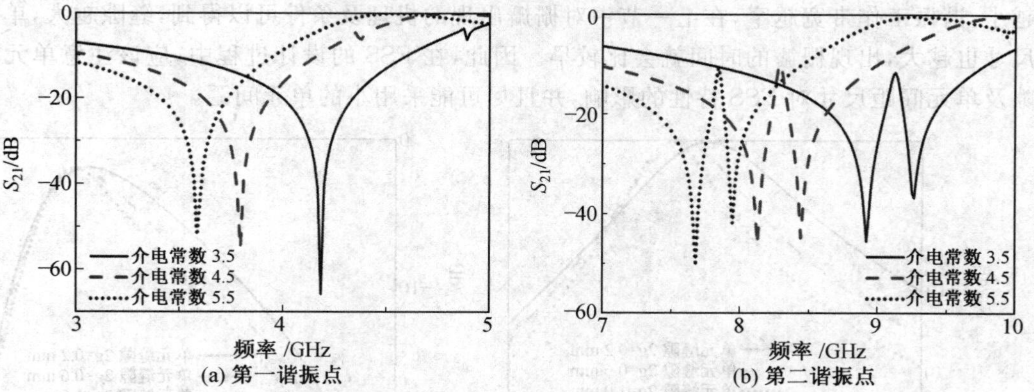

图 4.25　四方螺旋贴片结构在不同介电常数下的频域响应曲线

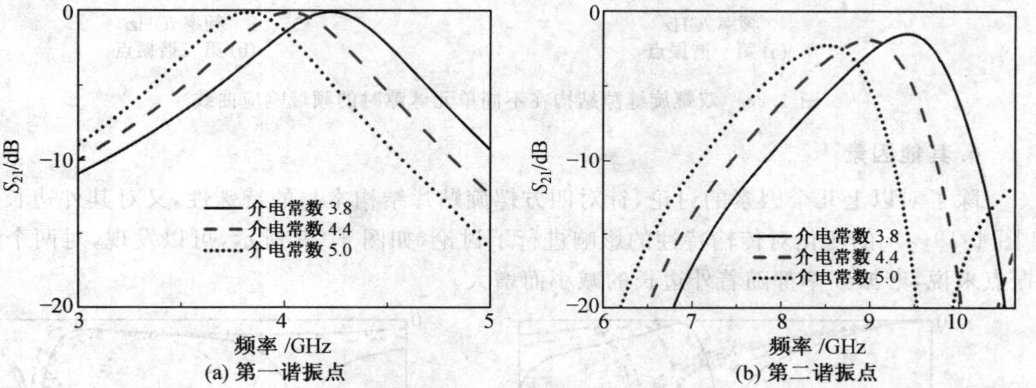

图 4.26　双螺旋缝隙结构在不同介电常数下的频域响应曲线

5. 单元尺寸的影响

FSS 的谐振频率主要取决于单个单元的尺寸，图 4.27、图 4.28 分别是两种结构在单元之间缝隙 $2g$ 取不同值时的频域响应曲线，从图 4.27、图 4.28 中不难看出，无论是哪个谐振频率点，都满足缝隙越小谐振频率越低、缝隙越大谐振频率越高的特性。同时，缝隙

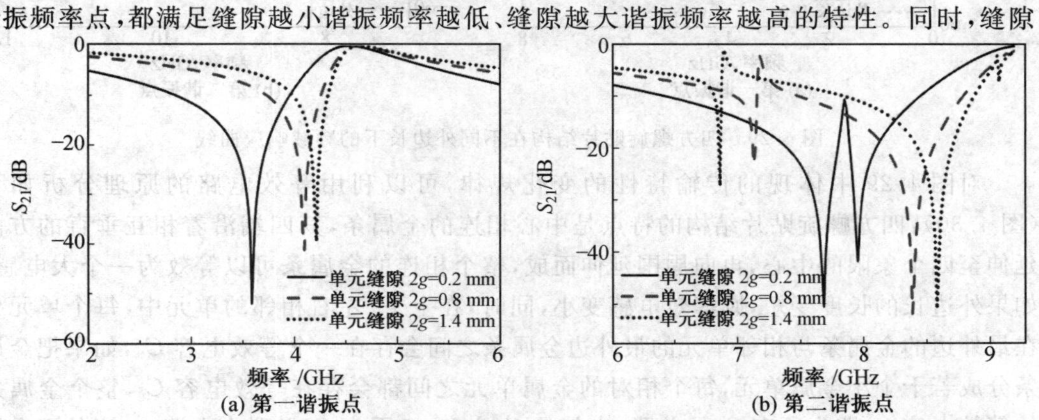

图 4.27　四方螺旋贴片结构在不同单元缝隙时的频域响应曲线

越小，谐振工作带宽越窄，在上一节中对栅瓣出现的机理及条件可以得到，缝隙越大，单元尺寸也越大，出现栅瓣的时间就会比较早。因此，在 FSS 的设计过程中，应该注意单元缝隙及单元间距尺寸对 FSS 特性的影响，并且尽可能采用小的单元间距。

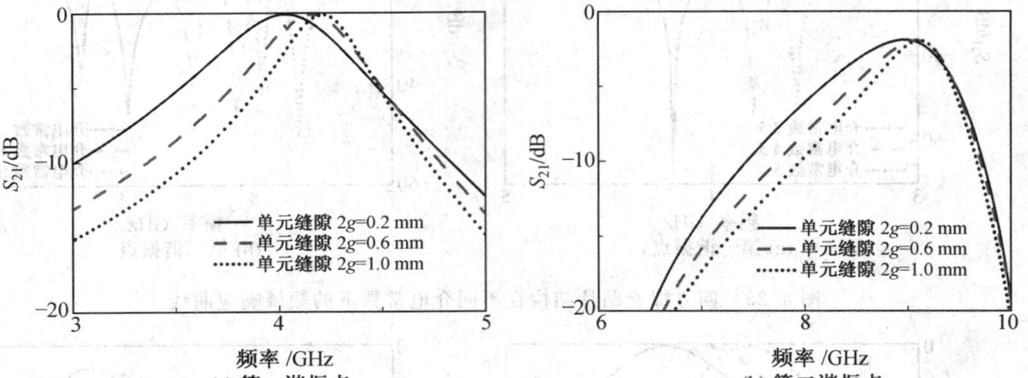

(a) 第一谐振点　　(b) 第二谐振点

图 4.28　双螺旋缝隙结构在不同单元缝隙时的频域响应曲线

6. 其他因素

除了对以上几个因素的讨论，针对四方螺旋贴片结构本身的特殊性，又对其外边长 L［图 4.19(a)］的变化对传输特性的影响进行了讨论，如图 4.29 所示，可以发现，对两个谐振点来说，谐振频率都随着外边长的减小而增大。

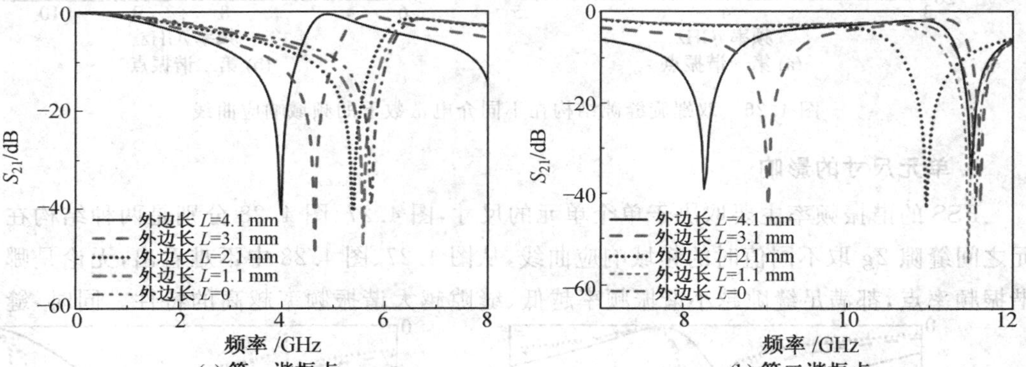

(a) 第一谐振点　　(b) 第二谐振点

图 4.29　四方螺旋贴片结构在不同外边长下的频域响应曲线

对图 4.29 中体现的传输特性的变化规律，可以利用等效电路的原理分析如下(图 4.30)：四方螺旋贴片结构的特点是中心相连的金属条，其四端沿着相互垂直的方向延伸至四个象限的中心，再向周围延伸而成，整个相连的金属条可以等效为一个大电感，如果外边长的长度变短，则等效电感变小，同时，在上下、左右相邻的单元中，每个单元处在最外边的金属条与相邻单元的最外边金属条之间会存在一个等效电容 C_v，如果把金属条分成若干个小金属单元，每个相对的金属单元之间都会存在等效电容 C_i，整个金属条的等效电容 C_v 即为所有 C_i 的并联，也就是 C_i 之和，又因为 C_v 并联在电路中，当外面金属条变短时，简单来说 C_i 个数会减少，因此 C_v 会变小，从而电路整体的等效电容会变小，因此由计算谐振点的公式 $f=1/(2\pi\sqrt{LC})$ 可得，L、C 均变小，谐振频率必然增大。

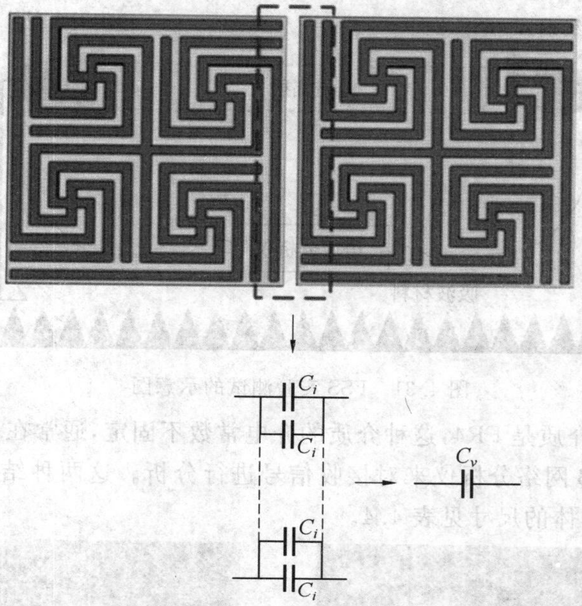

图 4.30　对四方螺旋贴片结构的等效电路分析

4.1.7　FSS 的实验测试

在对 FSS 进行实验测试时，由于外部环境中的辐射源较多，各种信号的传输都会影响测试的准确性，因此实验中需要将所有外界干扰屏蔽掉，需在微波暗室中进行，微波暗室的四壁均由内含足够厚度的钢板屏蔽壁构成，可以保证无任何外界辐射进入而产生干扰。同时，暗室内部墙壁上贴有吸波材料，可以保证在实验过程中散发出的波入射到墙壁时完全被吸收掉，不会产生反射波，从而不会对接收端产生影响。

FSS 实验测试的示意图如图 4.31 所示，需要两个天线喇叭，分别用于发射和接收电磁波。两个喇叭需正对安放，同时之间保持足够的距离以保证接收喇叭接收到的波基本为平面波。

测试分为两步进行。首先，测量不加频率选择表面时系统的传输系数。理论上说，在无屏蔽表面时发射喇叭发出的电磁波能够全部被接收而无任何损耗，但在实际测量时不可避免地会由于器件等因素而产生损耗，因此对无频率选择表面时的测量十分必要。通过测量可以得出本身损耗的数值，从而可用于减少后续结果的误差。其次，将带有频率选择表面的板子固定在发射天线喇叭的喇叭口，以保证发射喇叭发射的所有电磁波都是通过板子后辐射出去的。所有接收到的信号经过谱域分析仪处理，就可以得到需要的传输系数值。利用第二次测量得出的结果，去除掉仪器本身等带来的误差，就可以得到所测量的孔型板子的频域响应曲线。

本实验中，按照图 4.19 制作了四方螺旋贴片结构和双螺旋缝隙结构的实物，如图 4.32，FSS 周期单元数为 50×50，整体尺寸为 30 cm×30 cm，FSS 表面是很薄的一层金属

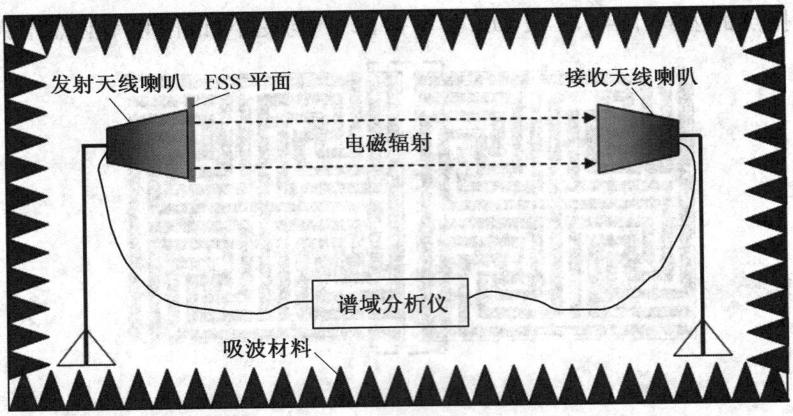

图 4.31　FSS 实验测试的示意图

铜，金属层下附着的介质是 FR4，这种介质的介电常数不固定，通常在 4～6 之间。在实验中，采用的是 E8363B 网络分析仪来对接收信号进行分析。这两种结构的结构参量标注如图 4.19 所示，其具体的尺寸见表 4.4。

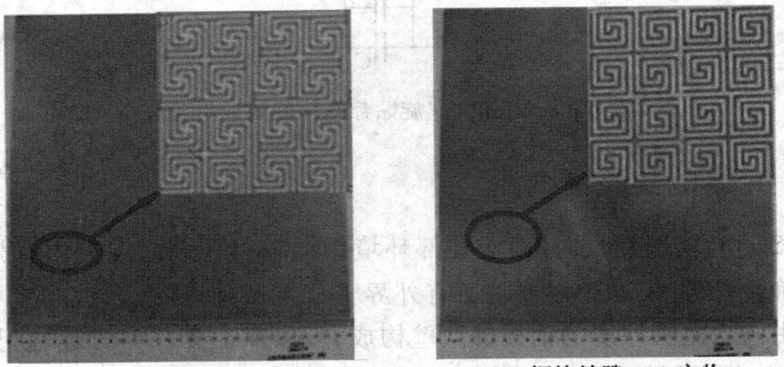

(a) 四方螺旋贴片 FSS 实物　　(b) 双螺旋缝隙 FSS 实物

图 4.32　两种 FSS 结构的实物图

表 4.4　两种结构 FSS 实物的具体尺寸

	四方螺旋贴片结构	双螺旋缝隙结构
金属条宽度 w	0.2 mm	0.2 mm
金属条间距 y	0.2 mm	0.2 mm
单元间的缝隙 g	0.2 mm	0.2 mm
单元尺寸 D	5.2 mm	6.0 mm
介质的厚度 h	1.6 mm	1.6 mm
介质的介电常数 ε_r	5.5	4.4

图 4.33、图 4.34 显示了两种结构的传输特性的实测与仿真对比曲线，从图 4.33 中可以得到，四方螺旋贴片结构在第一谐振点处仿真结果的谐振频率为 3.6 GHz，实际测试的谐振频率为 3.575 GHz，在第二谐振点处仿真结果的谐振频率为 7.86 GHz，实测结果

也为 7.86 GHz，两个谐振点处实测与仿真结果的偏离量分别仅为 0.69% 和 0%。可见，实测数据与仿真数据吻合得很好。在图 4.34 中，双螺旋贴片结构在第一谐振点处仿真结果的通带范围为 3.69～4.34 GHz，实测出的通带范围为 3.72～4.237 5 GHz，在第二谐振点处仿真结果的通带范围为 8.58～9.28 GHz，实测结果中通带范围为 8.662 5～9.287 5 GHz，可见通带范围基本吻合。图 4.33、图 4.34 及以上的数据说明，这两种结构在两个谐振点处的仿真结果与实测结果都能很好地吻合，验证了其良好的传输特性。

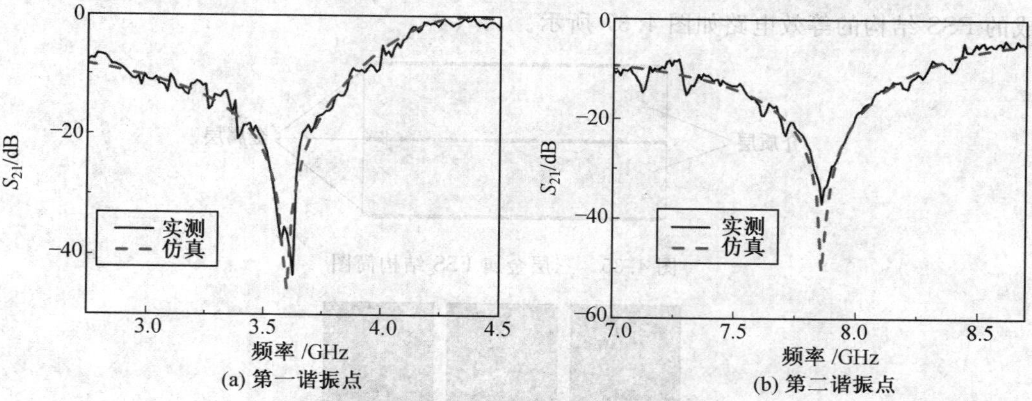

图 4.33　四方螺旋贴片结构的实测与仿真对比曲线

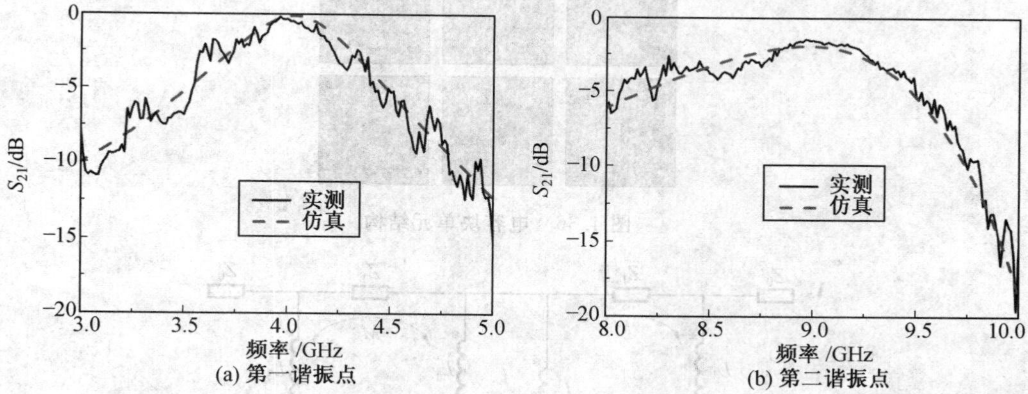

图 4.34　双螺旋缝隙结构的实测与仿真对比曲线

4.2　多层频率选择表面单元结构的小型化设计

尽管从上一节可以看出，对于单层小型化 FSS 结构的研究已经得到较好的效果，但是由于传统单层结构的限制，其小型化程度难以取得大幅度的提升，因此需要采取其他的方式。增加层数就是一种较好的方法。因为相比于 FSS 所延伸的二维空间而言，其在第三维方向上的厚度非常小，所以如果能通过在一定范围内增加层数来实现其单元在二维尺寸上的小型化是完全值得的。实际上，从相关文献中可以看出，将电感网和电容块组合的结构能够将单元尺寸减小到 $0.208\lambda \times 0.208\lambda$，可见多层 FSS 结构蕴含着极大的小型化潜力。本节将对多层小型化 FSS 结构进行讨论与设计。

4.2.1 多层 FSS 单元小型化设计的等效电路分析

以图 4.35 所示的三层金属 FSS 结构为例，首先讨论多层 FSS 单元的等效电路。同样为了设计带通型 FSS 结构，中心金属层依旧采用与上一节类型相同的缝隙型结构；而上下两侧金属的结构，以相关文献提到的电容块单元为例，其结构如图 4.36 所示。所组成的 FSS 结构的等效电路如图 4.37 所示。

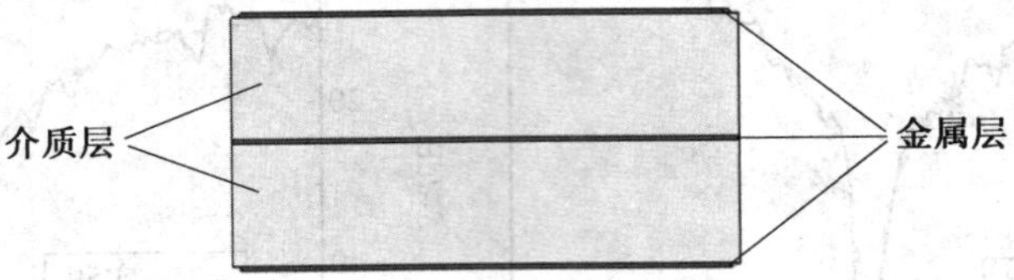

图 4.35 三层金属 FSS 结构简图

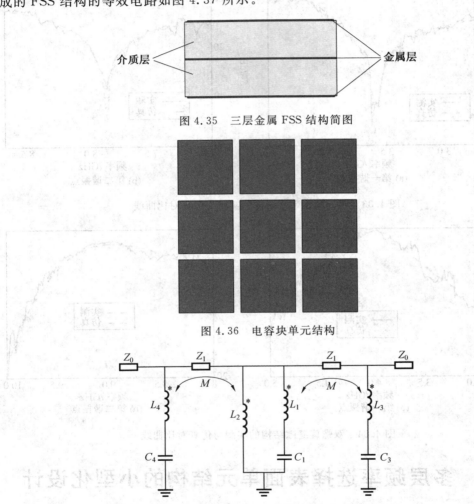

图 4.36 电容块单元结构

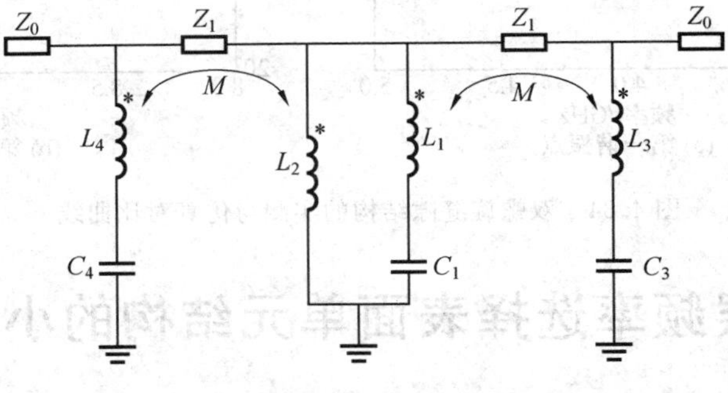

图 4.37 多层带通 FSS 结构的等效电路图

由图 4.37 可以看出，由于中心金属层的基本构型没有改变，因此等效电路也与单层 FSS 结构相同，介质层仍可以等效为长度 l 的传输线，空气部分依然等效为 Z_0 的阻抗。但是由于引入了两层金属块，等效电路中出现了两条 LC 串联支路，同时支路的电感还分别同中心金属层等效的电感发生互感作用。但实际上，由于该互感值与各支路本身的电感值相比很小，因此在计算时可以忽略不计。采用同上一节相同的简化方式，可得出多层

结构的等效阻抗为

$$Z=\frac{\mathrm{j}\omega L_2\cdot\left(l\mathrm{j}\omega L_1+\dfrac{1}{\mathrm{j}\omega C_1}\right)}{\mathrm{j}\omega L_2+\mathrm{j}\omega L_1+\dfrac{1}{\mathrm{j}\omega C_1}}\cdot\frac{l\mathrm{j}\omega L_3+\dfrac{1}{\mathrm{j}\omega C_3}\cdot(\mathrm{j}\omega L_4)+\dfrac{1}{\mathrm{j}\omega C_4}}{\mathrm{j}\omega L_3+\dfrac{1}{\mathrm{j}\omega C_3}+\mathrm{j}\omega L_4+\dfrac{1}{\mathrm{j}\omega C_4}} \tag{4.7}$$

由上式可见，多层 FSS 结构的阻抗数值分析非常复杂，而且由于各参量值无法确定，因此很难通过简单的数值分析得出结论。但是可以从 FSS 的基本等效原理来进行分析。FSS 的最基本等效电路均为 LC 振荡电路，其谐振频率由下式决定：

$$f=\frac{1}{2\pi\sqrt{LC}} \tag{4.8}$$

如果想增加小型化效果，减小谐振频率，就必须增加 FSS 等效电路的总电感与电容的乘积。对于多层结构而言，在中心金属层确定的前提下，每增加一层金属相当于并联一个支路。这也正是非中心层要采用类似图 4.35 中的贴片型 FSS 结构的原因。因为对于缝隙型结构，其等效电路中必然会存在一个类似图 4.37 中 L_2 的由单独一个电感组成的支路。这一支路在与中心金属层等效电路中的类似支路并联后会降低整个电路的电感值，因此不利于小型化。相反，支路电容值的增加更利于并联后整个电路电容值的增大，本节后面对多层结构非中心层的设计也是从增加其等效电容值的角度出发的。

4.2.2　电容层结构的设计

增加如图 4.36 所示的电容块单元结构，虽然可以提升小型化效果，但是明显可以看出该结构还有提升空间，因为该结构在设计上只着重于增加单元之间的电容值，而没有考虑同时也可以增加单元内部的电容值。

一个简单的改进方法就是增加单元内部的环结构，如图 4.38 所示。首先将每个单元的电容块改成电容环，然后再在其内部放置一个比环小一些的电容块，如此反复，形成一个多次嵌套的结构。这种设计的优势在于每个环(块)之间都不相连，且相邻环之间的正对面积也较大，有利于等效电容值的提升。然而经过仿真检验却发现，虽然在最初增加嵌套时整体小型化效果有少许提升，但是随着嵌套次数的增加，效果不但没有提升，反而还出现了下降。这主要是由于单元内部的电容作用本身就小于单元间的电容作用，而在单元内部进行多次分割嵌套后，每个环(块)的金属部分面积大量减小，因此在电磁波入射时能产生的电势差也随之减少，总体电容值下降。

基于以上分析，本节对电容层的设计确定以图 4.38(b)所示的结构为基础，即在确保层与层之间的电容基础上，在内部设计一层嵌套结构，以期在内部取得一个较大的电容。设计的原则是：首先，保证内部结构的全连通，以保证金属之间能够形成足够的电势差；其次，还需要尽量增大内部与外环之间的正对面积，以便尽可能增加可以形成电容的间隙；此外，还需要保证任何部分的金属条以及空隙的最小宽度一致性，以便于未来的加工应用。

根据以上分析，本节设计了两种电容层结构，分别为手指形交错结构和万字符交叉结构，其单元结构如图 4.39 所示。其中图 4.39(a)所示的结构称为手指形交错结构的原因，在于其结构中从外环向内突出的五个金属条长度不同，从左向右长度依次为1.2 mm、

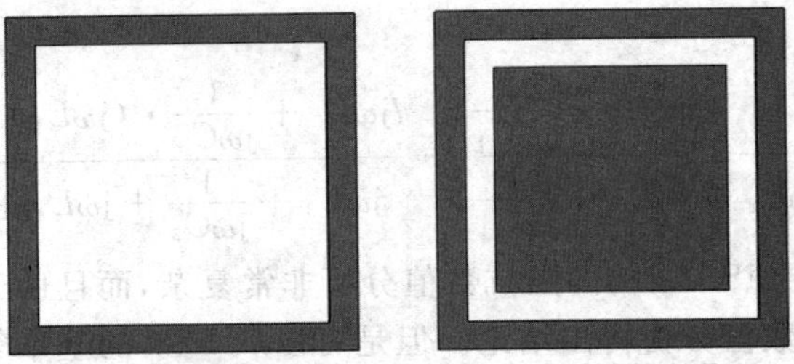

(a) 单环结构　　(b) 一次嵌套结构

(c) 双环结构　　(d) 两次嵌套结构

图 4.38　电容块结构的一种简单的改进方法

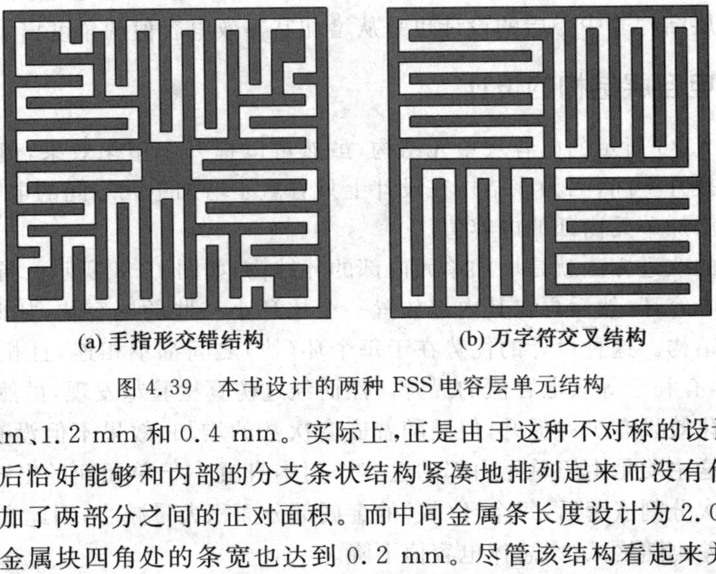

(a) 手指形交错结构　　(b) 万字符交叉结构

图 4.39　本书设计的两种 FSS 电容层单元结构

2 mm、2.06 mm、1.2 mm 和 0.4 mm。实际上，正是由于这种不对称的设计，使得其在以单元中心旋转后恰好能够和内部的分支条状结构紧凑地排列起来而没有任何重叠交织，同时极大地增加了两部分之间的正对面积。而中间金属条长度设计为 2.06 mm，则是为了使中心矩形金属块四角处的条宽也达到 0.2 mm。尽管该结构看起来并不对称，但其等效电路却很好地保证了对水平极化波和垂直极化波的一致性。实际上，不管是“左手手指”还是“右手手指”对该结构的性能都没有影响，可以将单元结构沿中间对称轴左右对调，其传输特性并无任何改变。

相比而言，图 4.39(b)所示的结构则更为清晰，其结构是在一个矩形框以及其内部的一个万字符“卍”的基础上，相互突出金属条并交叉排列形成的。该结构同样具有对单元内面积利用充分、两部分金属条的正对面积大等优势。

4.2.3 手指形交错结构组成的多层 FSS 结构性能分析

1. 手指形交错结构组成的双层 FSS 结构性能分析

首先对利用手指形交错结构组成的多层 FSS 结构的性能进行分析。将其分别与上一节所设计的三种单层 FSS 小型化结构组合形成双金属层 FSS 结构，其在电磁波垂直入射时的频域响应曲线如图 4.40～4.42 所示。各结构在 TE 和 TM 波时的通带、中心频率等参数的总结结果见表 4.5。

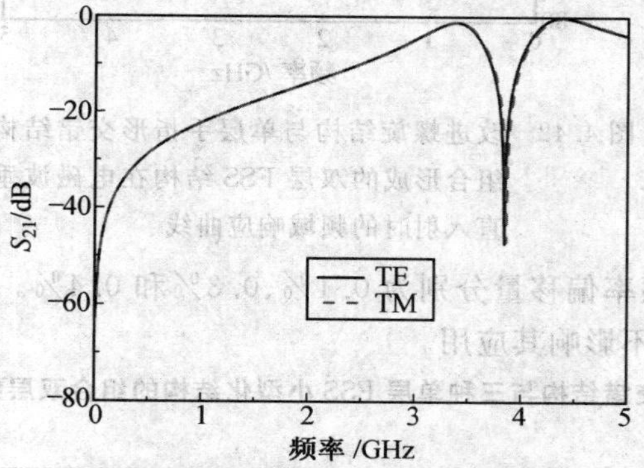

图 4.40 改进八边形结构与单层手指形交错结构组合形成的双层 FSS 结构在电磁波垂直入射时的频域响应曲线

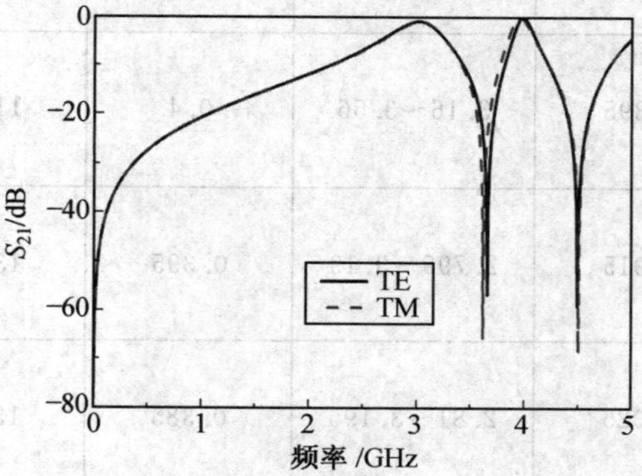

图 4.41 改进蛇形线结构与单层手指形交错结构组合形成的双层 FSS 结构在电磁波垂直入射时的频域响应曲线

由表 4.5 可知，通过与手指形交错结构组合后，三种单层 FSS 结构的小型化程度都进一步得到提升。其中，与改进八边形结构组合的双层 FSS 结构小型化程度提升最多，单元的相对长度从 λ/10 减小到 λ/14.74，但同时相对带宽也大幅减小。相比之下，三种双层组合结构的相对带宽都比较接近，而此时与改进螺旋单层 FSS 结构组合形成的双层结构的小型化效果最佳，相对单元长度仅为 λ/22.22。但与单层小型化 FSS 结构相比，双层结构的极化稳定性略有下降。以 TE 波垂直入射时的中心频率为基准，三种结构在

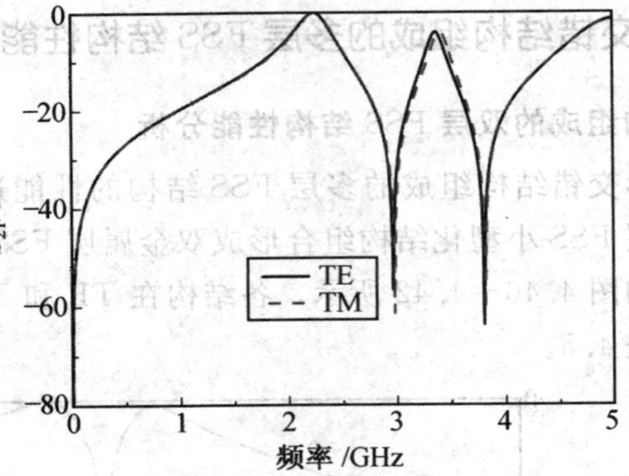

图 4.42　改进螺旋结构与单层手指形交错结构组合形成的双层 FSS 结构在电磁波垂直入射时的频域响应曲线

TM 波入射时的中心频率偏移量分别为 0.1%、0.3%和 0.4%。当然该偏移量明显少于技术要求范围，因此并不影响其应用。

表 4.5　单层手指形交错结构与三种单层 FSS 小型化结构的组合双层结构在电磁波垂直入射时的传输特性参数

结构	中心频率/GHz	通带范围/GHz	工作带宽/GHz	相对带宽/%	单元相对尺寸
改进八边形与单层手指形交错结构(TE 波时)	3.39	3.15～3.545	0.395	11.7	0.067 8λ×0.067 8λ
改进八边形与单层手指形交错结构(TM 波时)	3.395	3.16～3.56	0.4	11.8	0.067 9λ×0.067 9λ
改进蛇形线与单层手指形交错结构(TE 波时)	3.015	2.795～3.19	0.395	13.1	0.060 3λ×0.060 3λ
改进蛇形线与单层手指形交错结构(TM 波时)	3.025	2.81～3.195	0.385	12.7	0.060 5λ×0.060 5λ
改进螺旋与单层手指形交错结构(TE 波时)	2.24	2.1～2.365	0.265	11.8	0.044 8λ×0.044 8λ
改进螺旋与单层手指形交错结构(TM 波时)	2.25	2.11～2.37	0.26	11.6	0.045λ×0

对组合后角度稳定性进行探究，三种组合结构在不同入射角度和极化方式的电磁波入射时的频域响应曲线如图 4.43～4.48 所示。

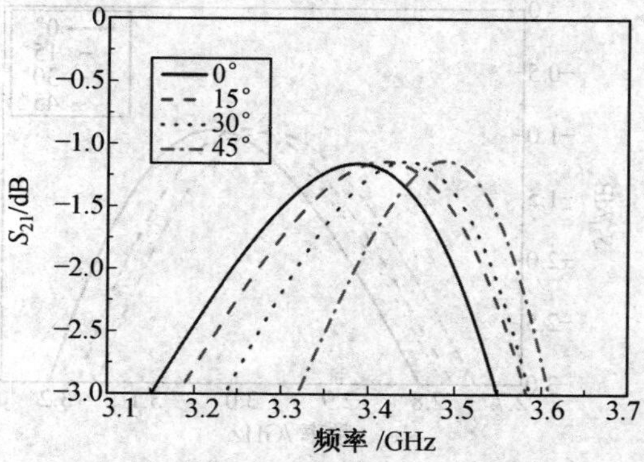

图 4.43　改进八边形结构与单层手指形交错结构组合形成的双层 FSS 结构在不同角度 TE 波入射时的频域响应曲线

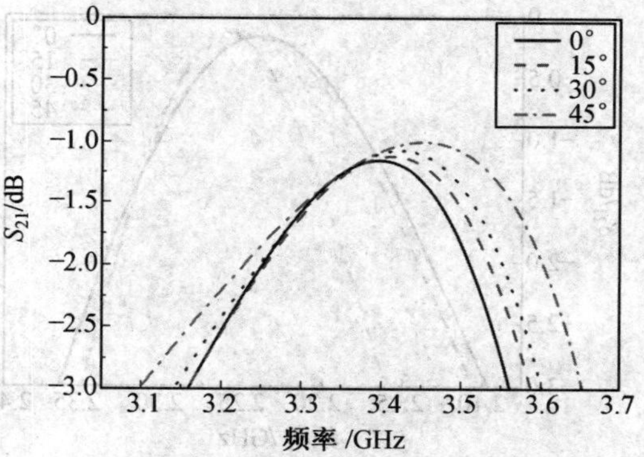

图 4.44　改进八边形结构与单层手指形交错结构组合形成的双层 FSS 结构在不同角度 TM 波入射时的频域响应曲线

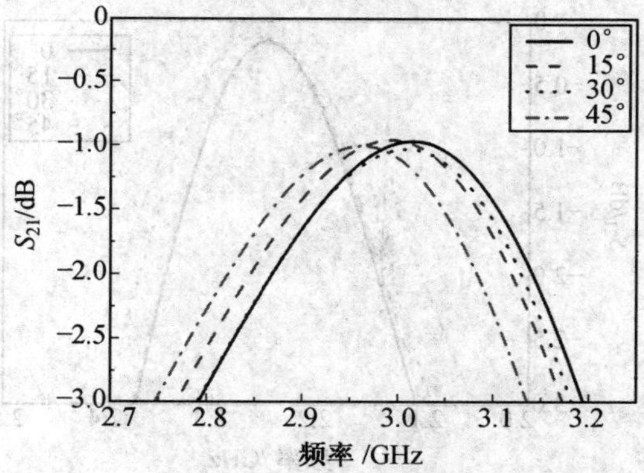

图 4.45　改进蛇形线结构与单层手指形交错结构组合形成的双层 FSS 结构在不同角度 TE 波入射时的频域响应曲线

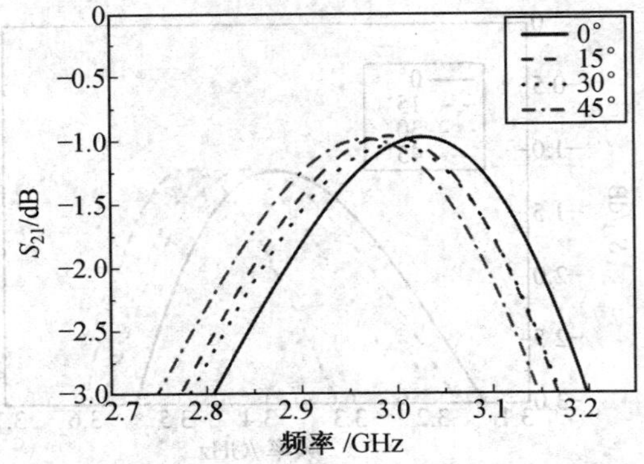

图 4.46　改进蛇形线结构与单层手指形交错结构组合形成的双层 FSS 结构在不同角度 TM 波入射时的频域响应曲线

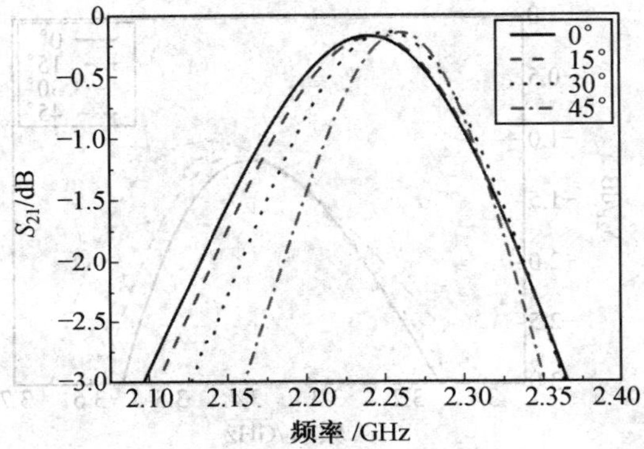

图 4.47　改进螺旋结构与单层手指形交错结构组合形成的双层 FSS 结构在不同角度 TE 波入射时的频域响应曲线

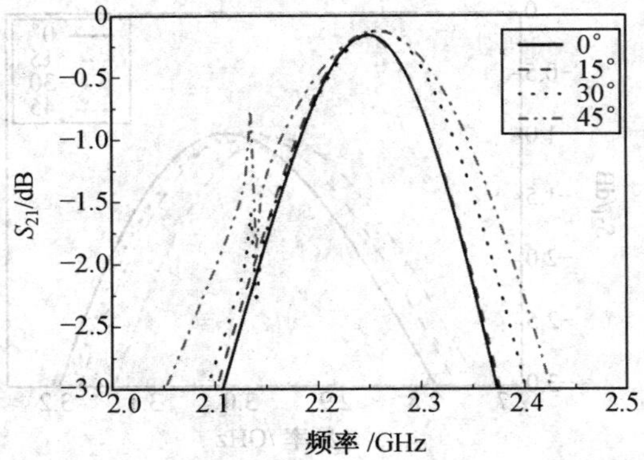

图 4.48　改进螺旋结构与单层手指形交错结构组合形成的双层 FSS 结构在不同角度 TM 波入射时的频域响应曲线

由图 4.43～4.48 可以看出,在电磁波以不同角度入射时,各结构的通带范围存在一定的偏移。其中,中心频率的偏移情况见表 4.6。

表 4.6　单层手指形交错结构与三种单层 FSS 小型化结构组合形成的结构对不同角度入射电磁波的中心频率及偏移量

结构类型	中心频率/GHz	15°偏移量/%	30°偏移量/%	45°偏移量/%
改进八边形与单层手指形交错结构(在 TE 波时)	3.39	0.9	1.6	2.9
改进八边形与单层手指形交错结构(在 TM 波时)	3.395	0.6	0.9	1.8
改进蛇形线与单层手指形交错结构(在 TE 波时)	3.015	0.7	0.2.	1.8
改进蛇形线与单层手指形交错结构(在 TM 波时)	3.025	1.2	1.0	1.8
改进螺旋与单层手指形交错结构(在 TE 波时)	2.24	0.2	0.4	0.9
改进螺旋与单层手指形交错结构(在 TM 波时)	2.25	0	0.4	0.4

由表 4.6 可知,随着入射角度的增大,中心频率的偏移量整体增加。但是偏移量都在 3%以下,远低于技术指标要求。三种结构中,与改进螺旋单层 FSS 结构组合形成的双层 FSS 结构的稳定性能最佳,整体偏移量均小于 1%;与改进八边形单层 FSS 结构组合形成的双层 FSS 结构稳定性能较差,在 45°TE 波入射时的偏移量达到 2.9%。而在整体通带范围的变化情况上,三种组合结构的通带范围都随着入射角度的增加不断增大,尤其在电磁波以 45°角入射时,通带范围都会出现一定的偏移或扩张,这一点在实际应用中需要接收大角度入射电磁波时应予以考虑。

2. 与手指形交错结构组合形成的多层 FSS 结构性能分析

由前文可知,与手指形交错结构组合后,三种单层 FSS 结构的小型化性能均有了显著提升。为了进一步提升小型化效果,本节对多层手指形交错结构与三种单层 FSS 结构进行组合并仿真了组合后的结构在 TE 波垂直入射时的频域响应曲线,结果如图 4.49～4.51 所示。

由图 4.49～4.51 可见,随着手指形交错结构层数的增加,各结构频域响应曲线的谐振频率有了明显的降低,小型化效果也明显提升。

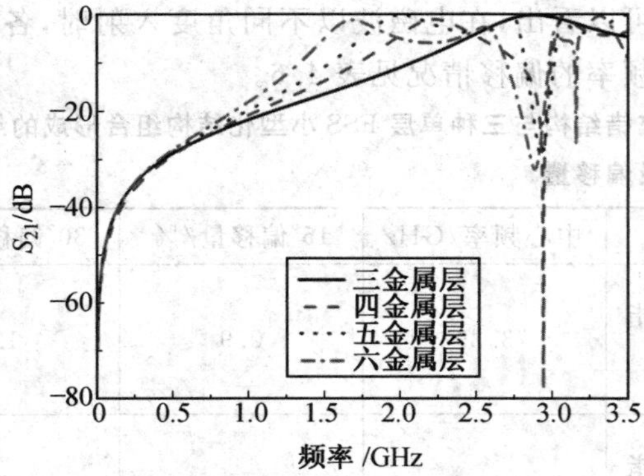

图 4.49　改进八边形结构与多层手指形交错结构组合形成的多层 FSS 结构在 TE 波垂直入射时的频域响应曲线

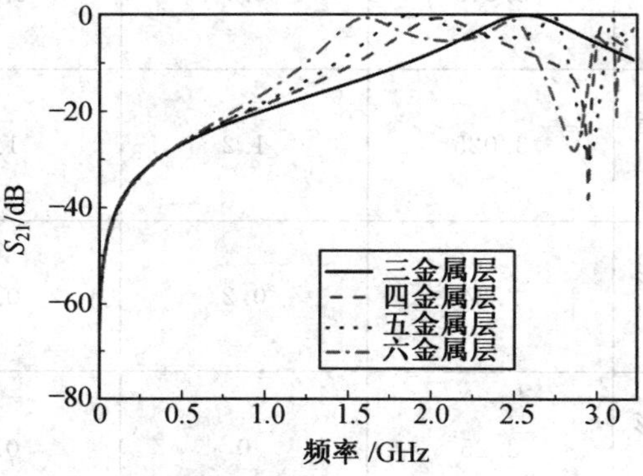

图 4.50　改进蛇形线结构与多层手指形交错结构组合形成的多层 FSS 结构在 TE 波垂直入射时的频域响应曲线

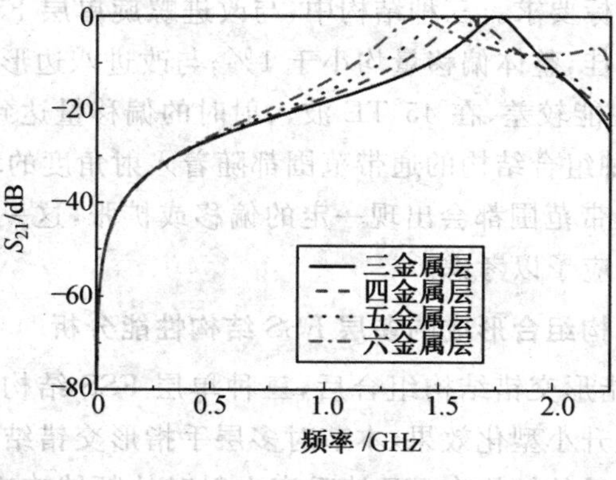

图 4.51　改进螺旋结构与多层手指形交错结构组合形成的多层 FSS 结构在 TE 波垂直入射时的频域响应曲线

为了考察层数增加以后结构传输特性的稳定性，对各多层结构在 45°的大角度入射时频域响应曲线也进行了仿真，结果如图 4.52～4.54 所示。

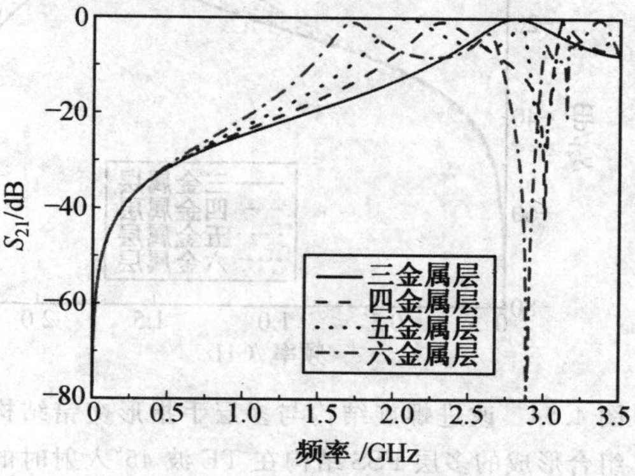

图 4.52　改进八边形结构与多层手指形交错结构组合形成的多层 FSS 结构在 TE 波 45°入射时的频域响应曲线

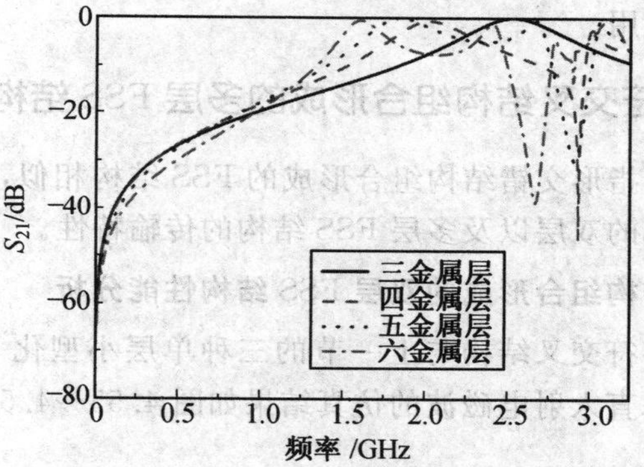

图 4.53　改进蛇形线结构与多层手指形交错结构组合形成的多层 FSS 结构在 TE 波 45°入射时的频域响应曲线

为了方便比较，本节将各结构在 45°入射时的中心频率较垂直入射时的偏移情况进行对比，见表 4.7。

由表 4.7 可知，随着金属层数的增加，中心频率依然能够保持在一较稳定的范围内，偏移量均不超过 4%，远小于技术指标要求的 10%，适合于实际应用。

表 4.7　与手指形交错结构组合形成的结构在 TE 波 45°入射时中心频率较 TE 波垂直入射时的偏移量%

中心频率偏移量	三金属层	四金属层	五金属层	六金属层
与改进八边形组合	2.6	4.0	4.0	2.1
与改进蛇形线组合	0.6	0.5	1.6	0.9
与改进螺旋组合	0.6	1.2	0.3	0.4

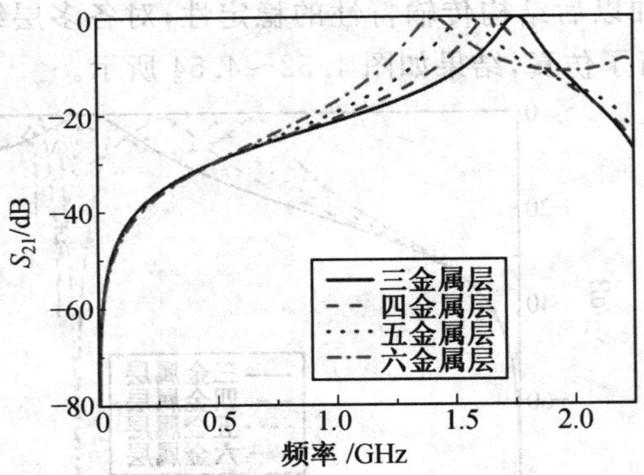

图 4.54 改进螺旋结构与多层手指形交错结构组合形成的多层 FSS 结构在 TE 波 45°入射时的频域响应曲线

根据以上分析可知，利用多层手指形交错结构与单层小型化结构组合而成的多层 FSS 结构，无论在小型化程度、工作带宽以及稳定性上都具备较好的性能，适合作为进一步研究的基础或单独应用。

4.2.4 与万字符交叉结构组合形成的多层 FSS 结构性能分析

与前面讨论的与手指形交错结构组合形成的 FSS 结构相似，下面将分别讨论与万字符交叉结构所组合形成的双层以及多层 FSS 结构的传输特性。

1. 与万字符交叉结构组合形成的双层 FSS 结构性能分析

首先讨论单层万字符交叉结构与上一节的三种单层小型化 FSS 结构组合后小型化效果的提升情况。对垂直入射电磁波的仿真结果如图 4.55～4.57 所示，得出频域响应曲线的各参数值见表 4.8。

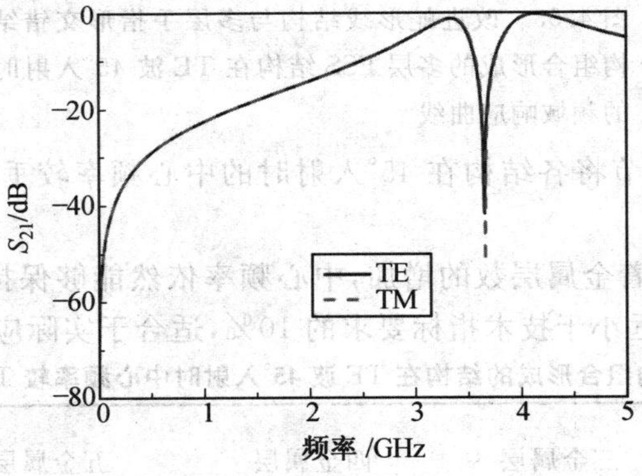

图 4.55 改进八边形结构与单层万字符交叉结构组合形成的双层 FSS 结构在电磁波垂直入射时的频域响应曲线

由表 4.8 知，与万字符交叉结构组合后的各双层结构的特性与上一节的结构性能相近，小型化效果都比单层 FSS 结构有明显提升，且极化稳定性能较好，中心频率的偏移量

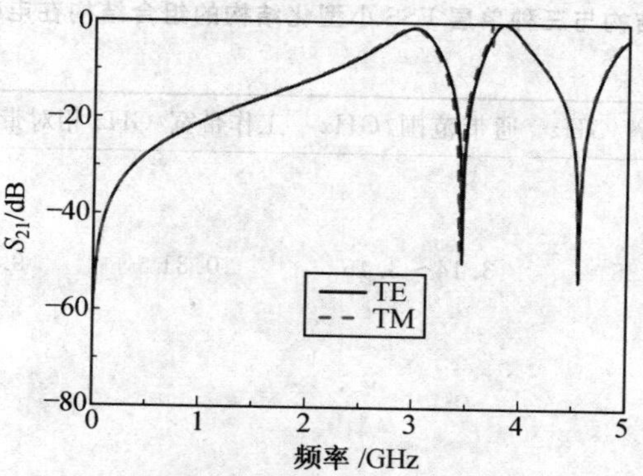

图 4.56　改进蛇形线结构与单层万字符交叉结构组合形成的双层 FSS 结构在电磁波垂直入射时的频域响应曲线

均不超过 1%。而二者之间相比，与万字符交叉结构组合的改进八边形结构和改进蛇形线结构的小型化效果要略微优于与手指形交叉结构组合的结构，但同时，工作带宽性能也有了约 2%的下降。

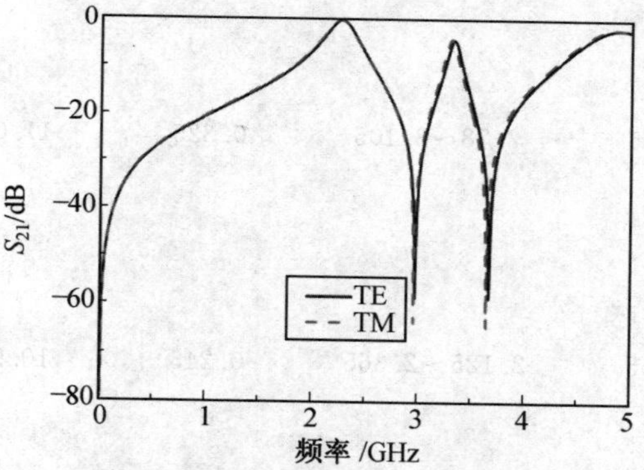

图 4.57　改进螺旋结构与单层万字符交叉结构组合形成的双层 FSS 结构在电磁波垂直入射时的频域响应曲线

同样，也对与万字符交叉结构组合的三种组合结构在电磁波以不同角度入射条件下的稳定性能进行了讨论，仿真结果如图 4.58～4.63 所示。

由图 4.58～4.63 可知，各结构的通带范围在入射角度变化时的偏移整体较小，尤其对于与改进八边形结构组合的 FSS 结构，其对于不同角度的变化敏感性很低，性能十分稳定。

表 4.8　单层万字符交叉结构与三种单层 FSS 小型化结构的组合结构在电磁波垂直入射时的传输特性参数

结构类型	中心频率/GHz	通带范围/GHz	工作带宽/GHz	相对带宽/%	单元相对尺寸
改进八边形与单层万字符交叉结构(在 TE 波时)	3.335	3.14～3.45	0.31	9.3	0.066 7λ×0.066 7λ
改进八边形与单层万字符交叉结构(在 TM 波时)	3.345	3.15～3.46	0.31	9.3	0.066 9λ×0.066 9λ
改进蛇形线与单层万字符交叉结构(在 TE 波时)	2.99	2.805～3.13	0.335	11.2	0.059 8λ×0.059 8λ
改进蛇形线与单层万字符交叉结构(在 TM 波时)	2.965	2.78～3.105	0.325	11.0	0.059 3λ×0.059 3λ
改进螺旋与单层万字符交叉结构(在 TE 波时)	2.255	2.125～2.365	0.245	10.9	0.045 1λ×0.045 1λ
改进螺旋与单层万字符交叉结构(在 TM 波时)	2.25	2.115～2.37	0.255	11.3	0.045 λ×0.045 λ

对各组合双层 FSS 结构的中心频率及偏移情况进行总结，结果见表 4.9。

表 4.9 的数据再次验证了改进八边形结构与单层万字符交叉结构组合的结构具有极佳的角度稳定性，即使在大角度波入射时中心频率也几乎没有偏移；相比而言，与改进蛇形线组合结构的角度稳定性稍差，其在 45°TE 波入射时的最大偏移量达到 3.5%，但总偏移情况均较小，因此都可以满足技术要求。

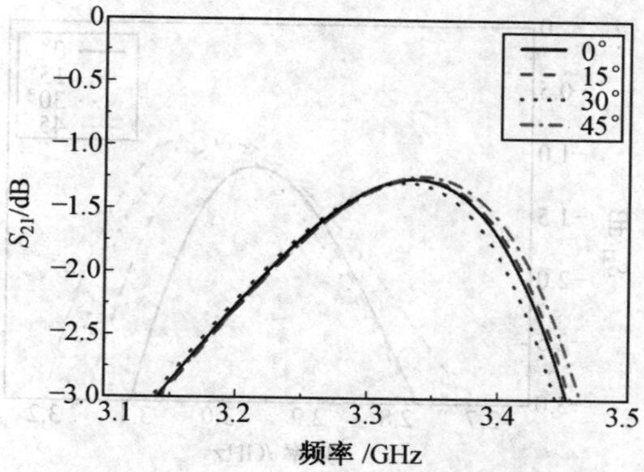

图 4.58　改进八边形结构与单层万字符交叉结构组合形成的双层 FSS 结构在不同角度 TE 波入射时的频域响应曲线

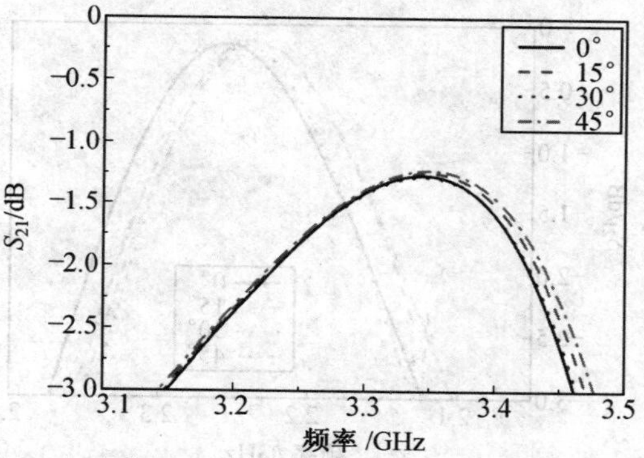

图 4.59　改进八边形结构与单层万字符交叉结构组合形成的双层 FSS 结构在不同角度 TM 波入射时的频域响应曲线

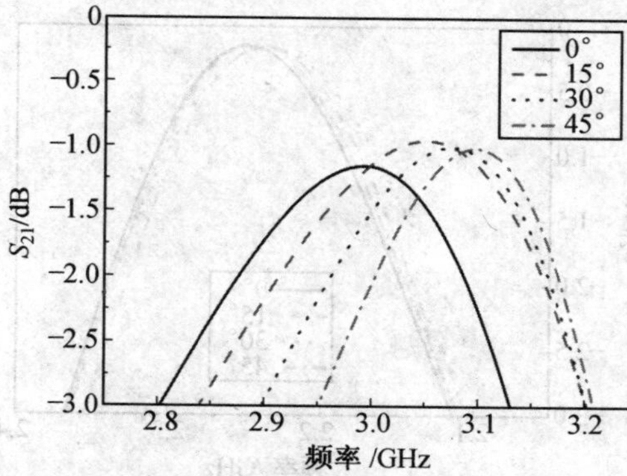

图 4.60　改进蛇形线结构与单层万字符交叉结构组合形成的双层 FSS 结构在不同角度 TE 波入射时的频域响应曲线

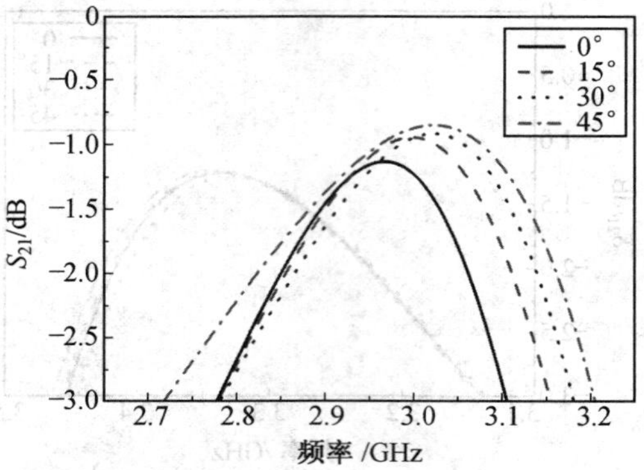

图 4.61　改进蛇形线结构与单层万字符交叉结构组合形成的双层 FSS 结构在不同角度 TM 波入射时的频域响应曲线

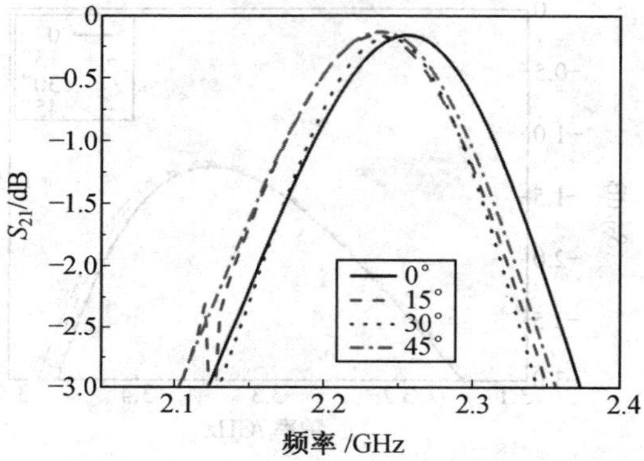

图 4.62　改进螺旋结构与单层万字符交叉结构组合形成的双层 FSS 结构在不同角度 TE 波入射时的频域响应曲线

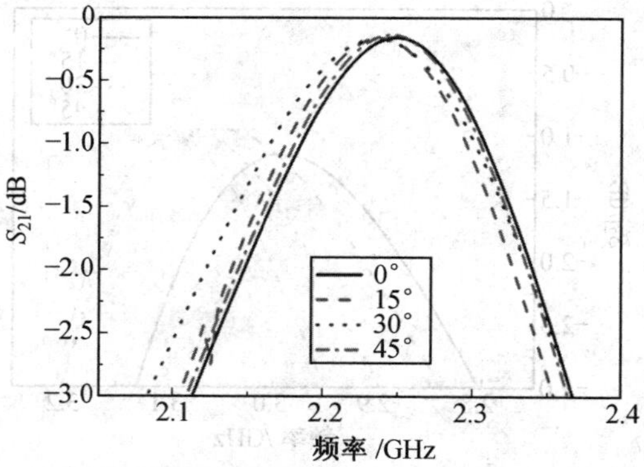

图 4.63　改进螺旋结构与单层万字符交叉结构组合形成的双层 FSS 结构在不同角度 TM 波入射时的频域响应曲线

表 4.9 单层万字符交叉结构与三种单层 FSS 小型化结构的组合结构对不同角度入射电磁波的中心频率及偏移情况总结

结构类型	中心频率/GHz	15°偏移量/%	30°偏移量/%	45°偏移量/%
改进八边形与单层万字符交叉结构(在 TE 波时)	3.335	0.1	0.1	0.1
改进八边形与单层万字符交叉结构(在 TM 波时)	3.345	0.1	0	0.1
改进蛇形线与单层万字符交叉结构(在 TE 波时)	2.99	2.0	2.8	3.5
改进蛇形线与单层万字符交叉结构(在 TM 波时)	2.965	1.2	2.0	2.0
改进螺旋与单层万字符交叉结构(在 TE 波时)	2.255	0.9	0.7	0.7
改进螺旋与单层万字符交叉结构(在 TM 波时)	2.25	0.7	0.7	0.2

2. 与万字符交叉结构组合形成的多层 FSS 结构性能分析

与对手指形交错结构的研究方式相同，讨论通过增加万字符交叉结构的层数组成多层 FSS 结构对于小型化性能的提升情况。对上一节研究的三种单层小型化 FSS 结构分别增加 2～5 层万字符交叉结构构成组合结构，并对其在 TE 波垂直入射的条件下进行仿真，仿真结果如图 4.64～4.66 所示。

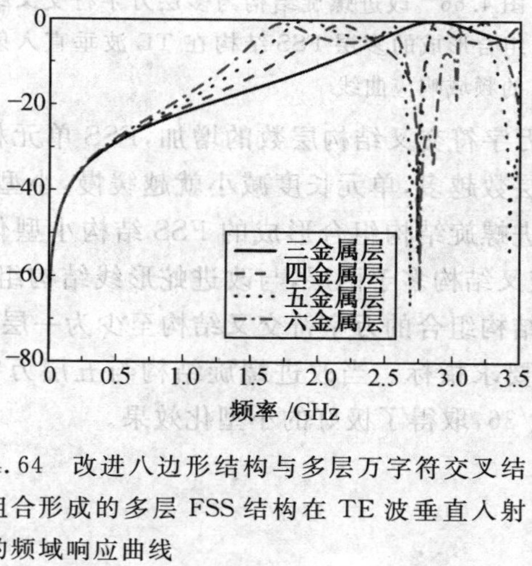

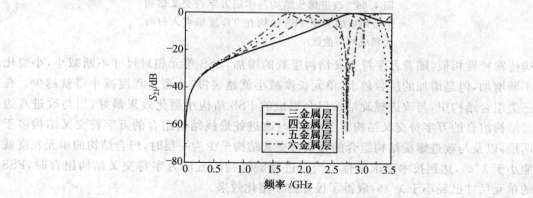

图 4.64 改进八边形结构与多层万字符交叉结构组合形成的多层 FSS 结构在 TE 波垂直入射时的频域响应曲线

由图 4.64～4.66 可以看出，随着万字符交叉结构层数的增加，组合结构频域响应曲线的通带及中心频率都明显减小。对各结构的参数进行总结，结果见表 4.10～4.12。

从表 4.10～4.12 可以看出，与之前所讨论的与手指形交错结构组合形成的 FSS 结

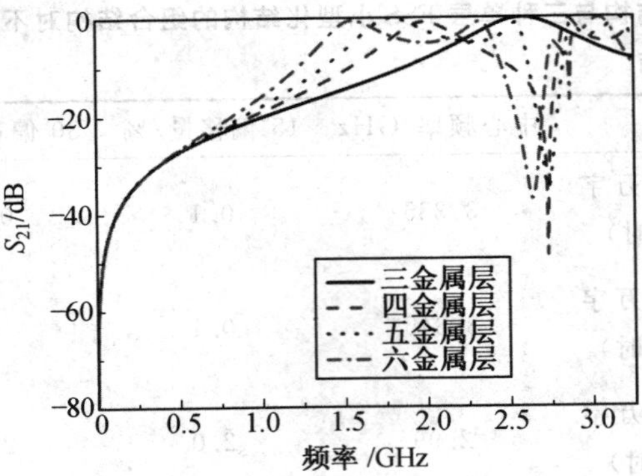

图 4.65 改进蛇形线结构与多层万字符交叉结构组合形成的多层 FSS 结构在 TE 波垂直入射时的频域响应曲线

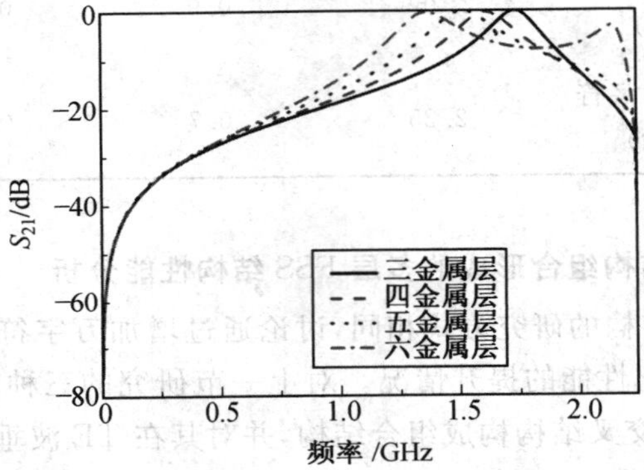

图 4.66 改进螺旋结构与多层万字符交叉结构组合形成的多层 FSS 结构在 TE 波垂直入射时的频域响应曲线

构传输特性相似，随着万字符交叉结构层数的增加，FSS 单元相对尺寸不断减小，小型化不断增加，但是增加的层数越多，单元长度减小就越缓慢，小型化程度减小得就越少。在三类组合结构中，与改进螺旋结构组合形成的 FSS 结构小型化效果最好；当与改进八边形结构组合的万字符交叉结构多于两层，与改进蛇形线结构组合的万字符交叉结构多于两层，以及与改进螺旋结构组合的万字符交叉结构至少为一层时，组合结构的单元长度就能小于 $\lambda/20$，达到技术要求指标。当改进螺旋结构与五层万字符交叉结构组合时，FSS 的单元尺寸已经小于 $\lambda/36$，取得了极好的小型化效果。

表 4.10　改进八边形结构与不同层数的万字符交叉结构组合后的多层 FSS 结构在 TE 波垂直入射时的频域响应曲线的各参数

结构类型	中心频率/GHz	工作带宽/GHz	相对工作带宽/%	单元尺寸	比少一层单元长度减小
与双层万字符组合	2.86	2.555～3.23	24.6	0.057 2λ×0.057 2λ	0.009 8λ
与三层万字符组合	2.165	2.015～2.33	14.5	0.043 3λ×0.043 3λ	0.013 9λ
与四层万字符组合	1.905	1.735～2.165	22.6	0.038 1λ×0.038 1λ	0.005 2λ
与五层万字符组合	1.73	1.595～1.92	18.8	0.034 6λ×0.034 6λ	0.003 5λ

表 4.11　改进蛇形线结构与不同层数的万字符交叉结构组合后的多层 FSS 结构在 TE 波垂直入射时的频域响应曲线的各参数

结构类型	中心频率/GHz	工作带宽/GHz	相对工作带宽/%	单元尺寸	比少一层单元长度减小
与双层万字符组合	2.575	2.32～2.84	20.2	0.051 5λ×0.051 5λ	0.008 3λ
与三层万字符组合	1.985	1.84～2.145	15.4	0.039 7λ×0.039 7λ	0.011 8λ
与四层万字符组合	1.79	1.625～2.015	21.8	0.035 8λ×0.035 8λ	0.003 9λ
与五层万字符组合	1.555	1.43～1.73	19.3	0.031 1λ×0.031 1λ	0.004 7λ

表 4.12　改进螺旋结构与不同层数的万字符交叉结构组合后的多层 FSS 结构在 TE 波垂直入射时的频域响应曲线的各参数

结构类型	中心频率/GHz	工作带宽/GHz	相对工作带宽/%	单元尺寸	比少一层单元长度减小
与双层万字符组合	1.74	1.655～1.815	9.2	0.034 8λ×0.034 8λ	0.010 2λ
与三层万字符组合	1.615	1.525～1.71	11.5	0.032 3λ×0.032 3λ	0.002 5λ
与四层万字符组合	1.52	1.42～1.635	14.1	0.030 4λ×0.030 4λ	0.001 9λ
与五层万字符组合	1.365	1.275～1.48	15.0	0.027 3λ×0.027 3λ	0.003 1λ

而将与万字符交叉结构组合形成的 FSS 结构和前面与手指形交错结构组合形成的 FSS 结构传输特性进行比较时可以发现，与万字符交叉结构组合形成的 FSS 单元尺寸要略小，小型化性能稍好，但同时工作带宽上整体也略小。所以两种类型的结构在均能达到较好小型化的基础上各有优势，应用时可以根据工作带宽和小型化要求进行取舍。

对与万字符交叉结构组合形成的 FSS 结构的角度稳定性进行研究，各结构在 TE 波以 45°角入射时的频域响应曲线如图 4.67～4.69 所示，并将各情况较 TE 波垂直入射时的中心频率偏移量进行了总结，结果见表 4.13。

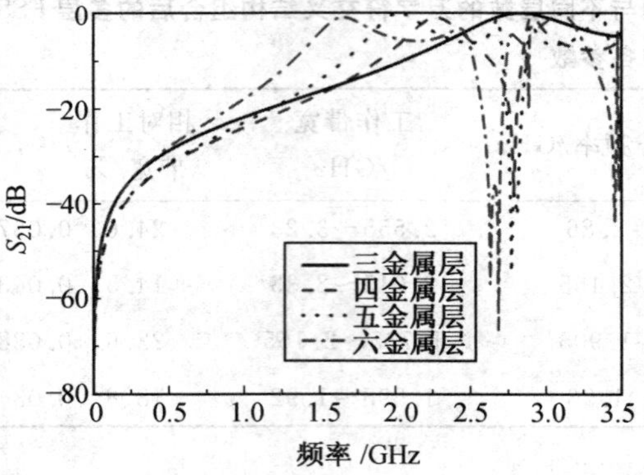

图 4.67 改进八边形结构与多层万字符交叉结构组合形成的多层 FSS 结构在 TE 波以 45°角入射时的频域响应曲线

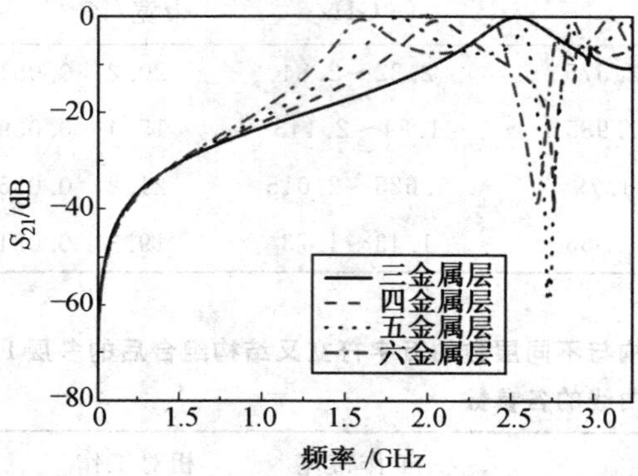

图 4.68 改进蛇形线结构与多层万字符交叉结构组合形成的多层 FSS 结构在 TE 波以 45°角入射时的频域响应曲线

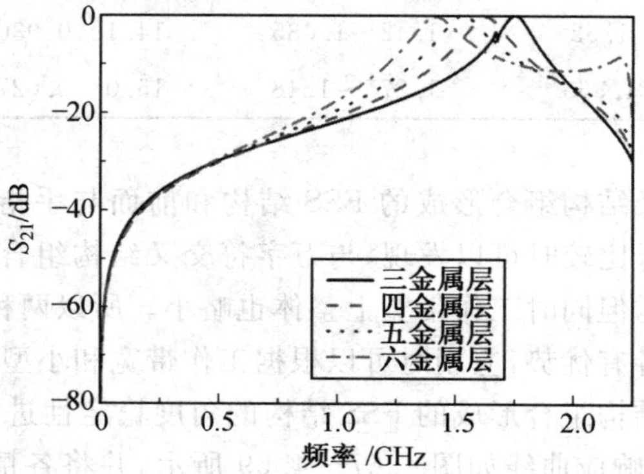

图 4.69 改进螺旋结构与多层万字符交叉结构组合形成的多层 FSS 结构在 TE 波以 45°角入射时的频域响应曲线

表 4.13　与万字符交叉结构组成的各组合结构其在 45°TE 波入射时中心频率较垂直 TE 波入射时的偏移量

%

结构类型	三金属层	四金属层	五金属层	六金属层
与改进八边形组合	1.2	4.9	6.3	4.3
与改进蛇形线组合	1.2	4.0	2.2	3.2
与改进螺旋组合	0.6	0.6	0.7	3.7

从表 4.13 可以看出，万字符交叉结构与改进螺旋结构组合形成的结构整体稳定性能最好。同改进螺旋与手指形交错结构组合形成的 FSS 结构相比，整体的角度稳定性略差，但所有偏移量均保持在 10%以下，可以达到技术要求，适合应用。

根据以上分析可知，利用多层万字符交叉结构与单层小型化结构组合而成的多层 FSS 结构，在小型化程度、工作带宽以及稳定性上也具备较好的性能，同样适合于作为进一步研究的基础或单独应用。

4.3　带加载元件的多层频率选择表面单元结构的小型化设计

尽管多层 FSS 结构能够实现单元的进一步小型化，但考虑到其随着层数增多小型化的提升逐渐减少，且实际应用中整体厚度不宜过厚，因此对其层数必须有一定的限制。如果在达到厚度限制时仍想对单元尺寸进一步小型化，就需要采取增加层数之外的其他方法。

加载元件的主要优势在于对加载元件种类及量值的可控性。在文献中，Sarabandi 等人通过在电容块之间加载电容的方法，成功地将其之前文献中的结构进一步小型化，使得单元尺寸从 0.020 8λ×0.020 8λ 减小到了 0.083λ×0.083λ；且文献中利用加载电容和电感元件的方法，成功将 FSS 单元长度减小到 λ/36。由此可见，加载元件在实现 FSS 小型化方面蕴藏着巨大的潜力，本节将对利用加载元件来实现之前研究的多层 FSS 结构的进一步小型化进行讨论。

4.3.1　带加载元件的多层 FSS 等效电路分析及小型化改进方向

以图 4.35 所示的三层金属结构为例，其在未加载任何元件时的等效电路结构如图 4.37 所示。

本节对多层组合 FSS 采用了两种加载方式。首先对两侧的电容块层电容之间进行电容加载，加载后的等效电路如图 4.70 所示。其原理相当于在原本由金属块之间形成的电容两端并联一个电容，每个支路电容值增大，进而增加了整个单元等效电路的等效电容值，从而使谐振频率降低，小型化程度增加。

在此基础上，本节提出了通过进一步增加金属层之间电容值的方法来提升小型化效果的方法。在金属层之间加载电容后的等效电路图如图 4.71 所示。

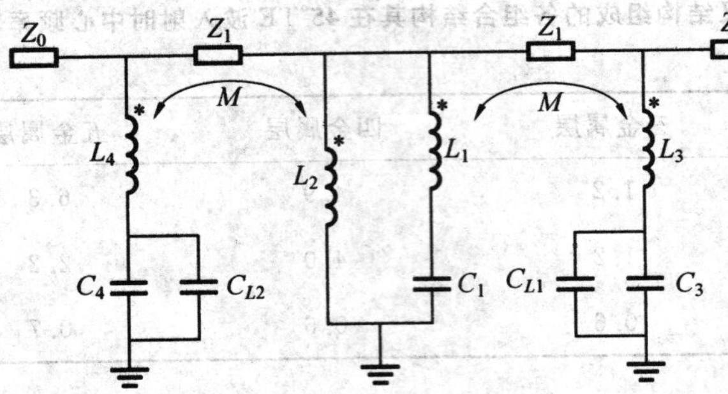

图 4.70　加载单元间电容的三层带通 FSS 的等效电路图

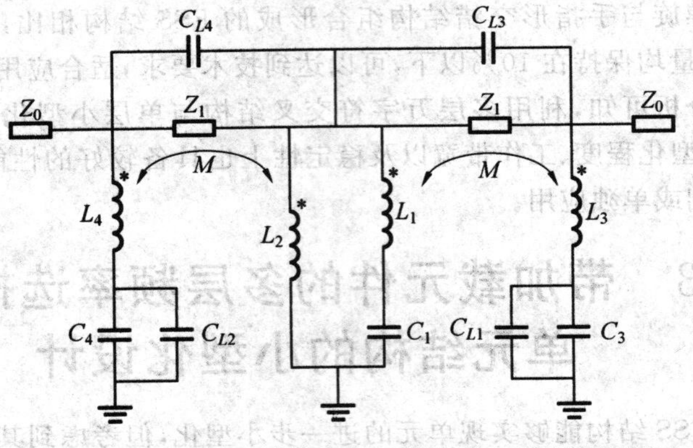

图 4.71　金属层之间加载电容后带通 FSS 的等效电路图

该电路的等效电容值将进一步提升，此时的等效阻抗值为

$$Z=\frac{Z_1\cdot\left(\frac{1}{\mathrm{j}\omega C_{L4}}+Z_2\right)}{Z_1+\frac{1}{\mathrm{j}\omega C_{L4}}+Z_2} \tag{4.9}$$

其中

$$Z_1=\frac{1}{\mathrm{j}\omega(C_{L2}+C_4)}+\mathrm{j}\omega L_4 \tag{4.10}$$

$$Z_2=\frac{Z_3\cdot\left(\frac{1}{\mathrm{j}\omega C_{L3}}+Z_4\right)}{Z_3+\frac{1}{\mathrm{j}\omega C_{L3}}+Z_4} \tag{4.11}$$

$$Z_3=\frac{\mathrm{j}\omega L_2\cdot\left(\mathrm{j}\omega L_1+\frac{1}{\mathrm{j}\omega C_1}\right)}{\mathrm{j}\omega L_2+\mathrm{j}\omega L_1+\frac{1}{\mathrm{j}\omega C_1}} \tag{4.12}$$

$$Z_4=\frac{1}{\mathrm{j}\omega(C_{L1}+C_3)}+\mathrm{j}\omega L_3 \tag{4.13}$$

4.3.2　带加载元件的多层 FSS 结构性能分析

本节分别以改进螺旋结构与手指形交错结构组合形成的六层 FSS 结构和改进螺旋

结构与万字符交叉结构组合形成的六层 FSS 结构为例，对其进行单元间以及层间的电容加载，以探究加载电容后 FSS 结构的传输特性。

1. 改进螺旋结构与手指形交错结构组合形成的 FSS 结构加载电容后的性能分析

加载电容的改进螺旋结构与手指形交错结构组合形成的六层 FSS 的单元结构如图 4.72 所示。首先对于五个手指形交错结构层，每层内每个单元与相邻四个单元之间加载一个 1 pF 的电容；之后在每个单元内每相邻的两金属层之间加载五个 1 pF 的电容，其中一个安放在单元中心，另外四个对称安排在单元四侧。电容必须保证与相连接的金属层导通良好，连接点均位于金属条宽度中心处。

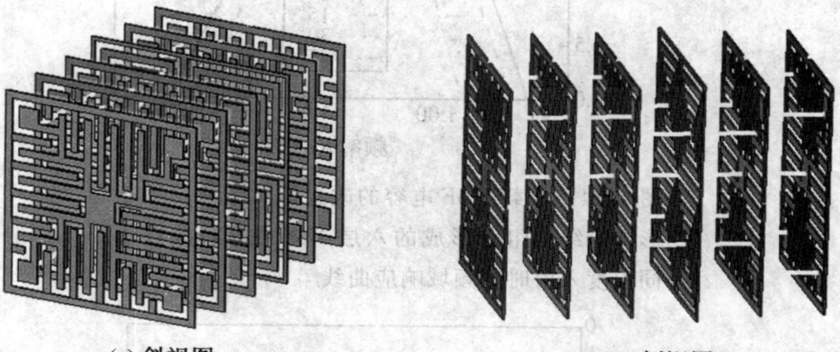

(a) 斜视图　　(b) 侧视图

图 4.72　加载电容的改进螺旋结构与手指形交错结构组合形成的六层 FSS 的单元结构

对该单元在电磁波垂直入射时的传输特性进行了仿真，仿真结果如图 4.73 所示。

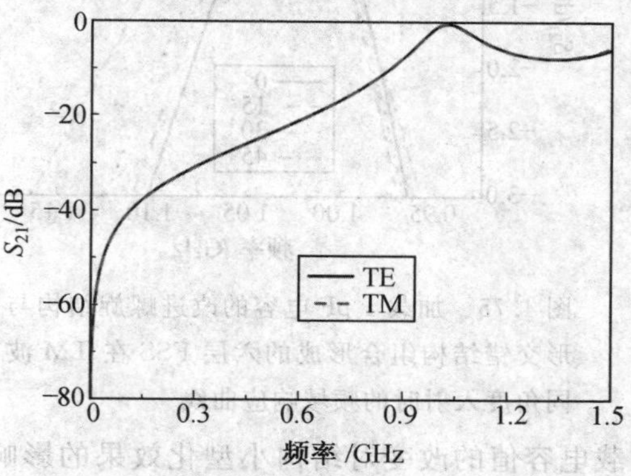

图 4.73　加载 1 pF 电容的改进螺旋结构与手指形交错结构组合形成的六层 FSS 在电磁波垂直入射时的频域响应曲线

由图 4.73 可以看出，在加载电容之后频域响应曲线的通带范围明显向低频方向移动，TE 波对应的中心频率值为 1.024 GHz，TM 波对应的中心频率值为 1.026 GHz，极化偏移量仅为 0.2%；单元相对尺寸为 0.020 5λ×0.020 5λ，比未加载电容时单元长度减小了 0.007 7λ，小型化效果有了明显提升；通带范围为 0.965～1.103 GHz，绝对带宽为 0.138 GHz，相对带宽为 13.5%，也足够满足应用要求。

对加载电容后结构的角度稳定性进行分析，仿真结果如图 4.74、图 4.75 所示。从图

4.74、图 4.75 中可以看出，尽管在大角度时通带范围有一定的偏移，但是整体上还都保持在可接收的范围内。对于中心频率值，其最大偏移出现在 TM 波 45°入射时，偏移量为 1.8%，也远小于技术指标范围。

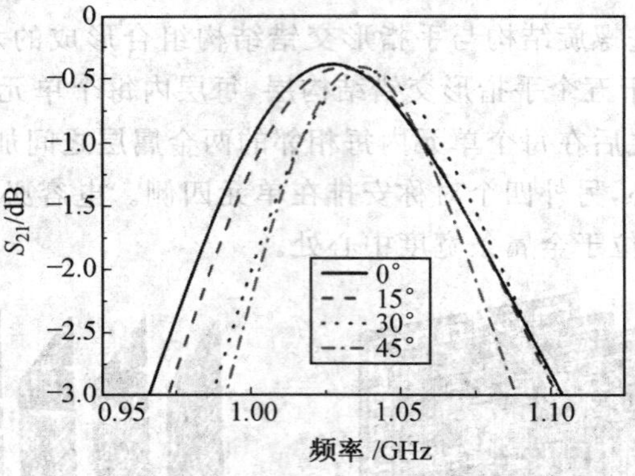

图 4.74　加载 1 pF 电容的改进螺旋结构与手指形交错结构组合形成的六层 FSS 在 TE 波以不同角度入射时的频域响应曲线

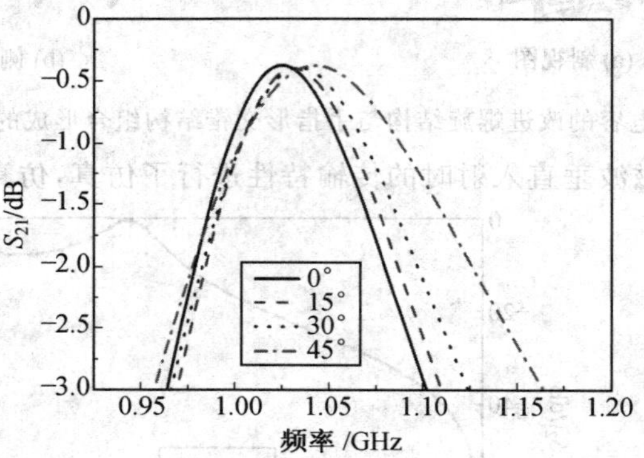

图 4.75　加载 1 pF 电容的改进螺旋结构与手指形交错结构组合形成的六层 FSS 在 TM 波以不同角度入射时的频域响应曲线

此外，本书对加载电容值的改变对结构小型化效果的影响也进行了探讨。对加载不同电容值电容时的传输特性进行了仿真，仿真结果如图 4.76、图 4.77 所示。同时，对各情况下的中心频率以及对应的单元尺寸进行了统计，结果见表 4.14。

从表 4.14 中可以清晰地看出，随着加载电容值的增加，中心频率以及相对单元尺寸有了显著的减小，且拥有极好的极化稳定性。当加载电容达到 5 pF 时，单元长度已经小于 λ/80，达到了非常出众的小型化效果。

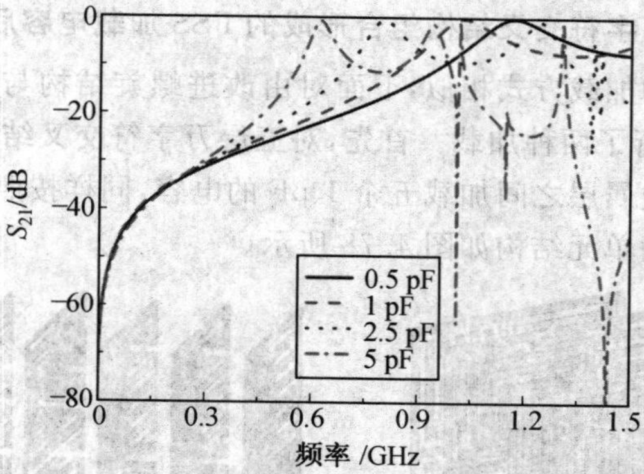

图 4.76　加载不同大小电容的改进螺旋结构与手指形交错结构组合形成的六层 FSS 在 TE 波垂直入射时的频域响应曲线

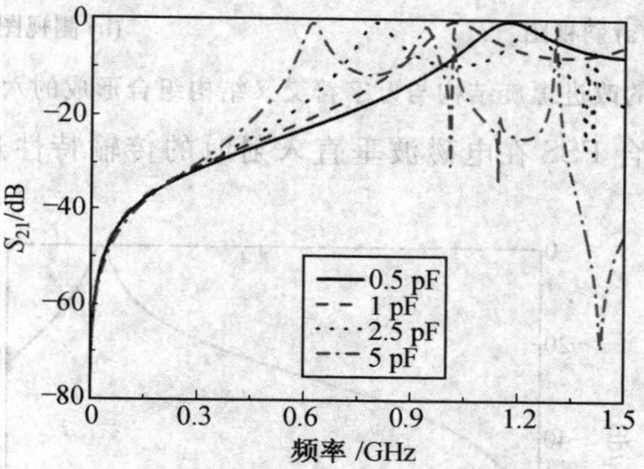

图 4.77　加载不同大小电容的改进螺旋结构与手指形交错结构组合形成的六层 FSS 在 TM 波垂直入射时的频域响应曲线

表 4.14　加载不同大小电容的改进螺旋结构与手指形交错结构的六层组合 FSS 在电磁波垂直入射时的中心频率及对应的单元尺寸统计

	加载电容/pF	中心频率/GHz	单元尺寸
TE 波	C=0.5	1.168	0.023 4λ×0.023 4λ
	C=1	1.028	0.020 6λ×0.020 6λ
	C=2.5	0.802	0.016 0λ×0.016 0λ
	C=5	0.622	0.012 4λ×0.012 4λ
TM 波	C=0.5	1.172	0.023 4λ×0.023 4λ
	C=1	1.024	0.020 5λ×0.020 5λ
	C=2.5	0.8	0.016 0λ×0.016 0λ
	C=5	0.622	0.012 4λ×0.012 4λ

2. 改进螺旋结构与万字符交叉结构组合形成的FSS加载电容后的性能分析

与上面所讨论结构的加载方式相似，下面对由改进螺旋结构与五层万字符交叉结构组合形成的FSS结构进行了两种加载。首先，对五层万字符交叉结构单元之间加载1 pF的电容；其次，对每两层金属层之间加载五个1 pF的电容，同样按照中间一个四面四个的排布方式。加载电容后的单元结构如图4.78所示。

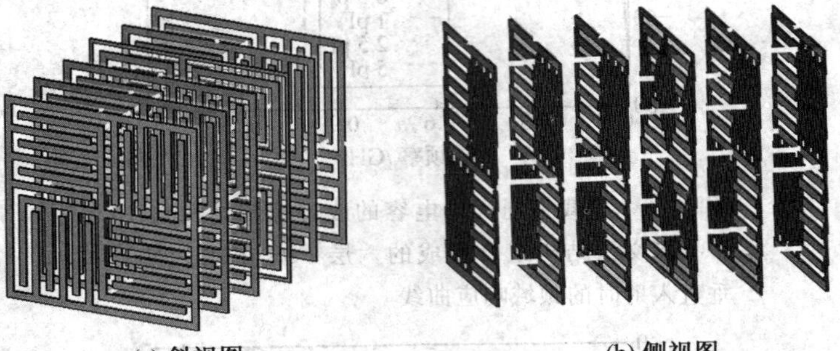

图4.78 加载电容后的改进螺旋结构与万字符交叉结构组合形成的六层FSS单元结构图

对图4.78所示的组合FSS在电磁波垂直入射时的传输特性进行了仿真，仿真结果如图4.79所示。

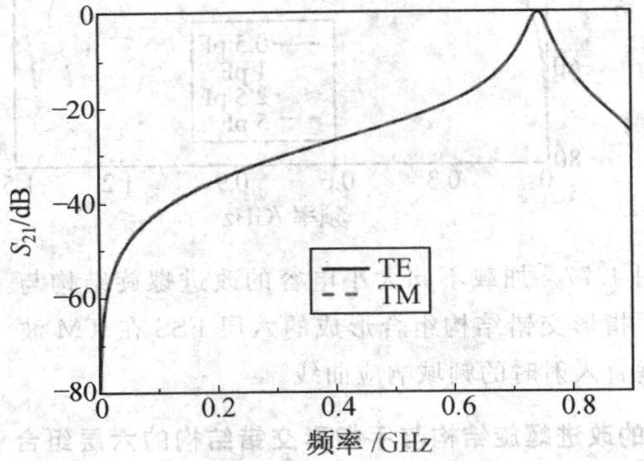

图4.79 加载1 pF电容的改进螺旋结构与万字符交叉结构组合形成的六层FSS在电磁波垂直入射时的频域响应曲线

由图4.79可以看出，组合结构在TE和TM波入射时的传输特性有着极好的吻合。实际上，两种情况的通带中心频率均为0.744 GHz，相应单元尺寸为0.014 9λ×0.014 9λ。可见加载后单元长度减小了0.012 4λ，且该结构比前面与手指形交错结构组合形成的FSS结构尺寸要小0.008 1λ，可见该结构可获得极佳的小型化效果。但是该结构的通带范围仅为0.725～0.761 GHz，绝对带宽为0.036 GHz，相对带宽仅为4.8%。因此该结构在实际应用时会受到一定限制，只适用于工作带宽要求较小的情况。

对组合结构在不同角度波入射时的通带情况的仿真结果如图4.80、图4.81所示。从两图中可以看出，通带范围会随着入射角度的增大而发生变化，TE波的通带逐渐减小，而TM波的通带逐渐增大，但总体上还保持在较稳定的范围内；且工作带宽偏移量也略好于带加载元件的与手指形交错结构组合形成的 FSS 结构的偏移量。而就中心频率而言,该组合结构的稳定度极好,中心频率的最大偏移量仅为 0.3%,远优于技术指标要求。

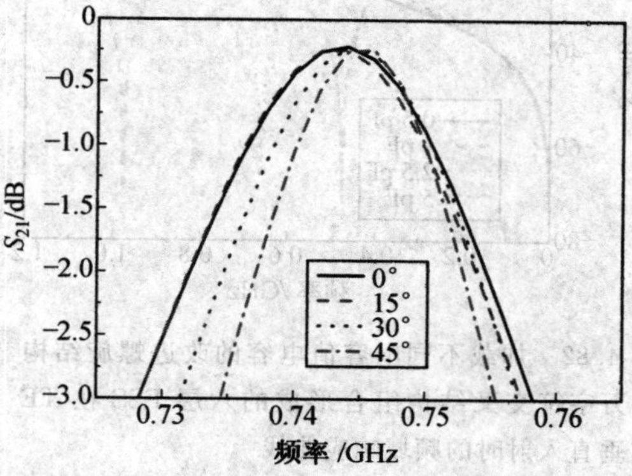

图 4.80 加载 1 pF 电容的改进螺旋结构与万字符交叉结构组合形成的六层 FSS 在 TE 波以不同角度入射时的频域响应曲线

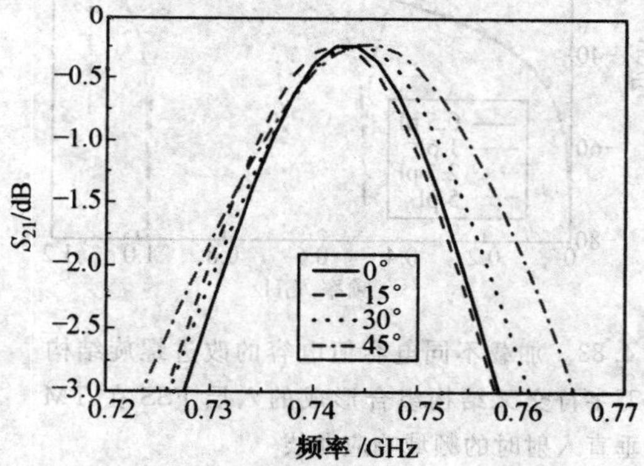

图 4.81 加载 1 pF 电容的改进螺旋结构与万字符交叉结构组合形成的六层 FSS 在 TM 波以不同角度入射时的频域响应曲线

同样,对带加载元件的改进螺旋结构与万字符交叉结构组合形成的六层 FSS 也进行了改变加载电容值的仿真,仿真结果如图 4.82、图 4.83 所示。从两图中可见,在对电容值提升之后,中心频率值及通带范围有了非常明显的下降,小型化效果明显。对各结构的中心频率及相应的单元尺寸的总结见表 4.15。从表中可以发现,带加载元件的与万字符交叉结构组合形成的 FSS 的小型化要优于之前与手指形交叉结构组合形成的 FSS,在加载电容为 5 pF 时,相应的单元长度已经减小到惊人的 λ/135。这是本节所讨论结构中小型化效果最出众的,但相信在实际应用允许的条件下,通过增加金属的层数以及增大加载电容的电容值,小型化效果还能得到进一步提升。

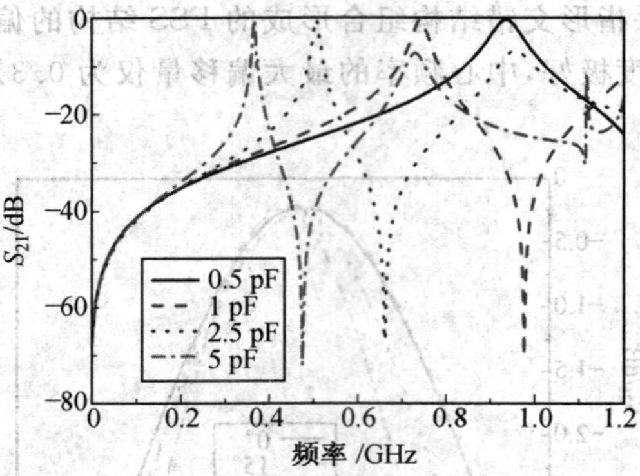

图 4.82 加载不同电容值电容的改进螺旋结构与万字符交叉结构组合形成的六层 FSS 在 TE 波垂直入射时的频域响应曲线

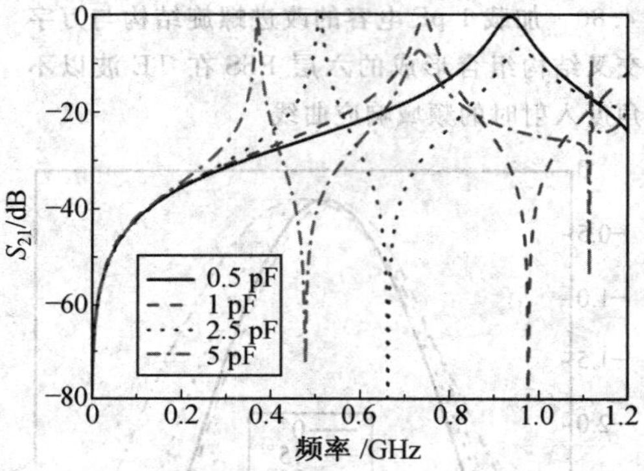

图 4.83 加载不同电容值电容的改进螺旋结构与万字符交叉结构组合形成的六层 FSS 在 TM 波垂直入射时的频域响应曲线

表 4.15 加载不同电容值电容的改进螺旋结构与万字符交叉结构组合形成的六层 FSS 在电磁波垂直入射时的中心频率及对应的单元尺寸统计

	加载电容 C/pF	中心频率/GHz	单元尺寸
TE 波	0.5	0.936	0.018 7λ×0.018 7λ
	1	0.744	0.014 9λ×0.014 9λ
	2.5	0.51	0.010 2λ×0.010 2λ
	5	0.37	0.007 4λ×0.007 4λ
TM 波	0.5	0.934	0.018 7λ×0.018 7λ
	1	0.744	0.014 9λ×0.014 9λ
	2.5	0.51	0.010 2λ×0.010 2λ
	5	0.37	0.007 4λ×0.007 4λ

第 5 章 有源可控频率选择表面通用结构的设计

有源频率选择表面是指在普通无源 FSS 中加入 PIN 二极管或变容二极管等有源器件，通过调节偏置电压或偏置电流来改变 FSS 的谐振特性。有源器件的使用可以增加 FSS 设计的自由度，提高其抗干扰能力。在有源 FSS 中，PIN 二极管或变容二极管等有源器件可以等效为电抗，从等效电路的理论上来说，加载了有源器件即相当于改变了 FSS 的等效电感和等效电容，从而改变了 FSS 的谐振频率和工作带宽特性。前几章对无源 FSS 的特性分析及总结的规律也适用于有源 FSS 情况，同时在有源可控 FSS 通用结构的设计中，电感的加载起到了扼流作用，并可以实现直流的馈电。了解并熟识 FSS 的谐振特性，方便设计和分析有源可调 FSS 通用结构。

5.1 左右可调结构

在加载有源器件的结构中，最简单最直接的想法就是在两个 FSS 形状中间或一个 FSS 形状从中间分开用变容二极管相连，由此衍生出有源 FSS 的左右可调结构，其周期结构示意图如图 5.1 所示，其每个单元由两部分组成，中间以变容二极管相连，每列中各个单元相应的部分用电感相连接，从而构成了 LC 回路，通过在边缘处加载外加偏置电压，改变外加电压的值，即可改变变容二极管的电容值，从而改变整个 FSS 平面的谐振频率。

5.1.1 “蚊香”型左右可调结构

根据以上提出的结构，设计了一种“蚊香”型的 FSS 形状应用到该结构，其单元结构如图 5.2(a)所示，该结构是将变容二极管两端各连接一个金属条，每个金属条从另外一端分别向着旋向相反的方向先绕 1/4 圆周，然后改变旋向，绕 1/2 个圆周，以后每绕 1/2 个圆周后改变旋向，从而构成类似蚊香的形状，因此命名为“蚊香”型结构，在每个单元的上下边缘处用电感相连，将每列的 FSS 单元连接起来[图 5.2(b)]。电感的作用是将每一列 FSS 单元连接起来，使外加偏置电流能够顺利导通，因此电感的值不能设置太大，在之后对有源通用可调结构的设计中，电感的值都设为 $L=1$ nH。此外，入射电场的极化方向平行于变容二极管的放置方向，在图 5.1 所示的结构中电场方向即为水平极化方向。

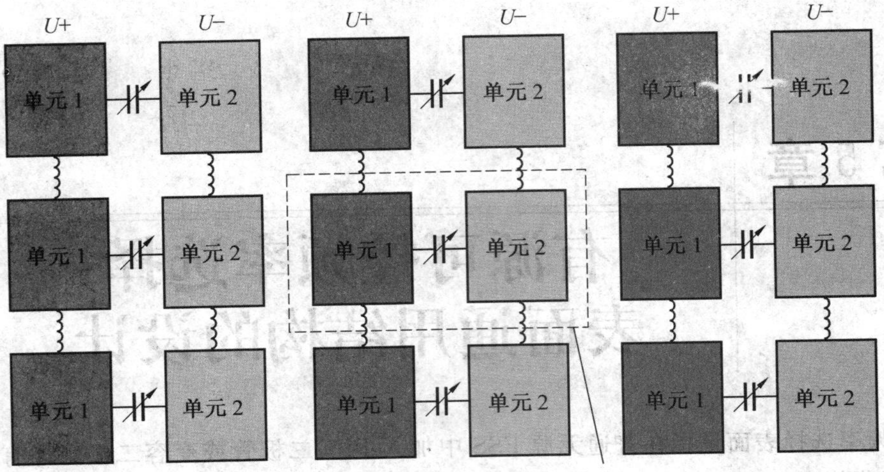

图 5.1　左右可调结构周期结构示意图

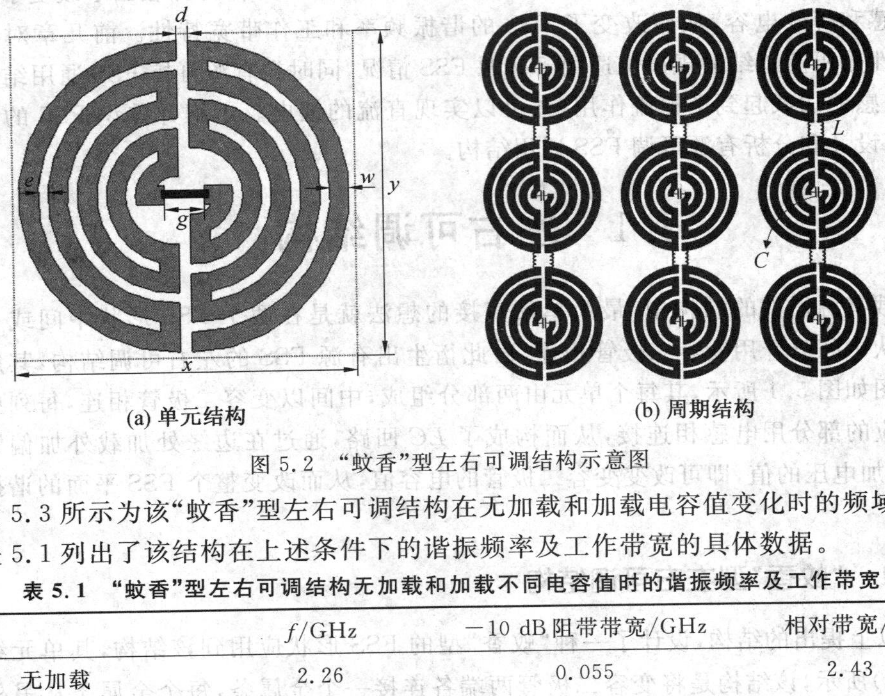

图 5.2　“蚊香”型左右可调结构示意图

图 5.3 所示为该“蚊香”型左右可调结构在无加载和加载电容值变化时的频域响应曲线。表 5.1 列出了该结构在上述条件下的谐振频率及工作带宽的具体数据。

表 5.1　“蚊香”型左右可调结构无加载和加载不同电容值时的谐振频率及工作带宽

	f/GHz	−10 dB 阻带带宽/GHz	相对带宽/%
无加载	2.26	0.055	2.43
C=0.3 pF	2.04	0.09	4.41
C=0.6 pF	1.905	0.11	5.77
C=1.0 pF	1.82	0.115	6.32
C=2.0 pF	1.72	0.12	6.98
C=3.0 pF	1.64	0.115	7.01

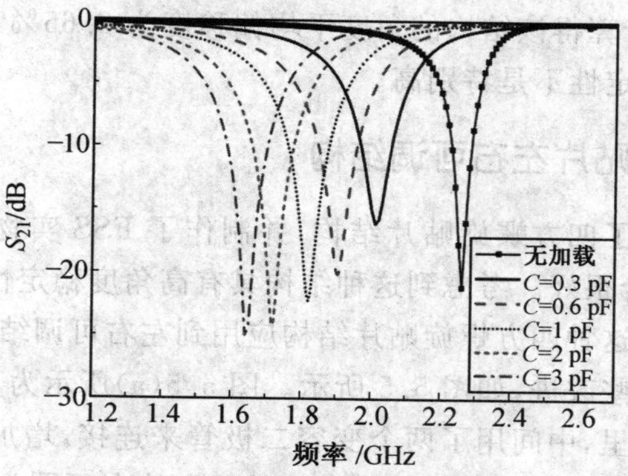

图 5.3　无加载和加载电容值变化时的频域响应曲线

由图 5.3 及表 5.1 可以得出以下结论：

(1)由等效电路理论，FSS 的谐振频率公式为 $f=1/(2\pi\sqrt{LC})$，其中 L 为等效电感，C 为等效电容。可见当加载电容和电感元器件时，L、C 都变大了，导致谐振频率降低。此外，当 L 值相同时，随着 C 变大，谐振频率也降低，图 5.3 所示传输特性的变化规律符合理论分析。

(2)为了衡量可调范围的大小，本书中定义了可调系数 γ，满足 γ 等于频率偏移量 Δf 与最高谐振频率的比值，在本章中，最高谐振频率就是在 $C=0.3$ pF 时的谐振频率。因此"蚊香"型的谐振频率偏移量为 $\Delta f=0.4$ GHz，可调系数为 $\gamma=19.6\%$。

(3)工作带宽变宽。由图 5.3 可见，当加载元件之后，其 -10 dB 阻带带宽有了很大的提高，基本上是无加载时的 2 倍左右，此外，随着电容 C 的变化，其 -10 dB 阻带带宽基本保持不变，保证了频带宽度，又因为谐振频率是随着电容 C 的增加而逐渐减小的，所以其相对带宽在逐渐增大，到 $C=3.0$ pF 时，相对带宽达到 7.0%。

此外，针对这种结构的角度稳定性进行了分析，"蚊香"型左右可调结构在不同角度入射下的传输特性，如图 5.4 所示。

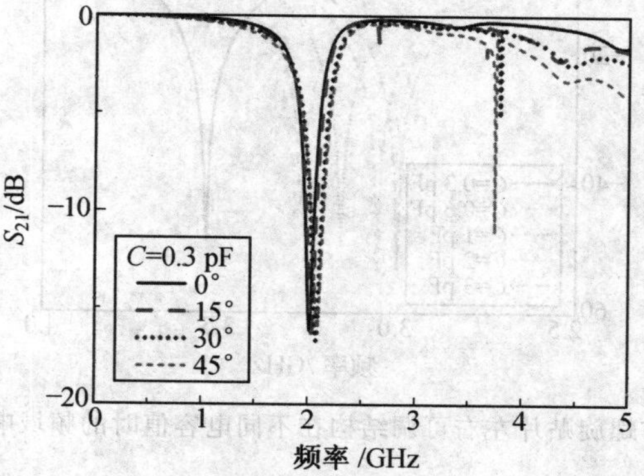

图 5.4　"蚊香"型左右可调结构在不同角度入射下的频域响应曲线

由图 5.4 可知，当入射角度由 0°变化到 45°时，其谐振频率分别为 2.01 GHz、2.03 GHz、2.075 GHz、2.085 GHz，利用第 4 章中提到的角度平均偏移度来分析角度的稳定性，通过公式(4.6)计算得该结构的角度平均偏移度为 2.65%，可见这种结构的可调性能比较好，但是角度稳定性不是特别高。

5.1.2 四方螺旋贴片左右可调结构

在第 4 章中，曾研究了四方螺旋贴片结构，并制作了 FSS 实物板，进行了实验测试，仿真数据与实验结果吻合很好。考虑到这种结构具有高角度稳定性、高极化稳定性、多频且小型化的特点，在此将这种四方螺旋贴片结构应用到左右可调结构中，结合其自身的特点，本节将其结构做了一些改进，如图 5.5 所示。图 5.5(a)所示为其单元结构，图 5.5(b)所示为其周期结构，在这里，中间用了两个变容二极管来连接，增加了可调性能。入射电场的极化方向与二极管放置方向平行。图 5.6 所示为其在不同电容值时的频域响应曲线，表 5.2 列出了在上述条件下的各谐振频率及工作带宽数值。

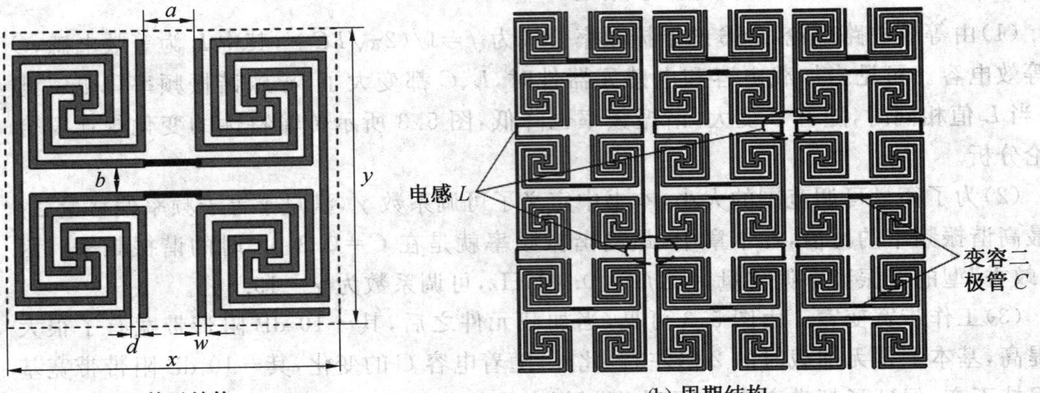

图 5.5 四方螺旋贴片左右可调结构的示意图

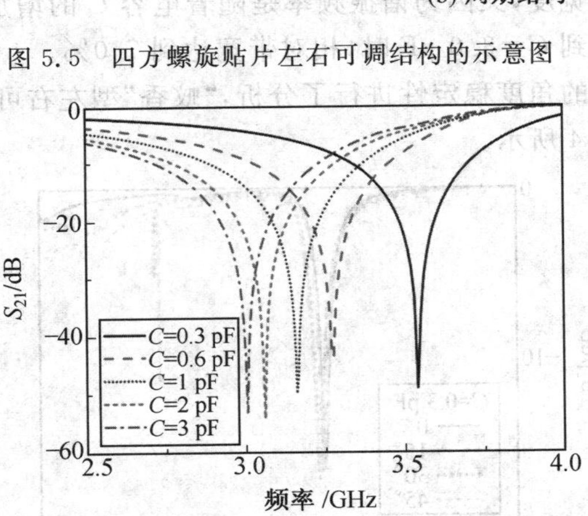

图 5.6 四方螺旋贴片左右可调结构在不同电容值时的频域响应曲线

表 5.2　四方螺旋贴片左右可调结构在不同电容值时的谐振频率和工作带宽数据

	f/GHz	−10 dB 阻带带宽/GHz	相对带宽/%
无加载	4.7	0.1	2.12
C=0.3 pF	3.54	0.36	10.17
C=0.6 pF	3.275	0.425	12.98
C=1.0 pF	3.16	0.48	15.19
C=2.0 pF	3.06	0.505	16.50
C=3.0 pF	3.00	0.515	17.2

与“蚊香”型左右可调结构相类似，由图 5.6 及表 5.2 分析可得到以下结论：

(1)在加载元器件后，谐振频率变低，实现了小型化的作用。谐振频率随电容变化的规律依然存在，满足电容 C 不断增大，谐振频率不断降低。

(2)谐振频率偏移量 $\Delta f=0.54$ GHz，可调系数 $\gamma=15.2\%$ 。

(3)当加载元件时，−10 dB 阻带带宽相对于无加载时明显变大，并且随着电容 C 的变大逐渐增大，谐振频率随电容 C 的增大而减小，其相对带宽增加更加明显，当 C=3.0 pF时，相对带宽已经达到 17.2%，无加载时相对带宽仅为 2.12%。

同样，为了考虑这种螺旋型左右可调结构的角度稳定度，对其在不同角度入射时的情况进行了仿真，仿真结果如图 5.7 所示。表 5.3 给出了在不同角度入射下该结构的中心频率、各个角度的偏移度以及平均角度偏移度，由表中的数据可见，频率偏移得很小，平均角度偏移量仅为 1.04%，说明了该结构具有较好的角度稳定性。

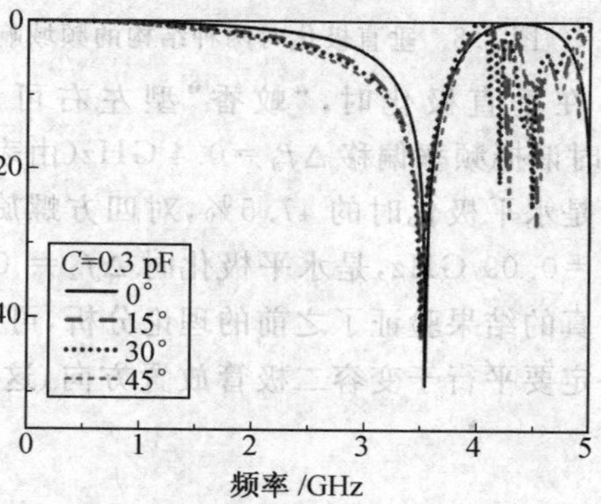

图 5.7　四方螺旋贴片左右可调结构在不同角度入射时的频域响应曲线

表 5.3　在不同角度入射下的谐振频率、各个角度的偏移度及平均角度偏移度

入射角度	中心频率/GHz	各个角度的偏移度/%	平均角度偏移度/%
0°	3.54	—	
15°	3.505	0.988 7	1.04
30°	3.51	0.847 5	
45°	3.495	1.271 2	

5.1.3 入射电磁波极化方向的影响

根据等效电路理论，电场 **E** 平行于金属带，可以得到感性的带栅，若 **E** 垂直于金属带，则可以得到容性的带栅，因此入射电场的极化方向对变容二极管的放置方向是有影响的。从 FSS 的基本物理机制来考虑，当二者平行时，电子在电场 **E** 的激励下振动，其方向与变容二极管放置方向相同，变容二极管的调节作用应该会更加明显；相反，当二者相互垂直时，电子不会沿着变容二极管方向振动，那么二极管的可调作用就会大大下降。为了验证上述理论分析，本节将入射电场的极化方向与变容二极管放置方向相垂直，对"蚊香"型贴片左右可调结构和四方螺旋贴片左右可调结构的传输特性进行仿真，仿真结果如图 5.8 所示。

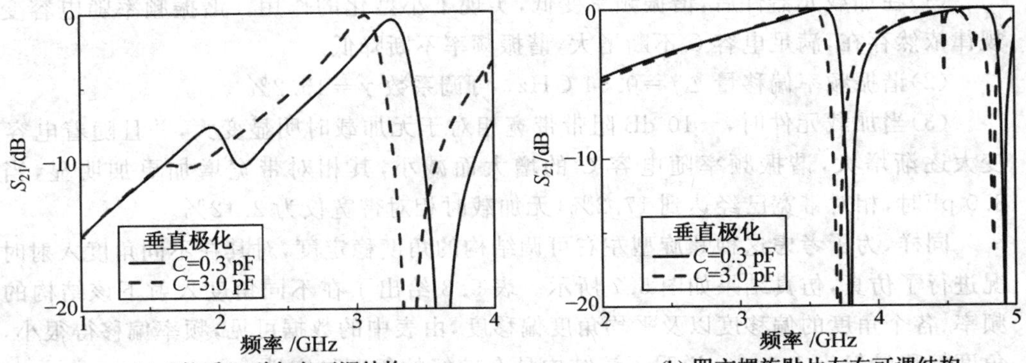

(a)"蚊香"型左右可调结构　(b) 四方螺旋贴片左右可调结构

图 5.8　垂直极化时两种结构的频域响应曲线

由图 5.8 可知，在垂直极化时，"蚊香"型左右可调结构谐振频率偏移 $\Delta f_1^v = 0.19$ GHz，水平极化时谐振频率偏移 $\Delta f_1 = 0.4$ GHz（由表 5.1 计算可得），因此在垂直极化时可调的谐振频率是水平极化时的 47.5%，对四方螺旋贴片左右可调结构，垂直极化时谐振频率偏移 $\Delta f_2^v = 0.09$ GHz，是水平极化时 $\Delta f_2 = 0.54$ GHz（由表 5.2 计算可得）的 16.7%。可见，仿真的结果验证了之前的理论分析，可得出一个非常重要的结论：入射电磁波的极化方向一定要平行于变容二极管放置方向，这样变容二极管的可调特性起的作用才会更大。

5.2 四象限可调结构

在 FSS 的性能参数中，还有一点是极化稳定性。为了考虑影响极化稳定性的因素，本节将左右可调结构改成如下的四象限可调结构，如图 5.9 所示。当该结构的Ⅰ、Ⅱ、Ⅲ、Ⅳ四个部分均相同且每个结构都是中心对称型图案时，该结构应该具有较高的极化稳定性。

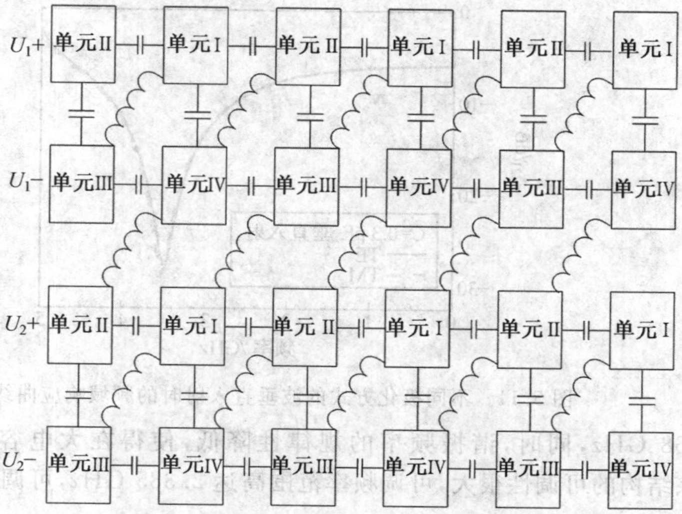

图 5.9　四象限可调结构示意图

5.2.1　斜十字四象限可调结构

首先将比较简单的斜十字形状应用到四象限可调结构中，其基本单元如图 5.10 所示，图 5.11 所示为其在不同极化方式的波垂直入射时的频域响应曲线，谐振频率在 TE 波入射时是 3.495 GHz，在 TM 波入射时是 3.51 GHz，仅偏移了 0.015 GHz，由第 4 章中式(4.5)计算可得，极化偏移度为 0.43%，说明了该结构具有非常良好的极化稳定性。

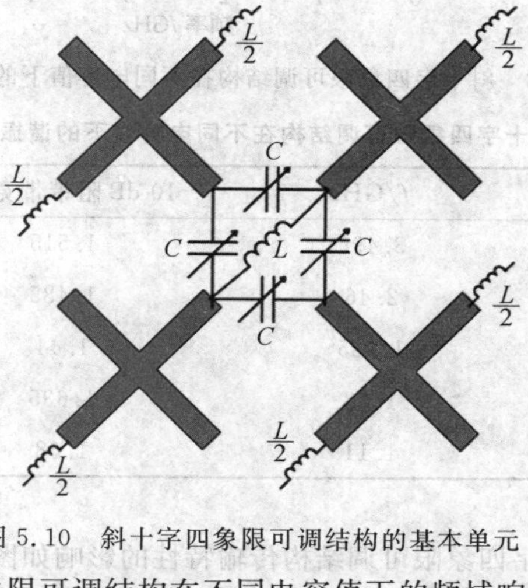

图 5.10　斜十字四象限可调结构的基本单元

图 5.12 是斜十字四象限可调结构在不同电容值下的频域响应曲线，其谐振频率和工作带宽的数据见表 5.4，通过表中的数据可得，斜十字四象限可调结构的谐振频率随着电容值的变化规律与之前讨论的结果一致，即谐振频率随着电容 C 的增大而减小。在 $C=0.3$ pF 时谐振频率为 3.495 GHz，其 −10 dB 阻带带宽为 1.515 GHz，为谐振频率的 43.3%，当电容值变大时，其阻带带宽在 1.5 GHz 附近摆动，到 $C=3$ pF 时，−10 dB 阻带

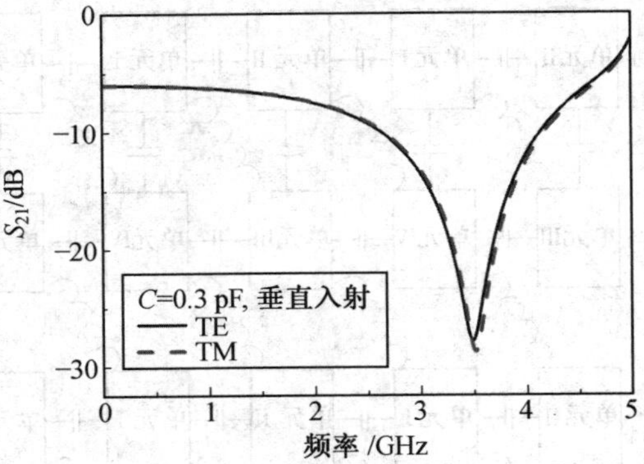

图 5.11 不同极化方式的波垂直入射时的频域响应曲线

带宽为 1.68 GHz，同时，谐振频率的规律性降低，使得在大电容值下相对带宽高达 151.4%，该结构的可调性很大，可调频率范围高达 2.385 GHz，可调系数 γ 为 68.2%。

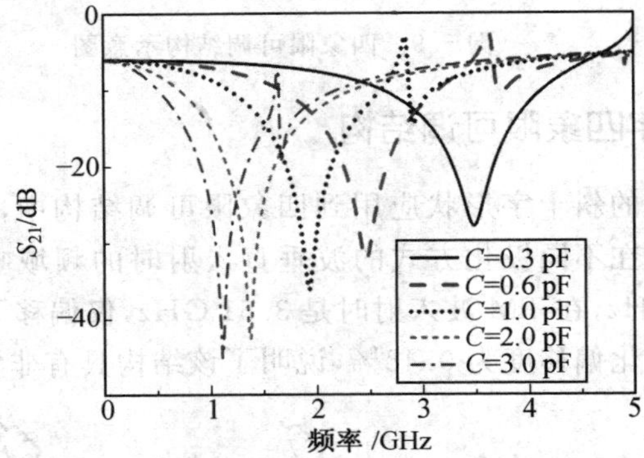

图 5.12 斜十字四象限可调结构在不同电容值下的频域响应曲线

表 5.4 斜十字四象限可调结构在不同电容值下的谐振频率和带宽的数据

电容 C/pF	f/GHz	−10 dB 阻带带宽/GHz	相对带宽/%
0.3	3.495	1.515	43.3
0.6	2.46	1.485	60.3
1	1.935	1.44	74.4
2	1.38	1.635	118.5
3	1.11	1.68	151.4

入射角度对斜十字四象限可调结构传输特性的影响如图 5.13 所示，其谐振频率在入射角度为 0°、15°、30°、45°时，分别为 3.495 GHz、3.42 GHz、3.435 GHz 和 3.405 GHz，经公式(4.6)计算可得平均角度偏移度为 2.15%，角度稳定性一般。

5.2.2 双螺旋缝隙四象限可调结构

在第 4 章中，还研究了具有良好特性的双螺旋缝隙结构，本节将其合理改进，使其应

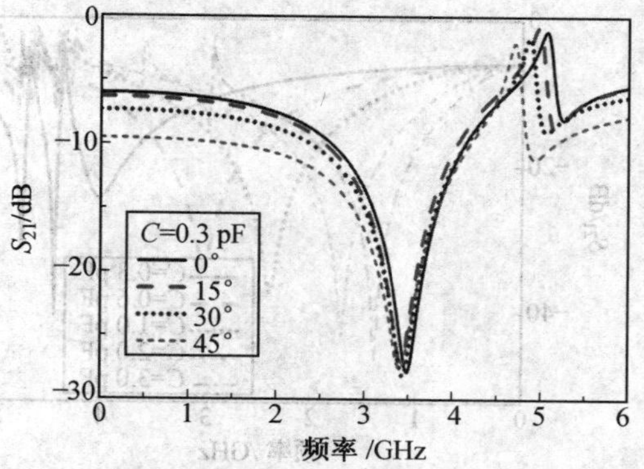

图 5.13　斜十字四象限可调结构的在不同角度入射下的频域响应曲线

用到四象限可调结构中，构成的基本单元如图 5.14 所示。图 5.15 所示为其在不同电容值下的频域响应曲线，其谐振频率和带宽相关数据见表 5.5。

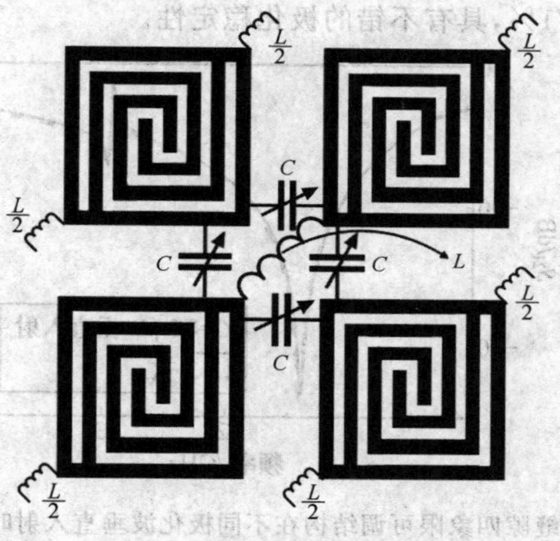

图 5.14　双螺旋缝隙四象限可调结构基本单元

由图 5.15 和表 5.5 可知，该结构在 C=0.3 pF 时，谐振频率为 3.99 GHz；在 C=3.0 pF时，谐振频率为 1.39 GHz，频率移动了 2.6 GHz，可调系数达到了 65.2%，可调范围相当可观，其−10 dB 阻带带宽可达 1.54 GHz，相对带宽达到了 38.6%。随着电容 C 的逐渐变大，−10 dB 阻带带宽有了很大的提高，而且从 C=1.0 pF 开始，相对带宽超过了 90%，甚至在 C=3.0 pF 时达到了 154.7%。

表 5.5　双螺旋缝隙四象限可调结构在不同电容值下的谐振频率和带宽相关数据

电容 C/pF	f/GHz	−10 dB 阻带带宽/GHz	相对带宽/%
0.3	3.99	1.54	38.6
0.6	3.01	2.2	73.1
1.0	2.38	2.25	94.5
2.0	1.7	2.26	132.9
3.0	1.39	2.15	154.7

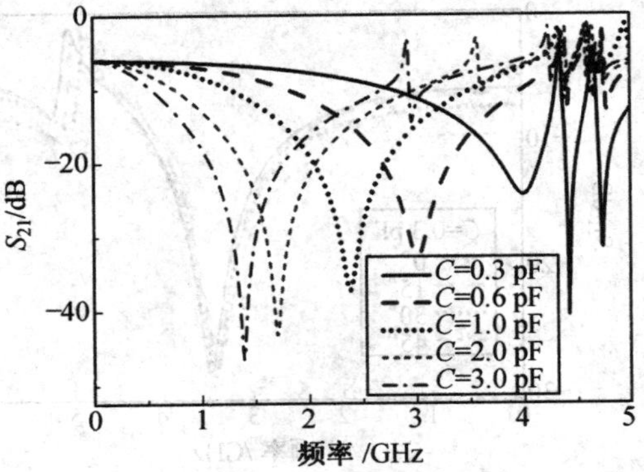

图 5.15 双螺旋缝隙四象限可调结构在不同电容值下的频域响应曲线

图 5.16 所示为双螺旋缝隙四象限可调结构在不同极化波垂直入射时的频域响应曲线，谐振频率在 TE 波入射时是 1.39 GHz，TM 波入射时是 1.40 GHz，由公式(4.5)计算可得其极化偏移度为 0.71%，具有不错的极化稳定性。

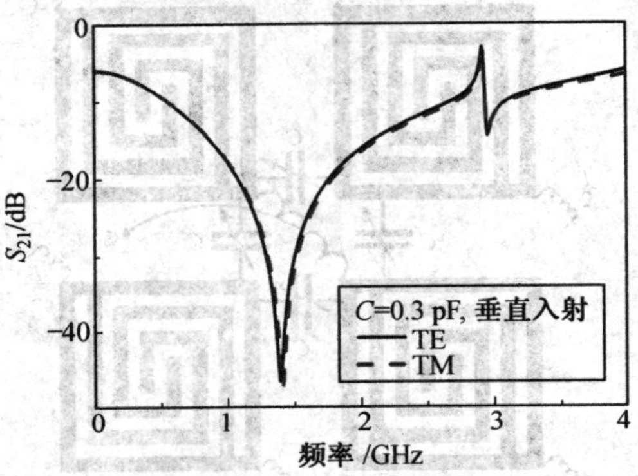

图 5.16 双螺旋缝隙四象限可调结构在不同极化波垂直入射时的频域响应曲线

图 5.17 为双螺旋缝隙四象限可调结构在不同角度入射时的频域响应曲线，其谐振频率在 0°、15°、30°、45°入射时，分别为 1.7 GHz、1.7 GHz、1.69 GHz、1.72 GHz，由式(4.6)计算得其角度平均偏移度仅为 0.59%，说明这种结构对入射角度极其不敏感，角度稳定性非常高。

5.2.3 双螺旋贴片四象限可调结构

本节又对双螺旋缝隙的互补结构进行了研究，在这里，互补是指在四象限可调结构示意图 5.9 中的每个单元都取双螺旋缝隙结构的互补部分，电容以及电感元件连接的方式不变，形成的双螺旋贴片四象限可调结构基本单元如图 5.18 所示。

双螺旋贴片四象限可调结构在不同电容值下的频域响应曲线如图 5.19 所示，其谐振频率和带宽数据见表 5.6。

由表 5.6 中的数据可知，当每个部分取了贴片结构后，传输特性变化规律和双螺旋缝隙四象限可调结构完全一样，即随着电容 C 的增加，谐振频率降低，−10 dB 阻带带宽增加，相对带宽增加。该结构的可调范围依然很大，可调频率范围可达 2.23 GHz，可调系数达 64.0%。

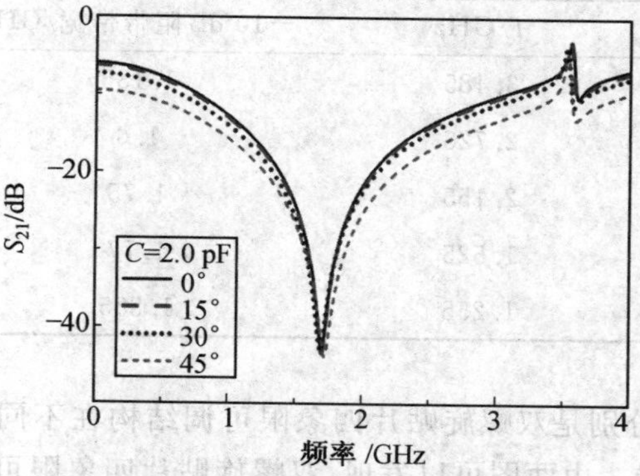

图 5.17　双螺旋缝隙四象限可调结构在不同角度入射时的频域响应曲线

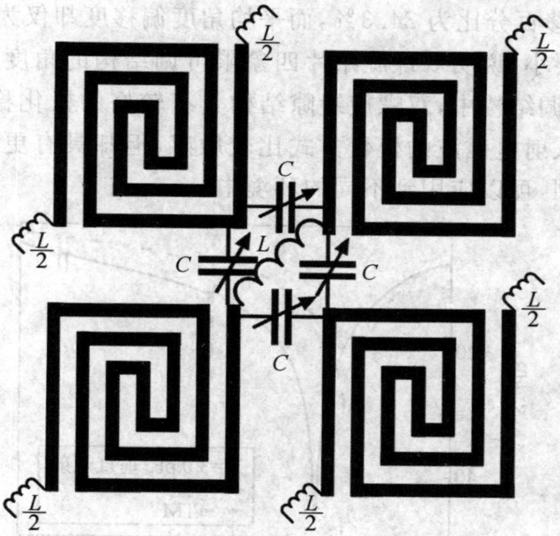

图 5.18　双螺旋贴片四象限可调结构基本单元

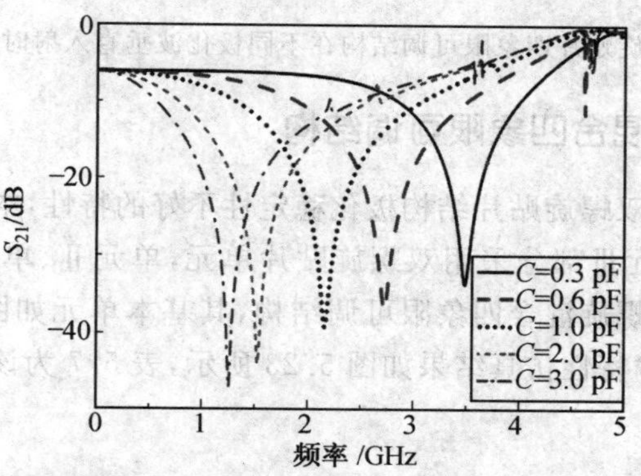

图 5.19　双螺旋贴片四象限可调结构在不同电容值下的频域响应曲线

表 5.6　双螺旋贴片四象限可调结构在不同电容值下的谐振频率和带宽数据

电容 C/pF	f/GHz	−10 dB 阻带带宽/GHz	相对带宽/%
0.3	3.485	1.135	32.6
0.6	2.725	1.6	58.7
1.0	2.155	1.75	81.2
2.0	1.525	1.77	116.1
3.0	1.255	1.885	150.2

图 5.20、图 5.21 分别是双螺旋贴片四象限可调结构在不同极化波入射和不同角度入射时的频域响应曲线。由两图可以发现，双螺旋贴片四象限可调结构的极化稳定性不好，TE 波垂直入射时谐振频率为 1.255 GHz，TM 波垂直入射时谐振频率为 0.95 GHz，偏移了0.305 GHz，偏移百分比为 24.3%，而平均角度偏移度却仅为 0.38%，比双螺旋缝隙四象限可调结构还要小，说明双螺旋贴片四象限可调结构的角度稳定性非常好。二者对比可知，在四象限可调结构中，双螺旋缝隙结构具有较好的极化稳定性和角度稳定性，而双螺旋贴片结构对入射电磁波的极化方式比较敏感，但却具有更高的角度稳定性。根据二者传输特性的不同，可以应用到不同的环境中。

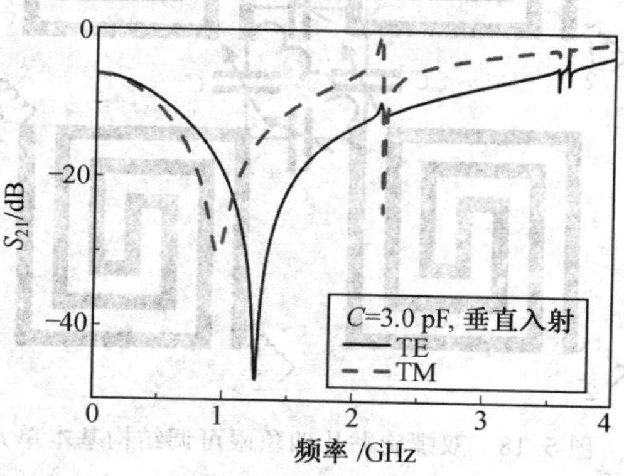

图 5.20　双螺旋贴片四象限可调结构在不同极化波垂直入射时的频域响应曲线

5.2.4　双螺旋混合四象限可调结构

接下来，为了改进双螺旋贴片结构极化稳定性不好的特性，本节将四象限可调结构图 5.9 所示的单元Ⅰ、单元Ⅲ部分采用双螺旋贴片单元，单元Ⅱ、单元Ⅳ部分采用双螺旋缝隙单元，从而形成了双螺旋混合四象限可调结构，其基本单元如图 5.22 所示。这种结构在不同电容值下的传输特性仿真结果如图 5.23 所示，表 5.7 为该混合结构的谐振频率和带宽数据。

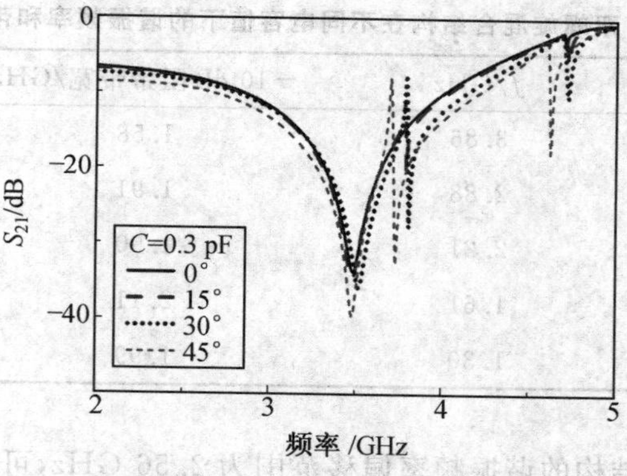

图 5.21　双螺旋贴片四象限可调结构在不同角度入射时的频域响应曲线

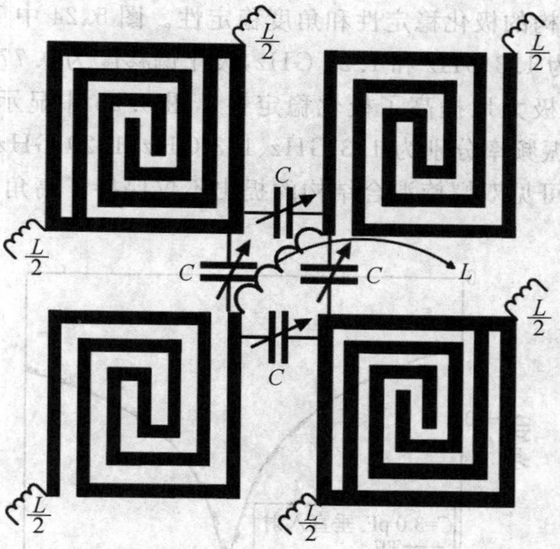

图 5.22　双螺旋混合结构的基本单元

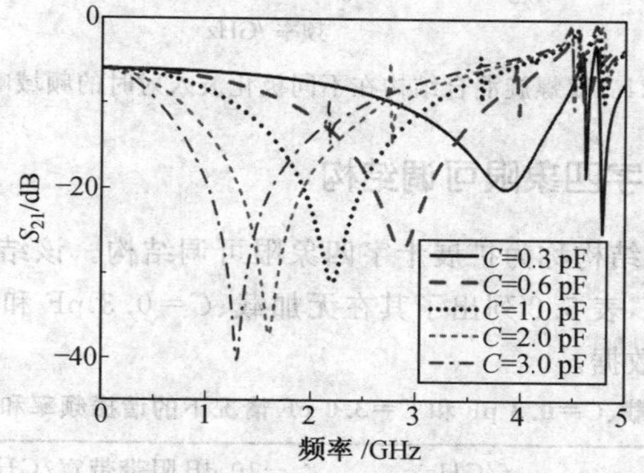

图 5.23　双螺旋混合结构在不同电容值下的频域响应曲线

表 5.7 双螺旋混合结构在不同电容值下的谐振频率和带宽数据

电容 C/pF	f/GHz	−10 dB 阻带带宽/GHz	相对带宽/%
0.3	3.86	1.58	40.9
0.6	2.88	1.91	66.3
1.0	2.21	1.90	86.0
2.0	1.61	2.11	131.1
3.0	1.30	1.99	153.1

由表 5.7 可知，该结构的谐振频率偏移范围为 2.56 GHz，可调系数为 66.3%，可见这种混合结构依然具有非常可观的可调性。

接下来，分析该结构的极化稳定性和角度稳定性。图 5.24 中 TE 波入射和 TM 波入射时的谐振频率分别为 1.3 GHz 和 1.29 GHz，极化偏移度为 0.77%，与纯双螺旋贴片结构相比，这种混合结构极大地提高了极化稳定性。图 5.25 中显示出随着入射角度变化(从 0°变化至 45°)，谐振频率分别为 1.3 GHz、1.3 GHz、1.29 GHz、1.31 GHz，平均角度偏移度仅为 0.51%。可见双螺旋混合结构的提出不仅保持了高角度稳定性，而且极大地改进了极化稳定性。

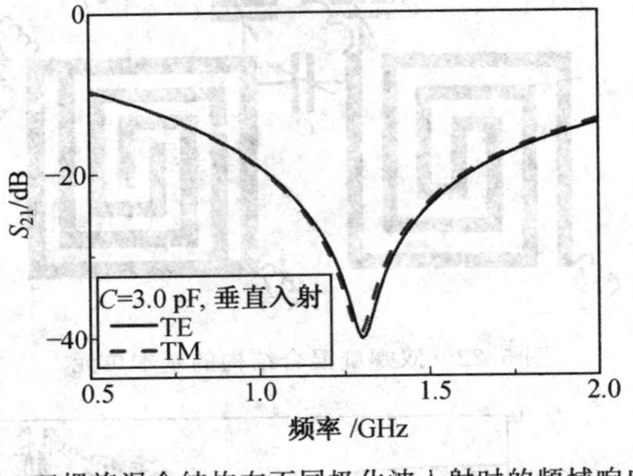

图 5.24 双螺旋混合结构在不同极化波入射时的频域响应曲线

5.2.5 扩展十字四象限可调结构

如图 5.26 所示的结构称为扩展十字四象限可调结构。该结构在不同电容值下的传输特性如图 5.27 所示，表 5.8 列出了其在无加载、C=0.3 pF 和 C=3.0 pF 情况下的谐振频率和带宽的相关数据。

表 5.8 无加载、C=0.3 pF 和 C=3.0 pF 情况下的谐振频率和带宽的相关数据

	f/GHz	−10 dB 阻带带宽/GHz	相对带宽/%
无加载	13.66	0.18	1.32
C=0.3 pF	1.92	0.57	29.69
C=3.0 pF	0.7	0.65	92.86

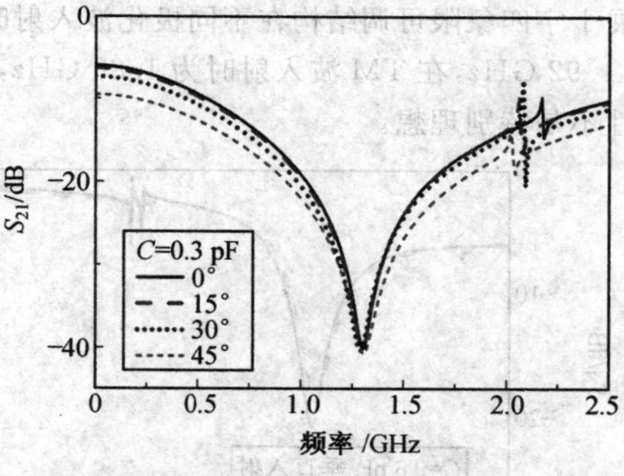

图 5.25　双螺旋混合结构在不同入射角度时的频域响应曲线

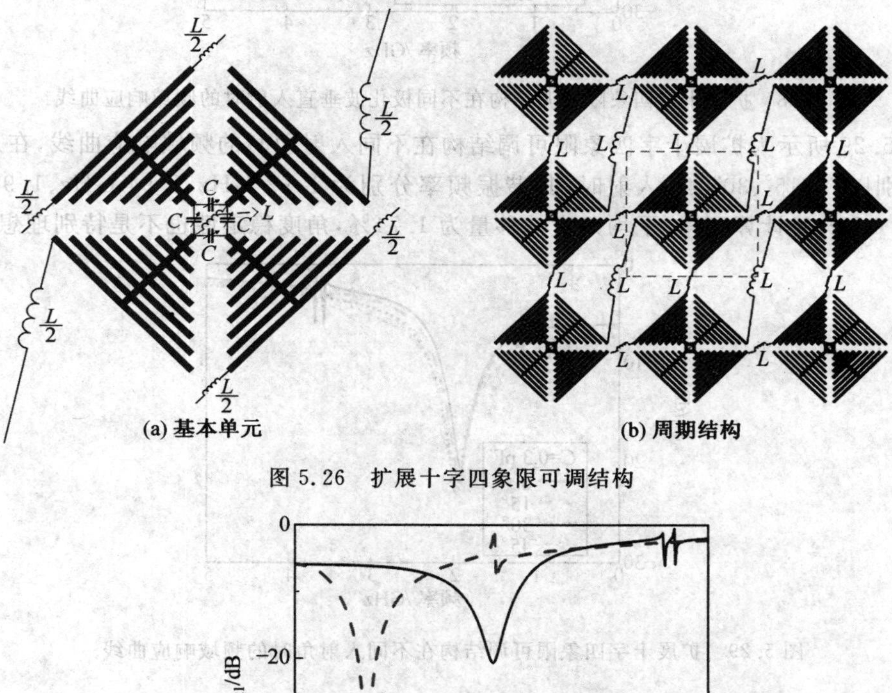

图 5.26　扩展十字四象限可调结构

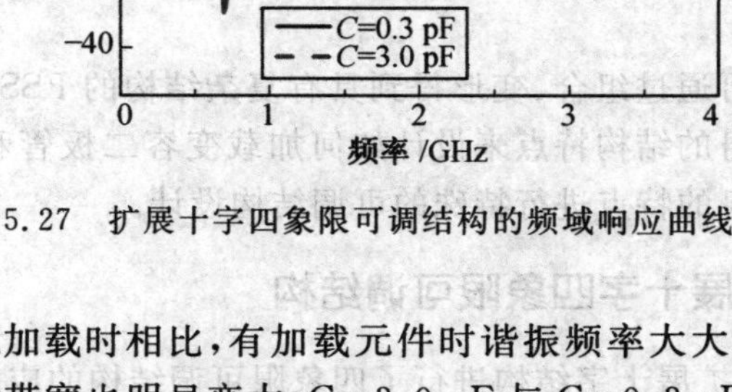

图 5.27　扩展十字四象限可调结构的频域响应曲线

由表 5.8 可知，与无加载时相比，有加载元件时谐振频率大大降低，−10 dB 阻带带宽有了明显的提高，相对带宽也明显变大；C=3.0 pF 与 C=0.3 pF 时相比，谐振频率偏移了 1.22 GHz，可调系数变为 63.5%，具有比较大的可调范围。

图 5.28 所示为扩展十字四象限可调结构在不同极化波入射时的频域响应曲线，谐振频率在 TE 波入射时为 1.92 GHz，在 TM 波入射时为 1.88 GHz，偏移了 0.04 GHz，偏移度为2.08%，极化稳定性不是特别理想。

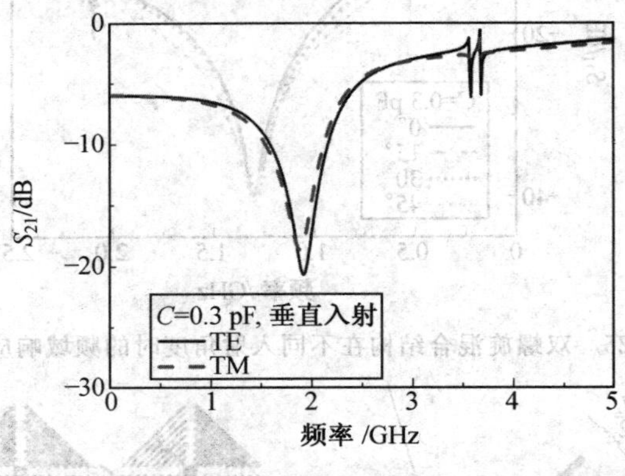

图 5.28　扩展十字四象限可调结构在不同极化波垂直入射时的频域响应曲线

图 5.29 所示为扩展十字四象限可调结构在不同入射角时的频域响应曲线，在入射电磁波分别以 0°、15°、30°、45°入射时，其谐振频率分别为 1.92 GHz、1.94 GHz、1.98 GHz 和 1.94 GHz，经计算可得，平均角度偏移量为 1.74%，角度稳定性也不是特别理想。

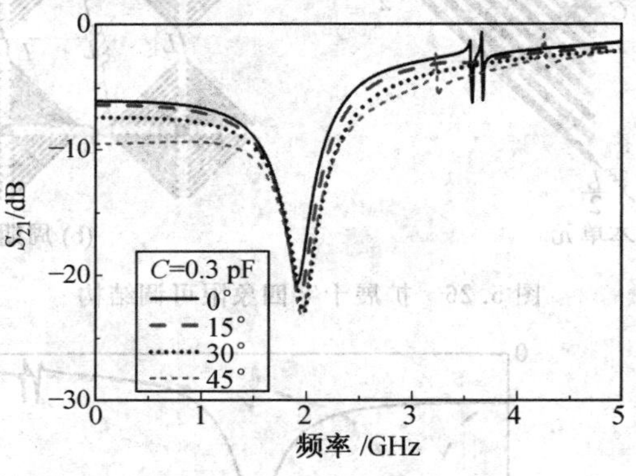

图 5.29　扩展十字四象限可调结构在不同入射角时的频域响应曲线

5.3　特殊可调结构

FSS 的基本单元可通过组合、变形得到具有复杂结构的 FSS 单元，对于可调结构，有些结构就需要根据自身的结构特点来设计如何加载变容二极管和电感，因此对于特殊的 FSS 图形可利用其自身的特点进行特殊的可调结构设计。

5.3.1　改进扩展十字四象限可调结构

在 5.2.5 节中，对扩展十字结构进行了四象限可调结构的应用，然而这种设计有很大的镂空部分，金属填充率不高，因此对该结构进行了改进，将每两行交错开，正好可以将原来镂空的部分填补，这样形成的可调结构是根据自身的形状特点来设计的，所以归为特殊结构里，其结构示意图如图 5.30 所示，其频域响应曲线如图 5.31 所示。表 5.9 列出了该结构在不同电容值下的谐振频率和带宽数据。

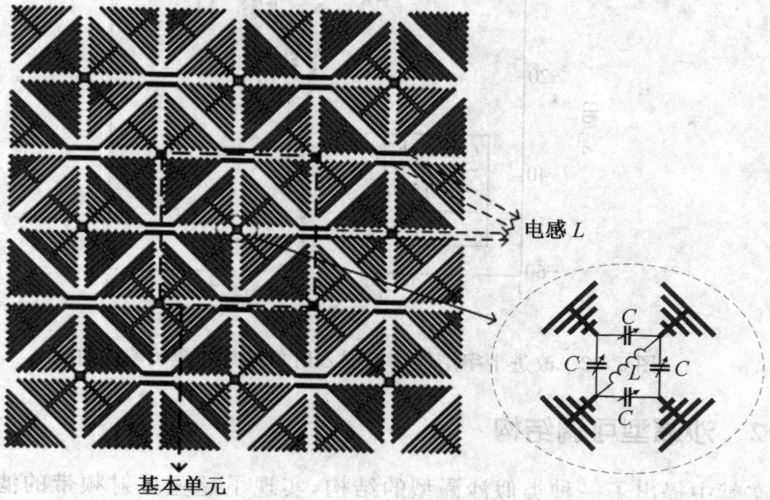

图 5.30　改进扩展十字四象限可调结构示意图

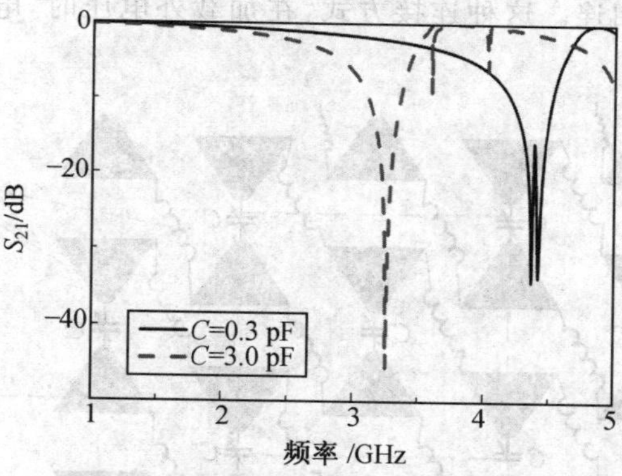

图 5.31　改进扩展十字四象限可调结构的频域响应曲线

表 5.9　改进扩展十字四象限可调结构在不同电容值下的谐振频率和带宽数据

电容 C/pF	f/GHz	−10 dB 阻带带宽/GHz	相对带宽/%
0.3	4.36	0.32	7.34
3.0	3.256	0.244	7.49

由图 5.31 可知，该结构在谐振频率处的偏移量为 1.104 GHz，可调系数为 25.3%，由表 5.9 可知，在这种结构中，C=3.0 pF 处的−10 dB 阻带带宽比 C=0.3 pF 处有了一些下降，相对带宽基本不变。

图 5.32 给出了改进扩展十字四象限可调结构在不同入射角时的频域响应曲线，在入射角为 0°、15°、30°、45°时，其谐振频率分别为 3.256 GHz、3.108 GHz、3.136 GHz 和 3.176 GHz，经计算得其平均角度偏移量达到了 3.6%，说明这个结构的角度稳定性不

好。

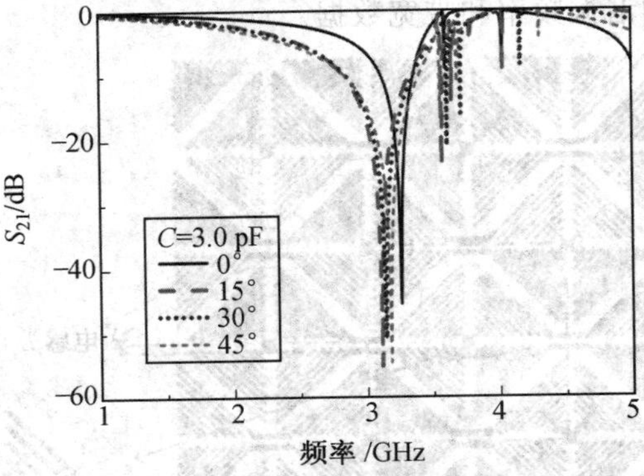

图 5.32　改进十字结构在不同入射角度时的频域响应曲线

5.3.2　沙漏型可调结构

相关文献中提出了一种类似沙漏型的结构，实现了超宽反射频带的滤波性能。在本节中，对这种结构进行了设计，采用图 5.33 所示的可调结构，两个对着的三角中间用电容相连，其他位置用电感相连。这种连接方式，在加载外电压时，电流沿着斜线方向，如图 5.33 中箭头所示。

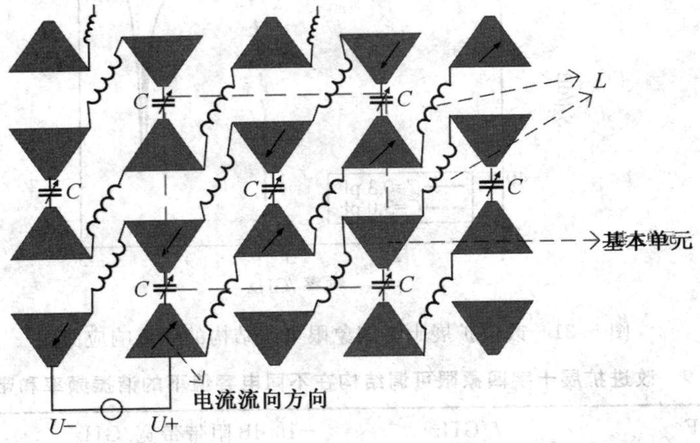

图 5.33　沙漏型可调结构

这种结构在不同电容下的频域响应曲线如图 5.34 所示，其谐振频率和带宽数据见表 5.10。由图 5.34 和表 5.10 可得，该结构谐振频率移动了 1.94 GHz，可调系数为20.6％，对于高频段来说是比较可观的，实现了高频段的可调性能。

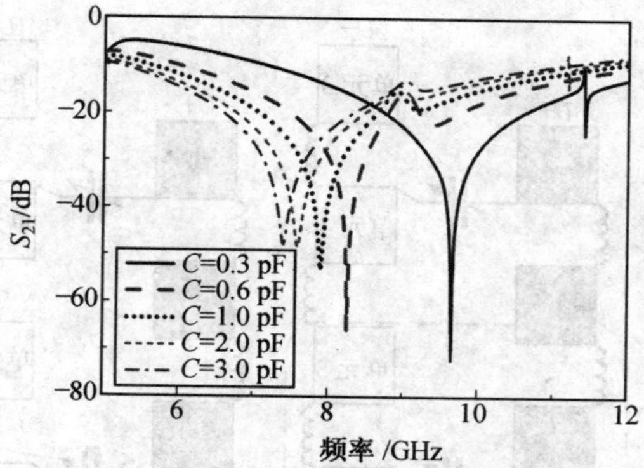

图 5.34　沙漏型可调结构在不同电容下的频域响应曲线

表 5.10　沙漏型结构在不同电容下的谐振频率和带宽数据

电容 C/pF	f/GHz	−10 dB 阻带带宽/GHz	相对带宽/%
0.3	9.4	2.668	28.38
0.6	8.42	2.882	34.23
1.0	7.94	2.9	36.52
2.0	7.44	3.08	41.40
3.0	7.46	3.01	40.35

5.4　外加电压方向与极化敏感方向同向可调结构

在本节中，本书将之前所设计的左右可调结构与四象限可调结构相互融合，设计出以下这种结构，如图 5.35 所示。该种结构的设计思想是，与左右可调结构相类似，在竖直方向上加载外加电压，同时，与四象限可调结构相类似，将每个单元分成四个部分，将单元中的 PART 1 和 PART 4 用变容二极管相连，每个单元的 PART 1(PART 2)与相邻单元的 PART 2(PART 1)相连，同时将每一列中的 PART 3 和 PART 4 与 PART 1 和 PART 2 错开，使得变容二极管平行放置，这样形成的 LC 回路结构，其外加电压方向与该结构的极化敏感方向同向，具有一定的可调性能。

5.4.1　变容二极管的选择

在实际情况中，每种变容二极管都有串联内阻以及一定的可调阻值范围，这些因素在有些时候会对理想情况(即不考虑内阻及可调阻值范围认为无限大)的仿真结果产生影响，为了使仿真结果与实际情况更加吻合，在这个结构中，参考了大量的文献资料，总结了文献中所用变容二极管的型号，并查阅文献中采用的二极管的特性参数，统计的结果见表 5.11。

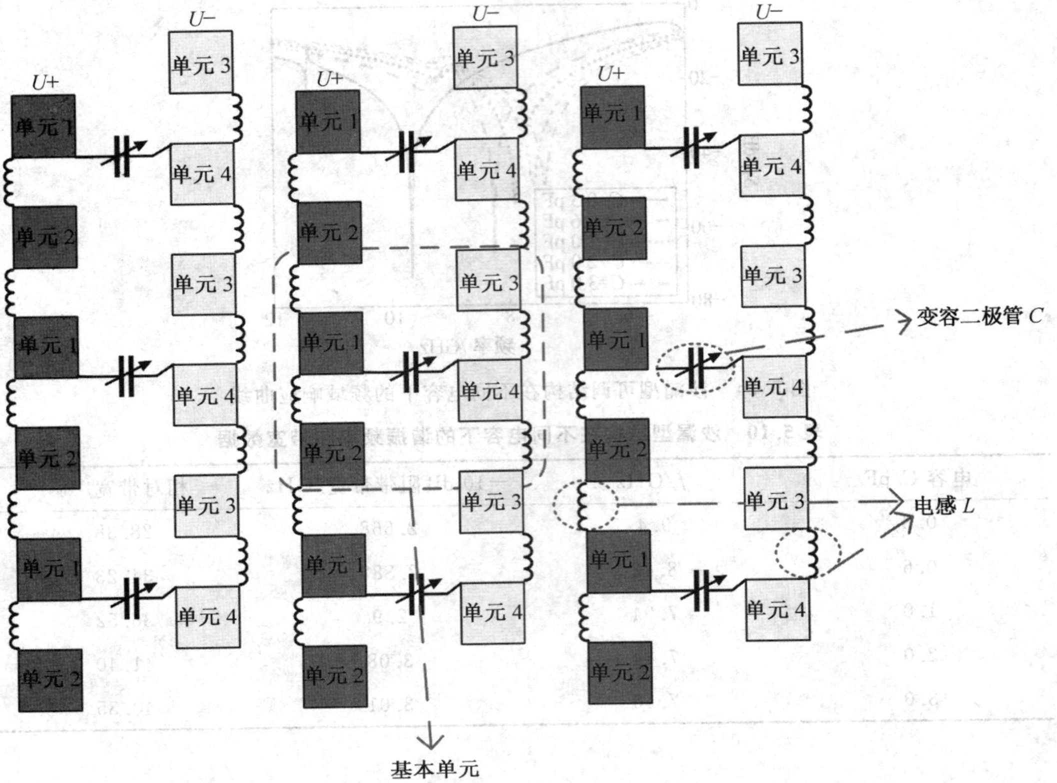

图 5.35　外加电压方向与极化敏感方向同向可调结构

表 5.11　变容二极管的型号及其特性参数

变容二极管的型号	电压变化范围以及对应的电容值
BAR64－02	串联阻抗 R_S = 2.1 Ω C_S=0.2 pF
BB857 硅变容二极管	0.45 pF (V_R=28 V)至 7.2 pF (V_R=1 V) 串联阻抗 R_S = 1.5 Ω
MA46H120	0.2 pF(V_R=10 V)至 1.1 pF(V_R=0 V)
MDT MV39002－M46	0.14 pF(V_R=18 V)至 1.4 pF(V_R=0 V)
MV39002	0.14 pF(V_R=18 V)至 0.21 pF(V_R=8.5 V)
SMTD3004	2 pF(V_R=15 V)至 10 pF(V_R=0 V)
SMV2019	0.13 pF(V_R=20 V)至 2.3 pF(V_R=0 V)

经过表 5.11 中对各种型号二极管的分析与比较，本书选出了型号为 BB857 的硅变容二极管，因为它的串联电阻小、电阻值的变化比大，在仿真过程中考虑其特性参数，加入了串联阻抗 R_S =1.5 Ω，C 的取值范围为 0.45～7.2 pF。在之后的仿真中，本书取 C= 0.45 pF、1.5 pF、3.0 pF、4.5 pF 和 6.0 pF 这五个电容值来进行仿真。

5.4.2　“双 E”可调结构

在相关文献中提出了一种新型结构，是将方形的金属条每边切去若干个矩形方块从而形成的小型化结构。考虑到这个结构独特的特性，本节中将其应用于通用结构中，该结构的形状类似于将两个字母“E”背对背用一个金属贴片相连，因此称为“双 E”结构，其基本单元如图 5.36(a)所示，周期结构如图 5.36(b)所示。

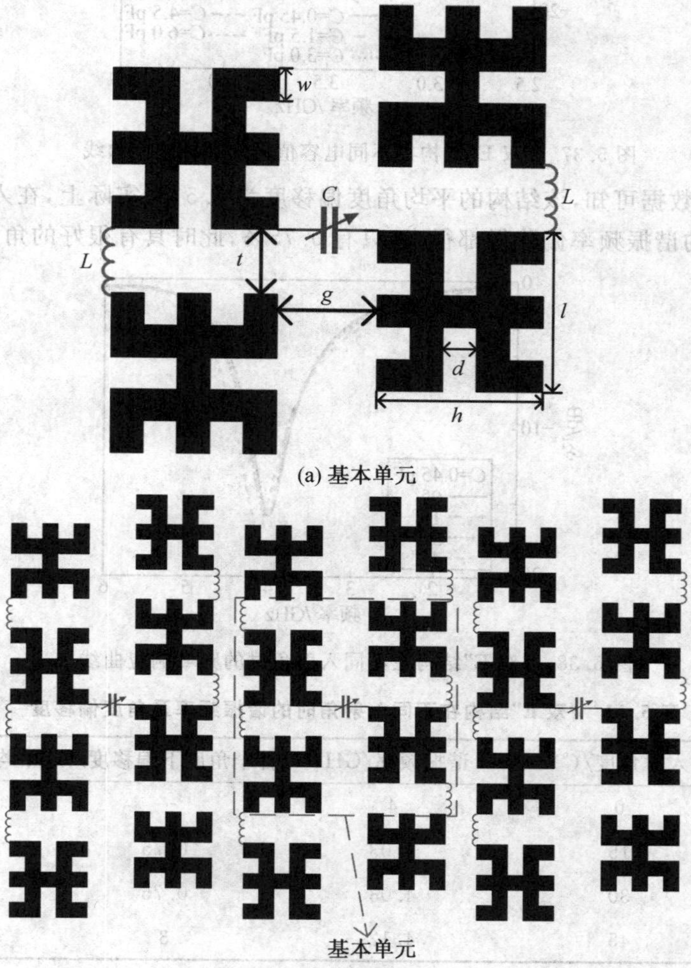

(a) 基本单元

(b) 周期结构

图 5.36　“双 E”结构示意图

图 5.37 所示为“双 E”结构在不同电容值值时的频域响应曲线。由图可以看出，该结构的谐振频率随着电容不断增大而逐渐减小，由电容值 $C=0.45$ pF 时的 4.0 GHz 变化到 $C=6.0$ pF 时的 3.08 GHz，可调频率范围为 0.92 GHz，可调系数 γ 为 23%，−10 dB 阻带带宽均在 0.5 GHz 左右，变化不明显，比较稳定。而谐振频点随着电容 C 的减小而增大，因此带来了相对带宽的提高。

图 5.38 所示为“双 E”结构在不同入射角时的频域响应曲线，具体的谐振频率见表

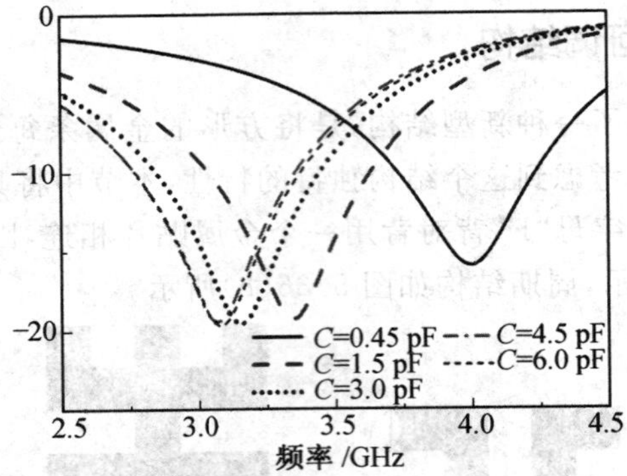

图 5.37 “双 E”结构在不同电容值时的频域响应曲线

5.12。从表中的数据可知，该结构的平均角度偏移度为 1.5%，实际上，在入射角度为 30°以下时，该结构的谐振频率偏移得都很小，只有 0.75%，此时具有很好的角度稳定性。

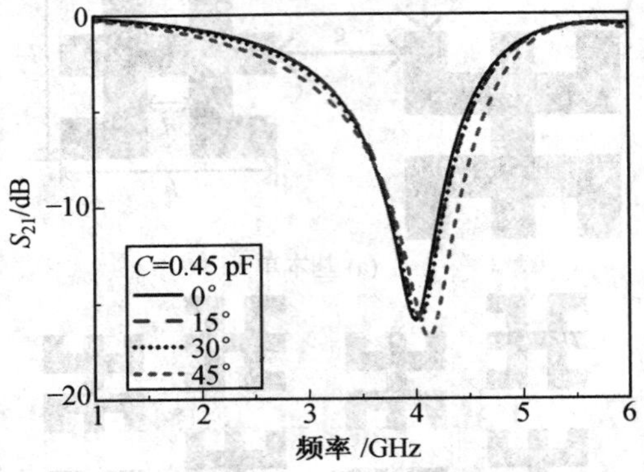

图 5.38 “双 E”结构在不同入射角时的频域响应曲线

表 5.12 “双 E”结构在不同入射角时的谐振频率及角度偏移度

	入射角度/(°)	谐振频率/GHz	各个角度下偏移度/%	平均角度偏移度/%
“双 E”结构	0	4	—	1.5
	15	4.03	0.75	
	30	4.03	0.75	
	45	4.12	3	

5.4.3 万字符结构

图 5.39 所示是另一种应用到该可调通用结构的 FSS 图案。这个符号是宗教中的一种符号，象征着太阳或者火，被称作“万字符”。这种图形具有严格的中心对称结构，因此将其应用到有源 FSS 的设计中。图 5.40 所示为万字符按照电场方向与极化敏感方向同向的结构设计的基本单元。

图 5.41 所示是万字符图案应用到这种通用结构中在不同电容值下的频域响应曲线。

图 5.39　万字符图形

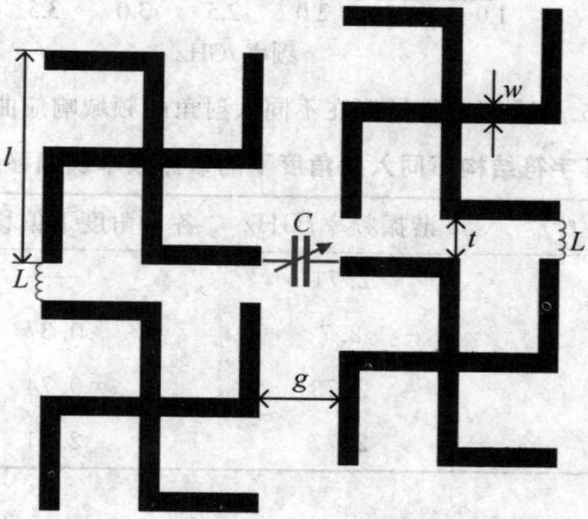

图 5.40　万字符按照电场方向与极化敏感方向同向的结构设计的基本单元

从图中依然可以得到与前面类似的规律：谐振频率随着电容值的增加而逐渐减小，从 2.71 GHz(C=0.45 pF)变化到 1.93 GHz(C=6.0 pF)，谐振频率偏移了 0.78 GHz，可调系数 γ 为 30%；在电容从 0.45 pF 增大到 6.0 pF 过程中，其−10 dB 的阻带带宽从 C=0.45 pF时的 0.23 GHz 增加到 C=6.0 pF 时的 0.34 GHz，同时带来了相对带宽的不断增加。

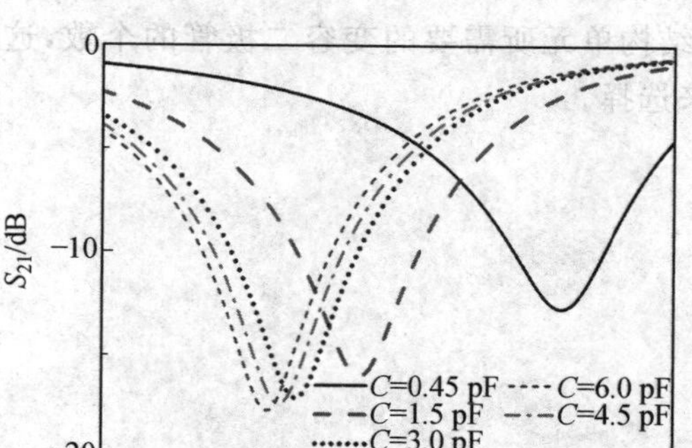

图 5.41　万字符图案应用到这种通用结构中在不同电容值下的频域响应曲线

图 5.42 为万字符结构在不同入射角时的频域响应曲线，表 5.13 列出了其谐振频率

及偏移度相关数据。从表中的数据我们可以得出，该结构的平均角度偏移度为 1.1%，具有不错的角度稳定性。

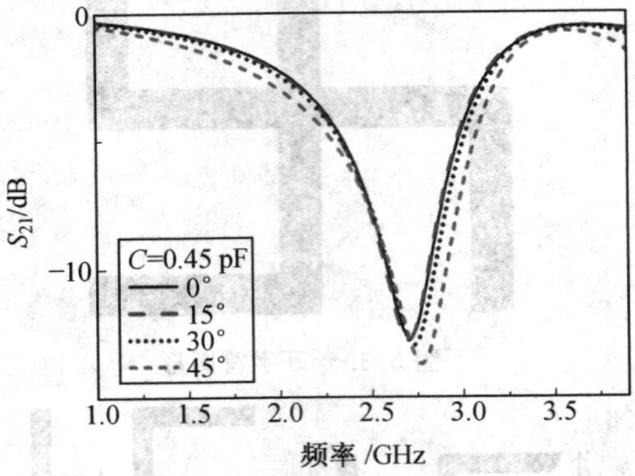

图 5.42　万字符结构在不同入射角的频域响应曲线

表 5.13　万字符结构不同入射角度下的谐振频率及偏移度相关数据

	入射角度/(°)	谐振频率/GHz	各个角度下偏移度/%	平均角度偏移度/%
万字符结构	0	2.71	—	1.1
	15	2.7	0.37	
	30	2.73	0.74	
	45	2.77	2.21	

5.5　不同有源频率选择表面结构传输特性总结

本章中，设计了几种有源可控 FSS 的通用结构，并对每种结构采用了不同的 FSS 形状进行分析，重点分析了其可调频率范围、可调度、极化稳定性、角度稳定性几个参数，总结在表 5.14 中，针对不同有源 FSS 结构的不同特点，可以合理地选择有源 FSS 的应用环境，同时也列出了每个结构单元所需要的变容二极管的个数，这样方便日后有源 FSS 的设计者结合加工成本来选择。

表 5.14　几种可调结构的谐振特性总结

		每个单元电容个数	电容值范围/pF	频率可调范围/GHz	可调系数/%	－10 dB 阻带带宽/GHz	极化偏移度	平均角度偏移度
左右可调结构	“蚊香”型	1		1.64～2.04	19.6	0.106	不好	2.65%
	四方螺旋贴片	2		3.00～3.54	15.2	0.155	不好	1.04%
四象限可调结构	斜十字			1.68～3.495	68.2	0.165	0.43%	2.15%
	双螺旋缝隙			1.39～3.99	65.2	0.61	0.71%	0.59%
	双螺旋贴片	4	0.3～3.0	1.255～3.485	64.0	0.75	24.3%	0.38%
	双螺旋混合			1.30～3.86	66.3	0.41	0.77%	0.51%
	扩展十字			0.7～1.92	63.5	0.47	2.08%	1.74%
特殊结构	改进扩展十字	8		3.408～4.486	30.7	0.066	不好	3.56%
	沙漏型	2		7.46～9.4	20.6	0.342	不好	不好
外加电压方向与极化敏感方向同向可调结构	“双 E”型	1	0.45～6.0	3.08～4.00	23	0.09	不好	1.5%
	万字符			1.93～2.71	30	0.11	不好	1.1%

第 6 章 基于有源频率选择表面的电扫描天线设计

近年来，随着通信产业的发展，通信用户数量急剧增长，频谱资源日益紧张，为此，一系列新技术应运而生。其中智能天线技术可以有效改善信道链路性能，提升用户容量，提高频谱利用率，成为通信领域研究的前沿热点技术之一。

常见的智能天线系统，在形式上多是线形或圆形阵列，通过控制阵元之间的相对相位来控制波束(Beam－forming)形成。对相位的控制一般利用移相器实现，并通过一系列相应的算法确定相对相位值，从而控制天线阵列辐射方向。对于整套智能天线系统来说，移相器的开销往往占据整套系统中的较大部分。因此，近年来很多学者开始研究无移相器的智能天线(或称为电扫描天线)。

本章针对基于有源频率选择表面结构的电扫描天线进行理论研究、仿真设计并加工实物，测试验证了提出的设计方案和相关理论。提出了一种新颖的电扫描天线的结构及工作原理。该天线的电扫描能力是通过改变围绕在一全向天线周围的特殊的有源频率选择表面的工作状态，从而控制天线辐射方向来实现的。通过不同的配置方式，可以实现多种模式的单波束扫描，完成对整个水平面内各方向的平滑电控扫描。此外，还可以实现多波束的电控扫描。

针对这种特殊形式的天线结构，本章进行了辐射特性的理论研究，将该天线的近场部分为行驻波区、功率交换区和二次辐射区。利用二次辐射的理论从线阵天线辐射开始展开理论推导，进一步推广至共形阵列天线的辐射理论，再进一步推导出 ESRRA(Electronically Steerable Radiators and Reflectors Array)天线的辐射模型。从而建立了 ESRRA 天线辐射的阵因子模型。

有源频率选择表面是实现天线电扫描能力的一种全新方法，本章针对其特殊性，分析了这种频率选择表面应具备的技术指标要求，提出了一系列不等式方程，建立了应用于 ESRRA 天线的有源频率选择表面的基础理论。有源频率选择表面面临的一个关键问题就是其复杂的馈电网络相互交织所引入的单元之间的阵列耦合和干扰，为了解决这个难题，本章提出了一种新颖的无偏置网络频率选择表面通用拓扑结构，并对其进行了仿真优化。分析结果表明，这种拓扑结构不但解决了该问题，还具有很好的通用性。在此基础上为实现针对 ESRRA 天线的极化敏感方向的要求，首次提出了“磁环路陷阱”(Magnetic loop trap)结构。利用这一结构，很好地实现了前面所提出的窄带宽、反射带高反射系数、通带高传输系数以及极化方向与单元延伸方向一致等一系列要求。并且，较为系统地提出了一种新颖的有源频率选择表面偏置网络通用结构。这种结构通过加载电感避免了其对天线工作频段的干扰。仿真和实测结果证明，这种有源频率选择表面很好地满足了前面设计理论所提出的技术指标要求。

最后，为验证本章提出的天线设计理论，加工制作了小型化和高增益两款典型天线实物进行测量。测量结果与理论分析一致。

综上，通过本章的研究提出了一种新型电扫描天线的实现方法，并从理论分析到实验测试验证了这一方法。实验结果证明这种新型天线具有 E 面高增益、H 平面全向灵活可控、平滑电扫、低功耗、低成本等一系列优点，体现了一种电扫描天线设计的新思想。

6.1　电扫描天线、频率选择表面基础

6.1.1　背景介绍

20 世纪末，随着模拟手机被数字手机系统所替代，以全球移动通信系统(Global System for Mobile communication，GSM)和码分多址(Code Division Multiple Access，CDMA)为代表的第二代数字通信系统获得了空前的发展。相对于第一代模拟系统，第二代系统提供了更高的用户容量、更好的通信质量和附加功能。近年来随着 W－CDMA、CDMA2000、TD－SCDMA 等第三代移动通信系统的商用化，用户容量和数据工作带宽进一步提高，移动终端用途也逐渐从语音业务向数据业务扩展。

然而，无线服务质量却受限于三个主要方面：多径衰落、时延扩展以及同信道干扰问题。这些问题可以利用智能天线系统得到有效的改善。智能天线系统一般可以分为交换分区天线和自适应阵列。其中交换分区天线通过在不同天线之间切换已达到分扇区的目的。而自适应阵列也被称为波束形成天线，一般为基于移相器的阵列天线。由于波束形成天线的性能主要取决于阵元的数量，因此要获得较高的增益和较高的空域分辨率需要数量繁多的移相器，这使得基于移相器的适应阵列成本较高。为降低其成本，研究人员开始着手于无移相器的波束形成天线的研究，并取得了丰硕的成果。这类天线一般被称为电扫描天线。实际上这并不是一个严格意义上的概念，因为主流的移相器控制也是通过电控完成的。这种说法主要是相对于“相控”而言，强调的是其并非通过相控实现。为了区别于相控阵列(Phased Array)天线，这类天线常常被称为“电调”(Electronically Tunable)天线，或者“电扫描”(Electronically Steerable)天线，有时也称为可重构(Reconfigurable)天线。但是在多种名称之间并没有严格的界定与划分。本章中所采用的电扫描天线的说法，主要是从辐射方向图可控角度出发，强调其扫描方面的功能。

本章的主要研究内容是围绕着一种新型的电扫描天线理论建立、优化设计和测试验证而展开的。这种天线的基本原理是利用有源频率选择表面的可调特性形成反射面及透射面而实现的，因此将其称为反射辐射阵列，简称为 ESRRA 天线。

6.1.2 电扫描天线

与基于移相器的自适应阵列不同,电扫描天线一般通过改变开关元件通断、电调介质材料介电常数以及变容二极管的结电容等方法来实现对天线参数的控制。除了改变天线方向图外,有的还可以控制极化方向和谐振频率等其他参数。

由于所采用的电控器件与原理不同,因此解决方案也不尽相同。在技术的发展上来看,也不存在清晰的脉络与继承关系。但有时这些解决方案之间互有交集,因此很难将其按照统一标准进行分类和区分。本节对当前电扫描天线领域的发展概况进行梳理和总结,并按照电扫描天线的实现方式对天线进行分类。

1. 基于开关元件的电扫描天线

基于开关元件的电扫天线多被称为可重构天线,这主要是因为这一类天线大多将开关元件加载于天线结构上,通过开关状态调整了天线在不同配置下的实际电结构,从而达到调整天线的特性的目的。

这类天线根据所采用的开关器件不同,可以大致划分为基于PIN二极管开关和基于微机电系统(Micro Electro Mechanical Systems,MEMS)射频开关两类。由于PIN二极管价格低廉,产品稳定成熟,容易获得,因此采用PIN二极管作为开关器件的研究较多。以台湾大学的研究为例,研究人员将PIN开关二极管放置于天线主体上,通过PIN开关二极管完成了对天线表面电流的控制,从而获得了图6.1(c)、图6.1(d)所示基于PIN二极管的电扫描天线的不同方向图。诸如此类的通过在天线主体表面放置PIN开关二极管来实现方向图控制的例子还有很多,在此不列举。

此外,以美国德雷塞尔大学研究的电扫描天线[图6.2(a)]为例进行了说明。在该研究中研究人员将耦合馈电的宽带偶极子天线的偶极子末端分别通过PIN二极管连接一段延长金属贴片,通过电阻扼流的直流偏置线来控制PIN二极管的通断,从而实现了两种工作模式。通过开关两种动作实现了偶极子天线电长度的调整,使天线分别谐振于两个频率,实现了天线的频率扫描,且在这两种模式下,天线的方向图基本保持不变。

从以上两个例子中可以看出,通过在天线主体表面放置PIN二极管可以方便地控制天线表面电流分布以及实现天线实际有效尺寸的调整,从而改变天线特性,达到控制天线方向图等的目的。这种方法需要的PIN二极管数量较少,成本较低,但是这种方法也存在着明显的局限性。首先,PIN二极管的状态只能有通和断两种状态,无法实现平滑的控制,换言之,天线只能在有限的几种工作模式之间切换,而在这些模式之间不能无缝地过渡;其次,这种天线的表面电流需要几乎全部通过PIN二极管,而在电流较大时PIN二极管所产生的诸如高次谐波和三阶交调等效应会对通信产生不良影响;最后,由于变容二极管需要加载于天线主体结构上,因此受到体积和封装限制,一般只能采用小封装尺寸的表贴元件。而体积较小的封装元件的最大电流一般只能达到几百毫安,因此无法应用在高功率环境中。为改善这一情况,有研究者开始采用MEMS射频开关来代替PIN二极管开关。

由于MEMS射频开关采用机械方式实现电路通断,具有非常低的插入损耗和插入电阻,因此可以实现小体积的大电流通过。同时由于MEMS射频开关没有PN结等非线性

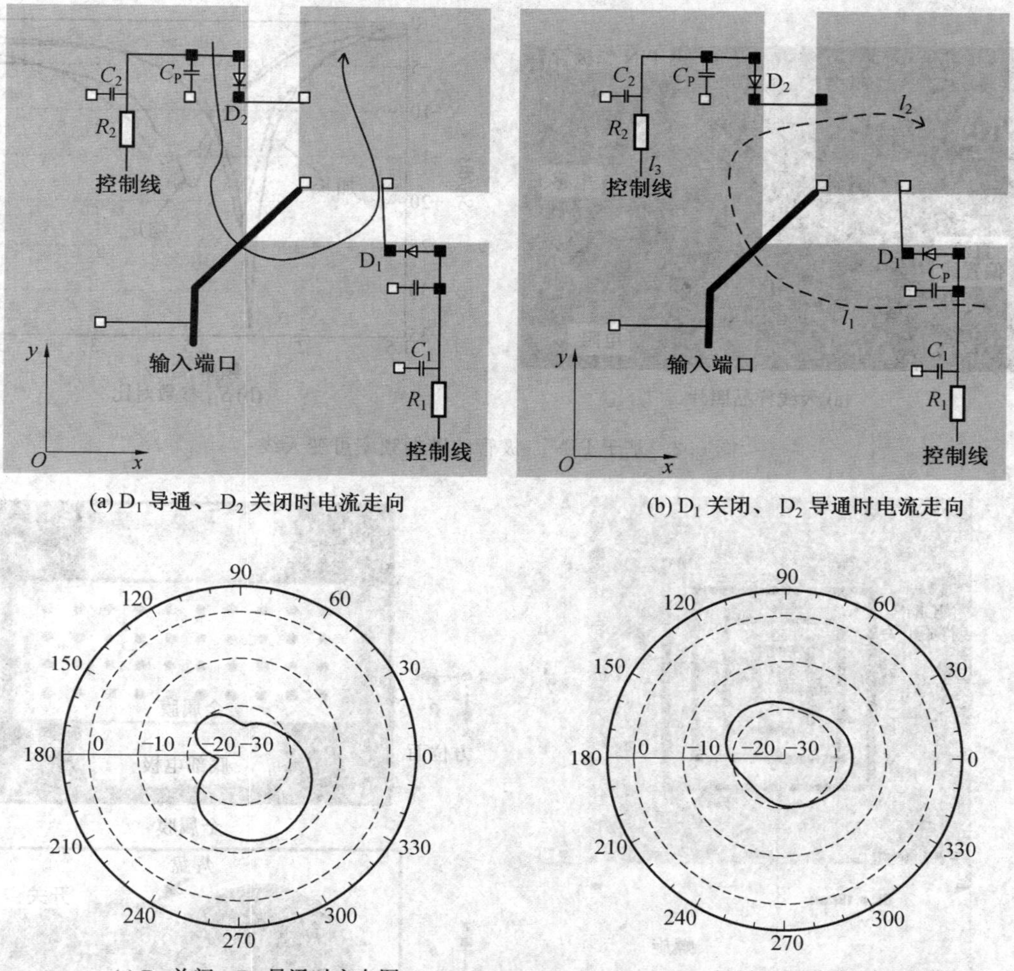

(a) D_1 导通、D_2 关闭时电流走向　　(b) D_1 关闭、D_2 导通时电流走向

(c) D_1 关闭、D_2 导通时方向图　　(d) D_1 导通、D_2 关闭时方向图

图 6.1　基于 PIN 二极管的可重构天线

结构，因此不会带来明显的高次谐波以及三阶交调效应。由美国加利福尼亚大学尔湾分校发表的研究基于 MEMS 射频开关的电扫描天线可实现天线方向图可控，如图 6.3 所示。研究人员将螺旋天线加载 MEMS 射频开关，从而实现螺旋天线的螺旋长度发生变化，由此改变了天线的方向图。

以上介绍的三类天线属于基于开关元件加载的电扫描天线。它们都是通过开关的动作来实现对天线的控制，因此都具有“数字化”的特点，即这种控制不连续，在不同状态之间进行切换。要想得到连续变化的特性则必然需要引入连续可调的部件来实现。

2. 基于电调介质的电扫描天线

在微波领域可用的连续电调器件和材料中，电调介质一直受人瞩目。主要的电调介质有铁氧体和液晶材料。由于这两种材料都具有可控的移相作用，因此它们都被用于制作移相器。将这两种材料应用于电扫描天线可以看作是将移相器与天线主体相结合，通过控制电调介质材料的相对磁导率或介电常数来实现对天线阵列上表面电流分布的控

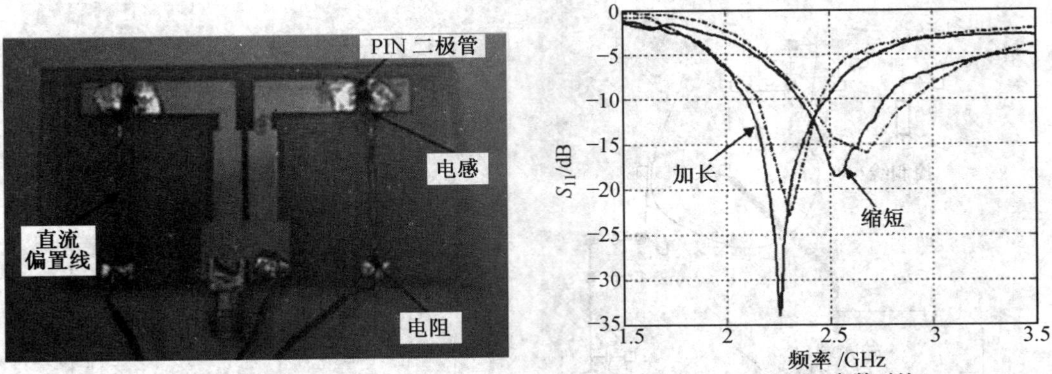

(a) 天线样品照片

(b) S_{11} 参数对比

图 6.2　基于 PIN 二极管的谐振频率可变天线

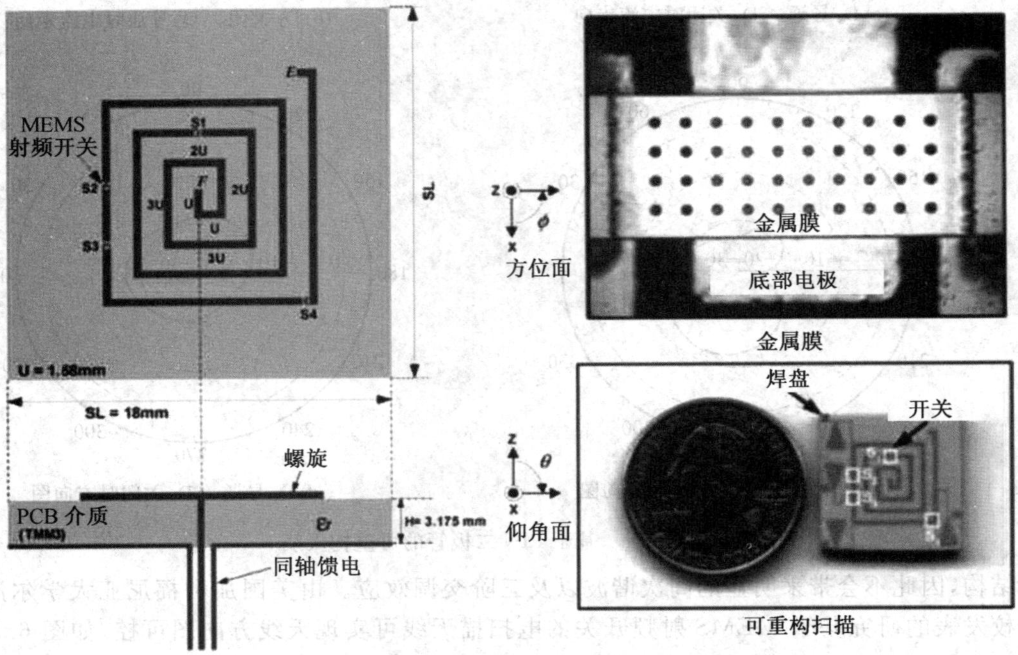

图 6.3　基于 MEMS 射频开关的电扫描天线

制，从而实现扫描。

铁氧体材料很早就被用于制作移相器，这是由于它具有随外界磁场变化的磁导率。将其用于电扫描天线实际上可以看作是移相器的一种扩展。在有些研究中将铁氧体材料作为天线阵列的基材，实现了贴片天线主体部分电长度可控，从而实现扫描。虽然铁氧体磁导率的直接控制是通过磁场驱动的，但是在实际应用中通常是利用电场来控制磁场，因此这类天线仍被视作电控扫描天线。

液晶材料和铁氧体的应用原理类似，都是将其作为介质材料，通过改变其介电常数来改变天线等效电长度，实现对贴片天线表面电流分布的控制，从而实现阵列天线方向图的扫描。如图 6.4 所示是基于液晶的电扫描天线，通过在聚四氟乙烯上嵌入液晶材料，改变金属与地板之间的电压来改变液晶分子的排列方向，从而实现介电常数的调整，完成对阵列天线的扫描控制。

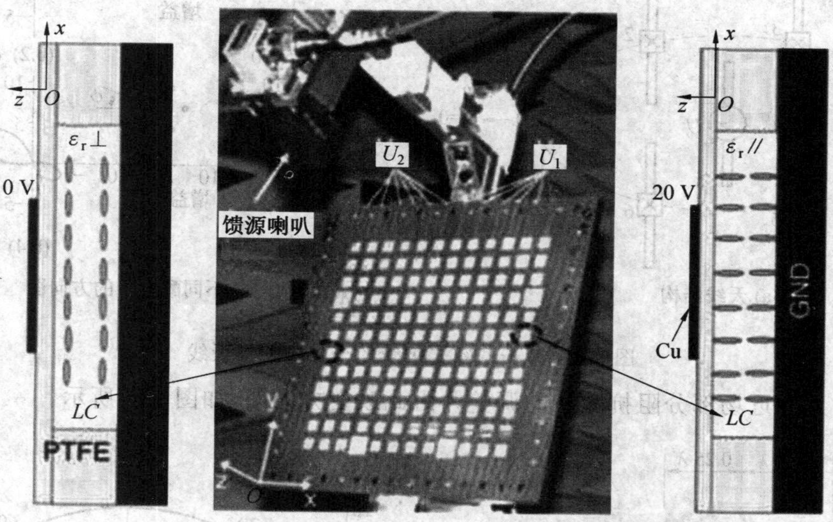

图 6.4　基于液晶的电扫描天线

由上述可见，这一类天线的优点是，相对于独立移相器的阵列扫描天线具有体积小、质量轻等优势，其他方面的性能以及成本与独立移相器的扫描阵列类似。因此比较适合应用于航空航天以及对体积、质量等敏感的场合。

3. 基于加载变容二极管的电扫描天线

变容二极管常被用于制作锁相环电路和移相器电路。这是由于变容二极管在反向偏压的作用下具有可调的结电容。这一特性可以用来实现电扫描天线。在这类天线中最典型的是电控无源阵列天线（Electronically Steerable Parasitic Array Radiator，ESPAR）天线，它是目前效果最好的全向电扫描天线之一。

早在 1978 年，ESPAR 天线的雏形就由 Roger F. Harrington 提出，他采用一个偶极子天线作为辐射源，用另外六个偶极子天线围绕在该辐射源周围，通过改变外围的六个偶极子天线两极之间的阻抗来实现对天线方向图的控制，如图 6.5 所示。

后来这一设计被日本的太平孝（Ohira. T）教授借鉴，将偶极子简化为单极子天线，并命名为 ESPAR 天线，并在十余年的时间里对其进行了深入的研究。他的研究组对天线的理论与设计进行了系统的研究，完成了互阻抗参数提取的工作以及近场参数的测量，并对波束形成进行了研究与测量；研究了信号到达角估计（DOA）；实现了基于 ESPAR 天线的多信号分类（MUSIC）算法和 ESPRIT 算法，以及在安全性等诸多方面都进行了广泛的研究。可以说，目前为止 ESPAR 天线是在电扫描领域中理论方面最完善的天线之一。

与前面介绍的天线类似，ESPAR 天线可以理解为将上述天线利用金属平面做镜像简化而来。它由位于中央的单极子天线作为辐射器和围绕于其四周的相互作用器组成。通过调整位于相互作用器底部的变容二极管实现这些相互作用器的等效阻抗的调整，从

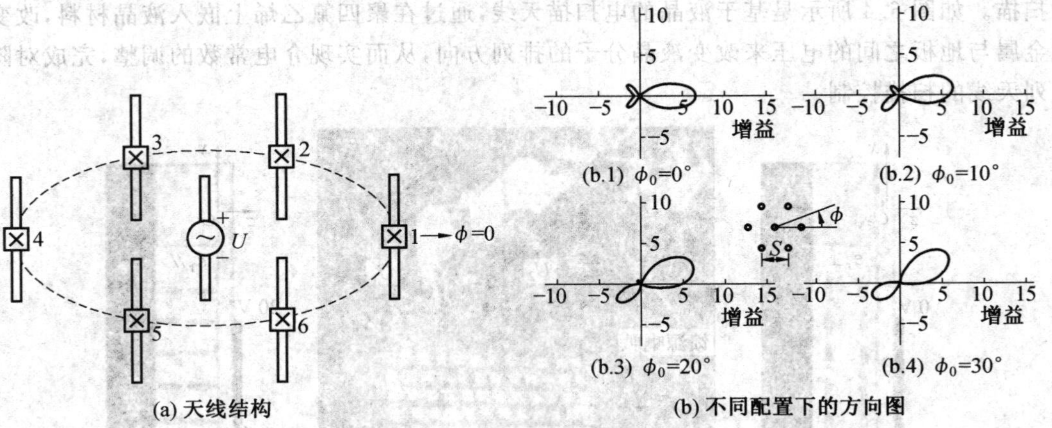

图 6.5　基于变容二极管的全向电扫描天线

而实现对天线近场部分阻抗分布的调整并由此改变方向图，如图 6.6 所示。

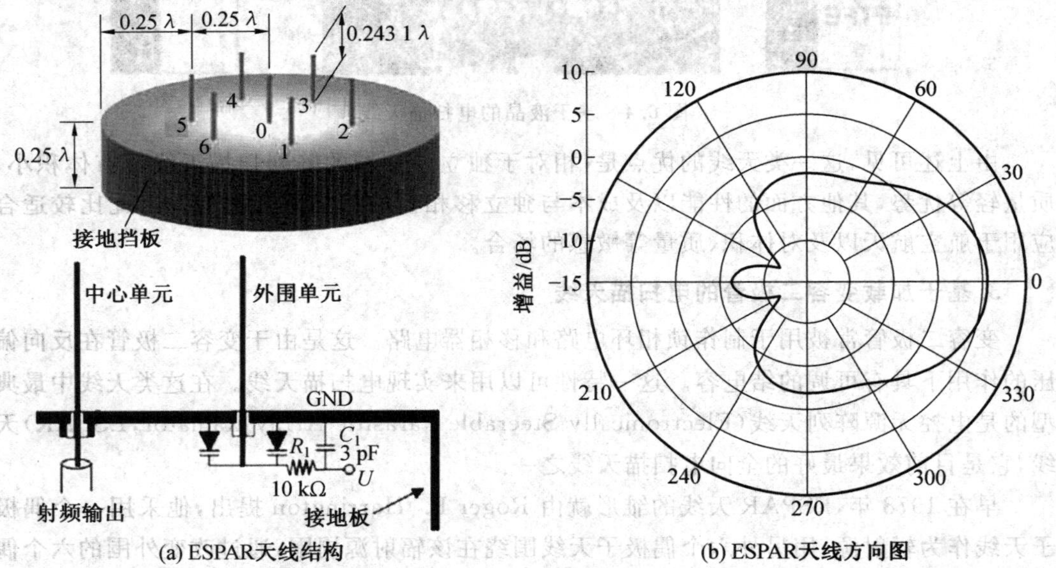

图 6.6　ESPAR 天线

该天线可以实现水平面内全向电控平滑扫描，并且功耗低，成本低。但是也存在一定缺点。首先，由于该天线不像相控阵或基于开关元件的电扫描天线那样具有直观的调整量与变化量之间的映射关系，因此在波束形成和信号到达角估计时计算开销偏大，并且算法方面的研究还需要进一步完善。另外一个主要问题是由于该天线只能使用偶极子或单极子作为相互作用器，因此注定无法实现 E 面高增益。

4. 基于电控表面的电扫描天线

近年来，随着频率选择表面、人工磁导体（Artifical Magnetic Conductor，AMC）、高阻表面（High Independance Surface，HIS）、左手材料（Left－Handed Materials，LHM）等一

系列特异人工电磁材料的蓬勃发展，在这些功能性表面基础上，新的有源表面层出不穷。目前已经有很多这种表面被用来制作电扫描天线。

如图 6.7 所示，由德国达姆施塔特工业大学研制的基于有源频率选择表面的电扫描透镜天线将两层有源频率选择表面放置于波导天线前端，利用频率选择表面改变透射波相位，从而实现电扫描。该天线所采用的有源频率选择表面可以认为是一种空间移相器。

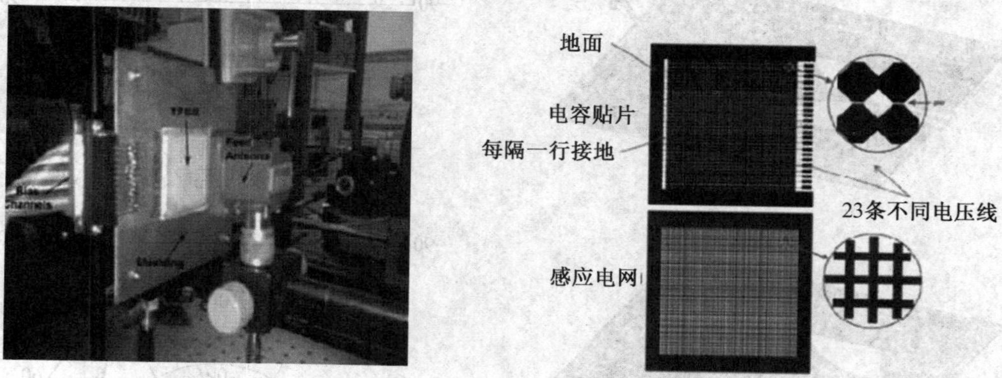

(a) 天线样品照片　　(b) AFSS 结构

图 6.7　基于有源频率选择表面的电扫描透镜天线

除了改变透射波特性的电扫描天线以外，还有很多利用反射面调整的电扫描天线。例如图 6.8 中介绍的由 Sievenpiper 教授研制的基于有源结构的前后向漏波电扫描天线，他利用有源可变阻抗表面来制作贴片天线的地板，通过改变其阻抗来实现电控扫描。这种天线可以实现在一定范围内的波束扫描，同时它的厚度只相当于普通电路板的厚度。

诸如此类的天线还有很多，如角落反射扫描天线，有源高阻表面电扫描天线等等。上述天线都可以实现一定范围内的波束调整，可以作为微调天线实现一定范围内的信号角度调整；或者由多个这种天线组成全向阵列，通过开关切换实现不同区域的覆盖，但是作为独立的天线均无法实现水平面内全向覆盖。

由加拿大国家科学技术研究院（INRS）的 Tayeb Denidni 教授所领导的研究小组研制的基于有源表面的电控扫描天线是一种全向可扫、E 面高增益的天线。如图 6.9 所示，该天线是利用 PIN 二极管连接金属贴片，从而形成可控表面。将这种可控表面包裹在一支高增益全向天线周围形成桶状结构，通过控制纵向贴片上的 PIN 二极管的通断来实现对贴片与贴片之间连接的控制。

这种天线的原理可以描述为：当 PIN 二极管为“通”时，一列上的贴片可以认为对于高频信号短路，从而将其等效为一整条金属贴片，对于高频信号起到反射作用；当 PIN 二极管处于“断”的状态时，金属贴片之间对于高频信号处于开路状态，天线的工作频率处于透射状态。通过控制这些包裹天线的贴片的通与断来实现天线辐射方向的控制。可以说目前为止在电控扫描天线里，这种天线几乎是唯一可以实现全向电控可扫并且具有 E 面高增益的设计。因此这种天线非常适合作为切换分区天线，供基站使用。然而，由于这种天线采用的是 PIN 二极管这种开关元件，因此无法实现平滑电控扫描。这也是这类基于 PIN 二极管的电扫描天线的发展瓶颈之一。

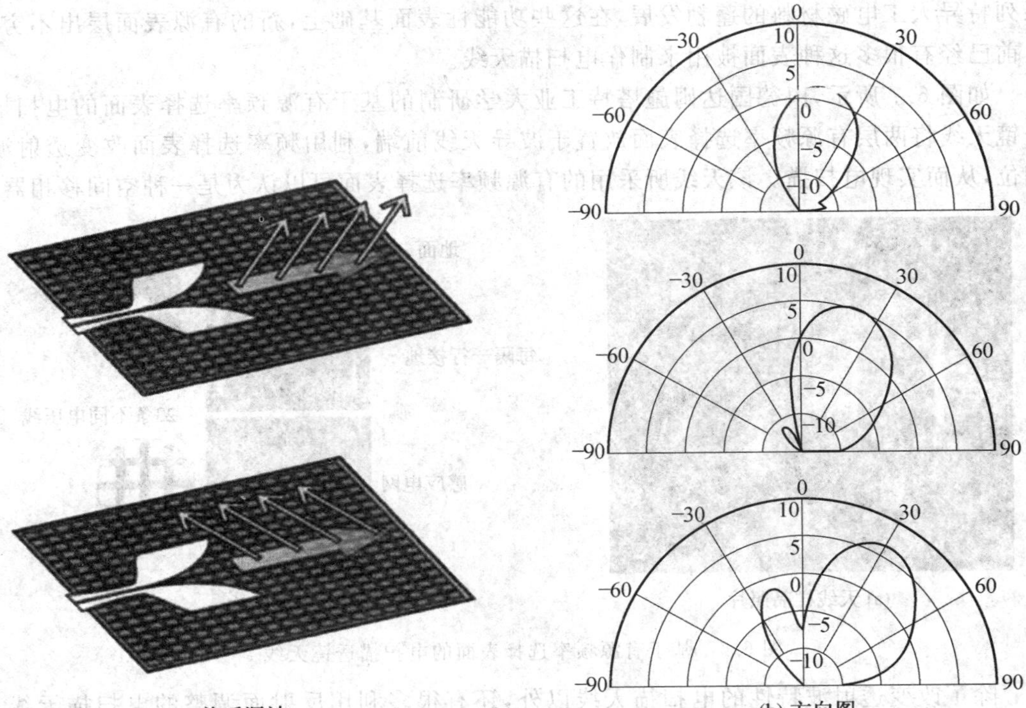

图 6.8　基于有源结构的前后向漏波电扫描天线

近年来国内也逐步开始对电扫描天线进行研究。浙江大学、电子科技大学和西安电子科技大学都对 ESPAR 天线展开了研究。

目前国内的研究热点主要集中在基于移相器的智能天线阵列。这里主要分为两个主要方面，一是面向国防应用的相控阵雷达以及星载智能天线系统；另一类是面向时分同步码分多址（Time Division－Synchronous Code Division Multiple Access，TD－SCDMA）系统的智能天线系统。

6.1.3　频率选择表面

本书所提出的电扫描天线，是利用有源频率选择表面的可调特性实现对天线辐射方向的控制。因此对频率选择表面的研究是非常重要的部分。近年来随着电磁兼容、雷达散射截面等相关领域的技术进步，频率选择表面也得到了相应的发展。

1. 无源频率选择表面

频率选择表面一般为二维平面周期循环结构，如图 6.10 所示。顾名思义，频率选择表面的特性就是对空间信号起到频率选择作用。因此，频率选择表面通常被用作空间滤波器。从滤波特性的角度分析，频率选择表面可以分为高通、低通、带通和带阻型。而这些特性均由频率选择表面的结构、单元形状、材料等物理参数决定。从形式上来说，大体上可以将频率选择表面分为贴片型与缝隙型两种。贴片型是指频率选择表面由单元与单元之间不进行连接的独立结构构成，而与其相反的缝隙型可以认为是贴片型的互补结构。

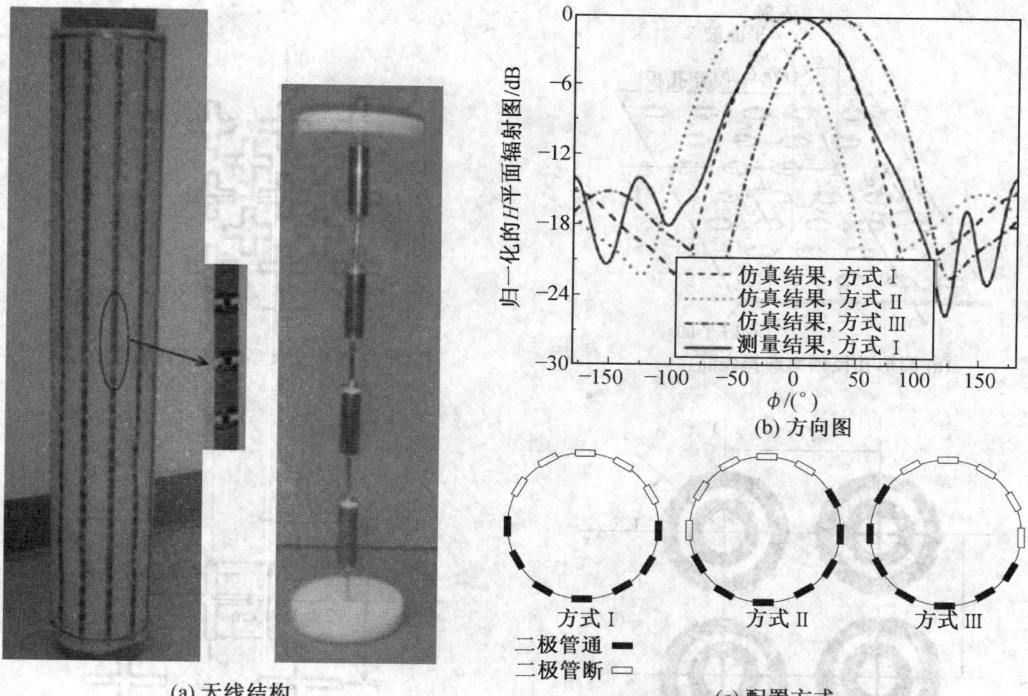

(a) 天线结构　　(b) 方向图　　(c) 配置方式

图 6.9　INRS 研制的电扫描天线

具有互补结构的频率选择表面往往具有互补的频率选择特性。

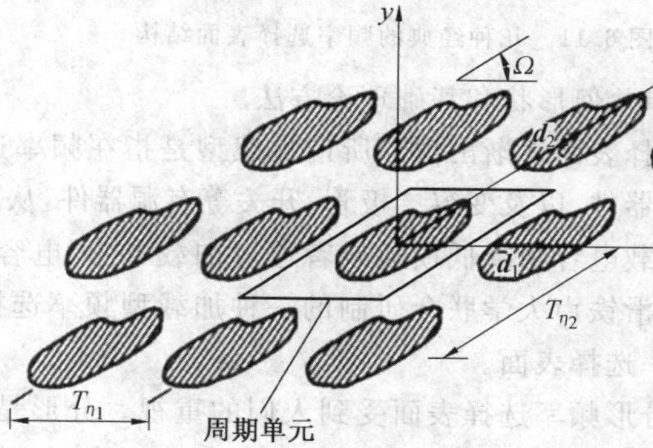

图 6.10　二维平面周期循环结构的频率选择表面

除了在结构上的区别以外，频率选择表面的特性主要取决于单元结构。经过多年的发展，频率选择表面的单元形状种类繁多，比较典型的有圆形、耶路撒冷交叉型、环形、十字架形等等，如图 6.11 所示。

随着频率选择表面单元结构设计的不断进步，频率选择表面的性能指标与功能逐渐得到完善与丰富，诸如双频段、三频段甚至多频段频率选择表面也层出不穷。在实际应用频率选择表面时，往往需要使频率选择表面与某些形状外观相吻合，这就是频率选择表面的共形问题。共形频率选择表面也是近年来研究的一个热点和难点。目前来看，多数研

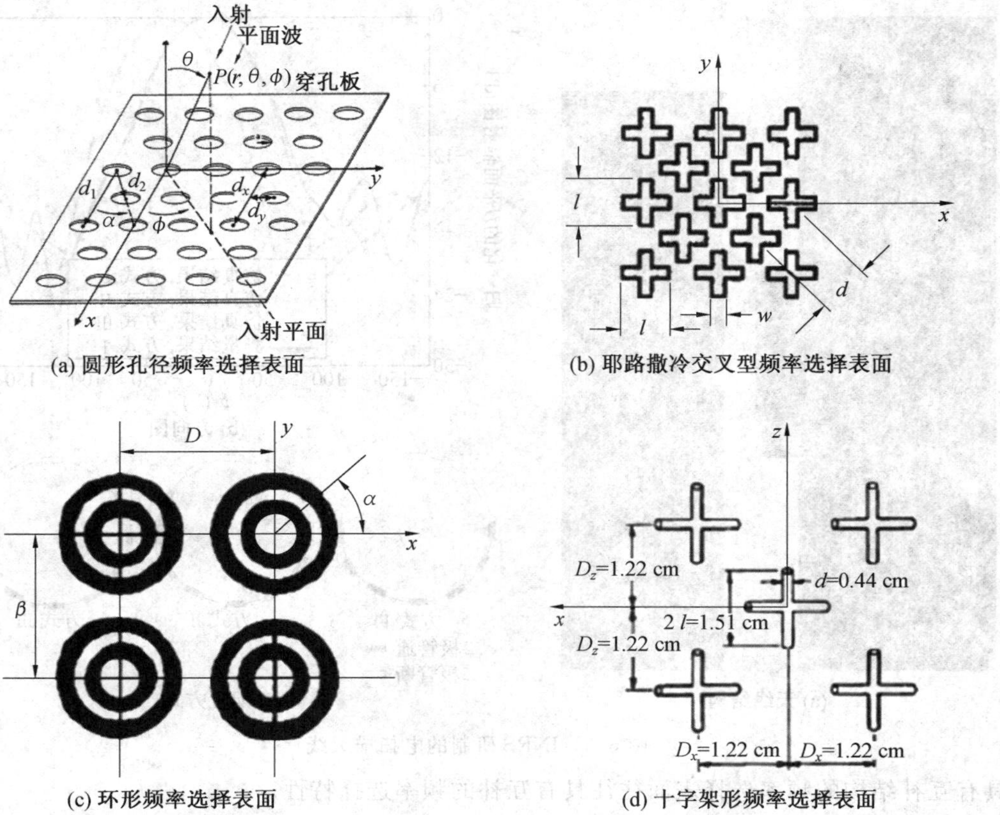

图 6.11　几种经典的频率选择表面结构

究还是着眼于圆柱形等简单几何形状和基础理论方法。

近年来，加载型频率选择表面逐渐出现。所谓加载型是指在频率选择表面结构上安装电阻、电容或电感等无源器件，以及变容二极管、开关等有源器件，从而达到特殊效果的频率选择表面，比如通过加载电容来降低损耗或者通过加载电感、电容等来实现小型化。图 6.12 所示为南京大学与滑铁卢大学联合研制的一种加载型频率选择表面。有源频率选择表面也属于加载型频率选择表面。

还有一种比较特殊的分形频率选择表面受到人们的重视。分形是一个数学概念，是指一个粗糙或零碎的几何形状，可以分成数个部分，且每一部分都（至少近似地）是整体缩小后的形状。分形几何图案在不同的尺度上呈现出相似性，是一种典型的自相似图案。自然界中的闪电、雪花，以及结晶体等都呈现出一定的分形特点。因为分形具有的自相似性，使得分形频率选择表面可以很方便地实现性能相似的多频段特性。图 6.13 所示是一种典型的分形频率选择表面。

传统的频率选择表面都是平面结构，近年来三维频率选择表面的概念也开始出现，一些空间化的频率选择表面设计取得了入射角稳定性、宽带化等一系列特性，使得频率选择表面的设计进入了新的领域。这种新结构称为频率选择结构似乎更加合适，如图 6.14 所示。

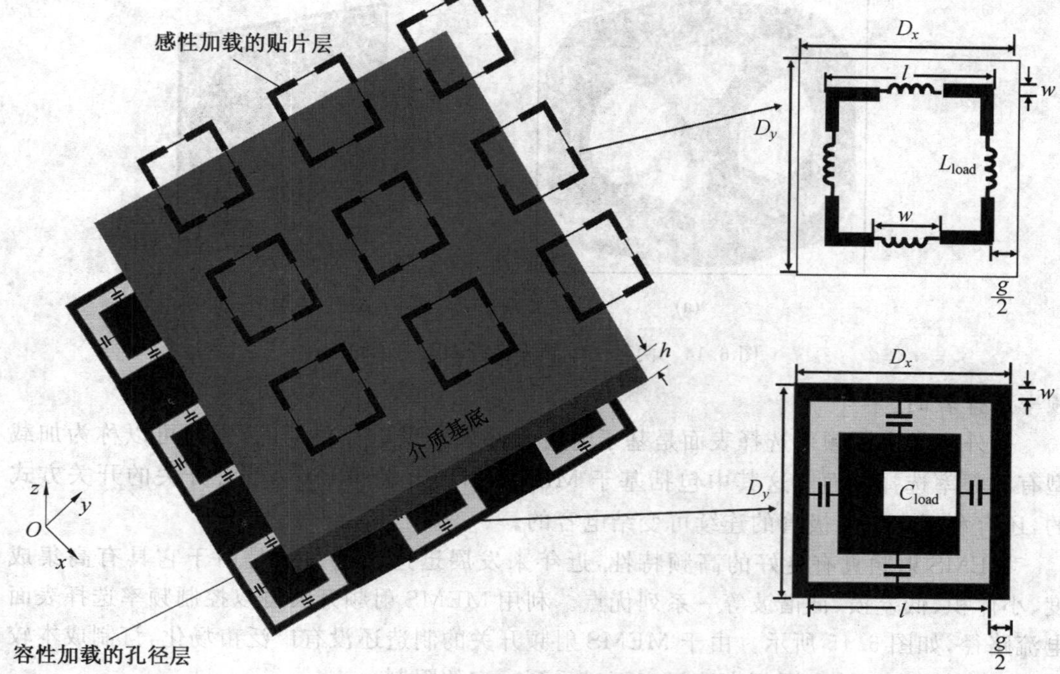

图 6.12　一种加载型频率选择表面

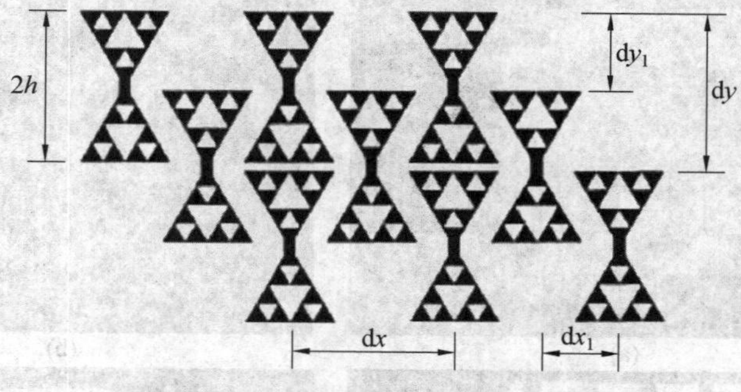

图 6.13　一种典型的分形频率选择表面

2. 有源频率选择表面

有源频率选择表面(Active FSS)也称为可调频率选择表面(Tunable FSS)、可控频率选择表面(Controllable FSS)、可调整频率选择表面(Reconfiguable FSS)等，这一情况和前面介绍的电扫描天线相类似。基于多种不同原理实现的有源频率选择表面也依赖于微波领域经常用到的电控元件和材料。有源频率选择表面中的一部分也可以归于加载型频率选择表面。本章中的电扫描天线正是借助于加载变容二极管的有源频率选择表面实现的。

可控介电材料在微波及毫米波领域有着广泛的应用。诸如钛酸钡锶(BST)材料、液晶以及铁氧体材料都是优异的可控介质。目前已经有很多基于这类可控介电材料的有源

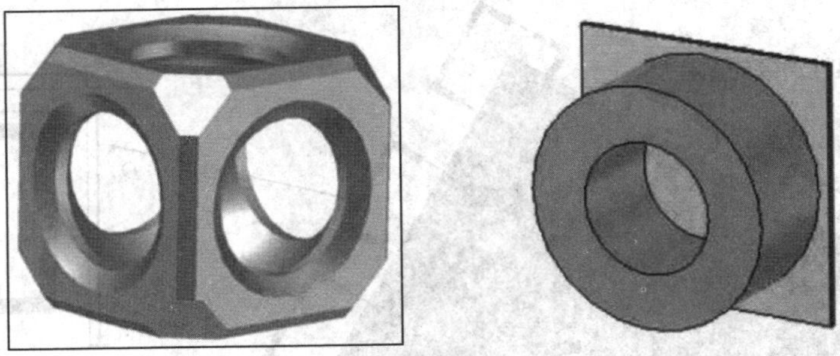

(a) (b)

图 6.14 两种三维频率选择表面单元结构

频率选择表面。

另外一类有源频率选择表面是基于电控元件来实现电控目的的,因此可以称为加载型有源频率选择表面。这其中包括基于 MEMS 射频开关、PIN 二极管开关的开关方式的,还有利用变容二极管的连续可变结电容的。

MEMS 射频具有良好的高频特性,近年来发展迅速。这主要是由于它具有高集成度、小体积、低差损、低谐波等一系列优点。利用 MEMS 射频开关可以控制频率选择表面电流路径,如图 6.15 所示。由于 MEMS 射频开关的制造还没有广泛市场化,订制成本较高,因此在用来设计有源频率选择表面时受到一定的限制。

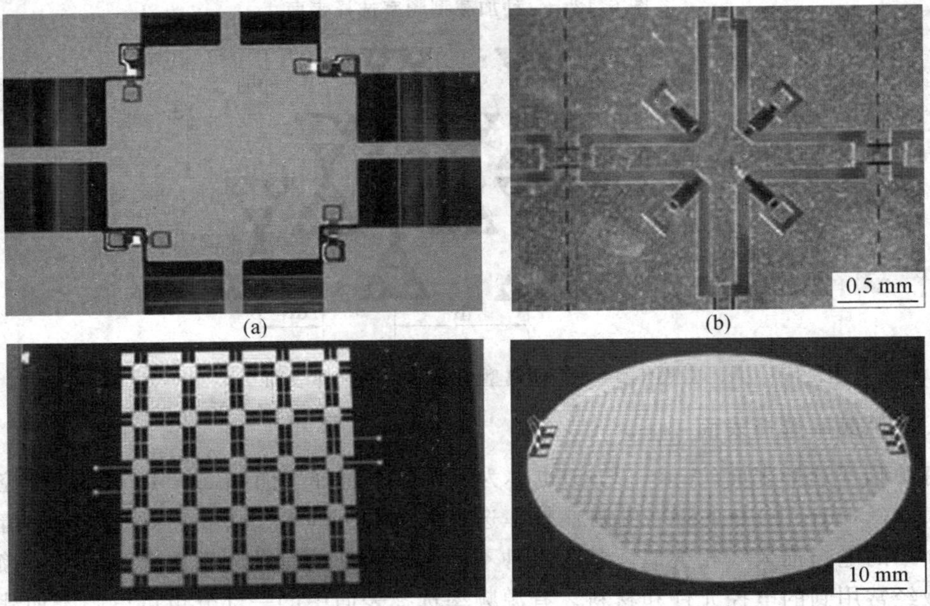

(a) (b) (c) (d)

图 6.15 两种基于 MEMS 射频开关的有源频率选择表面

PIN 二极管可以在高频段呈开通和截止两种不同状态,因此 PIN 二极管常常被用作微波频段的开关使用。由于 PIN 二极管发展得较为成熟,成品器件的选择很多,有源频率选择表面可以利用 PIN 二极管的开关特性来实现,如图 6.16 所示。值得注意的是,虽然与 MEMS 射频开关同样是起开关作用，但是 PIN 二极管的偏置方式和 MEMS 射频开关的供电方式是截然不同的。PIN 二极管的控制是通过反向偏压来实现的，也就是说其控制回路和微波信号在器件上是重合的。而 MEMS 射频开关的控制是通过一套与微波电路相分离的控制网络实现的。

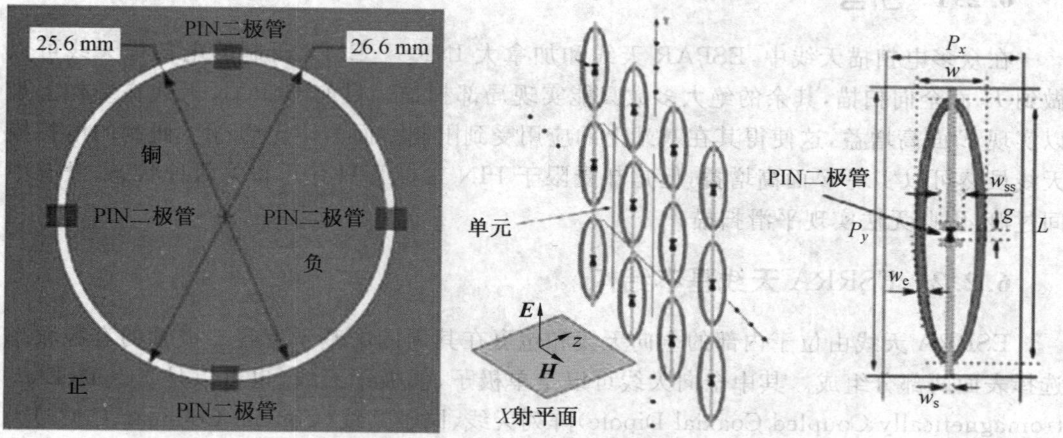

图 6.16　基于 PIN 二极管的有源频率选择表面

变容二极管与 PIN 二极管类似，也是一种成熟的微波器件，很早就被用于制作锁相环电路和移相器等器件。基于变容二极管的频率选择表面研究也很丰富。变容二极管的控制方式与 PIN 二极管极其类似，它通过控制反向偏压来控制结电容，从而调节高频信号，因此高频信号和直流偏置在器件上也是重合的。

近年来，又出现了一种新颖的光控频率选择表面。其原理是利用光纤连接表面的光电二极管，将光能转换为电能来实现控制，为有源频率选择表面的设计提供了新的方法。由于光纤是由非金属材料制成的，因此对于微波信号不会造成明显干扰。但是光控网络往往比较复杂，需要大量光纤来实现控制信号的传导，如图 6.17 所示。

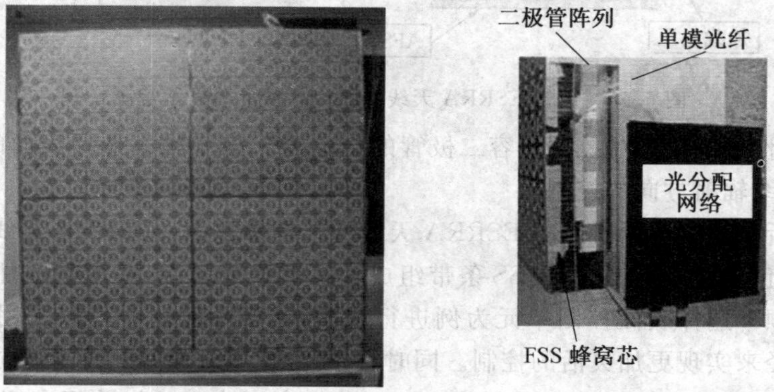

(a) 正视图　　(b) 侧视图

图 6.17　基于光电二极管的有源频率选择表面

6.2 反射辐射电控扫描天线设计

6.2.1 引言

在众多电扫描天线中,ESPAR 天线和加拿大 INRS－EMT 研制的电扫描天线可以做到 H 面全向扫描,其余的绝大多数只能实现局部扫描。目前 ESPAR 天线在结构上难以实现 E 面高增益,这使得其在基站上的应用受到限制。而 INRS－EMT 研制的电扫描天线虽然可以实现 E 面高增益,但是却受限于 PIN 二极管只有开和关两种状态,没有中间过渡,因此无法实现平滑扫描。

6.2.2 ESRRA 天线基本结构

ESRRA 天线由位于内部的全向天线和包裹在其周围的基于变容二极管的有源频率选择表面两部分组成。其中全向天线可以是单极子、偶极子天线,也可以是 ECCD(Electromagnetically Coupled Coaxial Dipole)阵列天线、同轴共线(Coaxial Colinear,CoCo)天线等高增益天线,只要满足纵向延伸、水平面截面较小即可。包裹在该天线周围的有源频率选择表面(AFSS),是一些互相独立的纵向延伸条带。条带上的各单元一致,并沿纵向排列重复,如图 6.18 所示。这些条带从一侧供电,电压通过金属连线延伸至条带末端,使得所有单元共享相同的电压。通过该电压来控制条带上的单元同时调节。也就是说在同一条带上的所有单元具有相同的控制电压,以保证单元具有相同的工作状态。

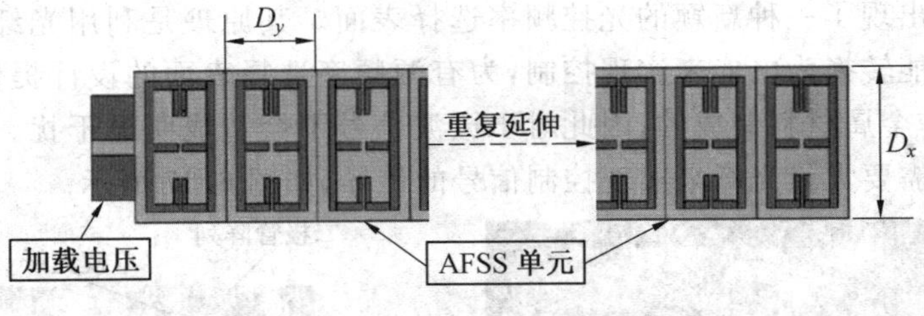

图 6.18 用于 ESRRA 天线的 AFSS 条带结构示意图

其基本工作原理是通过控制变容二极管的结电容来控制频率选择表面的特征频率,从而实现对天线辐射方向的控制。

图 6.19 所示为本节所研制的 ESRRA 天线的结构示意图。ESRRA 天线由位于中心的全向天线和包裹在其周围的 AFSS 条带组成。从形式上来说,基本呈圆柱体。在这里以 10 组有源频率选择表面控制单元为例进行说明,在实际设计时可以采用更多的单元数、更大的直径来实现更加灵活的控制。同时,可以看出 ESRRA 天线的纵向高度由位于中间的作为辐射器的全向天线和周围的 AFSS 条带高度决定。如前面介绍的,AFSS 条带的高度是由单元尺寸和单元重复次数决定的,而单元重复次数并不受限制。全向天线高度一般来说与其水平方向增益有关,天线越高增益越大,而其高度也没有限制,这就说明 ESRRA 天线的高度不存在限制。也就是说,既可以利用单极子天线来实现小型化低

成本电扫描天线，也可以延长天线高度，采用高增益全向天线结合多单元的 AFSS 条带实现高增益电扫描天线。

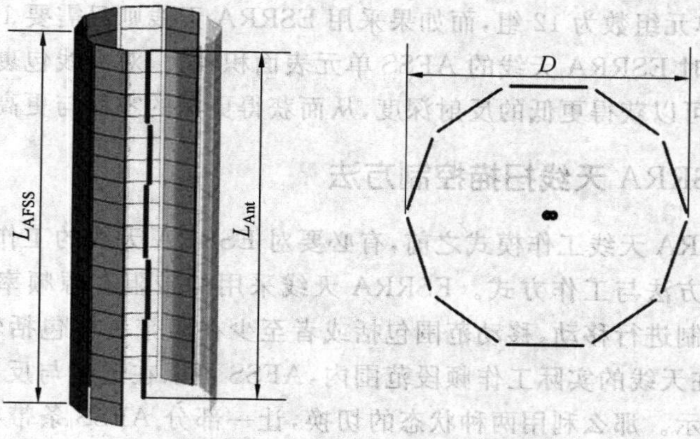

图 6.19　ESRRA 天线的结构示意图

此处可以根据其结构和尺寸来确定直径 D、辐射天线长度 L_{AFSS}、AFSS 长度 L_{AM}、AFSS 单元长度 D_x、AFSS 单元宽度 D_y、AFSS 条带组数 n_x、FSS 条带单元数 n_y 等参数。

根据以上参数可以计算得到图 6.20 所示的相关尺寸。

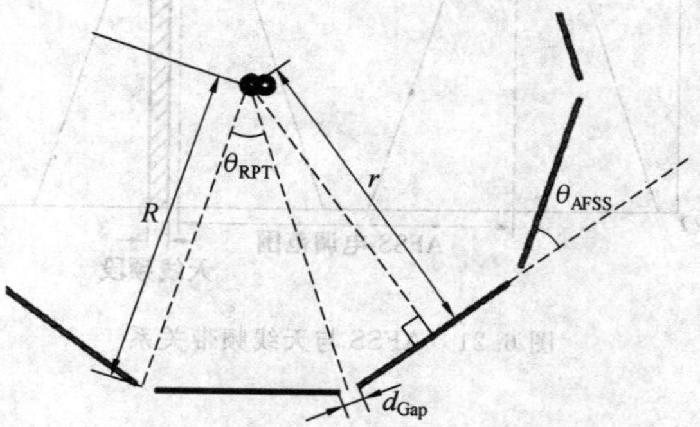

图 6.20　ESRRA 天线截面及相关尺寸

AFSS 周期角度为

$$\theta_{RPT}=\frac{360°}{n_y} \tag{6.1}$$

AFSS 条带间夹角为

$$\theta_{AFSS}=\theta_{RPT} \tag{6.2}$$

中心点到频率选择表面的距离为

$$r=R\times\cos\frac{\theta_{RPT}}{2} \tag{6.3}$$

式中　R——天线整体半径，为 D 的一半。

AFSS 表面间距为

$$d_{Gap}=R\times\sin\frac{\theta_{RPT}}{2}-\frac{D_x}{2} \tag{6.4}$$

与 INRS－EMT 所研制的电扫描天线对比不难发现，ESRRA 天线所采用的元件数更少,单元组数量也更少。这是因为ESRRA天线所采用的是基于谐振的频率选择表面单元结构,而频率选择表面单元尺寸与谐振频率波长相近。相关文献中的天线半径均为60 mm,采用的单元组数为12组,而如果采用ESRRA天线则只需要10组即可以完成对天线的围绕。同时ESRRA天线的AFSS单元表面积较大,对天线包裹更加紧密,这也使得ESRRA天线可以获得更低的反射深度,从而获得更深的零深与更高的前后比。

6.2.3 ESRRA天线扫描控制方法

在分析ESRRA天线工作模式之前,有必要对ESRRA天线的工作原理进行分析,以确定合理的控制方法与工作方式。ESRRA天线采用的带阻有源频率选择表面,其阻带可以通过电压控制进行移动,移动范围包括或者至少在阻带一端包括辐射天线的反射区域。也就是说,在天线的实际工作频段范围内,AFSS可以在透射与反射状态之间平滑调节,如图6.21所示。那么利用两种状态的切换,让一部分AFSS条带在天线的工作频段上呈带通特性,而另一些条带上呈现带阻特性,以此原理实现对天线辐射的控制。

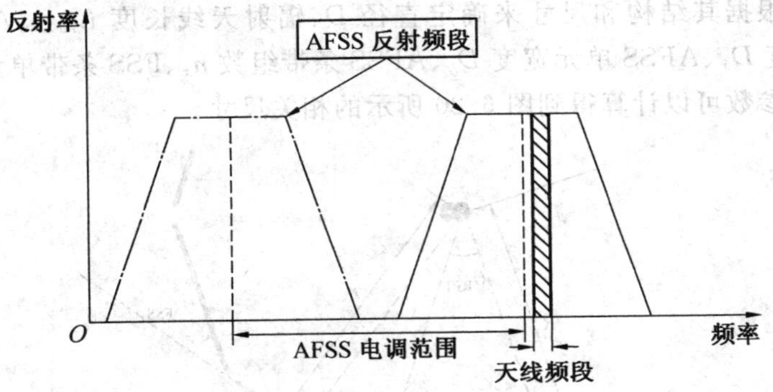

图6.21 AFSS与天线频带关系

1. 单波束模式

单波束模式是面向基站等应用的主要工作模式,对于大多数电扫描天线来说都是以单波束模式为基础的。对于单点至多点通信,在协议的支持下,单波束的电扫描天线可以大大增强链路质量,也是实现空分多址的主要模式。

对于ESRRA天线来说单波束模式又可以分为主模式和辅助模式。主模式是指AFSS条带工作于透射和反射两种状态时实现的扫描模式。也就是说,这些AFSS条带以开关形式控制通断来实现的扫描模式。在本节中以10单元条带的电扫描天线为例对此进行说明。如图6.22所示,5—5模式和4—6模式是主模式。由于天线是轴对称结构,因此这两种模式也可以顺次更换配置次序,从而实现共20个方向的指向,实现20个分区的切换分区天线,分区之间夹角为18°。很显然如果条带数量增加,则分区将变得更加细密。假如共有n_x个条带,则所对应的扇区数为$2n_x$。

基于变容二极管的频率选择表面的连续可调特性,还可以实现介于5—5模式与4—6模式之间的模式,即4—5—1模式,这是一种辅助模式。借助于这种模式可以实现5—5模式与4—6模式之间的平滑过渡,从而实现在全平面内的平滑扫描。这点也是ESRRA

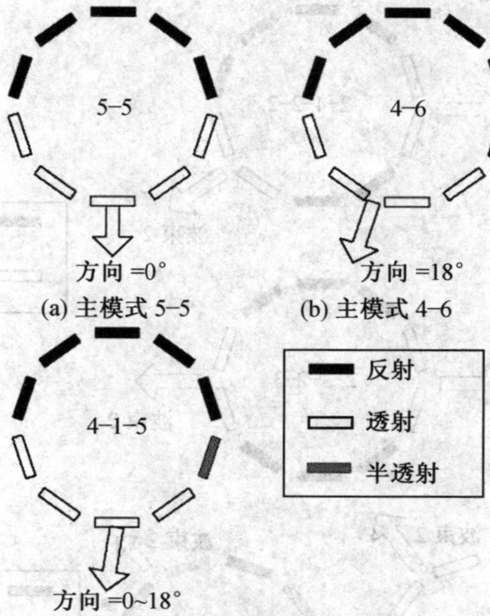

图 6.22　10 单元条带的电扫描电线的单波束模式

天线与其他基于开关元件的电扫描天线的主要区别之一。

2. 多波束模式

尽管单波束模式是作为空分多址的主要模式，但它往往需要协议支持，并不是所有的通信协议都支持空分多址技术。对于目前还不支持智能天线或者空分多址技术的通信系统可以利用具有多波束功能的电扫描天线来提高性能。这是因为多波束或者说可控覆盖范围的天线可以提高指定多方向的用户链路信号质量，提高信号功率的利用率，降低对其他方向设备的干扰，同时可以减少其他方向信号对自身的干扰。因此 ESRRA 天线的多波束模式具有更广泛的实用价值。通过控制 AFSS 条带状态，可以将辐射方向限制在几个方向之内，从而实现多个波束。

不难理解，对于 ESRRA 天线来说可以通过不同的组合方式实现多种多波束模式。随着 AFSS 条带数量的增加，ESRRA 天线实现多波束模式的方式将更加灵活。

同时由于变容二极管的连续可调特性，AFSS 单元开通与关断之间是可以平滑过渡的，因此可以利用 AFSS 的半透射状态实现对多个波束之间的幅度独立控制。这给 ESRRA 天线的多波束模式带来了极大的灵活性，可以利用这一特性对覆盖区域进行智能化的控制。图 6.23 所示为利用连续调节能力实现的可控幅度双波束模式，实际上在众多组合中都可以实现多波束模式。

6.2.4　ESRRA 天线的解析模型

ESRRA 天线是利用 AFSS 调节近场功率与场分布，从而实现扫描的天线。天线的近场与远场不同，不能通过光学特性来进行解释与分析，因为在天线的近场区域尺寸与波长尺寸相近，存在着强烈的干涉与衍射现象，也就是说其近场非常复杂。为了更好地分析

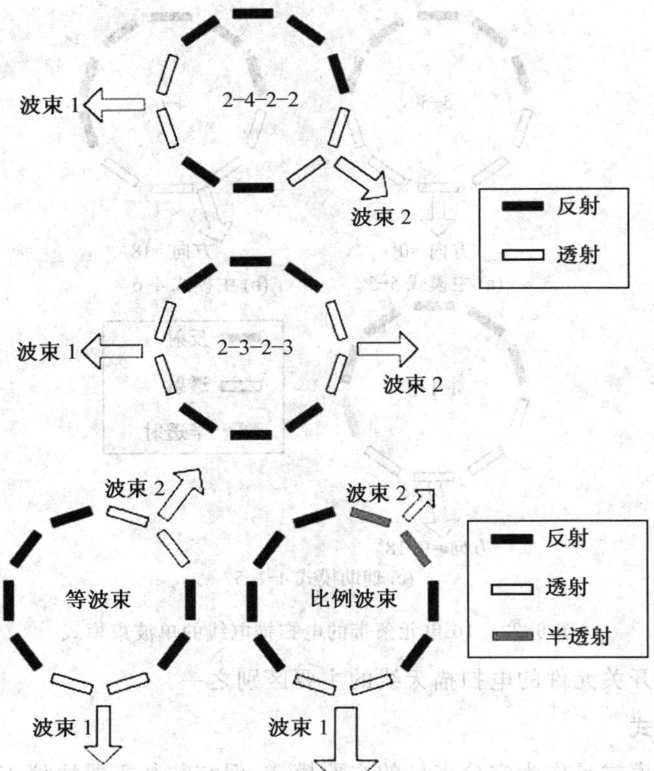

图 6.23　利用连续调节能力实现的可控幅度双波束模式

ESRRA 天线的工作机制，将 ESRRA 天线的近场划分成三个区域(图 6.24)，分别是位于频率选择表面内部的行驻波区域、功率分配区域和从透射 AFSS 单元开始向外的二次辐射区域。

借助于该划分，这一复杂的问题被一分为三。在频率选择表面内部，信号从位于中心的全向天线向外辐射。对于处于反射状态的频率选择表面单元方向，绝大部分信号无法通过，因此在这个区域分布着反射的行波和驻波；而对于处于透射状态的频率选择表面单元方向，绝大部分信号可以通过，因此这部分区域的信号以行波为主。同时，由于这部分信号集中了天线辐射的能量以及行驻波区域反射扩散回来的能量，并分配到透射的频率选择表面上，因此称此区域为功率分配区域。当信号到达透射部分的频率选择表面单元之后，通过激励这些单元来实现二次辐射。从天线外部看过去，可以将 ESRRA 天线视为一个部分单元工作的共形阵列天线。

从二次辐射的角度来说，ESRRA 天线和圆柱共形天线是一样的，因此可以利用共形天线的理论来对 ESRRA 天线进行分析。

1. 共形阵列天线

共形阵列天线就是趋于某种形状的阵列天线，而这一形状往往不是出于电磁特性的考虑。共形阵列天线常用于飞行器，这主要是由于飞行器对气动性能以及雷达散射截面

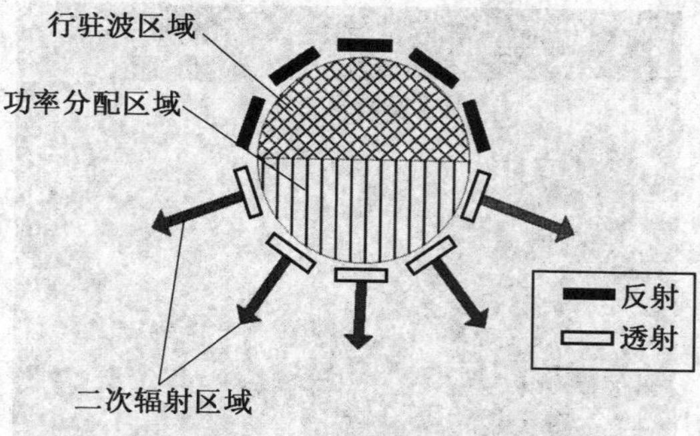

图 6.24　ESRRA 天线的近场划分

性能的需求。例如，图 6.25 所示的贴附于机翼上的共形阵列天线，以及安装于卫星的锥面共形阵列天线。

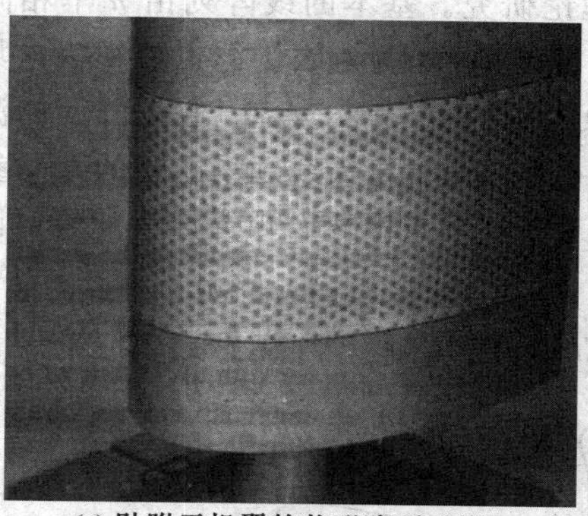
(a) 贴附于机翼的共形阵列天线

(b) 安装于卫星的共形阵列天线

图 6.25　两种共形阵列天线

从上面的介绍中，可以知道共形阵列天线可以趋附于任何形状，然而在众多形状中人们最早研究的是圆形共形阵列天线。这一研究至少可以追溯到 20 世纪 30 年代，在 1936 年报道了一种用偶极子天线组成的圆形共形阵列天线。后来到 20 世纪 50 年代，更多关于圆形阵列的报道逐渐开始出现。圆形是一种简单的中心对称形状，这有利于简化控制，也就是说，通过重复变化阵列单元的控制参数即可以实现全平面的波束扫描。这种全平面覆盖的波束扫描特性在当时的广播、电报，一般通信以及角度测量等诸多方面有着很好的应用前景。实际上在第二次世界大战期间，德国就已经开始研究采用圆形共形阵列天线来实现智能无线信号侦听。这种系统被称为 Wullenweber 阵列，直径大约为 100 m。第二次世界大战后，美国也开始研究这种天线，并在伊利诺伊州建立了一个直径大约为 300 m、具有 120 个辐射单元的圆形阵列，如图 6.26 所示。这种阵列在形状和结构上与前面介绍的 ESPAR 天线非常类似。

2. ESRRA 天线的解析模型

首先假设圆形共形阵列天线的阵列直径为无穷大，则在某一有限尺寸内，圆形共形阵列天线退化为线形阵列。因此圆形共形阵列天线与线形阵列天线存在着很多的相似性。而实际上，目前的圆形共形阵列天线理论也是建立在线形阵列天线基础上的。

图 6.26　位于伊利诺伊州的圆形阵列

目前线阵列天线已经有较为完善的理论研究。基本的线阵列由 n 个相同单元等间距、共轴、同方向排列构成。将每一个单元视作源，可视为磁场源也可视为电场源。假设阵元的位置矢量为 $\boldsymbol{R}$，那么这一点的极化可以用 $\boldsymbol{EL}(\boldsymbol{r})$ 来表示。假设阵元的激励函数为 V，那么辐射源可以表示为 $\boldsymbol{VEL}(\boldsymbol{r})$。如图 6.27 所示，将天线远场区域的某一参考点 P 视为考察对象，假设 P 的矢量坐标为 $\boldsymbol{r}$，那么对于这一点上 n 个单元产生的辐射函数可以表示为一个积分形式：

$$\boldsymbol{E}(\boldsymbol{r}) = \sum_n V_n \boldsymbol{EL}_n(\boldsymbol{r} - \boldsymbol{R}_n)\mathrm{e}^{-\mathrm{j}k|\boldsymbol{r}-\boldsymbol{R}_n|} \tag{6.5}$$

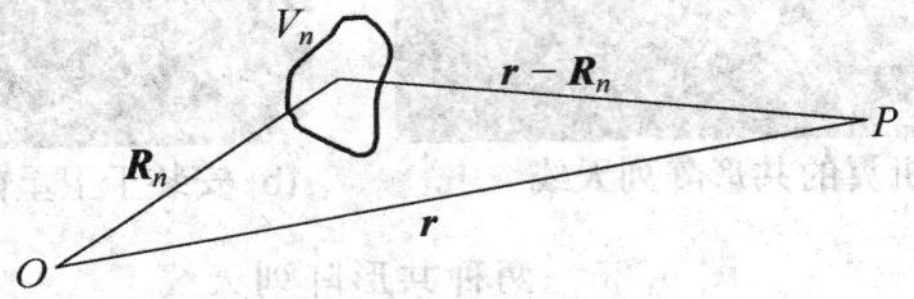

图 6.27　单一辐射源与目标的几何关系

由于已经假设点 P 处于远场区域，即 $\boldsymbol{r}$ 足够大，那么各单元与该点的距离趋于相等。因此可以将式(6.5)变形为

$$\boldsymbol{E}(\boldsymbol{r}) = \boldsymbol{EL}(\boldsymbol{r})\sum_n V_n \mathrm{e}^{-\mathrm{j}k|\boldsymbol{r}-\boldsymbol{R}_n|} \tag{6.6}$$

求和符号前的部分称为阵元因子，它描述了阵元的极化以及场分布。求和符号里的部分称为阵因子，它描述了阵列的形状等几何信息。这两个概念也是构成阵列天线的基本概念。

如果相对于阵列尺寸来说参考点足够远，并且对功率进行归一化而只保留角度信息，那么可以将式(6.5)进行进一步简化为

$$\boldsymbol{E}(\theta,\varphi) = \boldsymbol{EL}(\theta,\varphi)\sum_n V_n \mathrm{e}^{\mathrm{j}k\boldsymbol{R}_n} \tag{6.7}$$

式中　θ 和 φ——分别为水平和垂直方向角。如果不考虑时域问题，那么可以去掉 $\mathrm{e}^{\mathrm{j}k\boldsymbol{r}}$，式(6.7)进一步简化为

$$\boldsymbol{E}(\theta,\varphi) = \boldsymbol{EL}(\theta,\varphi)AF(\theta,\varphi) \tag{6.8}$$

式中　AF——阵因子。

在实际应用中，大多数情况下都会设计极化方向相同、工作方式类似的阵元，所不同的往往是阵元的工作带宽、驻波比等参数。设计者不会使用本身性能很差的阵因子来组成阵列，而性能较好的阵元所对应的阵元因子相对于阵因子是一个比较“慢”的变化因素。因此可以将注意力集中于阵因子的研究。假如阵元是全向天线单元，那么阵因子将只和 φ 有关：

$$AF(\varphi)=\sum_{n}V_n\mathrm{e}^{\mathrm{j}knd\sin\varphi} \tag{6.9}$$

将 $kd\sin\varphi$ 用 ψ 表示，则

$$AF(\psi)=\sum V_n\mathrm{e}^{\mathrm{j}n\psi} \tag{6.10}$$

再将 $\mathrm{e}^{\mathrm{j}\psi}$ 用 ω 表示，则

$$AF(\omega)=\sum V_n\omega^n \tag{6.11}$$

这个公式可展开成多项式，可以用来综合方向图。对于最简单的情况，当阵元激励完全相同即 $V_n=1$ 时，上式可以通过多项式合并得到

$$AF(\omega)=\omega\frac{\omega^n}{\omega-1} \tag{6.12}$$

假如坐标原点位于线形阵列中央则可得

$$AF(\varphi)=\frac{\sin\left(\dfrac{nkd}{2}\sin\varphi\right)}{\sin\left(\dfrac{kd}{2}\sin\varphi\right)} \tag{6.13}$$

如果不考虑阵元的特殊性，假设 $n=3$，那么可以通过 Matlab 计算该函数来获得线形阵列的水平面辐射方向图，如图 6.28 所示。

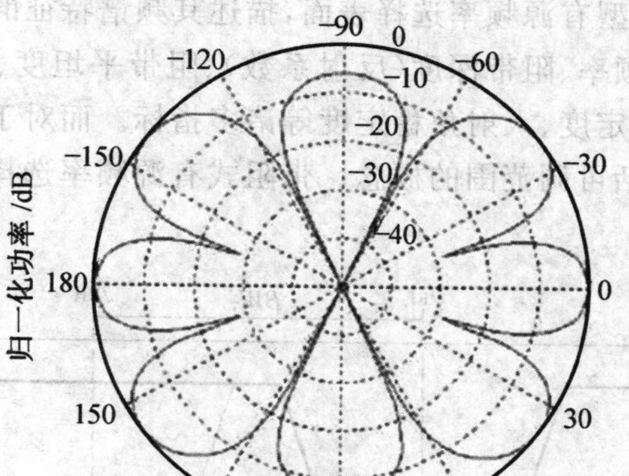

图 6.28　三单元线形阵列的水平面辐射方向图

通过上面对线形阵列的分析，可以进一步拓展到圆形共形阵列。最简单的圆形共形阵列情况是阵元完全一致、全向，具有相同的极化方向和振幅。并且所有阵元分布于同一个平面，如图 6.29 所示。

在这里可以很方便地采用极坐标系，坐标原点即为圆形阵列中心。存在

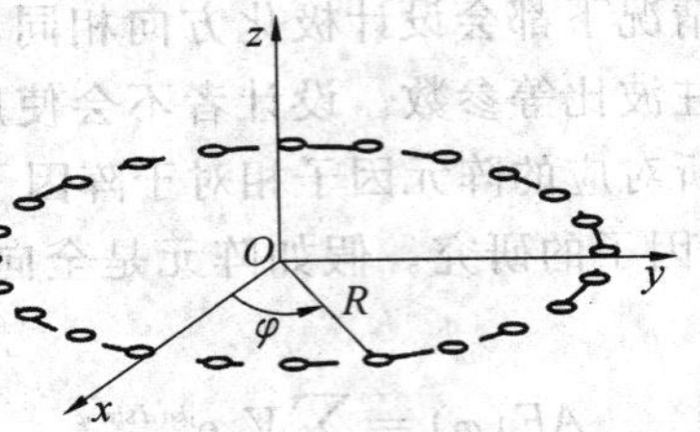

图 6.29 圆形阵列示意图

$$\boldsymbol{E}(\varphi)=EL(\varphi)\sum_{n}V_{n}\mathrm{e}^{\mathrm{j}knd\sin\varphi} \tag{6.14}$$

和前面类似，依然假设所有阵元一致全向，则阵因子可以写成

$$AF(\psi)=\sum V_{n}\mathrm{e}^{\mathrm{j}kR\cos(\psi-n\Delta\varphi)} \tag{6.15}$$

通过这两个公式可以看出，ESRRA 天线的辐射公式与圆形共形阵列的公式极其类似，所不同的是 ESRRA 天线的后向辐射会被有源频率选择表面所阻挡，所以这个公式可以用来研究 ESRRA 天线的主瓣与旁瓣特点，而对于后向辐射的预测将有失准确。

6.3 用于 ESRRA 的有源频率选择表面设计

带阻型频率选择表面的特点可以描述为：在一定的频率范围内对入射电磁波呈反射特性，而在其他频段呈透射特性。有源频率选择表面有多种可控特性，本研究针对的是反射频带的频率中心可控的类型。

一般来说，对于带阻型有源频率选择表面，描述其频谱特征的参数主要有频率可控范围、阻带带宽、阻带中心频率、阻带深度（反射系数）、阻带平坦度、通带插入损耗。此外还有极化敏感方向、极化稳定度、入射角稳定度等诸多指标。而对于本书中所涉及的有源带阻型频率选择表面还包括可调范围的概念。带阻式有源频率选择表面频谱特性如图6.30所示。

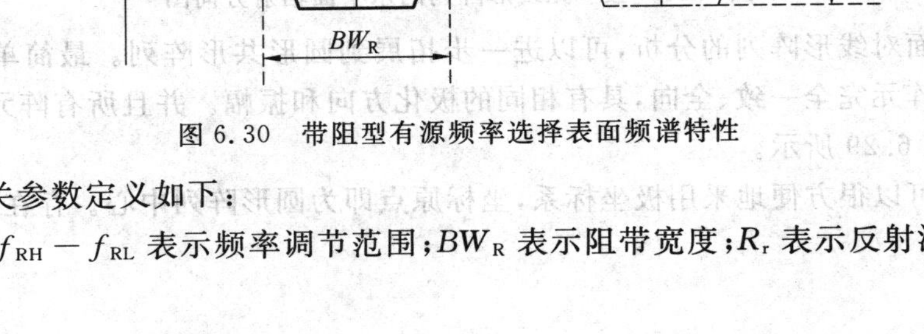

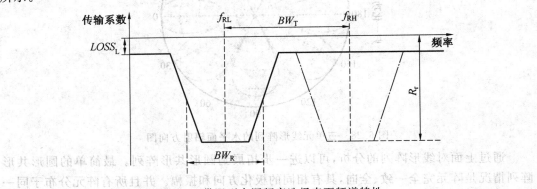

图 6.30 带阻型有源频率选择表面频谱特性

图中相关参数定义如下：

$BW_T=f_{RH}-f_{RL}$ 表示频率调节范围；BW_R 表示阻带宽度；R_r 表示反射深度；$LOSS_L$

表示通带损耗。

6.3.1　ESRRA 天线对 AFSS 的要求

从目前的研究现状和趋势来看，人们往往希望频率选择表面具有合适的工作带宽，阻带内的反射系数尽可能高，阻带外的传输系数尽量高，同时具有好的带内平坦度，阻带与通带的边缘尽量陡峭，极化稳定性好等特点。这主要受目前 AFSS 主要应用领域的局限。然而由于 ESRRA 天线的特殊性使其对这些参数的要求也具有特殊性。

1. 对频率调节范围及工作带宽的要求

ESRRA 天线是通过调节有源频率选择表面的工作状态来实现天线方向图的调整，从而达到电扫描的目的。在 6.2 中给出了 ESRRA 天线的控制方法，其中的 4－1－5 模式和多波束模式需要将有源频率选择表面分别设置在透射、反射和半透射状态，如图6.31 所示。

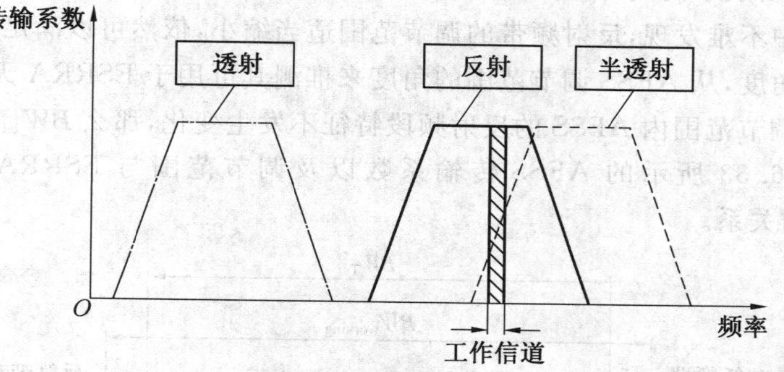

图 6.31　有源频率选择表面相对工作频段的状态

首先对其可调频率范围提出了要求，即频率调节范围应该满足将频率选择表面的阻带完全移入或者移出通信频带的工作带宽要求，而这就与目标通信频带有了联系。这里假设 ESRRA 天线为某种指定的通信协议所采用。在这个基础上来研究有源频率选择表面的特性。

对于绝大多数常见通信协议，都会有指定的协议频率工作带宽 BW_S，在这个规定的工作带宽之内，划分出多个信道。每一个信道具有相同的信道工作带宽 BW_C，信道与信道之间通过一定的间隙隔离。具体划分时往往因调制方式、工作带宽需求等的不同而不同。有源频率选择表面与信道频谱的关系如图 6.32 所示。

对于常见单信道（非多入多出技术 Multiple-Input Multiple-Output，MIMO）通信系统来说，在一个时间片内，发射机和接收机之间通过一个信道进行通信。所以在一个时刻，只需要在方向图上和工作带宽上满足该信道的需求即可。也就是说，由于 ESRRA 天线的工作状态可以根据信道动态调整，在不同的时间满足不同信道的要求，而在一个特定时间内 ESRRA 天线可以只满足一个信道的要求，而不考虑其他信道。在整个协议工作带宽之内，有源频率选择表面应该具有满足每一个信道的能力，即对于每一个信道来说，有源频率选择表面都可以将自身的工作状态调整为透射、反射和半透射。那么显然 AF-SS 的反射频段工作带宽要大于信道工作带宽，否则在一个单独的信道内 ESRRA 天线的

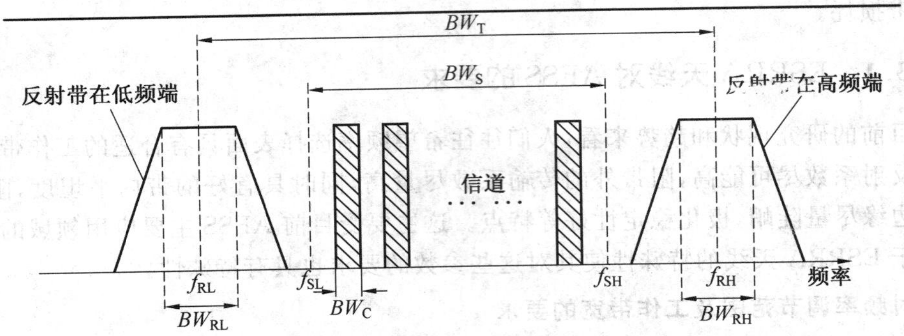

图 6.32 有源频率选择表面与信道频谱的关系

方向图将无法保证一致。也就是说 AFSS 应满足下面的关系：

$$BW_R \geqslant BW_C \tag{6.16}$$

图 6.32 中所展示的实际上是信道、协议工作带宽以及 AFSS 相关频域特性之间的一般关系。从图中不难发现，反射频带的调节范围适当缩小，依然可以满足图中通信协议的需要。换一个角度，从 AFSS 调节范围的角度来推测其可用于 ESRRA 天线的频率范围，并假设在整个调节范围内 AFSS 的反射频段特征不发生变化，那么 $BW_{RL}=BW_{RH}$。这样就可以得到图 6.33 所示的 AFSS 传输系数以及调节范围与 ESRRA 天线可用频段 $BW_{working}$ 之间的关系。

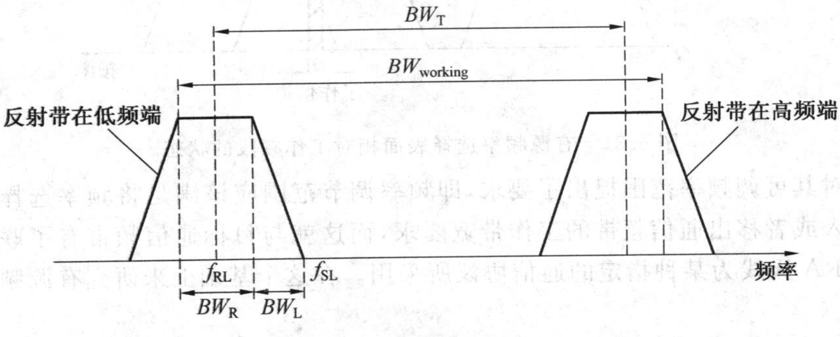

图 6.33 AFSS 可用于 ESRRA 天线的频率范围

通过图 6.33 可以建立以下不等式：

$$BW_{working} \leqslant BW_T + BW_R \tag{6.17}$$

以上描述了有源频率选择表面调节范围与协议工作带宽以及自身反射带边沿宽度之间的关系。那么为了得到较宽的可用工作带宽，显然需要 AFSS 具有较宽的频率调节范围，同时具有尽量宽的阻带带宽。然后进一步研究发现，阻带边沿宽度过宽时，在调节范围中间将有一部分频段始终无法实现高传输系数，如图 6.34 所示。这时，可用频段将变为左右两个频段，从而造成可用频带过窄问题。

为防止这一问题，需要对阻带边沿范围进行如下限制：

$$BW_E \leqslant (BW_T - BW_R)/2 \tag{6.18}$$

到这里可以认为对于 ESRRA 天线来说，为使其具有较宽的可用频率范围，需要 AFSS 具有较宽的频率调节范围、较宽的阻带频率并且具有较为陡峭的阻带边沿。然而在实

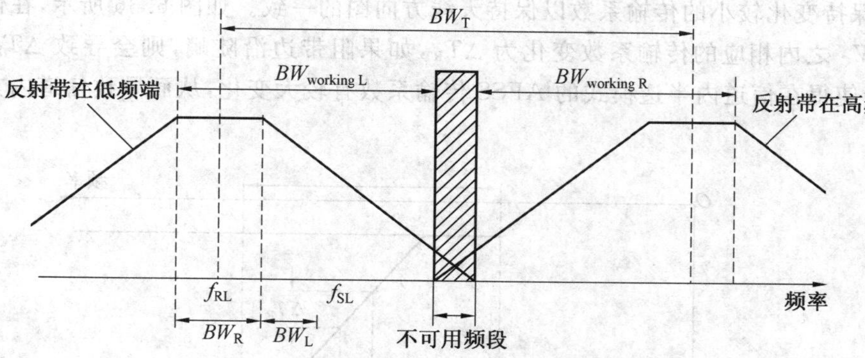

图 6.34　AFSS 可用频率范围的分化

践中发现，阻带边沿宽度与阻带宽度往往是正相关的关系。因此如果阻带边沿较为陡峭、阻带较窄但较陡将避免绝大部分问题。然而过于陡峭的阻带边沿又会带来其他问题。

2. 对阻带边沿斜率的要求

对于常见的带阻频率选择表面来说，往往需要对特定频段的信号进行屏蔽或反射，而对阻带之外的频率要尽量保留，因此通常需要陡峭的阻带边缘。例如，南洋理工大学的沈忠祥教授最近研制的一种三维频率选择表面结构就具有陡峭的阻带边沿特点。然而对于 ESRRA 天线来说阻带边沿是实现半透特性的关键。过于陡峭的边沿会使得半透特性的控制过于灵敏，控制精度下降；同时还会使得采用半透特性模式的工作带宽变小。

在图 6.35 中，BW_E 表示阻带边沿所对应的工作带宽。BW_T 是频率可调范围，一般来说变容二极管反向偏压范围为 $U_R=0\sim30$ V 或 $0\sim5$ V 等较为常见。也就是说，U_R 所对应的最大调节范围是 BW_T。那么 BW_E 所对应的只是 U_R 的一部分。也就是说，当 BW_E 变得很窄时，其对应的调节范围也会相应变小。而变容二极管的可调电容，以及 FSS 单元加工都会有一定的误差，电压调节器也会有一定的误差，这些误差都会随着阻带边沿的陡峭而被放大。

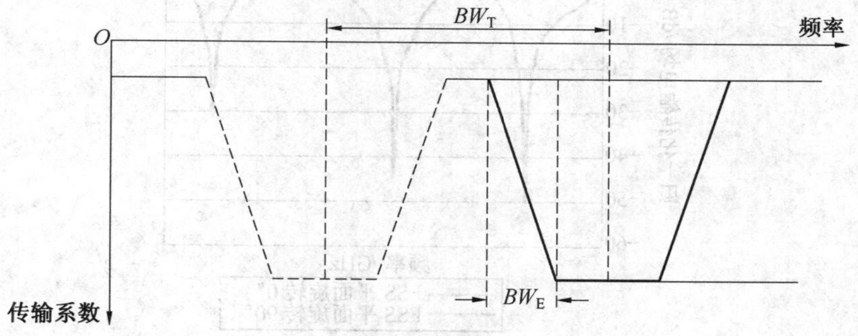

图 6.35　带阻型频率选择表面频谱边沿宽度

另一方面，正如前面提到的信道工作带宽问题，在一个信道的工作带宽范围内，显然希望天线的方向图保持一致，这一点实际上也是必需的。在采用半透模式，如前面介绍 ESRRA 天线结构时提到的 4－1－5 模式时，半透模式下的 AFSS 条带需要在信道工作带宽内保持变化较小的传输系数以保持天线方向图的一致。如图 6.36 所示，在信道工作带宽 BW_C 之内相应的传输系数变化为 ΔT_R，如果阻带边沿陡峭，则会导致 ΔT_R 变化较大，也会使得在信道内半透模式的 AFSS 传输系数有较大变化，从而导致信道内方向图不一致。

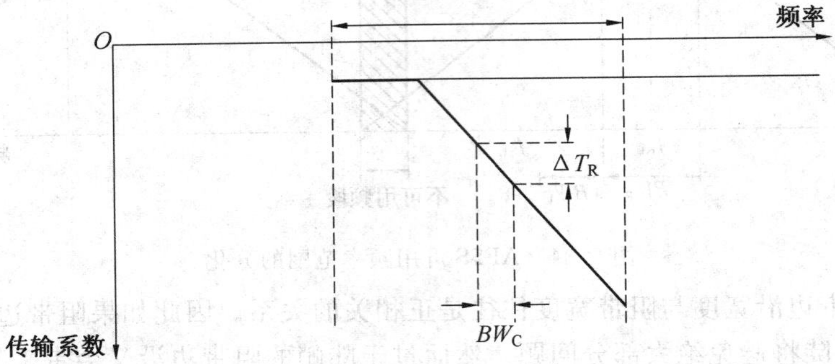

图 6.36　带阻型频率选择表面频谱边沿宽度

以上分析说明阻带边沿不能过于陡峭，但是反过来如果阻带边沿过于平缓则会导致阻带进入频率调节范围之内，因此需要阻带边沿具有一定的合理范围。这一点需要在设计频率选择表面时作为一个考虑因素。具体如何选择合适的阻带边沿斜率应该由变容二极管的调节范围、电压控制器的精度等多方面因素共同决定。

3. 对 AFSS 的极化敏感稳定性的要求

对于频率选择表面来说，极化敏感方向是一个重要的指标。对于常见应用来说，例如将其用于雷达罩、反射天线的副反射面等都要求频率选择表面对入射电磁波的极化有稳定的频谱特性。这也是为什么目前大多数的研究都追求较高的极化敏感稳定性的原因。在以极化稳定性为主要研究内容的一种高稳定性结构中，其传输参数如图 6.37 所示。

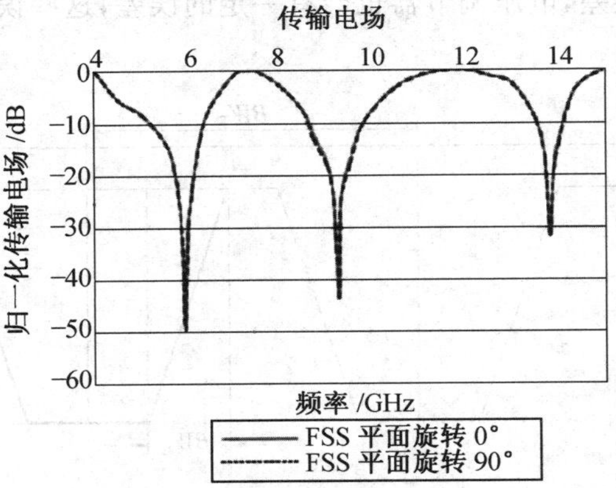

图 6.37　一种高稳定性结构的传输参数

对于大多数通信系统来说，尤其是地面的通信系统，普遍采用线极化方式。因此本书暂时考虑对于线极化方式的通信系统应用。对于线极化方式的通信系统所采用的全向天线，绝大多数都是垂直极化的，而对于 ESRRA 天线的中心发射天线采用的也是垂直极化天线。又由于 ESRRA 天线为中心对称的圆柱形结构，天线到达频率选择表面的连线始终垂直于圆柱在频率选择表面上该点的切面，可以认为入射电磁波近似等效为垂直入射。当然这里的入射电磁波并不是平面波，可以认为是柱面波。对于有源频率选择表面来说，入射电磁波即为垂直极化波，只需要对垂直极化波有效即可，而对于其他极化方向的信号无须考虑。

6.3.2　有源频率选择表面的偏置网络

不同的有源器件对偏置网络的需求与依赖性也不尽相同。然而却都会面临一个重要的问题：独立的偏置网络对有源频率选择表面性能表现的恶化。这是由于偏置网络和表面单元一样，都具有导电金属组，必然会对高频信号有响应。一方面大面积的连通导线会导致低频信号通过率降低，另一方面会加重单元之间的耦合。

1. 与高频信号不重合的偏置网络

常见射频或微波 MEMS 射频开关是通过静电力吸合金属梁来实现开关操作的，有两种结构方式，如图 6.38 所示。

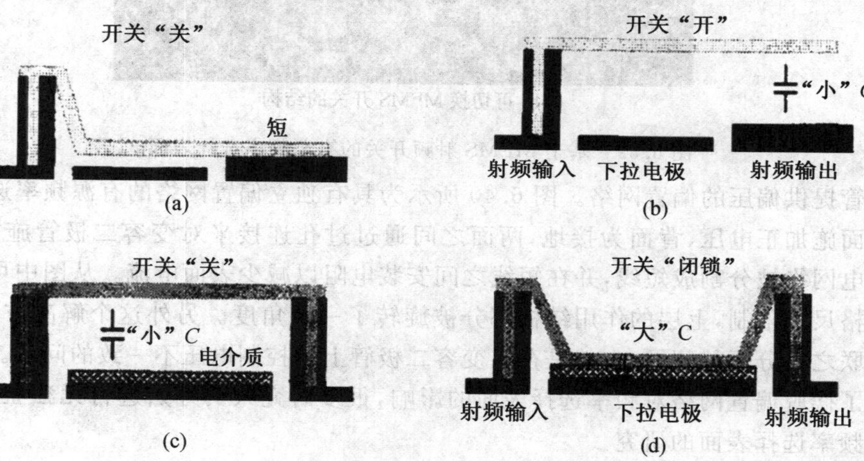

图 6.38　悬臂梁和桥式 MEMS 射频开关结构

图 6.38(a)、图 6.38(c)为悬臂梁结构，图 6.38(b)、图 6.38(d)为桥式结构。可以看出悬臂梁结构需要一个独立于微波网络的驱动电极供电网络。这个网络独立于微波信号，也就是“不重合”。而桥式结构的驱动信号和微波信号是“重合”的，因此如果将所有桥的驱动级连接在一起，将可以省略这个网络。

在相关文献中提到的基于 MEMS 射频开关的有源频率选择表面就是采用桥式 MEMS 射频开关结构。因此，需要将所有驱动极短接，来实现同步的“开”与“关”。在图 6.39 中可以看到，研究人员通过金属网络将这个网络连接在一起，除了单元结构以外还有一个遍布表面的供电网络。这个网络是完全独立于高频信号的，也就是“不重合”。

2. 与高频信号重合的偏置网络

无论是 PIN 二极管还是变容二极管，都是通过偏压来控制器件状态的，因此都需要

(a) 刚性聚酰亚胺基底上集成 MEMS 频率选择表面结构

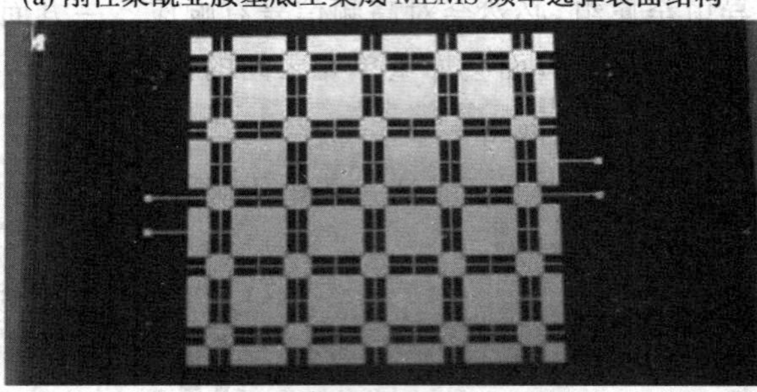
(b) 可切换 MEMS 开关的结构

图 6.39 基于 MEMS 射频开关的有源频率选择表面

为二极管提供偏压的偏置网络。图 6.40 所示为具有独立偏置网络的有源频率选择表面。其中正面施加正电压，背面为接地，两面之间通过过孔连接来对变容二极管施加反向偏压。供电网络被分割成短线，并在短线之间安装电阻以减少表面电流。从图中可以看出，由于网格尺寸限制，上层的作用结构部分被旋转了一定角度。另外这个解决方案存在着电阻串联之后分压的问题，也就是存在变容二极管上的控制电压不一致的问题。

为了摆脱偏置网络对频率选择表面的影响，很多研究人员开始进行无独立偏置网络的有源频率选择表面的研究。

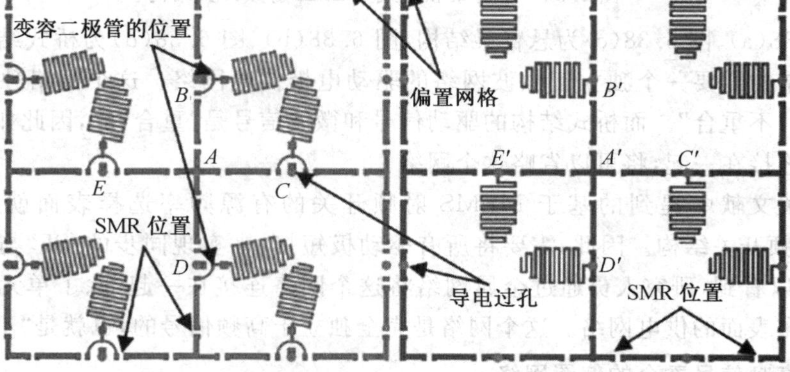

图 6.40 具有独立偏置网络的有源频率选择表面

3. 无独立偏置网络的有源频率选择表面

图 6.41 中为一种无独立偏置网络的有源频率选择表面的设计方法，是在平行走向的曲折线之间加入变容二极管。这些曲折线交替作为正电压和接地，从而实现对变容二极管的控制。底层与顶层设计相同，放置角度和顶层相差 90°，从而实现了对另一个极化方向的敏感性要求。这种设计的有源频率选择表面本身就具有偏置网络。从仿真结果来看，这种结构的稳定性较好，是一个调整范围比较宽的带通型频率选择表面。同时由于正反面设计一致对称，使得其对 TE 模式和 TM 模式都有相同的性能。

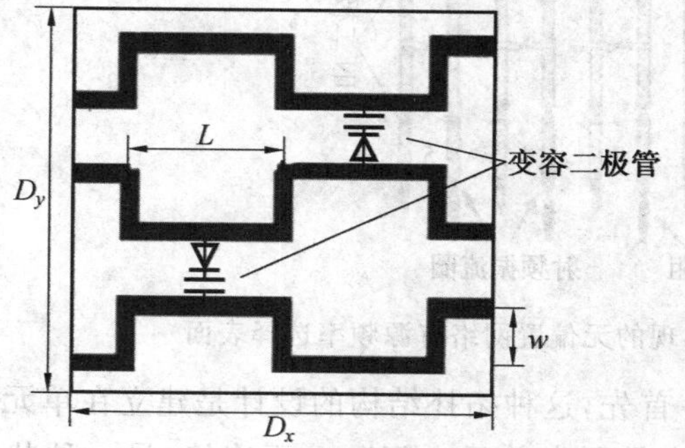

(a) FSS 单元

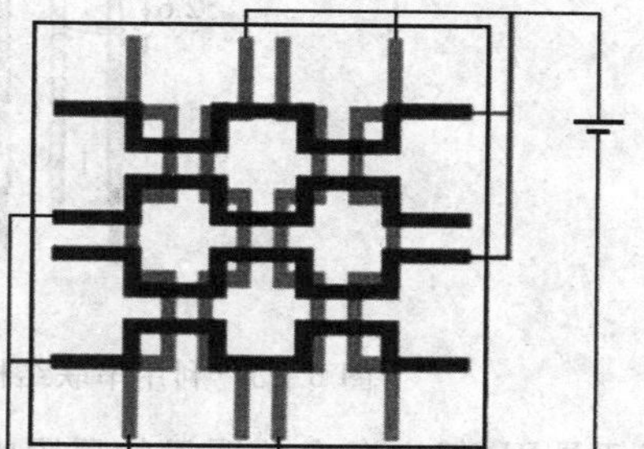
(b) 偏置网络俯视图

图 6.41　一种无独立偏置网络的有源频率选择表面

接着介绍另外一种无独立偏置网络的结构，如图 6.42 所示。该研究中上层网格连接正电源，下层网格接地，通过过孔将上层的矩形贴片接地，变容二极管安装在贴片一侧，二极管另一端连接网格。这种设计严格上来说不算无独立偏置网络，正面和背面的网格可以看作是偏置网络，但是本书作者在设计时采用了一体化的思路，即将偏置网络和作用结构视为一个整体，一起进行设计和优化。

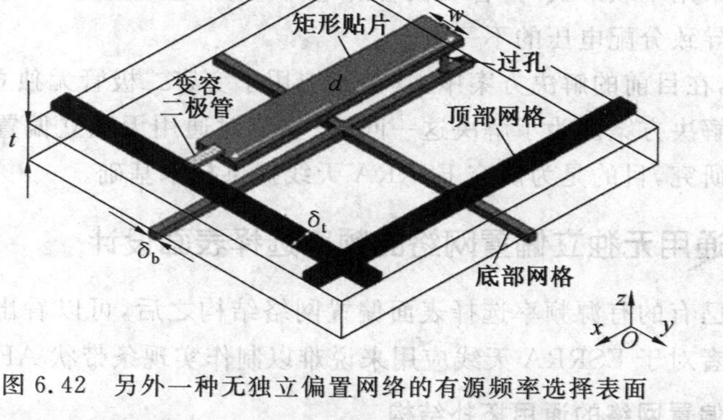

图 6.42　另外一种无独立偏置网络的有源频率选择表面

以上两种方法都是适用于变容二极管加载的解决方案，对于基于 PIN 二极管的有源频率选择表面还有一种比较简便的解决方法。第三种设计方案如图 6.43 所示。这种方法是在频率选择表面贴片之间放置 PIN 二极管，二极管之间是串联关系。这样当对其正向偏置时，在同一个串联回路上的 PIN 二极管同时导通，从而实现了控制。这种方法虽

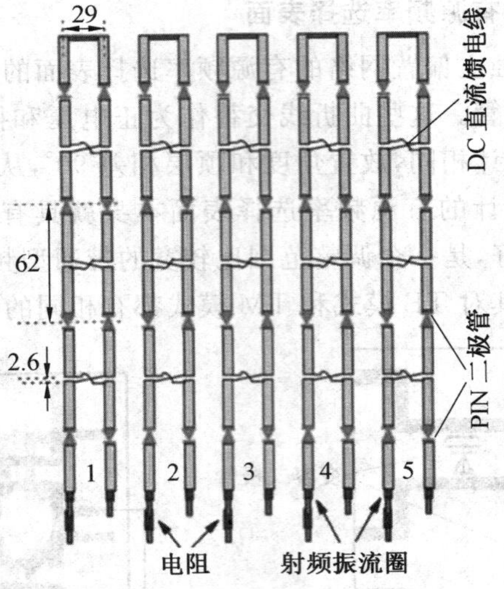

图 6.43 利用串联结构实现的无偏置网络有源频率选择表面

然简便易用，但也存在着明显的局限性。首先，这种拓扑结构的设计是建立在单元之间开路和短路两种状态下，也就是说，一种状态是所有单元之间独立不连接，另一种状态是单元之间连为一体。在频率选择表面设计时，单元之间独立与连接往往意味着带通与带阻两种类型，因此这种方案在切换时带来的可能是两种截然不同的传递系数之间的切换。这对结构设计来说是一种局限。另外一个问题是这种方案只能应用于 PIN 二极管。因为对于变容二极管来说，需要调整的是反向偏压，常见的变容二极管反向偏压调节范围是 0～5 V 或者 0～30 V，即使采用的是 0～5 V 的低电压变容二极管，当大量二极管反向偏置串联时，所对应的控制电压将是加和关系。假设在一个串联回路上有 40 个单元，则对应的总调整电压范围将是 0～200 V，对于调整电路来说提高了设计难度和成本。此外，当变容二极管采用串联形式时，各二极管的电流一致，电压决定于二极管内阻，由于器件的个体差异会导致分配电压的不一致。

综上所述，在目前的解决方案中，缺少可应用于变容二极管无独立偏置网络的有源频率选择表面的解决方案。为了解决这一问题，本节对通用无独立偏置网络的有源频率选择表面进行了研究，目的是为研究 ESRRA 天线提供技术基础。

6.3.3 通用无独立偏置网络的频率选择表面设计

在总结了已有的有源频率选择表面偏置网络结构之后，可以看出大多数方法都不具有通用性。或者对于 ESRRA 天线应用来说难以制作实现条带状 AFSS。

1. 无独立偏置网络的通用拓扑结构

无独立偏置网络的通用拓扑结构如图 6.44 所示。这种通用结构是将每个单元分为左右两部分，在两个部分中间放置变容二极管进行连接。纵向上单元的对应部分对齐，并用电感进行连接。在这里，电感具有提供直流导通、高频扼流的功能。在微波及射频电路设计中，将这种用途的电感称为扼流电感。扼流电感的加入，使得纵向排列的单元的左右两部分分别为正电压和接地，可以实现对所有位于中间的变容二极管同步控制。相对于反向偏置的变容二极管的等效内阻来说，电感的内阻微乎其微，因此可以忽略单元之间的压降。变容二极管之间是并联关系，这就使得每个变容二极管两端的反向偏压一致。

利用这种通用结构，可以在单元的两部分之间自由地设计单元结构，并且满足单元与单元之间相隔离，有利于实现带阻型特性，从而为 ESRRA 天线服务。同时，单元的尺寸不受限制，可以给设计者留有更自由的设计空间。

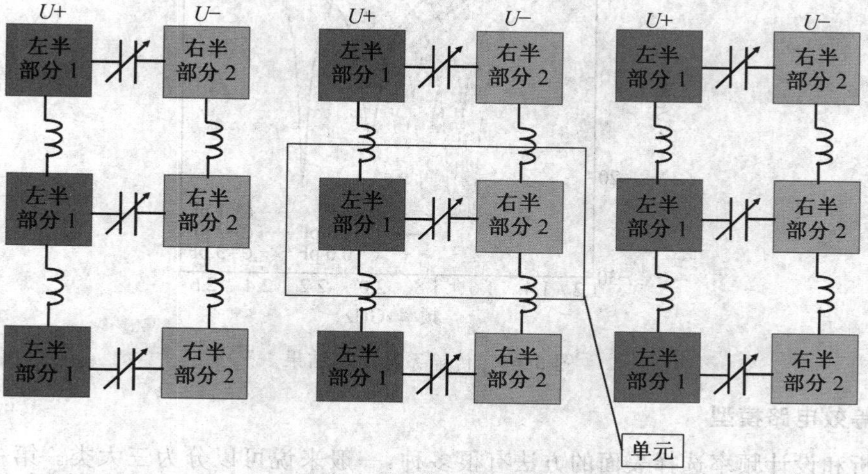

图 6.44　无独立偏置网络的通用拓扑结构

2. AFSS 单元设计

利用前面给出的拓扑结构，设计了如图 6.45 所示的单元结构。这种结构围绕单元中心成轴对称，单元左右两侧分别有曲折线填充实现等效电感作用，左右两部分通过变容二极管连接。其中介质材料的相对介电常数为 $\varepsilon_r=3.02$，厚度 $b=0.8$ mm。单元尺寸 $D_x=17.6$ mm，$D_y=16.6$ mm。

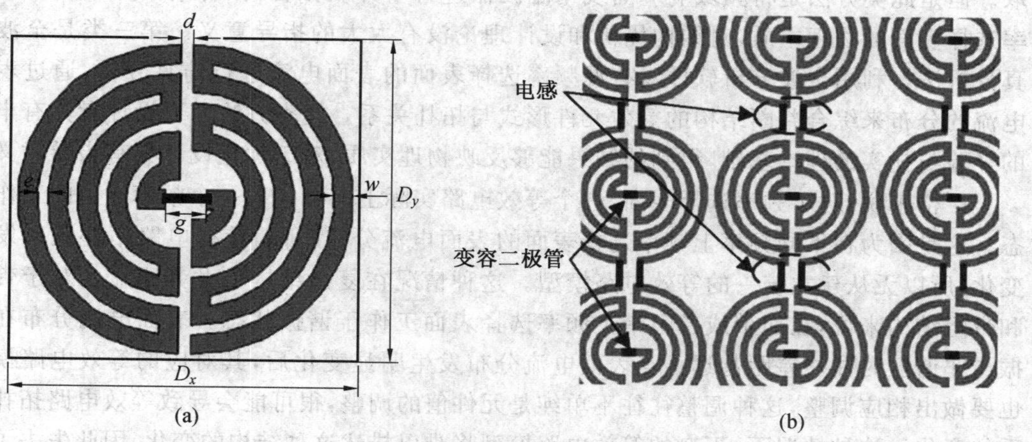

图 6.45　无独立位置网络的单元结构

由于两侧的等效电感和中间的变容二极管很好地实现了 LC 谐振结构，这个设计实现了宽调节范围的带阻式结构。对其进行全波仿真，得到频域响应仿真结果如图 6.46 所示。

当变容二极管的电容值在 0.3～3 pF 进行调节时，传输系数 S_{21} 出现较大的变化。可见该结构具有较宽的频率调节范围，－20 dB 的反射深度，非常低的通带损耗，较为平缓的阻带边沿等特性，对于 ESRRA 天线的应用来说，这些参数都非常理想。

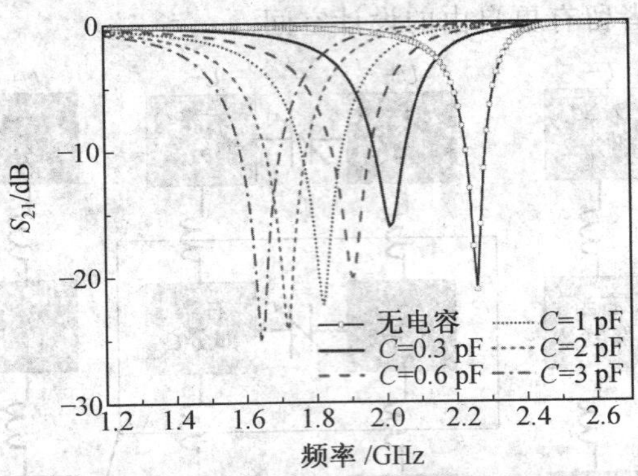

图 6.46 传输系数仿真结果

3. 等效电路模型

分析和设计频率选择表面的方法有很多种，一般来说可以分为三大类。第一类是结构分析法，这是 Marcuvitz 提出的经典方法。在他的理论基础上，拓展到周期结构的方法已经有很多种。利用这些方法分析的结果与测量结果时常会得到很好的吻合。但是这些方法只能用来有效分析部分单元结构，并不是一种通用方法。而且往往因为单元结构不同而不同，且很难应用于多层复杂频率选择表面结构的分析。第二类是参数提取法，这种方法是利用基于 SPICE(Simulation Program with Integrated Circuit Emphasis)模型的软件进行拟合，通用性较好，理论上可以实现对任何线形频率选择表面结构传输函数的提取。但是此类方法是将频域响应曲线用滤波器进行串并联拟合，拟合结果并不能反映频率选择表面的物理本质，对结构优化和设计理论没有太大的指导意义。第三类是全波仿真分析法。利用全波分析软件对有源频率选择表面的表面电流进行仿真分析，通过表面电流的分布来综合判断结构的等效元件形式与拓扑关系。此类方法需要设计者具有丰富的经验与扎实的理论基础，得到的结果能够反映物理实质，对于优化设计具有指导意义。

严格来说，对于频率选择表面，一个等效电路实际上只能代表一个频率点上的工作状态。这是因为在不同频率上频率选择表面的表面电流分布不同，使得电路拓扑关系发生变化，所以无从建立统一的等效电路模型。这种情况在复杂结构上尤其明显。对于带通和带阻结构来说，在通带或者阻带上频率选择表面工作于谐振状态。表面电流分布在谐振与非谐振时往往差距甚远。当表面电流分布发生明显变化后，其对应的等效电路模型也要做出相应调整，这种调整往往不单纯是元件值的调整，很可能会导致等效电路拓扑关系的变化。这种情况下，不变的等效电路模型将难以描述这种结构的变化，因此失去了准确性。

表面电流分布分析是频率选择表面分析的有效手段。通过表面电流分布可以了解单元结构的工作原理，有助于理论分析与优化。本书利用 CST Microwave Studio 软件对该结构进行了全波仿真。极化方向为水平方向，反射频率中心得到如图 6.47 所示的表面电流分布。为了进一步推导等效电路模型，将其水平放置，在单元上下两部分上电流沿金属回转线流动，方向一致且上下对称。表面电流在谐振过程中大部分经过位于中间的变容二极管，这也是变容二极管能够进行较大范围调节的基础。

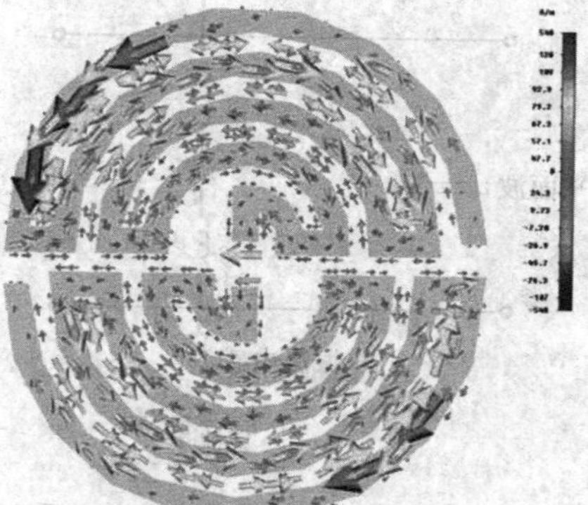

图 6.47　谐振时的表面电流分布

根据上述表面电流分布可以得到图 6.48 所示的等效电路模型。单元上下两部分可以分别等效为多个电感串联，在这里分别记为 L_{up} 和 L_{down}。它们之间是变容二极管，其中可变结电容为 C_T，等效内阻和寄生电感分别为 r_S 和 L_S。

这个等效电路很明显是一种 LC 振荡结构。变容二极管的等效内阻和寄生电感都比较小，因此其振荡频率由等效电感和变容二极管电容值决定。变容二极管反向偏压可以对结电容进行控制，从而控制有源频率选择表面的谐振点。

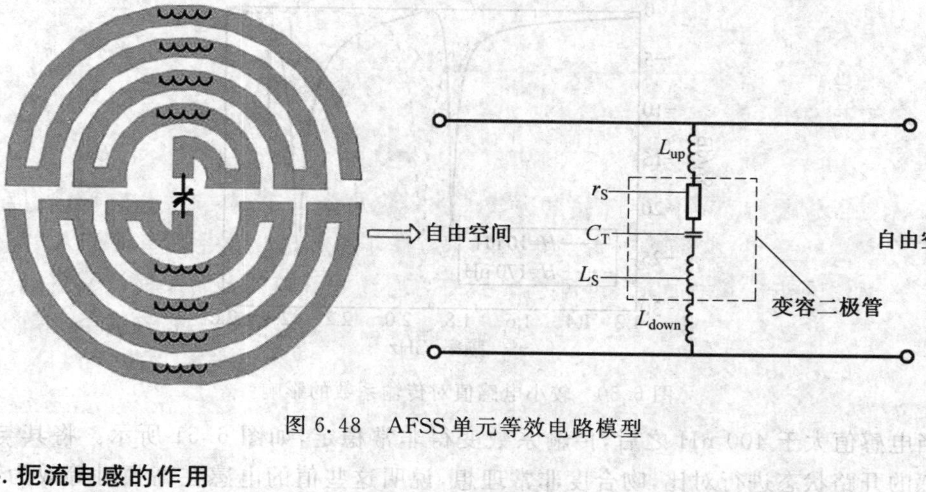

图 6.48　AFSS 单元等效电路模型

4. 扼流电感的作用

通过上面的分析得到的等效电路模型为 LC 结构，而这种通用结构所依赖的直流导通、高频扼流元件也是电感。因此，有必要研究其对 AFSS 性能的影响。首先，应当指出这一电感的接入方式与一般电路不同，主要是因为频率选择表面虽然有等效电路模型，但其接入方式实际上是通过平面波到达金属表面形成感生电流而实现的。所以，如图 6.49 所示，扼流电感并没有与单元等效电感形成直接的串联关系，而是主要影响相邻单元之间的耦合。

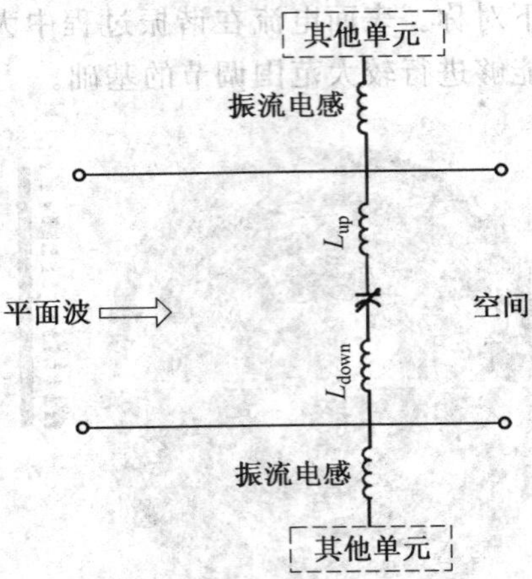

图 6.49　扼流电感与等效电路的关系

综上，可以做出如下推断：随着电感值的变化，电感的作用也将发生变化，当电感值小于某临界值时，电感介入等效电路，无法起到扼流作用；当电感大于临界值时，起到扼流作用，此时 AFSS 的传输系数将与没有电感时接近。

为了验证这一推论，对不同电感值下的频率选择表面传输系数进行了仿真。根据村田电感的数据手册，常见的高频用电感值范围为 0.4 nH～2.2 μH，以此为依据确定仿真范围。仿真结果表明当电感值小于 200 nH 时，传输系数受电感影响非常大(图 6.50)，出现新的阻带。

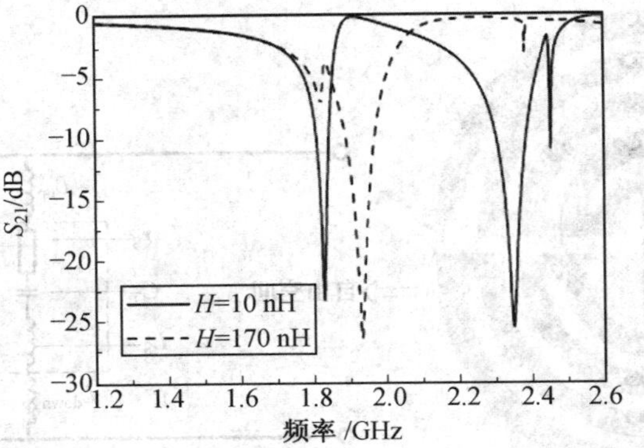

图 6.50　较小电感值对传输系数的影响

当电感值大于 400 nH 之后，传输系数变得非常稳定，如图 6.51 所示。将其与未添加电感的开路状态进行对比，吻合度非常理想，说明这些值的电感在高频时等效为开路，起到高频扼流作用，此时电感对单元结构的影响可以忽略，结构可以等效为上面提出的等效电路。

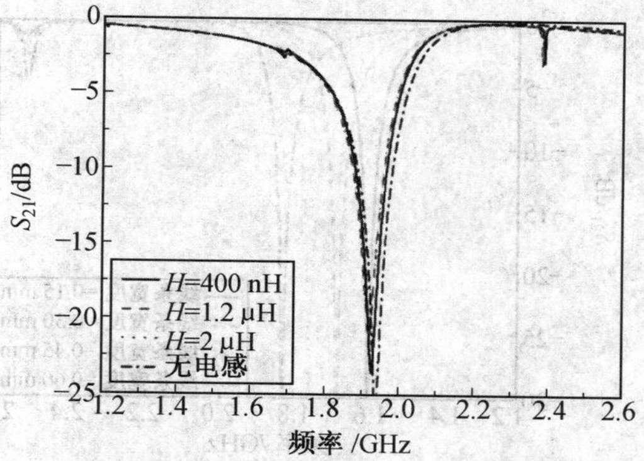

图 6.51 较大电感值对传输系数的影响

5. 单元参数优化

为了达到满足需要的工作带宽、反射系数等要求，需要对各种参数进行调整。对于带阻型频率选择表面，其反射带宽是一个非常重要的参数。一般来说，可以对单元间距离(调整单元间耦合)和图形的金属贴片宽度(调整金属占空比)进行调节。对这两种调节方法分别进行了仿真分析。由于单元之间存在电感连接，而电感的尺寸是无法随意改变的，因此对调整条带之间的距离(d_x)进行了分析，其结果如图 6.52 所示。由图可以看出，随着条带之间距离的增大，阻带带宽逐渐减小，这主要是由单元间耦合减小的原因而造成的。针对金属图案不同线条宽度的仿真结果如图 6.53 所示。

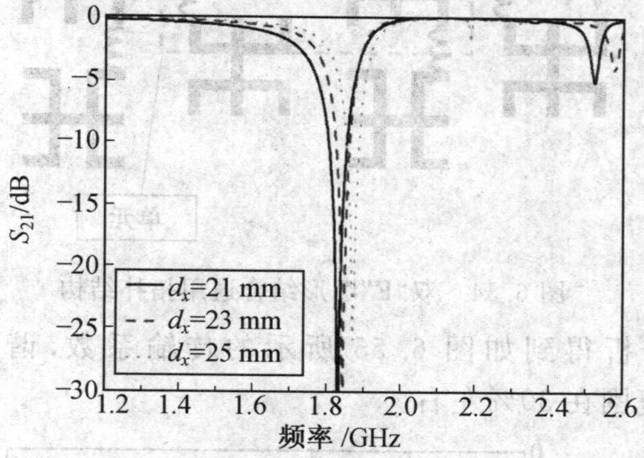

图 6.52 d_x对工作带宽的影响

常见的印制电路板(Printed Circuit Board，PCB)加工精度最高为 0.15 mm，以此开始逐渐增加宽度。随着宽度的增加，谐振频率变高，但是带阻特性基本不变。这主要是由于不同的占空比改变了线条之间的空隙大小，从而改变了曲折线之间的耦合，即改变等效电感值而造成的。这为设计者提供了一种有效的调整 AFSS 中心频率的手段。

6. 拓扑结构的通用性

正如前面所提到的，这是一种具有通用性的拓扑结构，在保持拓扑结构不变的情况下可以对单元内的结构进行再设计，以实现不同的特性。本节设计了多种不同的单元结构，都实现了反射频率调节的目的。图 6.54 所示是一种双“E”图形结合通用拓扑结构。

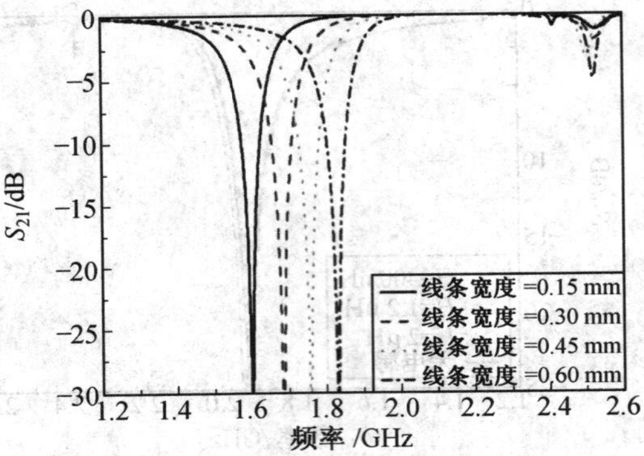

图 6.53　线条宽度对传输系数的影响

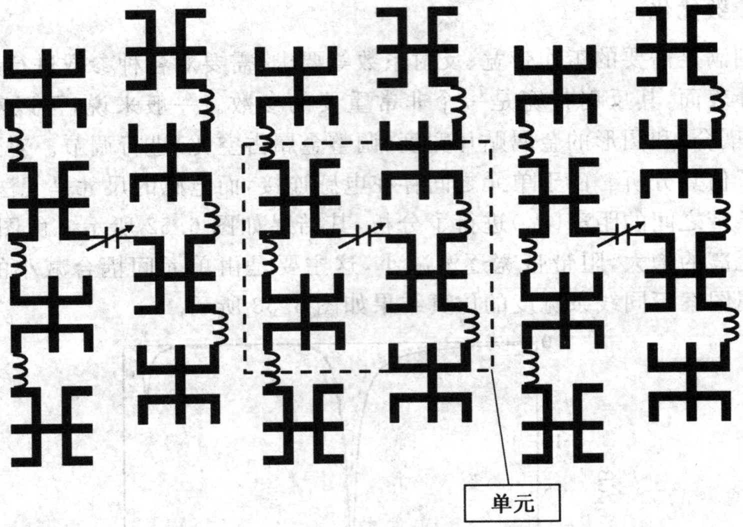

图 6.54　双“E”图形结合通用拓扑结构

利用全波仿真分析得到如图 6.55 所示的传输系数，谐振频点可调范围达到 0.93 GHz，相对调节范围在 30%左右。

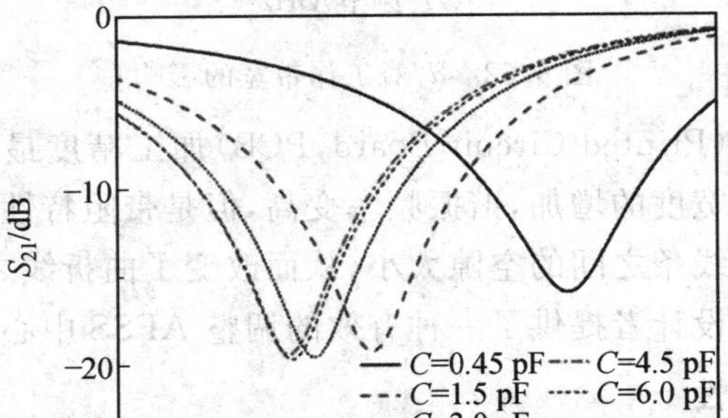

图 6.55　双“E”图形结合通用拓扑结构的传输系数仿真结果

之后对“卍”形进行了仿真，得到的结果与前面类似，其结构及仿真结果如图 6.56、图 6.57 所示。

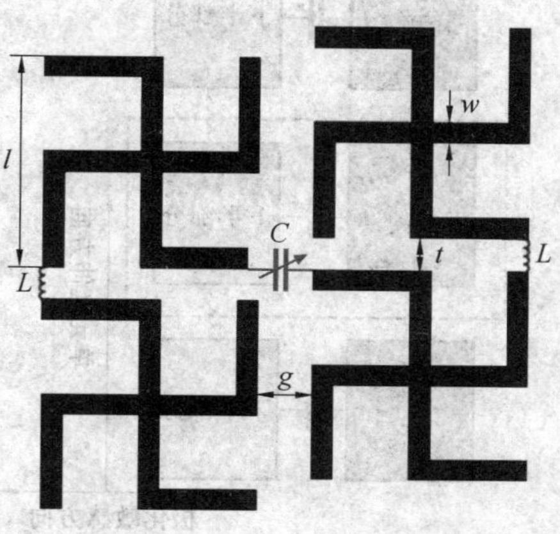

图 6.56　“卍”形频率选择表面结构

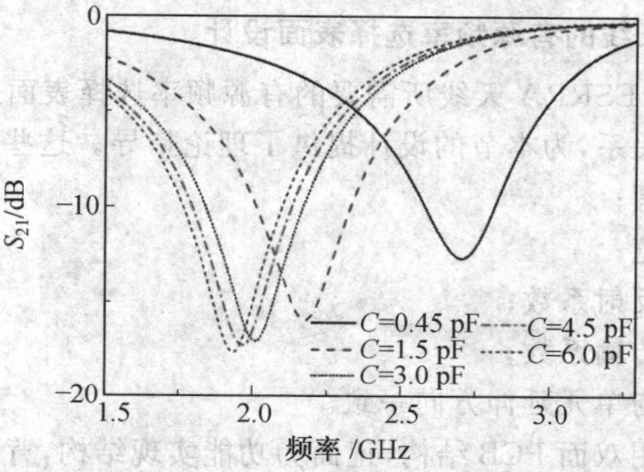

图 6.57　“卍”形频率选择表面传输系数仿真结果

从上述两种截然不同结构的仿真可以看出，通用无独立偏置网络拓扑结构都可以有效地实现反射频率的控制，因此可以认为这是一种具有较好通用性的有源频率选择表面拓扑关系。利用这一拓扑结构可以很方便地实现谐振频率可控的有源频率选择表面设计而不必过分考虑单元结构与偏置网络的协调问题。

6.3.4　“磁环路陷阱”结构 AFSS 研究

上一节研究了一种无偏置网络的有源频率选择表面。需要指出的是，虽然各项性能指标都能够很好地满足 ESRRA 天线的应用需要，但这种结构存在极化敏感方向与单元延伸方向不一致的问题。对于水平极化的入射电磁波，这个结构上的表面电流将大部分流经变容二极管。而在垂直极化入射电磁波激励下，由于结构具有对称性，流经变容二极管的电流极其微小，变容二极管失去作用。也就是说基于这一拓扑结构的 AFSS 的极化敏感方向与单元延伸方向不一致，如图 6.58 所示。这就限制了这种频率选择表面用于 ESRRA 天线，因为 ESRRA 天线的极化方向要求与天线方向一致，即需要 AFSS 的极化敏感方向与其单元延伸方向相一致。

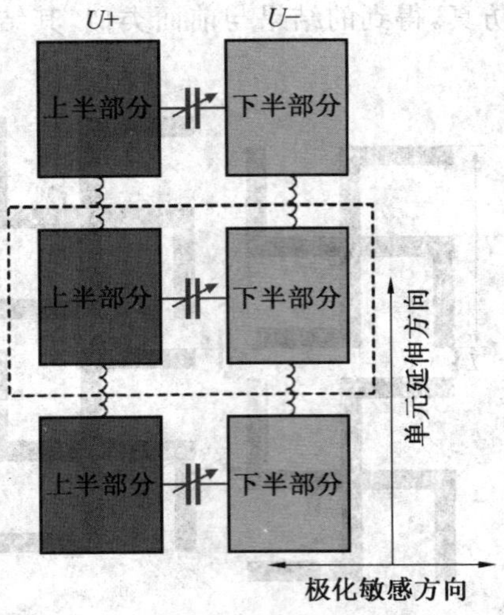

图 6.58 极化敏感方向与单元延伸方向

1. 用于 ESRRA 天线的有源频率选择表面设计

在 6.2 节中，针对 ESRRA 天线所需要的有源频率选择表面进行了理论分析，并且总结了各个参数之间的关系，为本节的设计提供了理论指导。这些规律可以描述为：

①较宽的可调范围；

②较窄的反射带宽；

③反射频段内高反射系数；

④透射频段内高传输系数；

⑤极化敏感方向与单元延伸方向一致。

本节设计方案采用双面 PCB 结构，正面为功能实现结构，背面为偏置网络，正面与背面之间通过过孔连接以传输控制电压。正面分为上下两部分，这两部分为对称结构，在两部分中心纵向安装变容二极管。上部分通过过孔与底部的偏置网络的正供电电压连接，下半部分与接地线连接。背面的供电网络由金属线与电感组成。最终设计方案如图6.59所示。

在这个设计中选用了 Infineon 公司生产的 BB857 变容二极管。电感采用的是 Murata Manufacturing Co. Ltd 公司生产的 LQW15AN22NG00D。微波电路板采用泰州市旺灵绝缘材料厂生产的 F4BMX－2 型聚四氟乙烯混合玻璃纤维材料，相对介电常数为 3.5，厚度为 0.8 mm，损耗正切为 0.000 7。图 6.59 中对应的尺寸 $W=25$ mm，$L=6.2$ mm，$H=17$ mm，$D_y=4$ mm。单元沿纵向排列延伸，在每列的底部加载偏置电压，控制电压沿偏置网络延伸至顶端。所有单元都具有相同的控制电压，即所有单元具有相同的工作状态，单元之间等效于并联状态。

2.“磁环路陷阱”结构

这种单元实现了一种新颖的磁场陷阱结构。为了说明这一结构的工作原理，对谐振时的表面电流进行了仿真，仿真结果如图 6.60 所示。

在谐振频率时，表面电流主要集中在上层结构。大部分电流经过位于中央的变容二

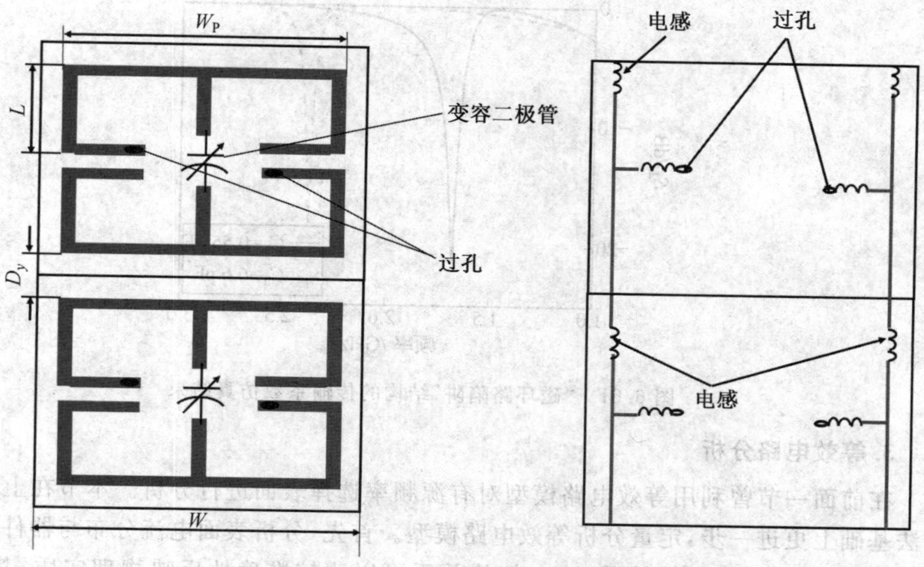

(a) 正面　　(b) 背面

图 6.59 “磁环路陷阱”单元结构

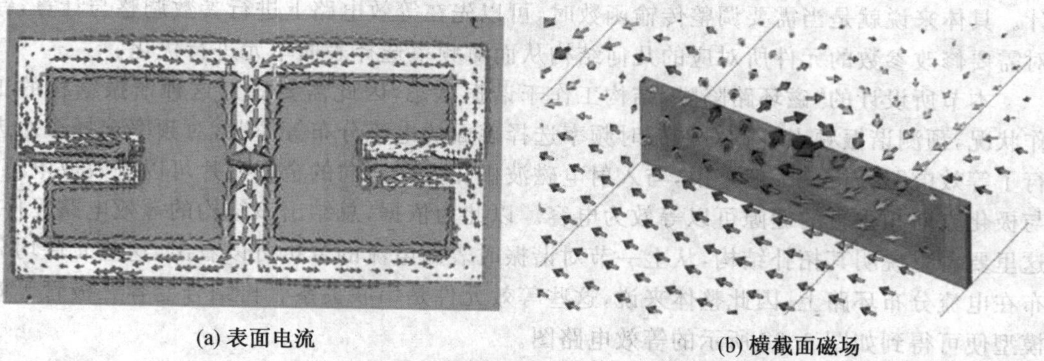

(a) 表面电流　　(b) 横截面磁场

图 6.60 “磁环路陷阱”结构谐振时的表面电流仿真结果

极管后到达上边沿，在这里沿左右分开。由于该结构左右几乎对称，可知分配的电流接近相等，分配到左右的电流沿外侧边沿分别以顺时针和逆时针顺序环绕左右两部分。由于表面电流在左右两侧分别形成了相反流向的环路，因此其产生的感应磁场为环绕中心的旋转回路，形成了磁场环路。磁场环路储存电磁能量，以阻止其向外传播。

在垂直极化激励下，得到了图 6.61 所示的“磁环路陷阱”结构的传输系数仿真结果。

从仿真结果可以看出，该结构是一个窄带带阻型频率选择表面，通过改变变容二极管的电容，反射中心频率可以在 1.69～2.36 GHz 之间连续调节；相对于中心频率调节范围而言，反射带宽很窄，但是反射深度很深；同时在通带表现出很好的穿透特性，插入损耗很小。可以说这个设计很好地实现了上面提到的各项性能指标。

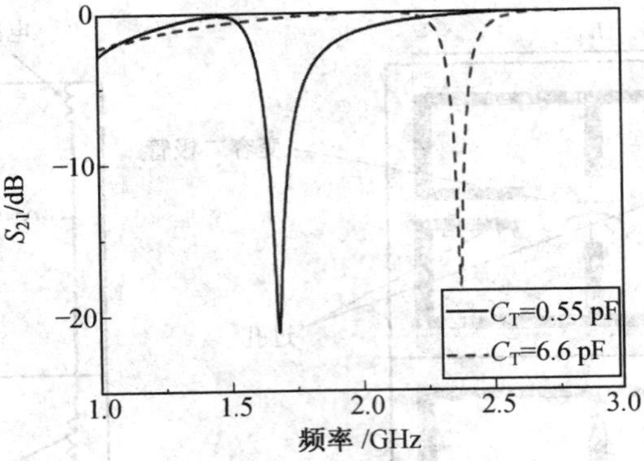

图 6.61　“磁环路陷阱”结构的传输系数仿真结果

3. 等效电路分析

在前面一节曾利用等效电路模型对有源频率选择表面进行分析。本节在上面的分析方法基础上更进一步，定量分析等效电路模型。首先，分析表面电流分布与器件的对应关系，建立基本的元件拓扑关系，这一拓扑关系可以比较准确地反映物理实质；其次，利用SPICE 软件对其进行综合，以确定元件值。这样所建立的模型可以很直观地帮助改进设计。具体来说就是当需要调整传输函数时，可以先在等效电路上进行参数调整与计算，针对需要修改参数的元件所对应的几何结构从而对频率选择表面单元进行优化。

本节所设计的“磁环路陷阱”结构工作于谐振状态，因此需要研究这种谐振结构的工作状况，预测谐振频点。针对谐振时频率选择表面的电流分布等情况，对频率选择表面进行了等效电路分析。一般来说，与入射电磁波极化方向同向的金属贴片可以等效成电感；与极化方向相垂直的缝隙可以等效为电容。以此为依据，总结出该结构的等效电路元件。这里要着重说明其拓扑结构，从上一节对谐振时表面电流的分析可以看出，这些元件均分布在电流分布环路上，因此整体来说，这些等效元件是串联关系。再结合变容二极管等效模型便可得到如图 6.62 所示的等效电路图。

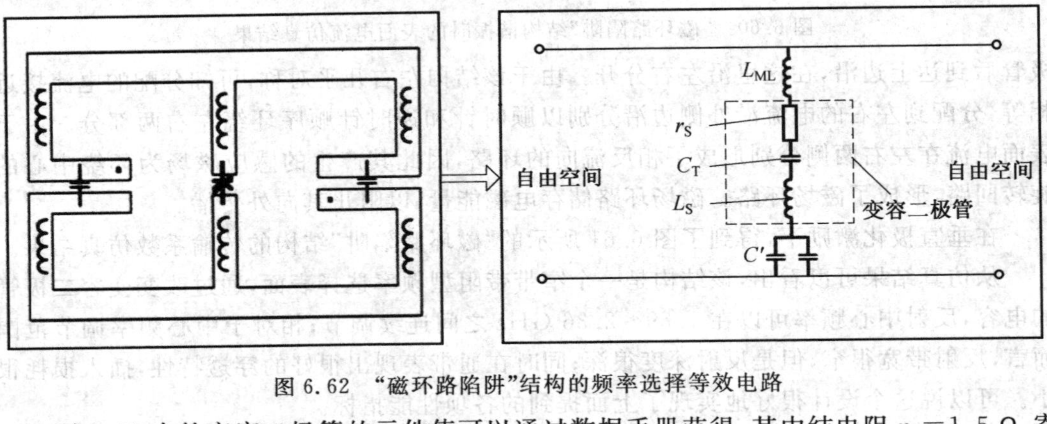

图 6.62　“磁环路陷阱”结构的频率选择等效电路

图 6.62 中的变容二极管的元件值可以通过数据手册获得，其中结电阻 $r_S=1.5\ \Omega$，寄生电感 $L_S=0.6$ nH，结电容 C_T 在 0.55～6.1 pF 范围内可调。通过在 ADS(Advanced Design System)软件中导入 SPICE 模型，综合得到 $L_{MT}=15.9$ nH，$C'=0.6$ pF。对其仿

真并将结果与全波仿真结果进行比较(图 6.63),由图可以看出,这个等效电路对谐振频率的预测非常准确,但是对于工作带宽却无法十分准确地描述。这一现象恰恰说明上面提到的观点,即这个电路对于谐振频率的预测是有效的,而在非谐振频率时,由于表面电流分布发生变化,这一结构变得不再适用。通过这个模型,可以对其进行优化以调整谐振频率与调节范围。

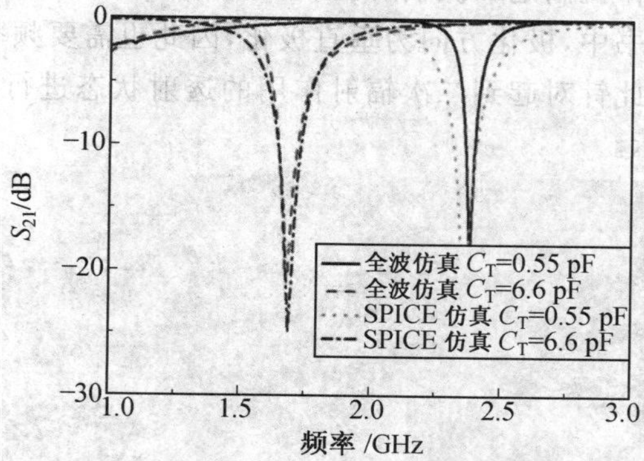

图 6.63　“磁环路陷阱”结构 SPICE 仿真与全波仿真对比

4. 偏置网络的优化设计

前面针对无偏置网络的有源频率选择表面进行了研究,并提出了通用的解决方案。虽然无偏置网络的设计可以彻底避免其对频率选择表面的影响,但是如果换一种思路,只需要在频率选择表面工作的频率范围内保证偏置网络不影响单元频率特性却依然可以满足实际应用的需要。在本节中,提出了以下解决方法:将偏置网络通过电感分成尺寸较短的线段,以此将偏置网络转化为自身谐振频率高于单元工作频段的带阻型频率选择表面,利用电感将偏置网络分割为较短的线段。对于是否加载电感的两种情况进行全波仿真分析,以说明这种原理,得到图 6.64 所示的仿真数据。

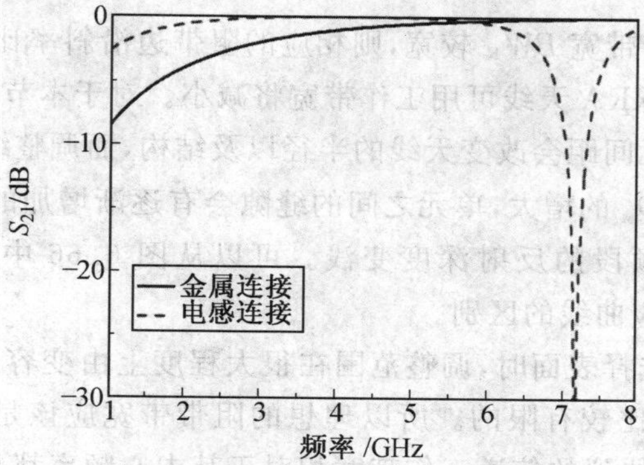

图 6.64　电感对传输系数的影响

从图中可以看出,在没有电感时,偏置网络在较低频率的传输系数较低,而利用上述方法得到的偏置网络是一个谐振频率超过 6 GHz 的带阻型频率选择表面,此时在较低频率范围内该网络表现出了很高的传输系数。这种方法很适合单面有源频率选择表面。

在这里，偏置网络的谐振频率实际上与电感值呈负相关关系。也就是说通过采用不同电感值的电感可以灵活地回避频率选择表面所需要占用的频段，以此达到避免干扰的目的。

5. 二次辐射机制与极化方向分析

前面提到天线的工作机制是二次辐射机制，也就是说最终的辐射极化方式将由外层频率选择表面决定。本书中，极化方向为垂直极化，因此也需要频率选择表面的二次辐射保持垂直极化方向。为此针对起到二次辐射作用的透射状态进行了全波仿真分析，表面电流分布如图 6.65 所示。

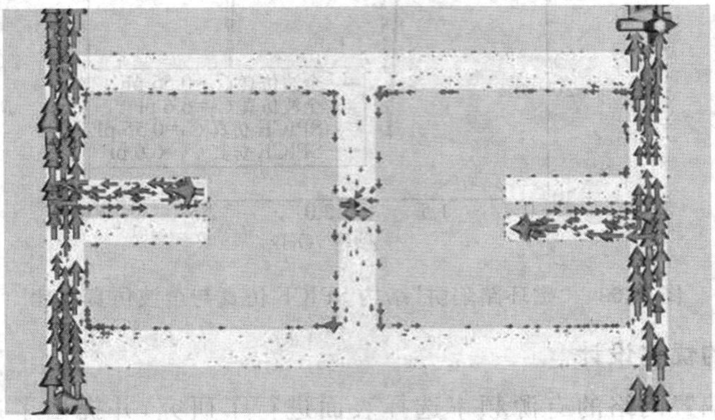

图 6.65 透射模式的表面电流分布

在非谐振状态下，表面电流主要分布在偏置网络上。这种情况类似于单极子天线的电流分布，因此其对应的也为垂直极化方向，这一点在后续的实验中得到了证明。

6. 阻带带宽优化

前面讨论了用于 ESRRA 天线的有源频率选择表面的技术指标。其中阻带带宽非常重要。

通常来说如果阻带带宽 BW_R 较宽，则相应的阻带边沿斜率比较平缓，即 BW_E 较宽，根据上面公式可知 ESRRA 天线可用工作带宽将减小。对于本节中的频率选择表面条带来说，调节横向 D_x 单元间距会改变天线的半径以及结构，而调整纵向间距 D_y 则不会影响天线尺寸。但是随着 D_y 的增大，单元之间的缝隙会有逐渐增加的信号泄漏，表现在频域响应曲线上就是反射频段的反射深度变浅。可以从图 6.66 中看到当 $D_y=1$ mm 及 $D_y=4$ mm 时频域响应曲线的区别。

在设计有源频率选择表面时，调整范围在很大程度上由变容二极管可调电容范围决定，而这一范围往往是比较有限的。所以理想的阻带带宽应该是略大于信道工作带宽。一般来说，常见的通信协议的信道工作带宽相对于其中心频率都是较窄的，因此 AFSS 只需要较窄的阻带宽度就可以满足需要。对于频率选择表面来说，工作带宽很大程度上与单元之间的互耦有关，单元距离越近互偶越严重，工作带宽就越宽。为了进一步清晰地展现 D_y 变化对工作带宽变化的影响，在此将不同 D_y 与相应带宽的关系进行整理，如图6.67所示。

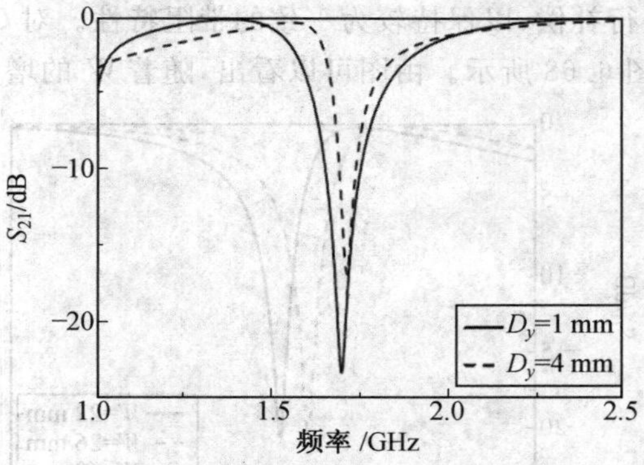

图 6.66　D_y 与工作带宽

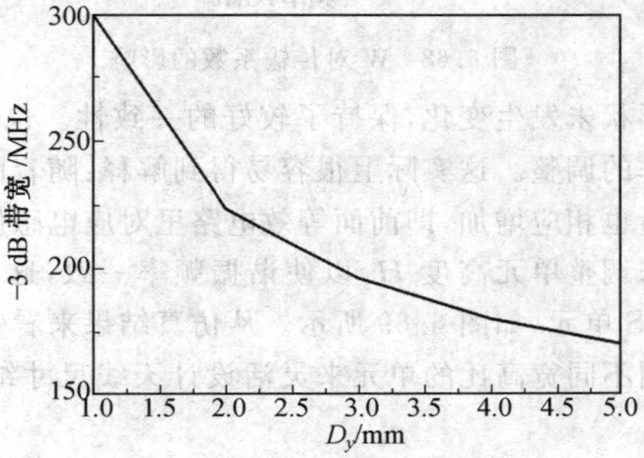

图 6.67　D_y 与相应带宽的关系

7. 宽高比调节

前面介绍过“磁环路陷阱”结构的原理，其设计的目的是通过这种 AFSS 来实现电扫描天线。结合 6.2 节介绍的天线结构可知，AFSS 条带间夹角为

$$\theta_{\text{AFSS}} = \theta_{\text{RPT}}$$

中心点到频率选择表面的距离为

$$r = R \times \cos \frac{\theta_{\text{RPT}}}{2}$$

式中　R——天线整体半径，为 D 的一半。

AFSS 表面间距为

$$d_{\text{Gap}} = R \times \sin \frac{\theta_{\text{RPT}}}{2} - \frac{D_x}{2}$$

从上述公式可以看出 AFSS 条带的宽度、天线直径及表面间距之间的关系。假如需要设计一个具有固定直径和条带数量的 ESRRA 天线，如果 AFSS 条带的宽度过宽则会造成条带之间的位置交错。或者从另一个角度来说，如果要求设计一个指定直径的 ESRRA 天线，可以通过改变 AFSS 宽度配合不同条带数量以满足要求。因此，有必要对 AFSS 条带宽度对性能的影响进行研究。

在本书中所采用的“磁环路陷阱”结构设计可以很方便地实现宽度变化，同时可以通过调整其高度对变化进行补偿，以保持较为一致的带阻特性。对 $C_T=3$ pF 时宽度(W)变化进行仿真，其结果如图 6.68 所示。由图可以看出，随着 W 的增大，谐振频率逐渐变低，

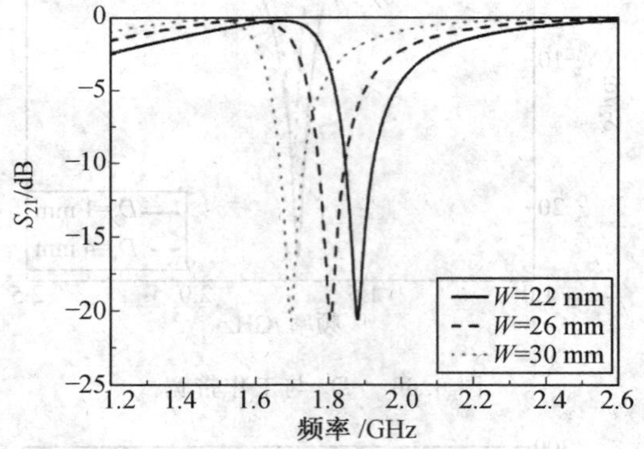

图 6.68　W 对传输系数的影响

但是传输系数的曲线形状未发生变化，保持了较好的一致性。也就是说可以通过这种方法实现对谐振中心频率的调整。这实际上很容易得到解释：随着图形宽度的增加，表面电流所产生的感生磁通量也相应增加，即前面等效电路里对应电感值增加，这就导致其对应谐振频率下降。接下来调整单元高度 H，以使谐振频率一致，这样就得到了谐振频率相同、宽高比不同的 AFSS 单元，如图 6.69 所示。从仿真结果来看传输系数相似，如图6.70 所示。这样就可以利用不同宽高比的单元来灵活设计天线尺寸结构，为天线整体设计带来了极大的方便。

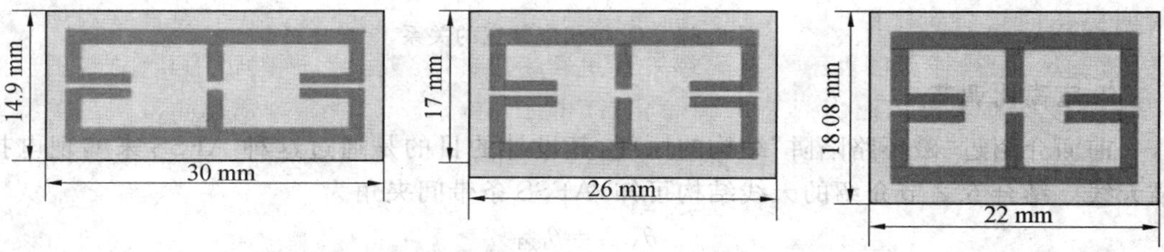

图 6.69　谐振频率相同、宽高比不同的 AFSS 单元

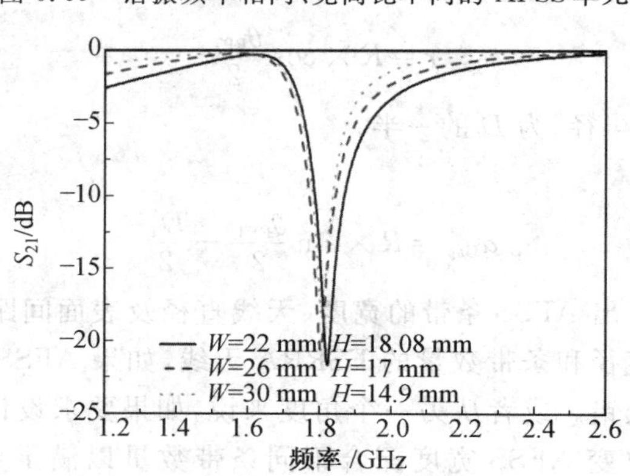

图 6.70　不同宽高比获得相似的传输系数

8. 实物测试

频率选择表面的测试方法有很多种。最普遍的方法是将尺寸足够大的频率选择表面放置于两个相同且对准的宽带喇叭天线之间，如图 6.71 所示。在旋转频率选择表面的同时测量其传输系数，从而得到各个入射角的频率选择表面传输系数。改变喇叭天线旋转角度还可以测量不同极化方向上的传输系数。这种方法是一种直观的方法，但是问题也很明显，就是要求频率选择表面具有较大的尺寸，如果频率选择表面尺寸较小，由于边缘绕射效应，测量结果将不准确。

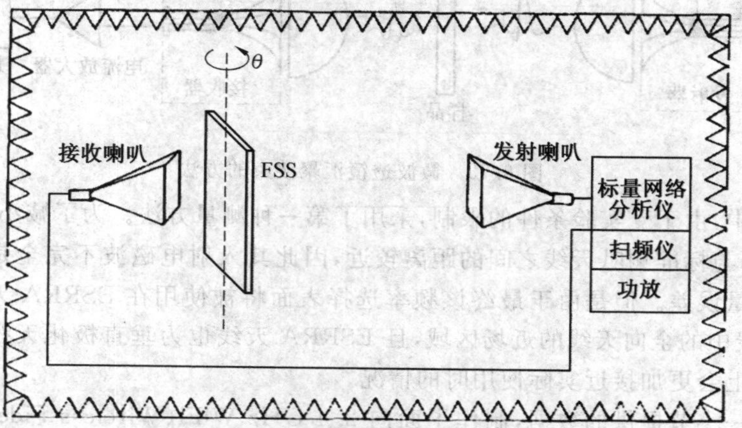

图 6.71　常见的传输系数测试方法

还有一种常用的方法是波导模拟法。这种方法是将频率选择表面的一个或几个单元放置于波导腔体内，通过测量波导的传输系数来测试频率选择表面，如图 6.72 所示。这种方法相对于第一种要方便可行，成本较低，不需要微波暗室就可以实现，而且不存在边缘效应问题。但是问题也同样明显：首先，单元被分开之后单元之间的互耦效应消失，会带来一定的误差；其次，入射角与极化角无法像第一种方法那样灵活调整；再次，波导的尺

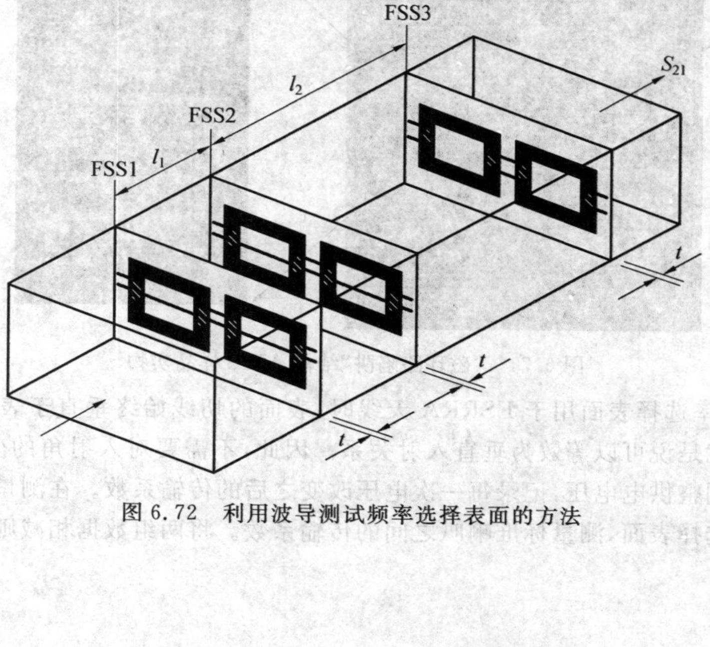

图 6.72　利用波导测试频率选择表面的方法

寸需要和频率选择表面单元的尺寸呈整数关系或者接近整数关系才可以实现测量。

为了解决上述两种方法所存在的问题，又有研究开始采用微波透镜汇聚波束的方法，如图 6.73 所示。这种方法是在第一种方法的基础上，在喇叭天线处增加微波透镜，使波束汇聚，从而避免或减弱边缘效应；或者在同样保证边缘效应不严重的情况下频率选择表面的尺寸可以适当缩小。

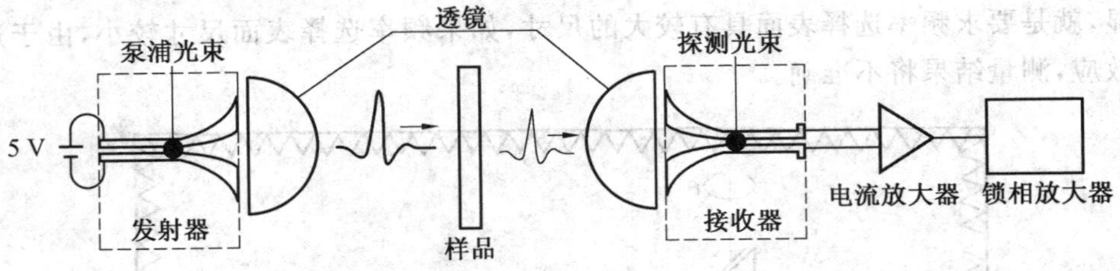

图 6.73　微波透镜汇聚波束的方法

在本节中，由于受实验条件的限制，采用了第一种测量方法。为了减小边缘效应的误差，被测表面与标准喇叭天线之间的距离较近，因此其入射电磁波不完全是平面波，会带来一定的测量误差。但是由于最终该频率选择表面将被使用在 ESRRA 天线上，并处于 ESRRA 天线中的全向天线的近场区域，且 ESRRA 天线也为垂直极化天线，因此最终测试结果实际上会更加接近实际使用时的情况。

根据前一小节提供的数据，制作了面向 2.4 GHz WiFi(Wireless Fidelity)应用的样品并完成了测试。实验样品采用 8×17 单元排列，共包括 136 个变容二极管，512 个电感。样品利用整张 PCB 进行加工以达到较大的面积。在 PCB 底部供电，所有单元获得相同的电压，“磁环路陷阱”结构 AFSS 样品实物及测试环境照片如图 6.74、图 6.75 所示。

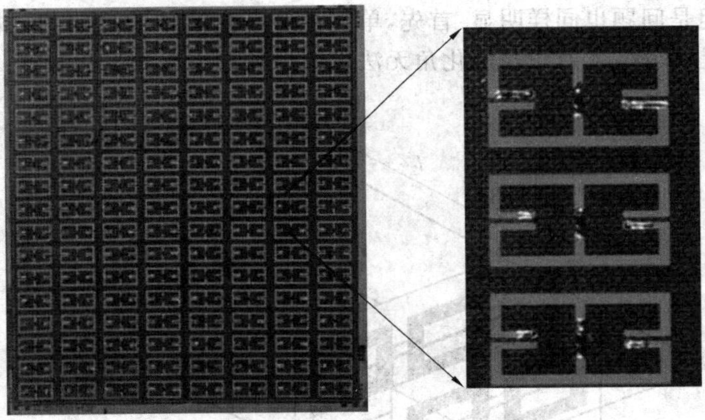

图 6.74　“磁环路陷阱”结构 AFSS 样品实物

由于该频率选择表面用于 ESRRA 天线时，表面的切线始终垂直于表面上该点到天线的连线，也就是说可以等效为垂直入射关系。因此，不需要对入射角的变化进行测量。测量时，逐渐调整供电电压，记录每一次电压改变之后的传输系数。在测量完传输系数之后，取下频率选择表面，测量标准喇叭之间的传输系数。将两组数据相减则得到频率选择

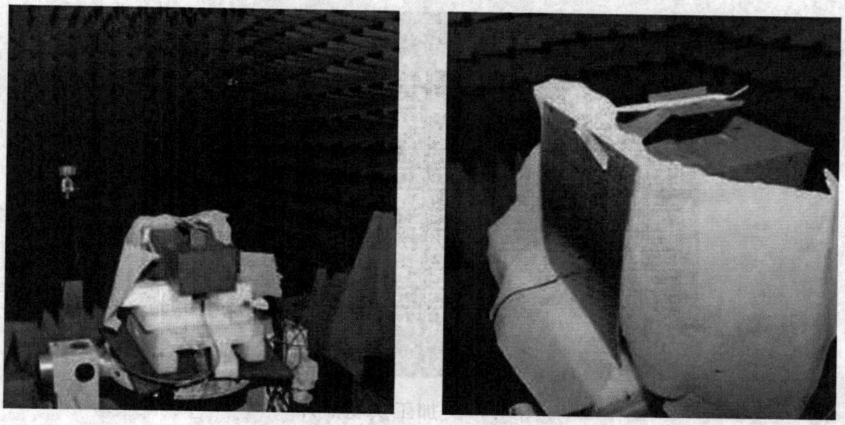

图 6.75　测试环境照片

表面的传输系数。将实测传输系数与仿真结果进行对比，如图 6.76 所示。从图中可以看出，AFSS 的调节范围以及带通特性与仿真结果类似。需要说明的是，由于两天线之间距离较远，因此测试的分辨率不高。并且由于测试使用的喇叭天线表面积较大，因此不可避免会存在信号泄漏以及在 AFSS 边缘绕射等现象。

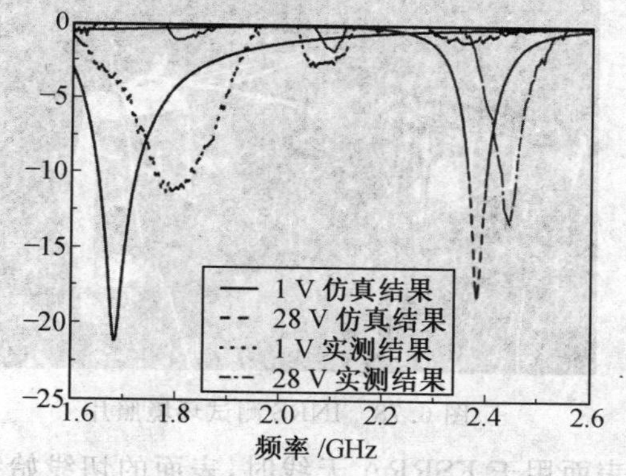

图 6.76　实测传输系数与仿真结果对比

上述实验中，该 AFSS 结构可以实现在 1.8～2.43 GHz 的调节，阻带宽度较窄，因此可以实现工作在 1.8～2.43 GHz 范围内的 ESRRA 天线。由于 AFSS 条带之间存在着明显的缝隙，导致阻带深度较浅，同时 AFSS 处于低反射频率状态时工作带宽较宽，而且实验发现在通带内波动较明显。因此，虽然这一样品获得了较宽的调节范围但是在一定程度上限制了进一步对 ESRRA 天线性能的研究。在后续天线部分的实验中采用这一样品制作了面向 2.4 GHz 的 WiFi 应用的 ESRRA 天线，而没有对其进行性能方面的深入研究。同时由于所采用的偏置网络引线宽度过窄(0.1 mm)，加工后发现偏置网络易损坏。因此在上述设计的基础上，又对单元参数进行微调加宽了偏置网络引线，通过单元尺寸与线条宽度将反射带宽变窄以获得更低的通带损耗，加工实物照片如图 6.77 所示。测量时将 14 根 AFSS 条带固定成一排，以获得比之前更大的覆盖面积。

在上一次实验中，由于喇叭天线之间的距离较远，信号在空间衰减较大使得测试结果的分辨率较低；同时喇叭口尺寸过大而不得不将表面覆盖在喇叭口处以覆盖信号传输路

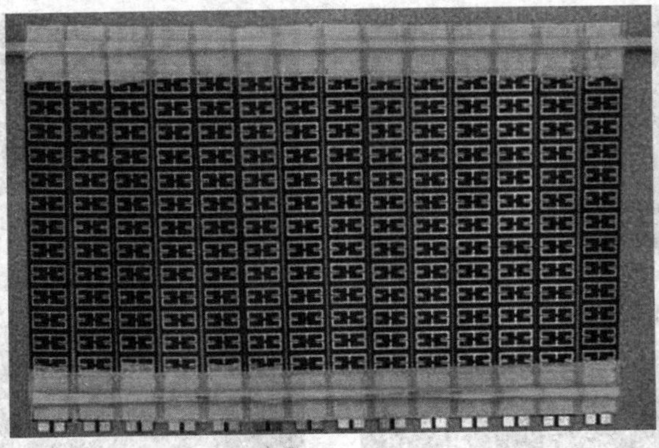

图 6.77 加工实物照片

径。因此测试结果的精确度受到影响。本次实验在加拿大国家科学技术研究院(INRS)完成,采用了较小口径的喇叭天线,这样可以使表面与喇叭口保持一定的距离,使场的分布更接近平面波,如图 6.78 所示。

图 6.78 INRS 测试环境照片

由于该频率选择表面用于 ESRRA 天线时,表面的切线始终垂直于表面上该点到天线的连线,也就是说可以近似等效为垂直入射。因此,不需要对入射角的变化进行测量。测量时,逐渐调整供电电压,记录每一次电压改变之后的传输系数。在测量完传输系数之后,取下频率选择表面,测量标准喇叭之间的传输系数,将两者相减则得到频率选择表面的传输系数,将实测结果与仿真结果进行对比,如图 6.79 所示。

从图中可以看出,当供电电压由 0 V 变化至 30 V 时,阻带平滑移动。阻带中心频率范围为 1.69～1.92 GHz。反射深度在－20 dB 左右,在阻带左侧 1.73 GHz 附近的通带具有良好的透过性,并且可以实现很深的反射深度,利用这一频点可以实现性能较高的 ESRRA 天线。但是同时应该注意到该样品的调节范围变小,这将影响 ESRRA 天线的可用频率范围。目前怀疑引起该现象的原因是变容二极管批次不同,具体原因有待于后续研究。但是这并不影响利用该 AFSS 制作 ESRRA 天线并研究 ESRRA 天线在窄带宽范围内所能达到的性能水平,尤其是研究辐射方向问题。可以认为该 AFSS 可以满足 ESRRA 天线的理论问题研究需要。

通过图 6.80 中的 AFSS 控制电压与阻带中心频率关系说明方向电压与阻带中心频

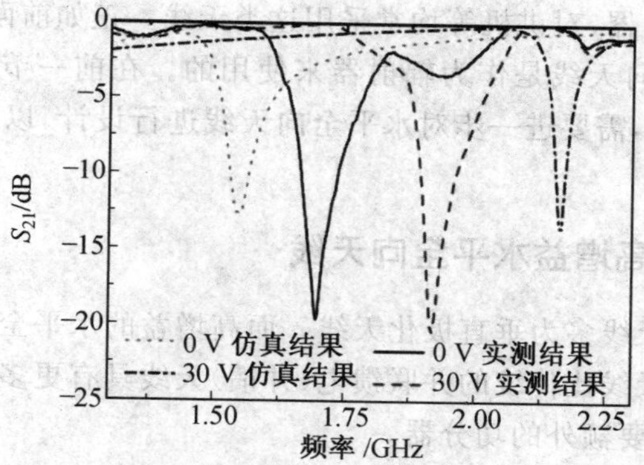

图 6.79　实测不同电压时的传输系数实测结果与仿真结果对比

率呈单调正相关的关系。该曲线可以在后续的研究工作中用来分析变容二极管与单元之间的关系以及更加精确地验证和修正等效电路的理论模型。原则上说可以利用该曲线所提供的电压与阻带中心频率的关系来控制和确定 ESRRA 天线的反射面电压,但是由于测试时 AFSS 是呈平面状态的,而在用于 ESRRA 天线时 AFSS 平面被围绕成柱状,因此加重了单元间耦合,频率特性也随之发生变化,最明显的是频率的平移,这一点在后续天线实验部分可以观察到。

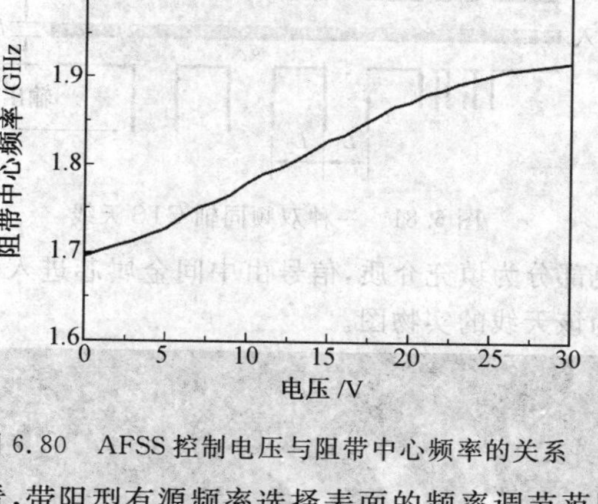

图 6.80　AFSS 控制电压与阻带中心频率的关系

就目前研究进展来看,带阻型有源频率选择表面的频率调节范围受限于变容二极管的性能和 AFSS 单元性能。近年来随着半导体技术的进步,变容二极管的电容调节范围也在逐步提高。而 AFSS 的单元性能也存在提升空间,这方面可以通过采用高性能材料和优化单元结构来进一步完善。即便如此,本节所实现的调节范围已经可以涵盖 2.4～2.483 GHz 的 WiFi 频段或者 1 800 MHz 的全球移动通信系统(Global System for Mobile Communication,GSM)频段。对于多协议同时覆盖和超宽带应用的需求,尚需进一步提高性能。

6.4　ESRRA 辐射器的设计

水平全向天线是最常见的天线之一,在通信、广播、无线传输等领域都有广泛的应用。

目前大多数的无线路由器、对讲机等均常采用这类天线。正如前面介绍的那样，对于ESRRA天线来说水平全向天线是作为辐射器来使用的。在前一节已经完成了用于ESRRA天线的AFSS研究，需要进一步对水平全向天线进行设计，以最终完成ESRRA天线的整体设计。

6.4.1 常见的高增益水平全向天线

常见的水平全向天线多为垂直极化天线。而高增益的水平全向天线通常采用串联馈电(串馈)形式。串馈天线比传统的并联馈电(并馈)天线具有更多优点，它的体积更紧凑，结构更简单，而且不需要额外的功分器。

1. 同轴 CTS 天线

同轴CTS(Continuous Transverse Stub)天线是在波导连续开槽天线的理论基础上，将其应用于同轴线的一种较为新颖的串馈天线。这种天线由美国盐湖城大学的Zhang Zhijun等人首先提出，并在后续研究中通过串联不同频段的CTS天线实现了多频化。图6.81所示为一种双频同轴CTS天线。

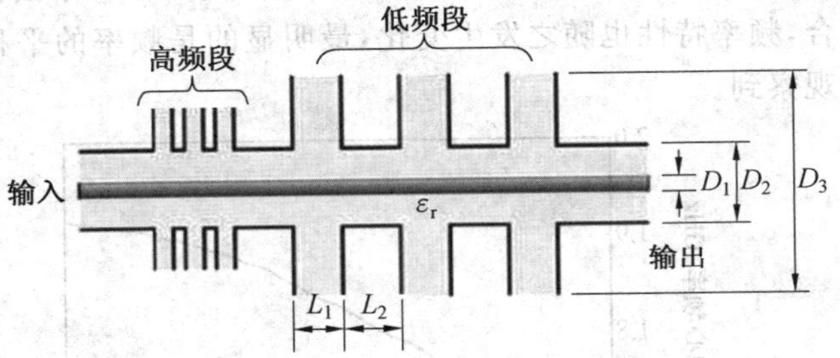

图 6.81　一种双频同轴 CTS 天线

图6.81中的灰色部分为填充介质，信号由中间金属芯进入，并在经过的开槽处辐射出去。图6.82所示为该天线的实物图。

图 6.82　一种双频同轴 CTS 天线的实物图

2. ECCD 天线

ECCD(Electromagnetically Coupled Coaxial Dipole)天线最早由日本广岛大学的浦崎修治(ShujiUrasaki)教授所带领的团队于2000年左右提出。这种天线是将同轴线开槽，在开槽处设置直径较粗的金属套筒，从原理上说和同轴CTS天线比较接近。图6.83

所示为 ECCD 天线结构与相应的等效电路模型。

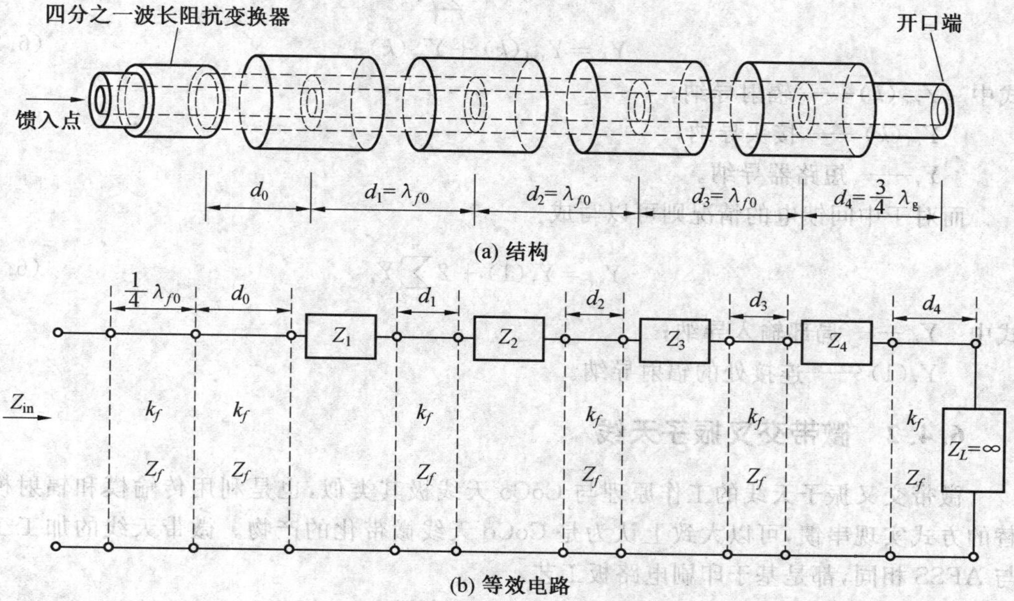

图 6.83　ECCD 天线结构与相应的等效电路模型

3. CoCo 天线

同轴电缆是微波领域常用的信号传输组件，它也常被用来制作天线，如通过扩口的同轴线实现高效天线等。CoCo 天线用途广泛，可以取代偶极子阵列中的单元实现更简单的馈电。由于 CoCo 天线具有低成本、容易馈电、制作方便，以及全向高增益等特点，因此被广泛应用在低成本基站、无线局域网等领域。

CoCo 天线也常被称作同轴交叉串馈天线，是一种利用同轴电缆线段交错焊接而制成的串馈天线，其结构及等效电路模型如图 6.84 所示。信号进入天线之后，沿线交替工作于传输模、辐射模，从而实现串联阵列的结构。CoCo 天线可以从中间馈电，也可以从末端馈电，无论哪种形式都有类似的等效电路。

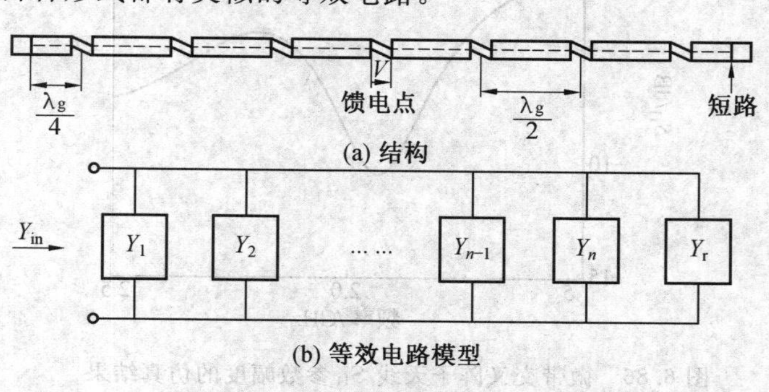

图 6.84　CoCo 天线结构及等效电路模型

从输入阻抗来看，单端馈电的 CoCo 天线具有如下的形式：

$$Y_{in}=Y_r+\sum_{k=1}^{n}Y_k \tag{6.19}$$

$$Y_k=Y_{rad}(k)+Y_{cn}(k) \tag{6.20}$$

式中 $Y_{rad}(k)$—— 辐射导纳；

$Y_{cn}(k)$—— 接头导纳；

Y_r—— 短路器导纳。

而对于中间馈电的情况则可以写成

$$Y_{in}=Y_r(1)+2\sum_{i=2}^{n}Y_i \tag{6.21}$$

式中 Y_{in}—— 局部输入导纳；

$Y_r(1)$ ——连接处的辐射导纳。

6.4.2 微带交叉振子天线

微带交叉振子天线的工作原理与 CoCo 天线极其类似，也是利用传输模和辐射模交替的方式实现串馈，可以大致上认为是 CoCo 天线微带化的产物。微带天线的加工工艺与 AFSS 相同，都是基于印刷电路板工艺。

在本节中，采用了三单元的结构，如图 6.85 所示。

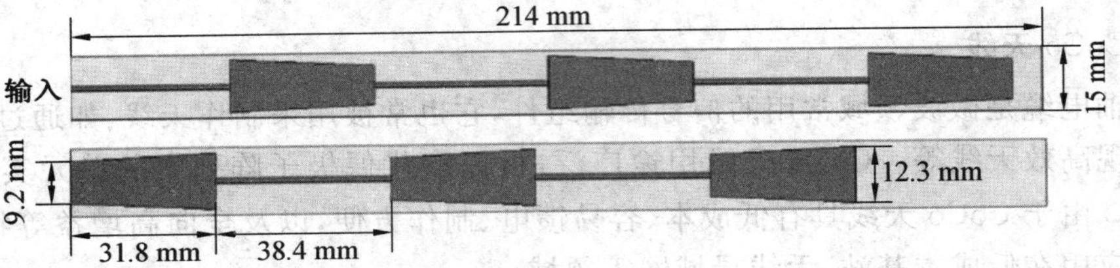

图 6.85 微带交叉阵子天线及尺寸

通过全波仿真分析得到反射系数(S_{11})参数幅度的仿真结果，如图 6.86 所示。

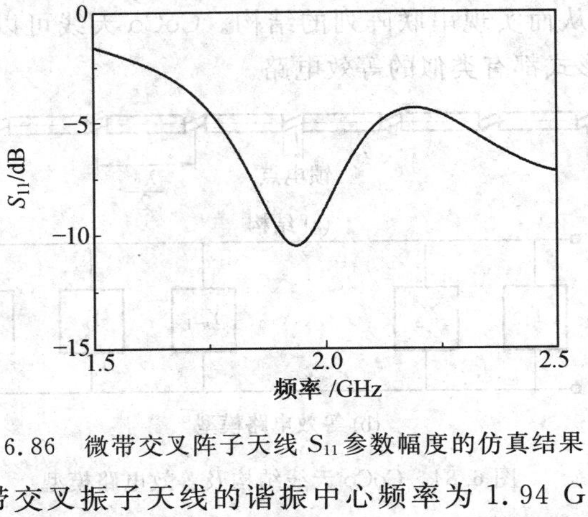

图 6.86 微带交叉阵子天线 S_{11} 参数幅度的仿真结果

通过仿真发现，微带交叉振子天线的谐振中心频率为 1.94 GHz，水平最大辐射为 1.8 GHz左右，其辐射方向图仿真结果如图 6.87 所示，天线的最大增益为 4.4 dBi，主瓣 3 dB宽度为 36°。

利用微带实现的高增益全向天线是一种很好的低成本解决方案，同时其加工精度较高。但是对于直径较小的 ESRRA 天线来说，围绕在中央辐射天线周围的 AFSS 条带实际处于天线的近场区域，而微带天线是一种扁平的形式。也就是说，当 ESRRA 天线的直径较小时，如果内置贴片全向天线则很可能会由于其较宽的宽度导致内场分布不对称，从而带来不利影响。因此，只有在 ESRRA 天线直径较大时，中间天线到达周围 AFSS 条带的距离已经接近远场时采用内置贴片天线才比较合适。由此考虑采用直径更小的天线作为辐射器。

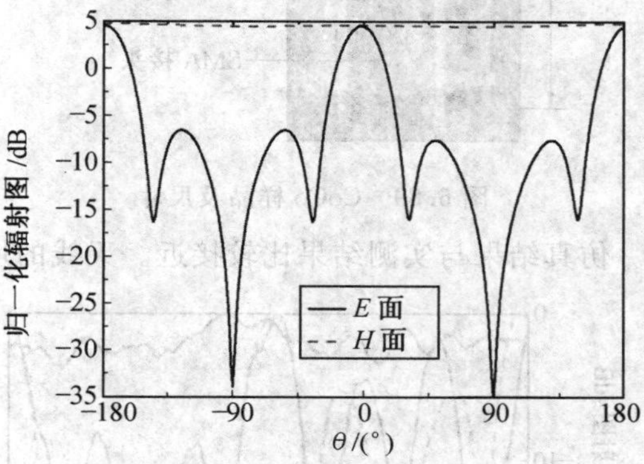

图 6.87　微带交叉阵子天线辐射方向图仿真结果

6.4.3　CoCo 天线设计与测试

ESRRA 天线需要在其内部放置全向天线。单极子天线、偶极子天线等低增益天线都可以达到目的。为了验证其 ESRRA 天线具有可以实现 E 面高增益的特点，设计了一款高增益 CoCo 天线作为其辐射器以完成测试。在前一节中通过 AFSS 的实验发现第二款实验样品在 1.75 GHz 左右呈现出非常好的透射和反射特性，可以用来实现 ESRRA 天线，因此这里以 1.75 GHz 为设计的目标频点。CoCo 天线的一般结构如图 6.88 所示。在这个设计中，采用了 Amphenol 公司生产的 RG142 电缆，电缆型号为 135110－07－36.00。经过较短的馈线段之后，CoCo 天线转为辐射模段，之后是传输模段，依次交替。

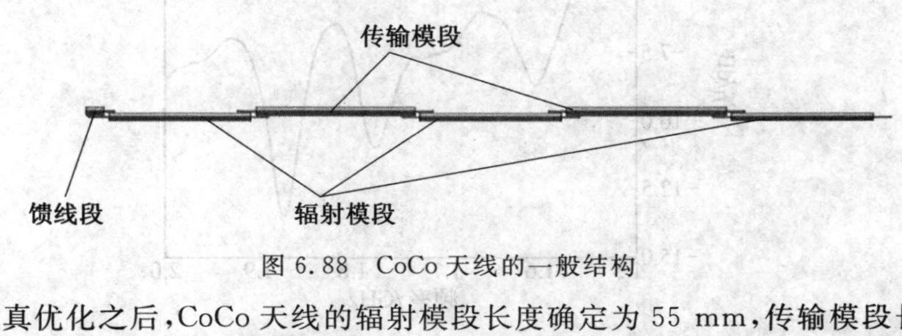

图 6.88　CoCo 天线的一般结构

通过仿真优化之后，CoCo 天线的辐射模段长度确定为 55 mm，传输模段长度确定为 62 mm，总长度为 278 mm。对该天线进行了加工，并将其放置于 ESRRA 天线的介质支架内，如图 6.89 所示。

对 CoCo 天线在 1.75 GHz 的辐射方向图进行了测量，并与仿真结果进行了对比，对

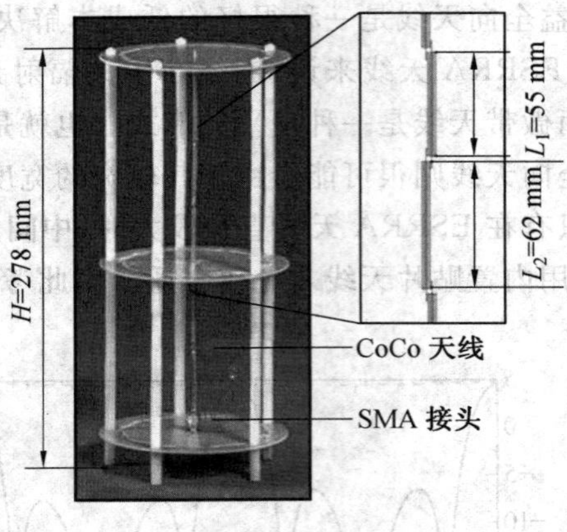

图 6.89　CoCo 样品及尺寸

比结果如图 6.90 所示。仿真结果与实测结果比较接近。天线的增益为 5.19 dBi。

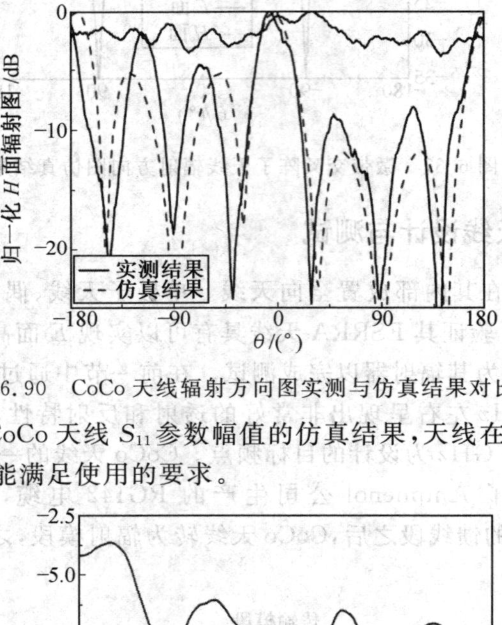

图 6.90　CoCo 天线辐射方向图实测与仿真结果对比

图 6.91 为实测的 CoCo 天线 S_{11} 参数幅值的仿真结果，天线在 1.75 GHz 附近 S_{11} 参数幅度低于－10 dB，性能满足使用的要求。

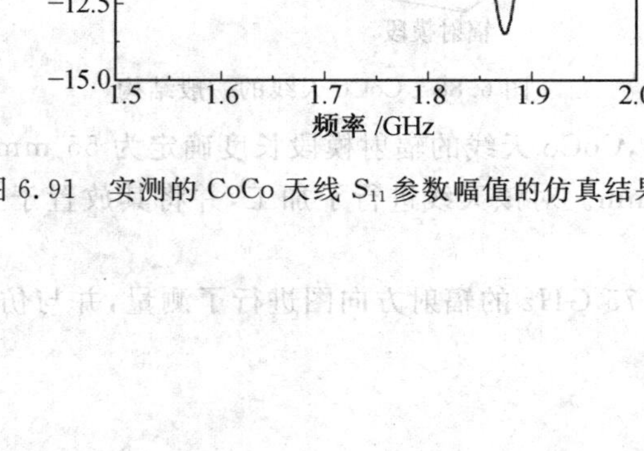

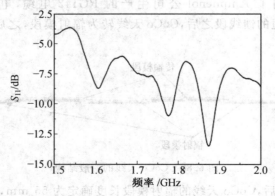

图 6.91　实测的 CoCo 天线 S_{11} 参数幅值的仿真结果

6.5　ESRRA 系统的测试与验证

在本章前四节分别完成了 ESRRA 天线的 AFSS 以及辐射器的设计。为验证这些理论的正确性以及设计的合理性，本节设计制作了两款 ESRRA 天线样品并分别对其进行了实测验证。

6.5.1　小型化 ESRRA 天线

随着信息化技术的发展，越来越多的无线局域网开始进入家庭和办公环境，无线局域网信道开始逐渐拥挤。而智能天线可以根据用户需要使信号能量集中于某方向，从而降低功耗以及对周边网络的影响，同时屏蔽周边信号对所在网络信号的干扰。

针对这一典型应用，本书根据前面提出的 ESRRA 天线结构，利用前文所完成的 AFSS，设计加工了一款小型化 ESRRA 天线。

1. 小型化 ESRRA 天线的结构设计及工作方式

该天线采用六组 AFSS 条带环绕一个单极子天线。每个 AFSS 条带由三个单元组成。AFSS 条带采用的是 6.3 节完成设计和测试的磁环路陷阱结构设计。该天线的结构如图 6.92 所示。由于单极子天线并不具有宽带特性，因此在这里并没有利用第一种 AFSS 样品能够进行宽带调节的特性，因此只在 2.4 GHz 单一频点进行了仿真和设计，以证明制作小型化低成本 ESRRA 天线的可行性。

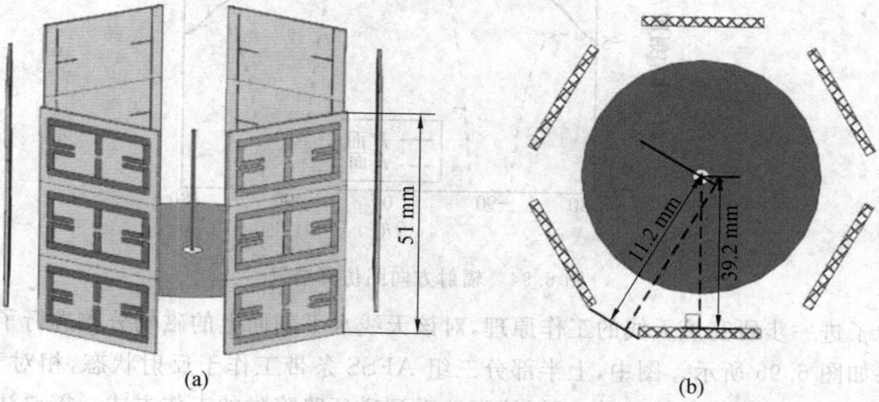

图 6.92　小型化 ESRRA 天线结构

该天线的直径为 41.2 mm，天线中心至 AFSS 条带距离为 39.2 mm。天线的控制模式如图 6.93 所示。由于受条带数量限制，主模式 3－3 模式与 4－2 模式之间的夹角为 30°，两个准模式之间为 2－1－3 过渡模式。由于条带数量较少，因此暂不考虑多波束模式。

2. 小型化 ESRRA 天线的仿真分析

首先对这一设计进行全波仿真分析，得到了 3－3 模式的 E 面和 H 面的辐射方向图，仿真结果如图 6.94 所示。在图中很明显地观察到了该天线的方向性，天线的增益为

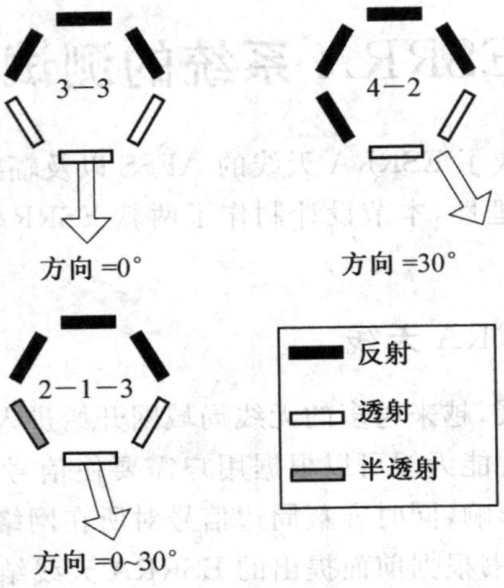

图 6.93　天线的控制模式

2.97 dB。相对于 AFSS 单元的结构细节来说，该天线的尺寸无疑是巨大的。由于天线的性能是由 AFSS 单元细节决定的，因此需要利用数量庞大的网格来细分天线结构，仿真速度非常缓慢。本节中只对最主要的 3−3 模式进行仿真。

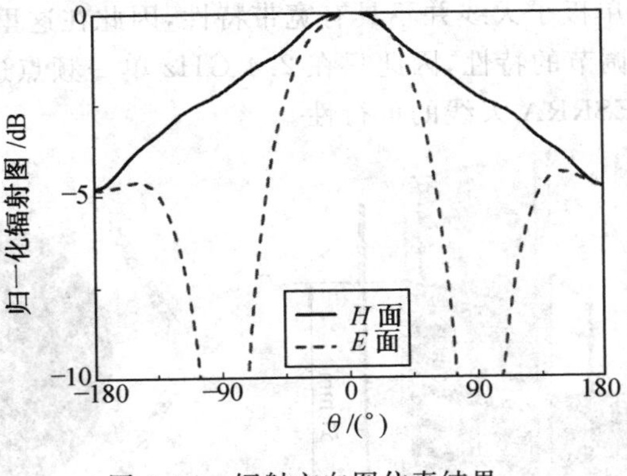

图 6.94　辐射方向图仿真结果

为了进一步研究该天线的工作原理，对该天线水平剖面上的磁场分布进行了仿真，仿真结果如图 6.95 所示。图中，上半部分三组 AFSS 条带工作于反射状态，相对于下半部分的三组处于透射状态的条带，可以清晰地看到磁环路陷阱的工作方式。需要注意的是，工作于反射状态下的条带之间的耦合，即有部分磁场从单元一侧进入，透过单元后进入相邻的另一单元。但是这部分磁场也起到存储能量的作用，对工作原理不造成破坏。这个仿真结果揭示了该天线工作时 AFSS 对辐射方向的控制作用。

相同条件下电磁能量绝对值的分布情况如图 6.96 所示。图中以等高线的形式表示磁场能量的场分布，可以很清晰地看到在 AFSS 反射时能量聚集于单元周围，而透射时能量能够自由穿过单元向远处传播。

该天线实物如图 6.97 所示，为了保持条带之间的相对位置，采用了 FR4 介质板作为固定支架材料。条带底部通过引线连接电压控制器实现对 AFSS 的控制。

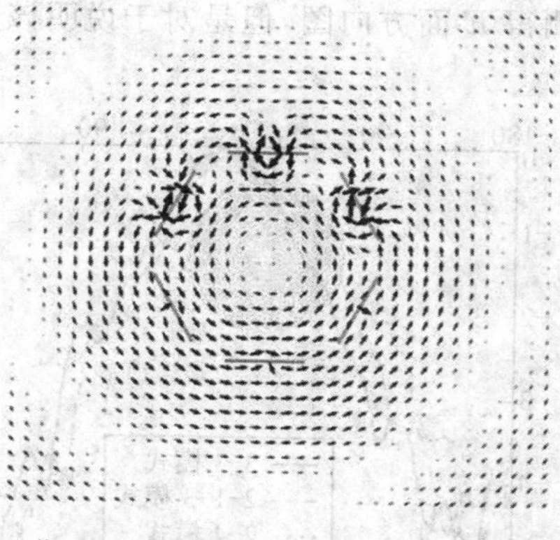

图 6.95　小型化 ESRRA 天线水平剖面上的磁场分布仿真结果

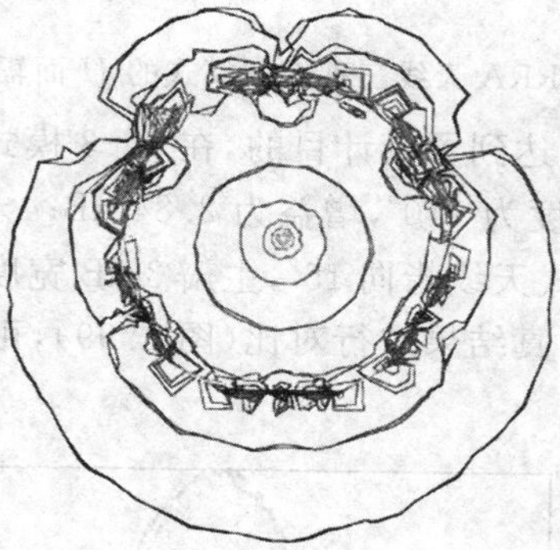

图 6.96　小型化 ESRRA 天线近场能量分布

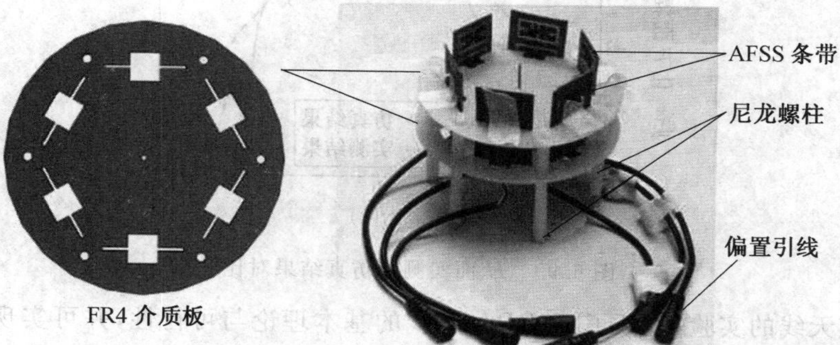

图 6.97　小型化 ESRRA 天线实物

为测量该天线的方向图，将该天线放置于暗室内距离接收天线 3 m 外的转台上，将如图 6.93 所示的 0°方向对准一个宽带喇叭天线，通过逐渐调节反射面的反转电压，观察 S_{21} 曲线。当电压为 25 V 时 S_{21} 在 2.4 GHz 达到最大值，将该电压记为反射电压。完成主模式测试之后，将天线对准 15°方向，并通过逐渐改变半透射条带的偏置电压，当 S_{21} 在 2.4 GHz 达到最大值时进行方向图测试，该电压为 28 V。最终得到了如图 6.98 所示的三种控制模式的 H 面辐射方向图实测结果。虽然受条件限制，该天线水平固定在转台上时无法精确保持原位，未能测得 E 面方向图，但是对于说明该天线工作原理来说，H 面方向图是主要依据。

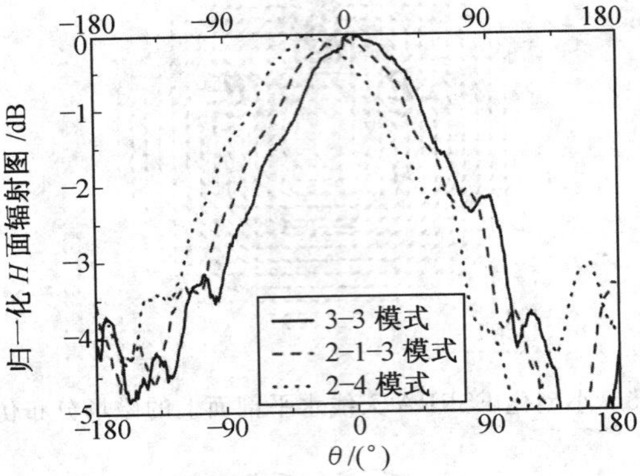

图 6.98　小型化 ESRRA 天线三种控制模式的 H 面辐射方向图实测结果

在上图中可以看出该天线达到了设计目的，在 3—3 模式时，天线的辐射方向指向 0°，增益为 2.81 dB，主瓣 3 dB 宽度为 110°，增益为 2.84 dB；4—2 模式时天线指向 30°，主瓣 3 dB 宽度为 119°；2—1—3 模式天线指向 15°，主瓣 3 dB 宽度为 117°，增益为 2.80 dB。将 3—3模式的实测结果与前面仿真结果进行对比(图 6.99)，可见实测结果与仿真结果吻合较好。

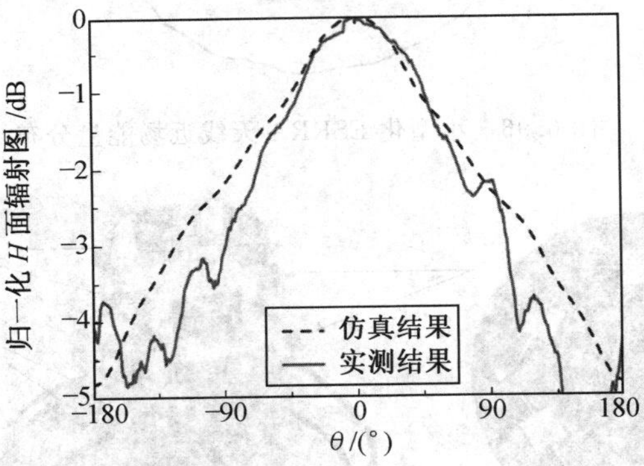

图 6.99　H 面实测与仿真结果对比

通过该天线的实验，验证了 ESRRA 天线的基本理论与可行性，并可实现小型化、低成本。

6.5.2　高增益 ESRRA 天线

1. 高增益 ESRRA 天线的结构设计

为了验证 ESRRA 天线的设计理论，本书对高增益的 ESRRA 天线进行了加工与实际测量。图 6.100 所示的高增益 ESRRA 天线实物采用的有源频率选择表面为纵向延伸十七单元结构，底部设计有金手指插针，插入下方的插槽以连接反向偏压。插槽均匀分布在环形电路板上，并在内部安装有多针杜邦接头，以连接电压控制器。天线系统由 FR4

板材与尼龙螺柱组成的固定支架进行固定和支撑。组装时将频率选择表面滑入开槽并插入插槽进行固定。CoCo 天线穿过 FR4 板中央的圆孔进行定位。与天线系统连接的电压控制器由 ATMega64 单片机进行控制，单片机控制多片高压数模转换器（Digital to Anolog Converter，DAC）为天线提供反向偏压。单片机通过串口连接计算机，计算机通过 Matlab 软件对电压进行控制。通过上一节对频率选择表面的测量，最终决定采用 1.78 GHz作为天线系统的中心频率。

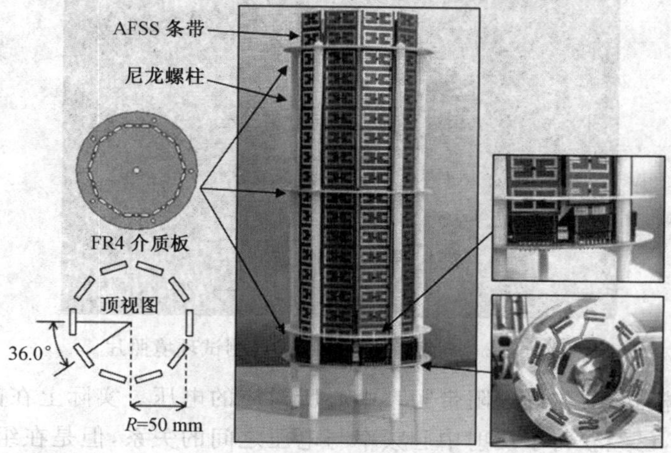

图 6.100　高增益 ESRRA 天线实物

2. 单波束模式的测量

为了更准确地测量该天线，设计了基于单片机控制的电压控制器，如图 6.101 所示。在计算机上运行 Matlab 程序，程序通过串口向单片机发送指令以控制电压输出。这就避免了手动控制电压所带来的误差。

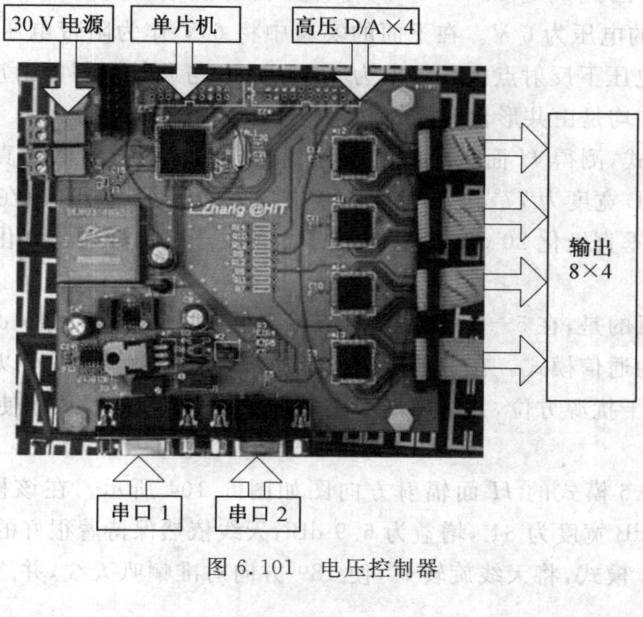

图 6.101　电压控制器

此次实验是利用加拿大 INRS—EMT 实验室提供的测试场地和测试条件完成的，测量了 E 面、H 面的辐射方向图，还测量了水平极化的 H 面辐射方向图。测量时天线均通过水准仪调平以确保实验结果准确。图 6.102 所示为高增益 ESRRA 天线测试环境照片。

图 6.102 高增益 ESRRA 天线测试环境照片

对于单波束模式，要先确定阻带频率中心所对应的电压。实际上在前面频率选择表面的测试过程中，已经获得了反射中心频率与电压之间的关系，但是在组装之后，由于表面共形化会影响表面的频率特性，因此需要重新确定反射频率。将待测天线放置于微波暗室内，连接于矢量网络分析仪的一个端口，另一端口连接一个标准宽带喇叭天线，该喇叭天线以垂直极化方式对准待测天线，通过调整面向喇叭天线的频率选择表面的反向偏置电压，改变其阻带频率，利用较深的阻带深度查找频率选择表面的反射电压。通过反复观察矢量网络的频域响应曲线，确定在 1.78 GHz 处频率选择表面可以实现良好的透射特性和反射特性，因此确定 1.78 GHz 为研究辐射频率。实验测得反射频率中心在 1.78 GHz时对应的电压为 6 V。在下面的实验中将 6 V 作为阻带电压。第 3 章测得的数据显示在 6 V 电压下反射点中心频率为 1.74 GHz 与此处测得的对应频率略有偏差，分析认为这些偏差均是由共形化造成的。

针对 5—5 模式，测得 H 面水平和垂直极化方向的辐射方向图仿真结果如图 6.103 所示。其主瓣 3 dB 宽度为 77°，主瓣指向 180°方向，增益为 7.0 dBi。在另一个极化方向上，辐射强度低于垂直极化 20 dB 以上，验证了之前关于二次辐射与极化方向之间关系的推论。

另外值得注意的是，在 5—5 模式下，零点深度低于主瓣幅度 51.9 dB，说明这种模式可以用于抗干扰的通信模式。在电子对抗或者通信存在干扰源时，可以利用零点深度扫描各个方向，找到干扰源方位，并将零点深度对准干扰信号来源，从而使通信系统的抗干扰能力大大增强。

与此类似，4—6 模式的 H 面辐射方向图如图 6.104 所示。在该模式下，主瓣指向 196°方向，主瓣 3 dB 宽度为 84°，增益为 6.9 dBi，天线依然保持着很好的垂直极化特性。

对于 4—5—1 模式，将天线旋转 9°，使 189°方向对准喇叭天线，并逐渐调整处于边缘

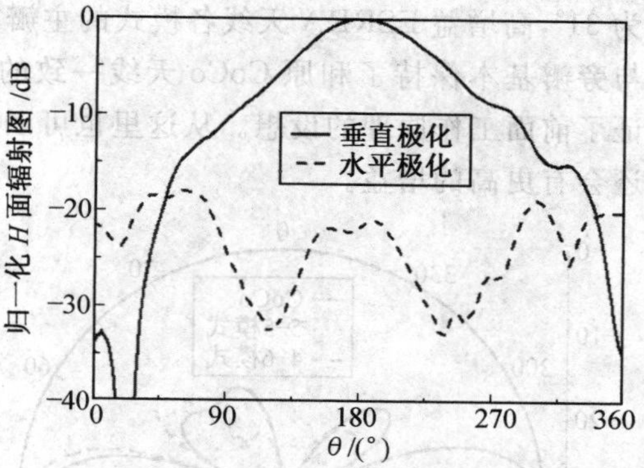

图 6.103　5－5 模式 H 面水平和垂直极化方向的辐射方向图

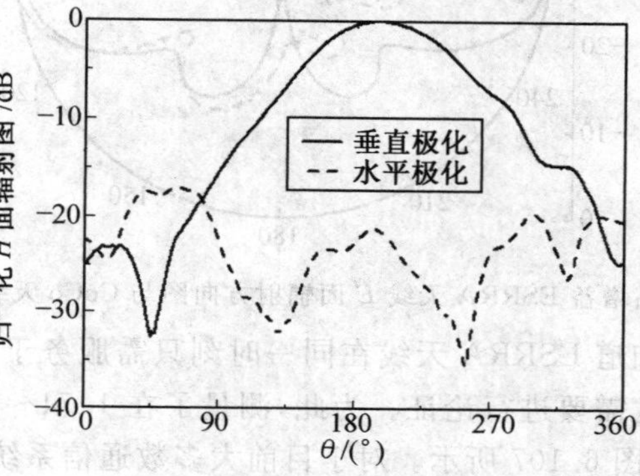

图 6.104　4－6 模式的 H 面辐射方向图

的频率选择表面条带的反向偏置电压，以使其在该方向上辐射强度达到最大。最终确定该电压为 12 V，并测得如图 6.105 所示的辐射方向图。在该模式下，主瓣 3 dB 宽度为 88°，指向 192°方向，增益为 6.6 dBi。

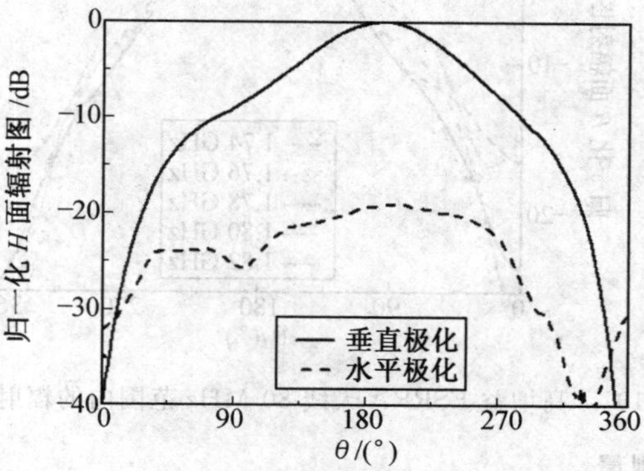

图 6.105　4－5－1 模式 H 面方向图

高增益 ESRRA 天线的工作原理是利用有源频率选择表面来控制天线水平方向的方向图，而天线垂直方向即 E 面辐射方向图是由放置于中央的天线决定的。对天线的 E 面辐射方向图进行了测量，并与 CoCo 天线进行了对比，仿真结果如图 6.106 所示。其中

CoCo 天线的主瓣宽度为 31°，高增益 ESRRA 天线各模式的主瓣宽度均为 32°。可见在辐射方向上，天线的主瓣与旁瓣基本保持了和原 CoCo 天线一致的特性。而在反方向上阻止了天线辐射，由此验证了前面工作原理的设想。从这里也可以推论出，当采用更高增益的全向天线后，该天线还会有更高的增益。

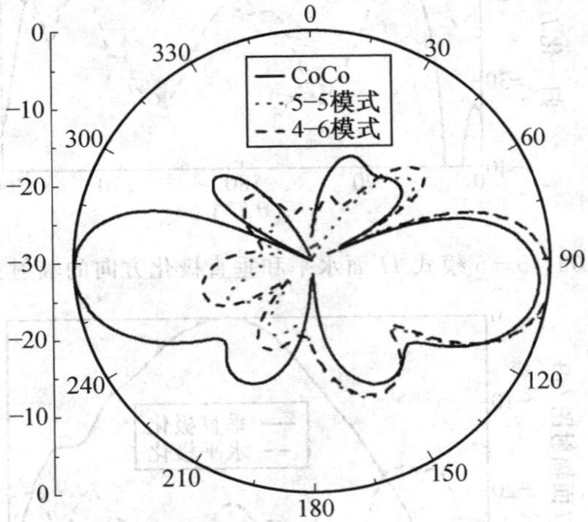

图 6.106　高增益 ESRRA 天线 E 面辐射方向图与 CoCo 天线对比仿真结果

在前面的讨论中知道 ESRRA 天线在同一时刻只需服务于一个单独的信道，因此对辐射方向图的工作带宽需要进行论证。为此，测量了在 1.74～1.82 GHz 的 80 MHz 范围内辐射的方向图，如图 6.107 所示。对于目前大多数通信系统来说，80 MHz 的信道工作带宽是可以满足需求的。由图 6.107 中可以看出，在 80 MHz 范围内，该天线保持了较好的方向性。

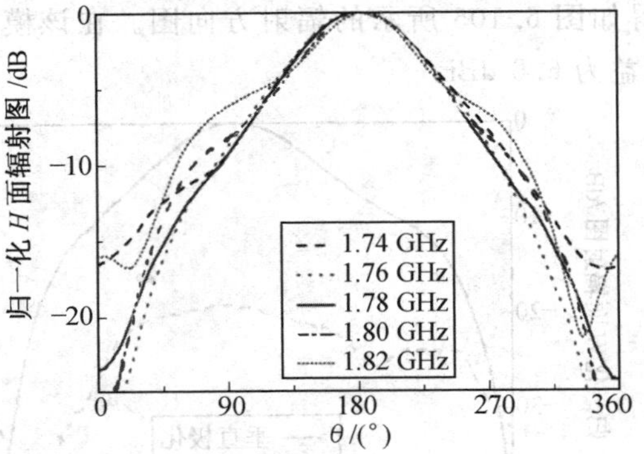

图 6.107　高增益 ESRRA 天线 80 MHz 范围内的辐射方向图

3. 多波束模式的测量

在完成了单波束模式之后，又对高增益 ESPPA 天线的多波束模式进行了测量。前面曾经提到多波束模式有很多种配置方式，在这里采用了图 6.108 所示的三种主要模式，以说明高增益 ESRRA 天线的灵活性。可想而知，如果高增益 ESRRA 天线的有源频率选择表面的条带数量越多，多波束方式就越多，控制上也越灵活。

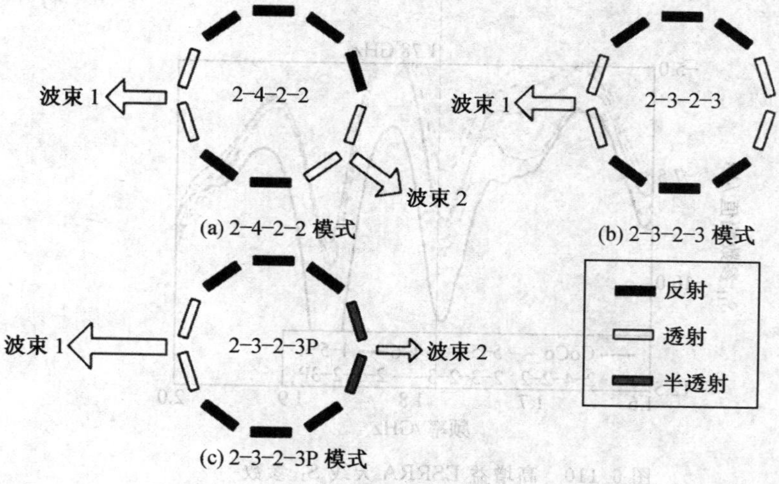

图 6.108　多波束模式控制方法

为了方便比较，将这三种模式的 H 面垂直极化的辐射方向图放在一起，如图 6.109 所示。由图可以看出，信号的辐射方向与设计的模式相吻合，其中 2－3－2－3 模式和 2－3－2－3P模式是两种辐射比例关系不同的模式，对辐射比例的控制取决于频率选择表面的连续调整特性。

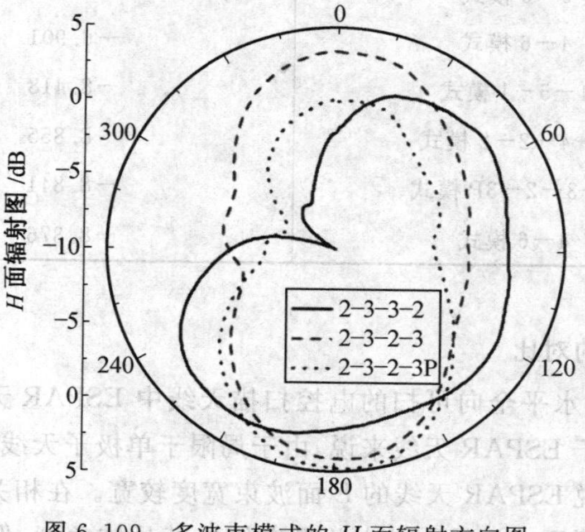

图 6.109　多波束模式的 H 面辐射方向图

4. 高增益 ESPPA 天线的匹配测量

由于高增益 ESRRA 天线的原理是在天线近场改变其辐射方向，因此在不同的配置方式下天线的特征阻抗会发生变化，从而影响天线的匹配。不同模式下的 S_{11} 参数幅度如图 6.110 所示。

由图 6.110 可以看出，在 4－6 模式下对天线的辐射影响较为严重。从这些数据中可以总结出一个规律，就是起到阻拦作用的频率选择表面条带数量越多，其 S_{11} 参数就越恶化。在 1.78 GHz 下所测得的 S_{11} 参数绝对值见表 6.1。说明在设计位于中央的全向天线时应该尽量优化 S_{11} 参数，以保留尽量多的余量。另一方面，天线的阻抗匹配可以考虑在

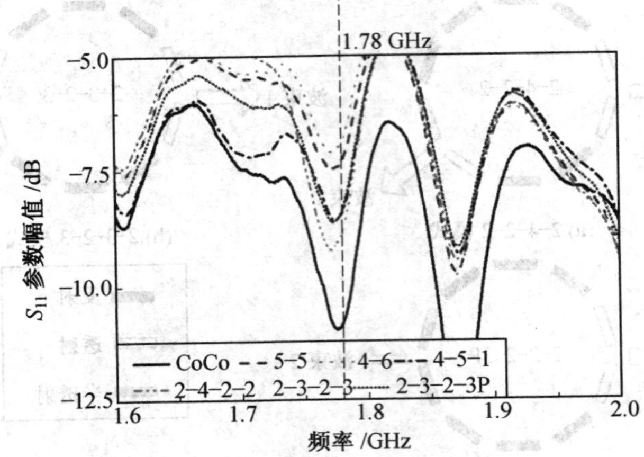

图 6.110　高增益 ESRRA 天线 S_{11} 参数

有反射条带的情况下进行。

表 6.1　1.78 GHz 下 S_{11} 参数绝对值

模式	绝对值/dB
CoCo	−10.841
5−5 模式	−7.339
4−6 模式	−6.901
4−5−1 模式	−8.418
2−4−2−2 模式	−8.855
2−3−2−3P 模式	−8.841
4−6 模式	−8.376

5. 与同类型天线的对比

前面曾经指出，在水平全向可扫的电控扫描天线中 ESPAR 天线与 INRS 研制的天线性能较好。然而对于 ESPAR 天线来说，由于局限于单极子天线的高度，因此很难实现 *E* 面高增益。也就是说 ESPAR 天线的 *E* 面波束宽度较宽。在相关文献中提供的 *E* 面辐射方向图如图 6.111 所示。虽然文献中并没有给出其具体角度，但是在图中不难观察到该天线的主瓣−3 dB 宽度在 120°左右。对比本书中参考图 6.106 中达到的 32°，说明 ESRRA 天线在 *E* 面增益上具有较大的优势。

INRS 所研制的电扫描天线在 *E* 面增益方面同样性能优异，根据相关文献中的报道，该天线高度为 468 mm，工作频段为 2.1 GHz，*E* 面波束宽度为 20°。这说明此天线与 ESRRA 天线均具有 *E* 面高增益的特点。相对于这一天线来说，ESRRA 天线除了在功能上可以实现水平面的平滑电控扫描以外，还可以实现更深的零点深度，如图 6.112 所示。该天线的零点与主瓣增益相差最多达到−30 dB，这与 ESRRA 天线所达到的−50 dB 以上的零点深度具有较大差距。这主要是由于 ESRRA 天线采用的 AFSS 单元尺寸更大，对天线的包裹更加紧密。在这里需要指出，本书中的天线与文献中的天线是在同一个微波暗室内采用相同设备和环境完成的测试，因此对比准确度较高。

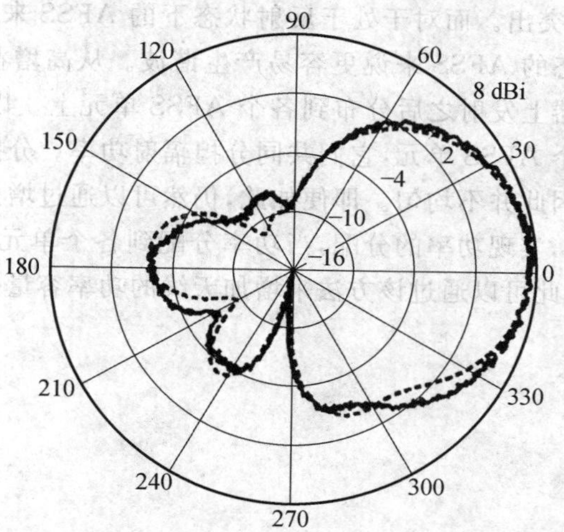

图 6.111　ESPAR 天线 E 面辐射方向图

由以上的对比可以看出，ESRRA 天线相对于 ESPAR 天线具有 E 面高增益的优势；与 INRS 所研制的天线对比具有水平面连续可扫的功能优势，并且可实现更深的零点深度。

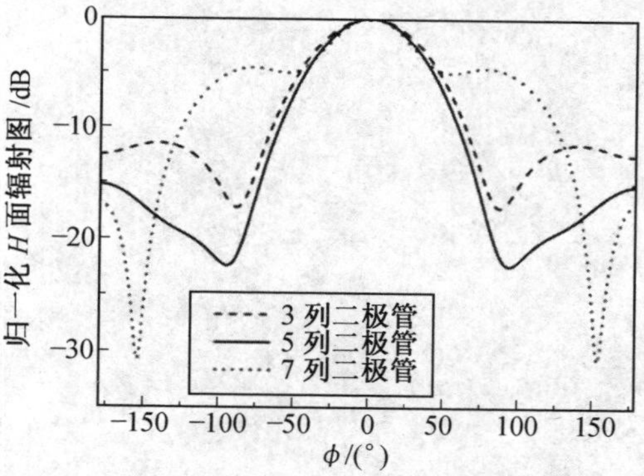

图 6.112　INRS 研制的天线 H 面辐射方向图

6. 大功率情况分析

高增益 ESRRA 天线的设计面向基站应用，而基站应用时往往要考虑功率容量因素。一般基站的发射功率从几瓦到几十瓦不等，因此贴片天线应用于基站天线发射时可能会出现天线打火、烧毁等问题。另外，当天线安装有二极管等非线性器件时，在较高的功率激励下会产生强烈的谐波，而谐波参数是基站天线的首要参数之一。

对于高增益 ESRRA 天线来说，发射时功率信号首先经过位于天线结构中心的辐射器，该辐射器是传统的全向天线，功率容量大，而且几乎不存在谐波问题。功率信号从辐射器发射之后，其中一部分被处于反射工作状态的 AFSS 反射，之后与直接辐射部分混合并通过透射状态的 AFSS 发射出去。在透射面上，AFSS 处于非谐振状态，其主要电流分布在偏置网络上，这一点在 6.3 节中进行了详细阐述。因此在透射状态的 AFSS 上功率容量和非线性问题并不突出。而对于处于反射状态下的 AFSS 来说，主要电流经过变容二极管，相对于透射状态的 AFSS 来说更容易产生谐波。从高增益 ESRRA 天线的结构来看，功率信号从辐射器上发射之后分布到各个 AFSS 单元上。以本节第二个样品天线为例，该天线共有 170 个 AFSS 单元，它们共同分担辐射功率。分担过程中由于 AFSS 单元处于不同工作状态，因此并不均匀。即便如此，仍然可以通过增加天线高度和直径的方法增加 AFSS 单元数量，实现功率的分配，当功率分配到各个单元之后，每个单元所承受的功率将明显下降。因此可以通过该方法来增加天线的功率容量并抑制谐波。

第 7 章

新型分形结构的双频频率选择表面设计

根据本书前面所介绍的频率选择表面的工作原理和影响因素，本章分析传统双通带频率选择表面设计的难点，然后设计三种性能较好的改进型分形结构的频率选择表面以及基于互耦和谐振原理的微型双频频率选择表面，并分别分析它们的性能。

7.1 传统双通带频率选择表面设计的难点

在以往的研究中，为了获得多频谐振特性，FSS 一般采用单元图形复合技术和多环技术。复合技术是指在一个周期单元中放置多种不同的图形结构；多环技术则是利用单元的自相似性，在一个周期单元中设计多个同心的圆环或者方环结构。

图 7.1 所示为利用复合技术和多环技术设计的 FSS 单元结构。这两种技术均通过单元中较大的图形部分[图 7.1(a)中圆环部分，图 7.1(b)中大方环部分]谐振产生低频通带，通过较小的图形部分[图 7.1(a)中 Y 缝隙部分，图 7.1(b)中小方环部分]谐振产生高频通带。

图 7.2 和图 7.3 给出了较薄介质(0.5 mm)基底下图 7.1 对应图形结构对不同极化波的频域响应，其第二通带均不理想。主要原因如下：

由第 2 章可知，单元间的间距决定单元间能量的耦合强弱，间距过大势必会造成通带过窄及通带不稳定。所以，当两个通带间的间隔过大时，其对应的谐振波长相差也较大，而单元间的间距是由低频通带对应的工作波长决定的，这就导致高频谐振单元间的间距过大，受第 2 章描述的影响 FSS 性能的因素影响，当间距过大时单元间的耦合变弱，使得高频通带的工作带宽变窄而且更加容易出现栅瓣，难以获得稳定的第二通带。

(a) 复合结构单元　　(b) 多环结构单元

图 7.1　利用复合技术和多环技术设计的 FSS 单元结构

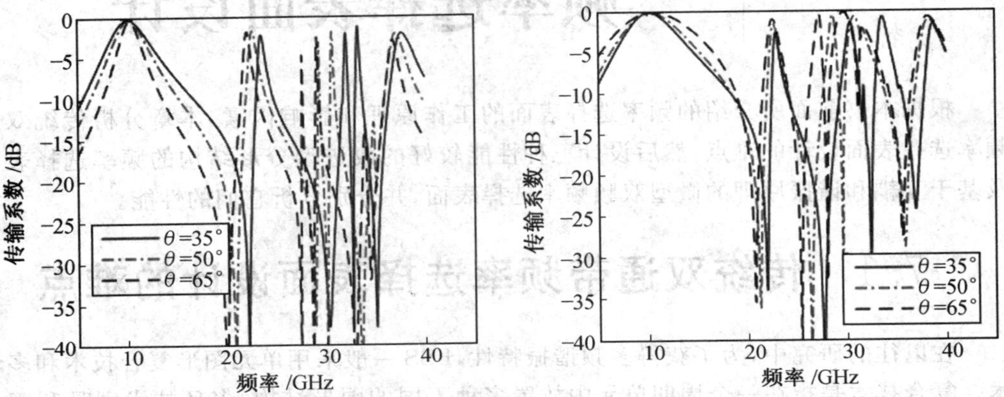

(a) TE 波照射复合结构　　(b) TM 波照射复合结构

图 7.2　复合结构对不同极化波的频域响应

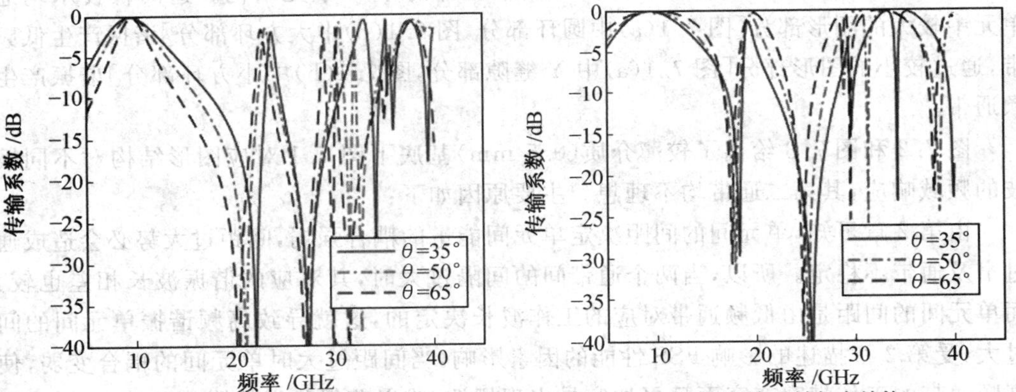

(a) TE 波照射复合结构　　(b) TM 波照射复合结构

图 7.3　多环结构对不同极化波的频域响应

7.2 改进型分形结构的双通带频率选择表面设计

为了克服上述技术难点，新设计了三种可用于 X、Ka 两个波段的双通带 FSS 的新型分型结构，该结构与传统的分型和复合结构相比，在大角度入射下，TE 和 TM 波在 X 和 Ka 波段均有稳定的低插损宽通带，而且栅瓣和模式间的相对作用都较少。

7.2.1 四角凹陷的方环结构

四角凹陷的方环单元结构如图 7.4 所示，该单元结构加载在介电常数为 3.4、损耗角正切为 0.01、厚度为 0.5 mm 的介质板上，该结构可视为由方环缝隙结构的四个角向中心凹陷形成，由谐振时的电流分布示意图(图 7.5)可知，图 7.4 中的正方形缝隙结构决定了低频谐振点的位置，四个角的缝隙决定高频谐振点的位置。单元图形的参数分别为：p=6.8 mm，b=6.6 mm，w=0.6 mm，a=2.6 mm，l=1.4 mm。

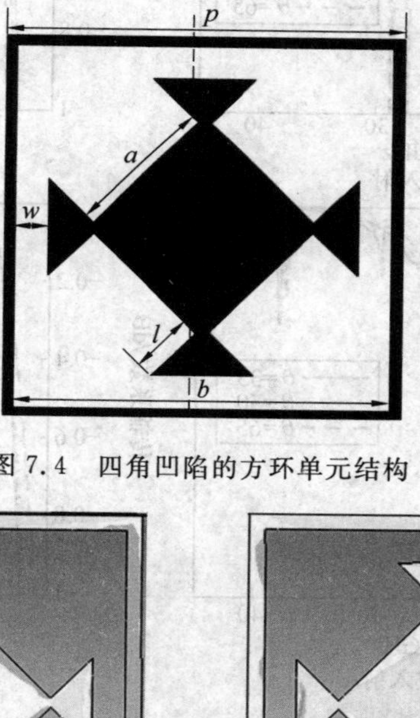

图 7.4 四角凹陷的方环单元结构

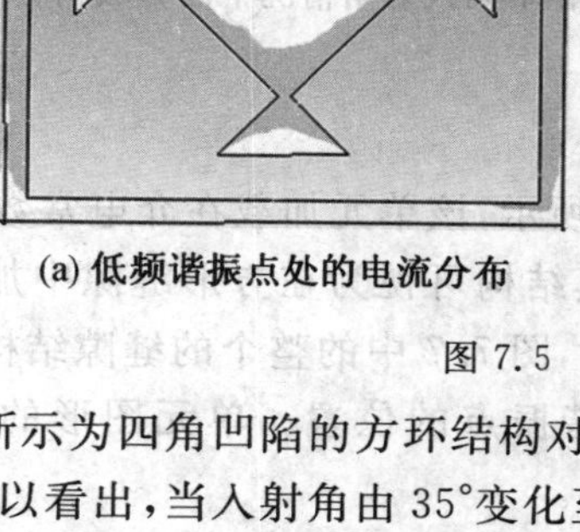

(a) 低频谐振点处的电流分布

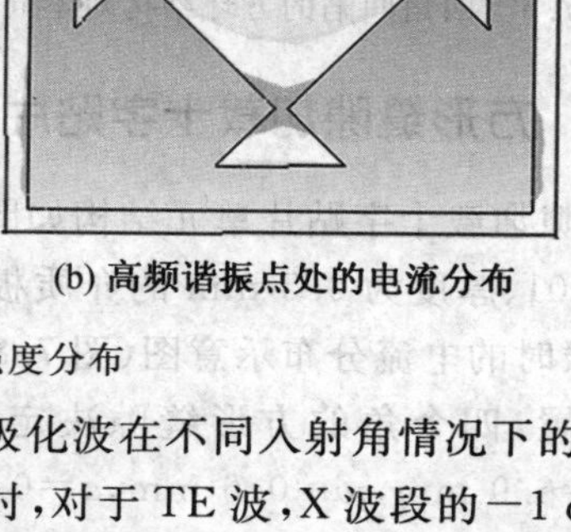

(b) 高频谐振点处的电流分布

图 7.5 电流强度分布

图 7.6 所示为四角凹陷的方环结构对不同极化波在不同入射角情况下的频域响应曲线，从图中可以看出，当入射角由 35°变化至 65°时，对于 TE 波，X 波段的－1 dB 工作带宽从 7.8～12.2 GHz 变为 8.9～11.04 GHz，Ka 波段的－1 dB 工作带宽从 37.5～

41.1 GHz变为 35.3～37.6 GHz，当入射角度增大时，谐振点向低频移动且工作带宽变窄。对于 TM 波，X 波段的－1 dB 工作带宽从 6.0～14.0 GHz 变为 7.3～13 GHz，Ka 波段的－1 dB 工作带宽从 31.8～37.0 GHz 变为 32.8～37.2 GHz，当入射角度增大时，谐振点向高频移动且工作带宽变宽。同时可以发现，在两个通带之间呈现一个通带，这是由分形结构的复杂性造成的，栅瓣的产生在这种结构下是客观存在的，栅瓣的位置随着入射角度的增加向低频方向移动，但是栅瓣的位置离两个通带都较远且工作带宽较窄，影响较小。

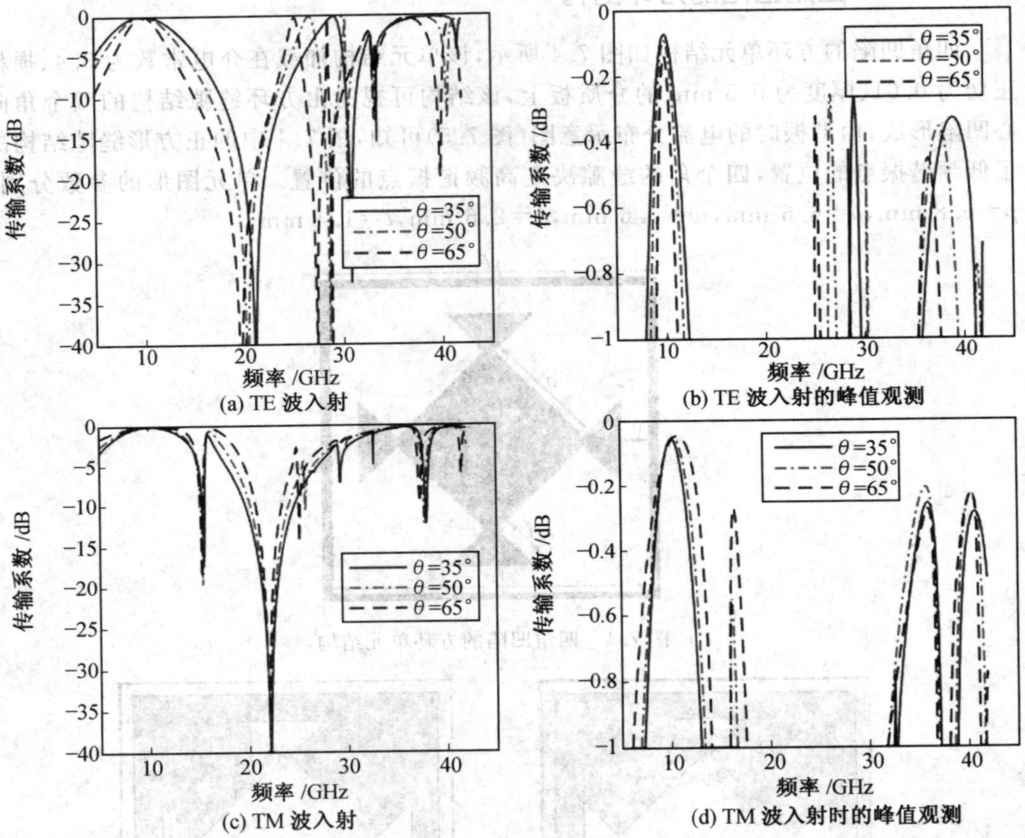

(a) TE 波入射　(b) TE 波入射的峰值观测

(c) TM 波入射　(d) TM 波入射时的峰值观测

图 7.6　四角凹陷的方环结构对不同极化波在不同入射角情况下的频域响应曲线

7.2.2　方形缝隙加载十字贴片结构

方形缝隙加载十字贴片单元结构如图 7.7 所示，该单元加载在介电常数为 3.4、损耗角正切为 0.01、厚度为 0.5 mm 的介质板上，其结构可视为在方形缝隙中加载一个十字贴片，由谐振时的电流分布示意图(图 7.8)可知，图 7.7 中的整个的缝隙结构决定了低频谐振点的位置，四个角的方形缝隙决定高频谐振点的位置。单元图形的参数是：$p=7.1$ mm，$b=6.9$ mm，$w=0.6$ mm，$a=0.9$ mm。

如图 7.9 所示，该结构对不同极化波在不同入射角下具有良好稳定的滤波特性，而且栅瓣的位置离 X 和 Ka 通带都较远，对性能的影响较小。

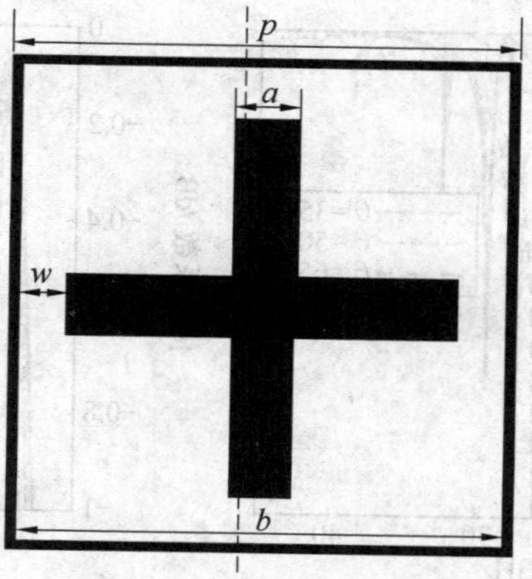

图 7.7　方形缝隙加载十字贴片单元结构

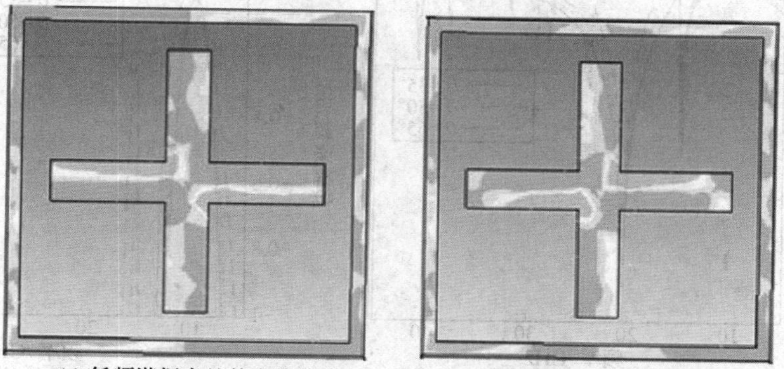

(a) 低频谐振点处的电流分布　　(b) 高频谐振点处的电流分布

图 7.8　谐振时的电流分布示意图

当入射角由 35°变化至 65°时，对于 TE 波，X 波段的 −1 dB 工作带宽从 7.7～12 GHz 变为 8.75～10.82 GHz，Ka 波段的 −1 dB 工作带宽从 33.5～40.7 GHz 变为 34～37.8 GHz，而且当入射角度增大时谐振点向低频移动且工作带宽变窄。对于 TM 波，X 波段的 −1 dB 工作带宽从 7.24～12.8 GHz 变为 6～13.6 GHz，Ka 波段的 −1 dB 工作带宽从 30.6～40 GHz 变为 30.6～37.35 GHz。同时可以发现，在两个通带之间呈现一个通带，这也是由分形结构的复杂性造成的，栅瓣的产生在这种结构下也是客观存在的，栅瓣的位置随着入射角度的增加向低频方向移动，但是栅瓣的位置离两个通带都较远且工作带宽较窄，影响较小。

7.2.3　六边形缝隙加载方形缝隙结构

六边形缝隙加载方形缝隙单元结构如图 7.10 所示，图中黑色部分为金属贴片，该单元印制在介电常数为 3.4、损耗角正切为 0.01、厚度为 0.5 mm 的介质板上，形成单层的无限周期 FSS 结构。该结构可看作在一块六边形贴片上腐蚀出六边缝隙，再在内部六边形贴片上腐蚀出六个方环缝隙和六边形缝隙而成。其中宽度为 w，六边的缝隙结构决定第一通带，方环缝隙和六边缝隙共同决定第二通带，中间的六边缝隙可以用来调节第二通带的位置。该单元的参数设置为：周期单元的边长 $p=4.45$ mm，六边形缝隙的宽度 $w=$

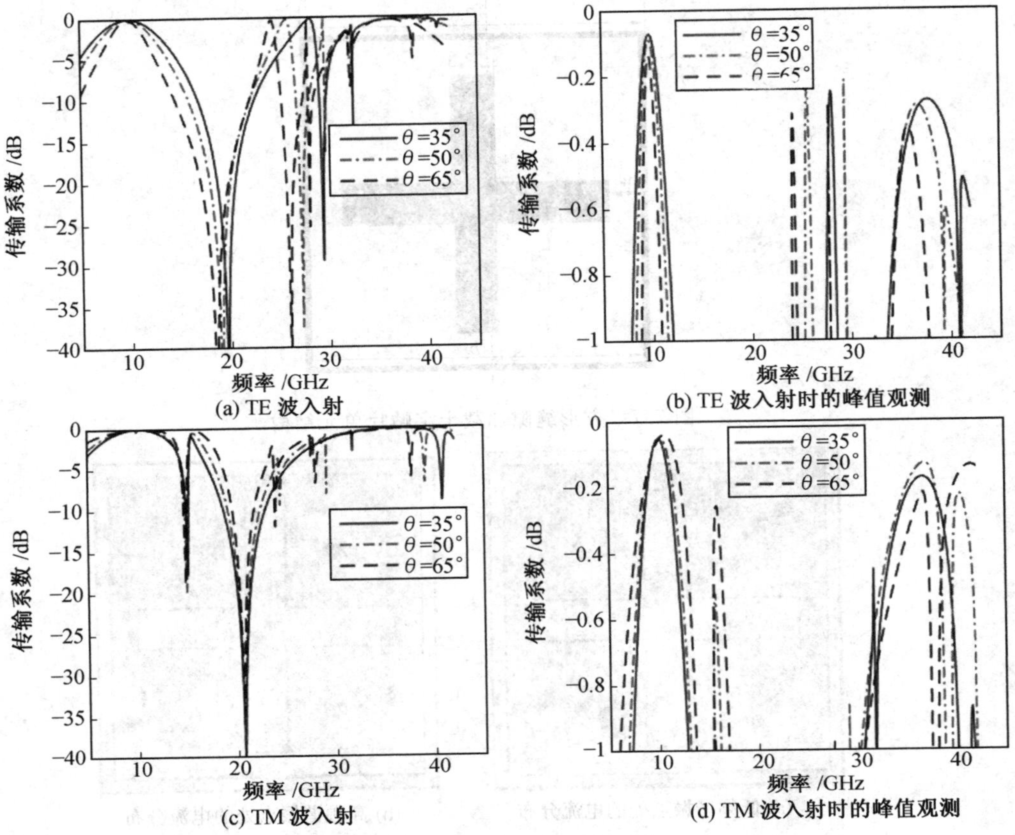

图 7.9　方形缝隙十字贴片结构对不同极化波在不同入射角度下的频域响应曲线

1.5 mm，方环的外经 $a=0.9$ mm，内径 $b=0.7$ mm，内部的六边形缝隙的边长 $r=1.5$ mm。

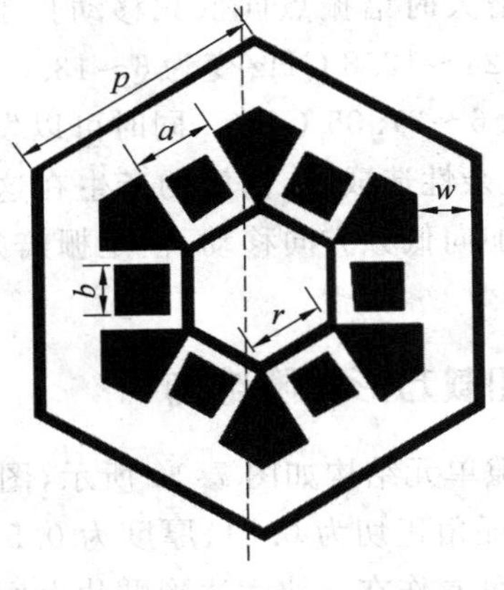

图 7.10　六边形缝隙加载方形缝隙单元结构

图 7.11 给出了六边形缝隙加载方形缝隙结构对不同极化波在不同入射角下的频域响应曲线，由图可知，该结构在 35°入射时，TE 极化波在第一通带拥有在 7.45～

11.9 GHz的共 4.45 GHz 的 1 dB 工作带宽，在第二通带拥有在 32.8～42.5 GHz 变化的共 9.7 GHz 的 1 dB 工作带宽，TM 极化波在第一通带拥有在 7.03～12.92 GHz 变化的共 5.89 GHz 的 1 dB 工作带宽，在第二通带拥有在 30.5～40.36 GHz 的共 9.86 GHz 的 1 dB 工作带宽。

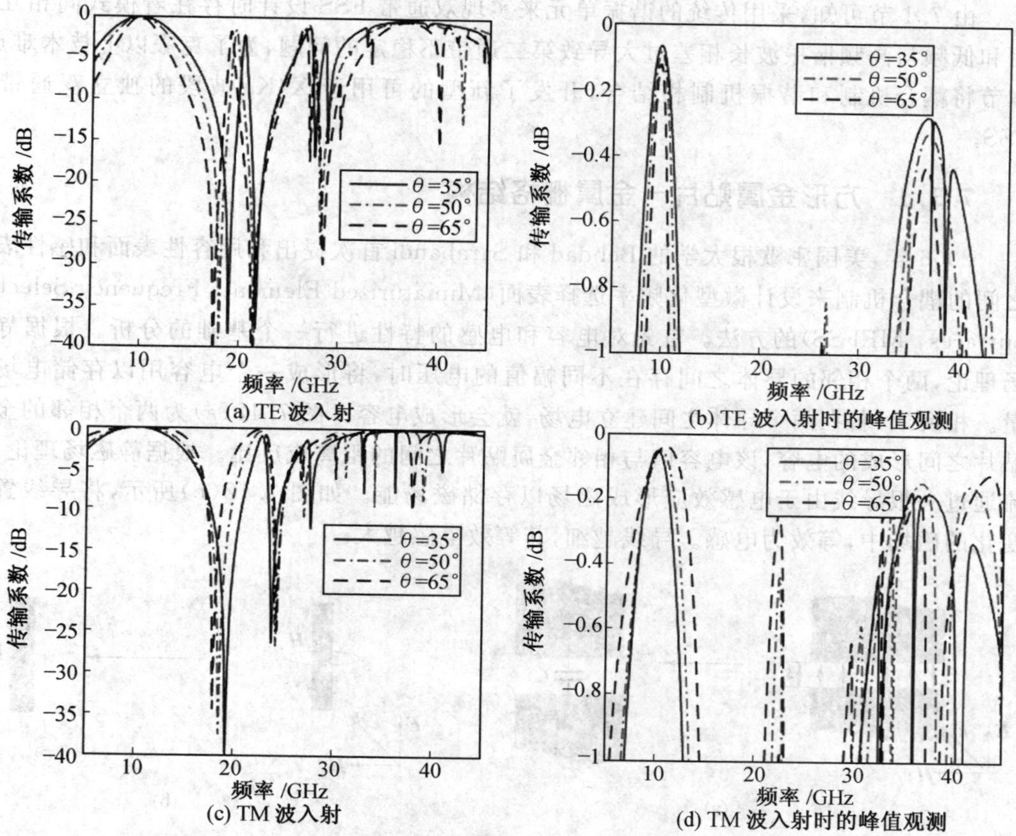

图 7.11　六边形缝隙加载方形缝隙结构对不同极化波在不同入射角度下的频域响应曲线

在 65°的大入射角的情况下，TE 极化波在第一通带拥有在 8.5～10.9 GHz 变化的共 2.4 GHz 变化的1 dB工作带宽，在第二通带拥有在 34.7～38.3 GHz 的共 3.6 GHz 的 1 dB工作带宽，TM 极化波在第一通带拥有在 5.58～14.56 GHz 的共 8.98 GHz 的1 dB 工作带宽，在第二通带拥有在 30.7～37.3 GHz 变化的共 6.6 GHz 的 1 dB 工作带宽。所以该 FSS 对于不同极化方式的大角度入射电磁波能保持稳定的很宽的两个工作频带。

可以发现，在两个通带之间有若干的寄生通带，但这些寄生通带距离工作通带较远而且工作带宽较小、增益较低，对工作频带影响较小。在 TE 波大角度入射时，由图 7.11(a) 可以看到在高频的工作频带内会出现一些凹陷的频带，但这些凹陷频带工作带宽有限，对工作性能影响较小。

7.3 基于互耦和谐振原理的微型双频频率选择表面设计

由 7.1 节可知，采用传统的谐振单元来实现双通带 FSS 设计时存在着模式间相互作用和低频与高频谐振波长相差过大导致第二通带不稳定的问题，为了克服以上技术难点，本节将耦合机制和谐振机制相结合，开发了新型的可用于 X/Ka 波段的独立双通带的 FSS。

7.3.1 方形金属贴片一金属栅格结构

2006 年，美国密歇根大学的 Behdad 和 Sarabandi 首次提出利用容性表面和感性表面之间的耦合机制来设计微型化频率选择表面(Miniaturized Elements Frequency Selective Surfaces，MEFSS)的方法。首先对电容和电感的特性进行一个基础的分析。根据静电场理论，两个相邻的导体之间存在不同幅值的电压时，将形成一个电容用以存储电场能量。相反地，若在两个导体之间建立电场，就会形成电容。图 7.12(a)为两个相邻的金属贴片之间形成的电容，该电容值与相邻金属贴片之间的距离成反比。根据静磁场理论，电流通过一根导线由于电感效应形成磁场以存储磁场能。如图 7.12(b)所示，将导线置于变化的磁场中，等效为电感。导线越细，其等效电感越大。

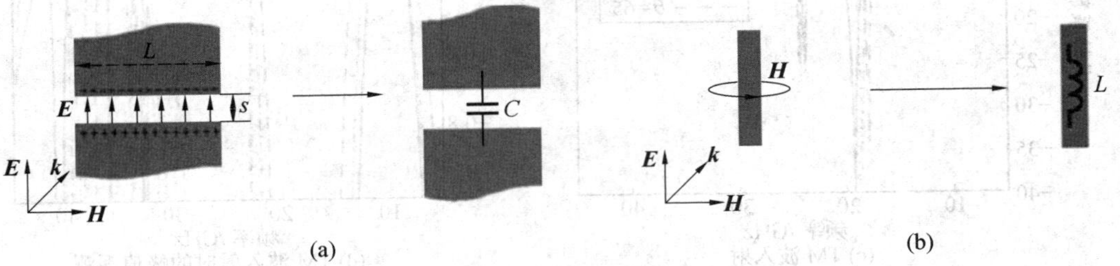

图 7.12 电容和电感形成模型

Behdad 和 Sarabandi 首先采用方形金属贴片层与金属栅格层之间的耦合机制设计 MEFSS，其结构模型如图 7.13 所示，单元结构如图 7.14 所示。

如图 7.15 所示，当电磁波照射到容性表面上时，电荷将会分布在方形金属贴片的两端，因此在相邻的贴片之间就形成了等效的电容，而背面的栅格结构在磁场的作用下形成了等效电感。

在容性表面和感性表面中间加载了介质层，这在实际设计中也是必需的。结构模型的等效电路如图 7.16 所示，电容代表方形金属贴片层，电感代表金属栅格层，两边的两根传输线表示容性表面和感性表面之外的自由空间，$Z_0 = 377\ \Omega$ 为自由空间中的波阻抗；中间一根代表加载介质层，其波阻抗为 $Z_1 = Z_0 / \sqrt{\varepsilon_r}$ 。容性表面的等效电容值和感性表面的等效电感值可由以下公式求得：

$$C = \varepsilon_0 \varepsilon_r (2l/\pi) \lg \left(\sin \frac{\pi s}{2l}\right)^{-1} \tag{7.1}$$

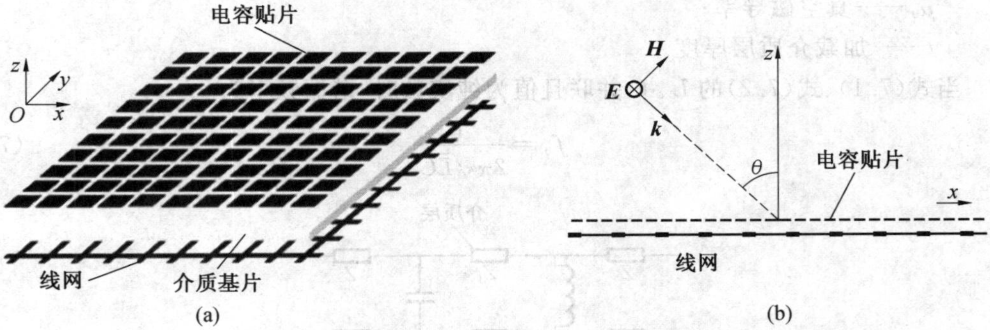

图 7.13　方形金属贴片与金属栅格耦合形成的 MEFSS

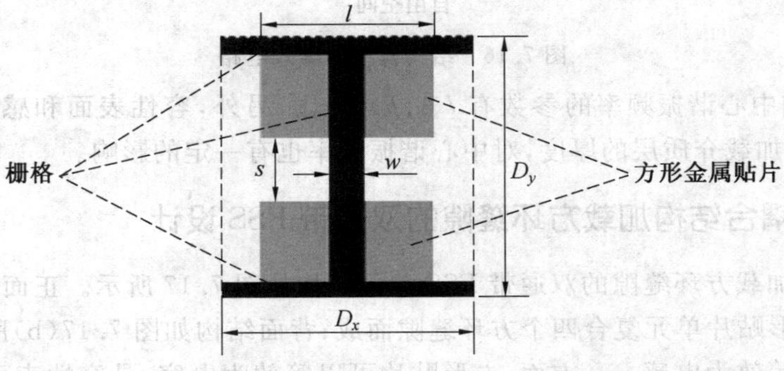

图 7.14　单元结构

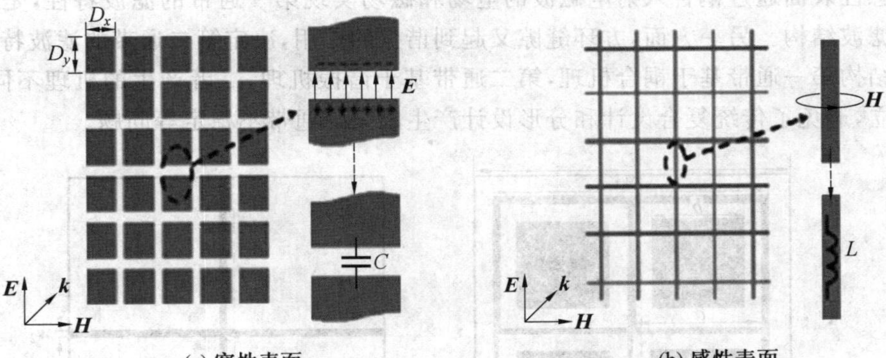

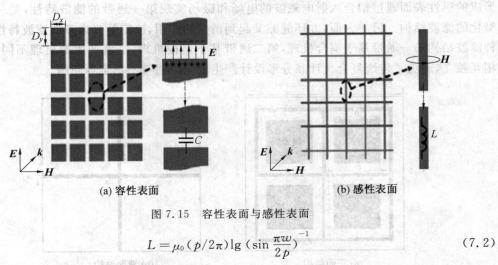

图 7.15　容性表面与感性表面

$$L=\mu_0(p/2\pi)\lg\left(\sin\frac{\pi w}{2p}\right)^{-1} \tag{7.2}$$

式中　l——方形金属贴片的边长；

s——相邻方形金属贴片之间的间距；

p——周期(即图 7.15 中的 D_x、D_y)；

w——金属栅格宽度；

ε_0——真空介电常数；

ε_r——加载介质层的相对介电常数；

μ_0——真空磁导率；

t——加载介质层厚度。

当式(7.1)、式(7.2)的 L、C 并联且值为纯实数时，谐振频率为

$$f_0=\frac{1}{2\pi\sqrt{LC}} \tag{7.3}$$

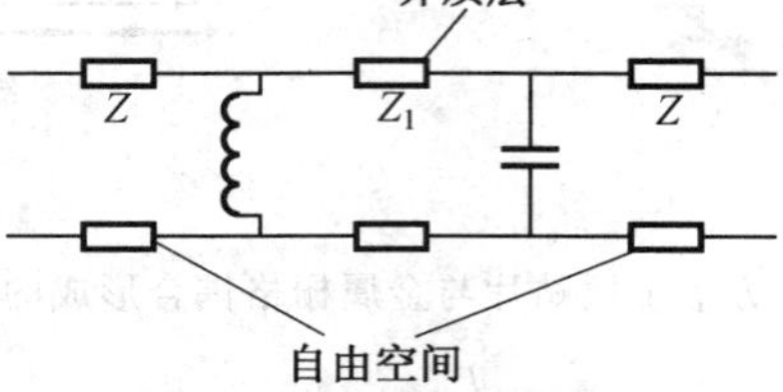

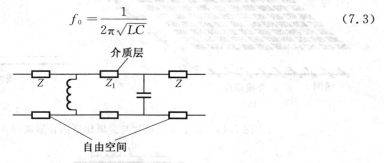

图 7.16　结构模型的等效电路

因此，影响中心谐振频率的参数有 l、s、p、w、ε_r。另外，容性表面和感性表面之间的耦合距离 t，即加载介质层的厚度，对中心谐振频率也有一定的影响。

7.3.2　耦合结构加载方环缝隙的双通带 FSS 设计

耦合结构加载方环缝隙的双通带 FSS 单元结构如图 7.17 所示。正面结构如图 7.17(a)所示，由方形贴片单元复合四个方环缝隙而成；背面结构如图 7.17(b)所示，该结构由网栅组成可以等效为电感。一方面，方形贴片可以等效为电容，是容性表面，与网栅结构形成的感性表面通过耦合入射电磁波的电场和磁场实现第一通带的滤波特性，是一种小型化的滤波结构。另一方面，方环缝隙又起到谐振的作用，决定第二通带的滤波特性。这种滤波结构第一通带基于耦合机理，第二通带基于谐振机理，二者产生的机理不同，因此相互独立，避免了传统复合设计和分形设计产生的第二通带不稳定等问题。

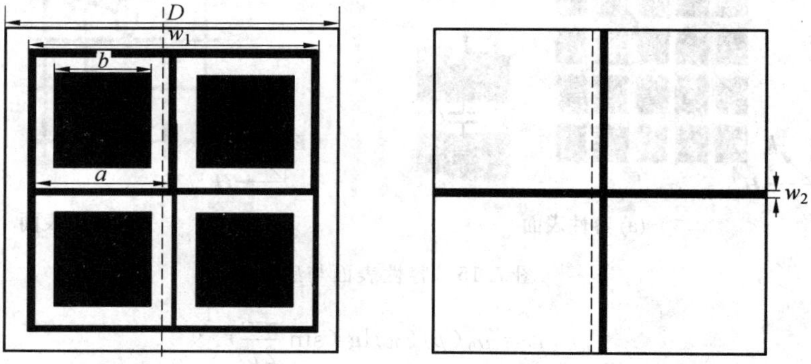

(a) 正面结构　　(b) 背面结构

图 7.17　耦合结构加载方形缝隙的双通带 FSS 单元结构

图 7.18 给出了该结构对不同极化波在不同入射角度下的频域响应曲线，由图可知，该结构在 35°入射时，TE 极化波在第一通带拥有在 8.15～11.25 GHz 变化的共 3.1 GHz 的 1 dB 工作带宽，在第二通带拥有在 34.2～40 GHz 变化的共 5.8 GHz 的 1 dB 工作带宽；TM 极化波在第一通带拥有在 7.2～12 GHz 变化的共 4.8 GHz 的 1 dB 工作带宽，在

第二通带拥有在 35～41.3 GHz 变化的共 6.3 GHz 的 1 dB 工作带宽。65°的大入射角的情况下，TE 极化波在第一通带拥有在 9.27～10.88 GHz 变化的共 1.61 GHz 的 1 dB 工作带宽，在第二通带拥有在 35.9～37.46 GHz 的共 1.56 GHz 的 1 dB 工作带宽；TM 极化波在第一通带拥有在 6.6～14.6 GHz 变化的共 8 GHz 的 1 dB 工作带宽，在第二通带拥有在 35.0～39.7 GHz 变化的共 4.7 GHz 的 1 dB 工作带宽。所以该 FSS 对于不同极化方式的大角度入射电磁波能保持稳定的很宽的两个工作频带，很好地满足了设计的要求。

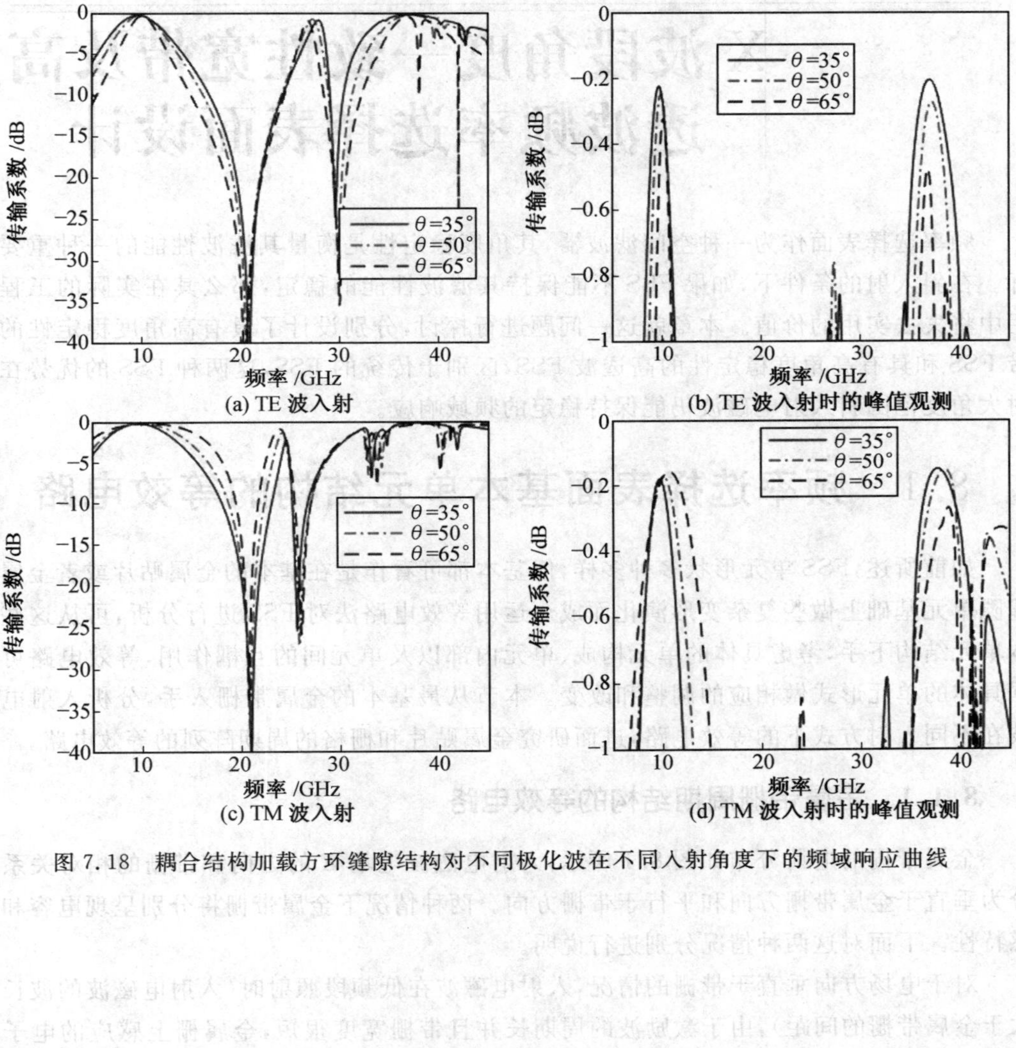

(a) TE 波入射　(b) TE 波入射时的峰值观测

(c) TM 波入射　(d) TM 波入射时的峰值观测

图 7.18　耦合结构加载方环缝隙结构对不同极化波在不同入射角度下的频域响应曲线

第 8 章

X 波段角度一致性宽带及高透波频率选择表面设计

频率选择表面作为一种空间滤波器，其角度稳定性是衡量其滤波性能的一种重要指标。在斜入射的条件下，如果 FSS 不能保持其滤波性能的稳定，那么其在实际的工程应用中将失去实用的价值。本章就这一问题进行探讨，分别设计了具有高角度稳定性的宽带 FSS 和具有高角度稳定性的高透波 FSS，区别于传统的 FSS，这两种 FSS 的优势在于对大角度范围斜入射电磁波仍能保持稳定的频域响应。

8.1 频率选择表面基本单元结构的等效电路

如前所述，FSS 单元形状多种多样，但基本都可看作是在基本的金属贴片或者金属屏缝隙单元基础上做些复杂变形演化而成。运用等效电路法对 FSS 进行分析，可从这些基本单元结构下手，考虑具体的单元构成、单元内部以及单元间的互耦作用，等效电路可根据具体的单元形式做相应的调整和改变。本节从最基本的金属带栅入手，分析入射电磁波在不同入射方式下的等效电路，进而研究金属贴片和栅格的周期阵列的等效电路。

8.1.1 金属带栅周期结构的等效电路

金属带栅的电荷分布如图 8.1 所示，入射电磁波电场 $\boldsymbol{E}$ 的方向和带栅的相对关系可分为垂直于金属带栅方向和平行于带栅方向。两种情况下金属带栅将分别呈现电容和电感特性。下面对这两种情况分别进行说明。

对于电场方向垂直于带栅的情况，入射电磁波在低频段照射时(入射电磁波的波长远大于金属带栅的间距)，由于激励波的周期长并且带栅宽度很短，金属栅上感应的电子只会吸收入射电磁波的一小部分能量，并在长时间内保持稳定的状态，此时带栅的感应电流可忽略不计，并没有形成辐射回路，入射电磁波能量基本都会透射出去；而当入射电磁波的频率较高时，同上述情况相反，带栅激励的电子将会随着电场的变化快速振荡，吸收大量的入射电磁波能量并向入射电磁波相反的方向进行辐射，此时入射电磁波的能量大部分被带栅上的感应电子吸收并反射回去，对入射电磁波的透射能力较弱。由上述分析可看出，对于入射电磁波电场方向垂直于带栅的情况，带栅在低频段展现出透射特性，而在高频段表现为反射特性，类似于低通滤波器，此时带栅可等效于电容器，所以可用电容电路元件进行建模。图 8.2(a)所示为电场垂直于带栅的等效电路，等效电路中高频信号将通过电容耦合作用流入地面，而低频信号将会直接输出到达端口。

对于电场方向平行于带栅的情况，由于带栅长度足够长，金属带栅上激励出的电子的运动距离不再受到限制，电子的运动状态将随着入射电磁波电场的变化而发生相应的改变，当电场方向发生变化时，电子的加速度方向改变(由正变负)，电子的运动速度减小。当入射电磁波在低频段照射时，由于电场的频率较低，带栅上激励的电子将会在同一方向上保持长时间运动，此时，入射电磁波的能量被带栅上激励出的电子充分吸收转化为动能，因此结构对入射电磁波的透射能力很弱，且入射电磁波频率越低，电子吸收的能量就越充分，入射电磁波能量损耗就越高。相反，对于高频入射电磁波，电场的变化频率较快，带栅上激励的电子只能在较小范围内振荡，但振荡速度无法达到电场的高速变化频率，只能保持较低的速度和频率，此时吸收的入射电磁波能量和产生的感应电流都比较小，所以这种情况下入射电磁波受到带栅的影响较小，得到充分的透射。由上述分析可看出，对于入射电磁波电场方向平行于带栅的情况，带栅在低频段展现出反射特性，而在高频段表现为透射特性，类似于高通滤波器，此时可将带栅用电感电路元件进行等效建模。图 8.2(b)所示为电场平行于带栅情况的等效电路，等效电路中低频信号将通过电感流入地面，而高频信号将会直接输出到达端口。

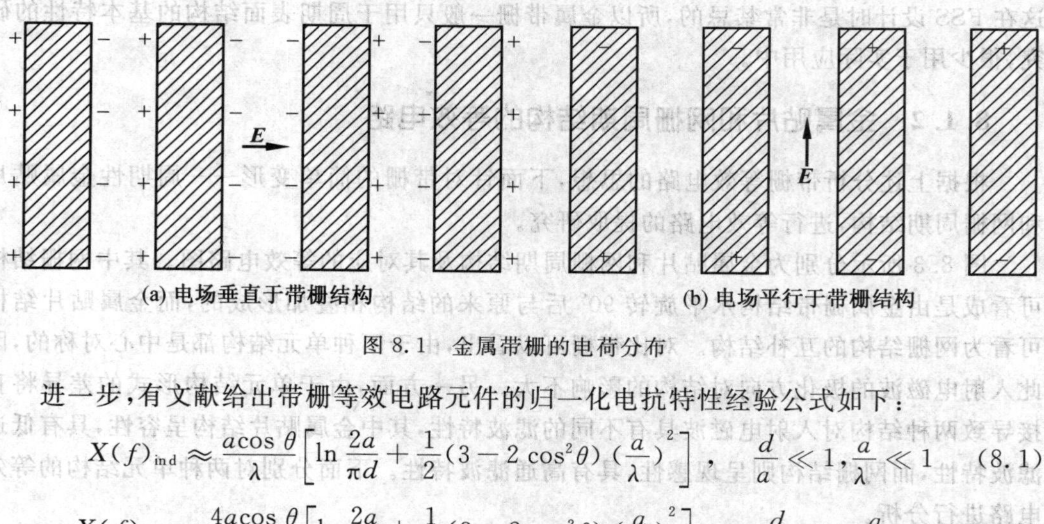

(a) 电场垂直于带栅结构　　　　(b) 电场平行于带栅结构

图 8.1　金属带栅的电荷分布

进一步，有文献给出带栅等效电路元件的归一化电抗特性经验公式如下：

$$X(f)_{\text{ind}} \approx \frac{a\cos\theta}{\lambda}\left[\ln\frac{2a}{\pi d}+\frac{1}{2}(3-2\cos^2\theta)\left(\frac{a}{\lambda}\right)^2\right],\quad \frac{d}{a}\ll 1, \frac{a}{\lambda}\ll 1 \tag{8.1}$$

$$X(f)_{\text{ind}} \approx \frac{4a\cos\theta}{\lambda}\left[\ln\frac{2a}{\pi d}+\frac{1}{2}(3-2\cos^2\theta)\left(\frac{a}{\lambda}\right)^2\right],\quad \frac{d}{a}\ll 1, \frac{a}{\lambda}\ll 1 \tag{8.2}$$

式中　a——带栅周期，mm；

d——带栅间隙距离，mm；

θ——入射电磁波入射方向与带栅所在平面的夹角。

需要注意的是，经验公式适用的前提条件为带栅的周期远小于工作波长。

通过以上分析可以看出，带栅能够表现出一定的滤波能力，但是，它会随着入射电磁波的入射方式变化而展现出完全不同的滤波特性，即对入射电磁波的极化方向特别敏感，

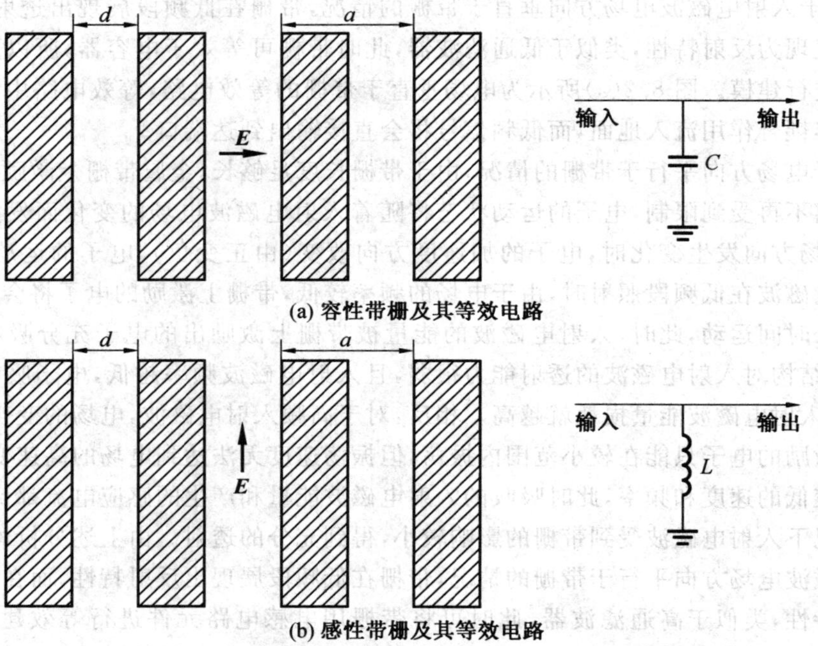

图 8.2　两种情况下金属带栅的等效电路

这在 FSS 设计时是非常禁忌的，所以金属带栅一般只用于周期表面结构的基本特性的研究，很少用于实际应用中。

8.1.2　金属贴片和网栅周期结构的等效电路

根据上述分析带栅等效电路的思想，下面针对带栅的简单变形——周期性金属贴片和网栅周期结构，进行等效电路的提取研究。

图 8.3 所示分别为金属贴片和网栅周期结构及其对应的等效电路图。其中网栅结构可看成是由金属栅带结构水平旋转 90° 后与原来的结构相叠加形成的，而金属贴片结构可看为网栅结构的互补结构。对比带栅可以看出，由于两种单元结构都是中心对称的，因此入射电磁波的极化方向对结构的影响不大。另一方面，由于单元结构形式的差异将直接导致两种结构对入射电磁波具有不同的滤波特性，其中金属贴片结构呈容性，具有低通滤波特性，而网栅结构则呈现感性，具有高通滤波特性。下面分别对两种单元结构的等效电路进行分析。

考虑金属贴片单元结构，由于每个方形贴片单元之间是彼此独立的，在单元间不能形成电流，因此贴片上激励的电子运动范围只限于贴片长度，这种情况十分类似于容性带栅，即高频波照射时，受激电子充分吸收入射电磁波能量快速振荡，透射系数小；低频波照射时，电子吸收能量较小，振荡较慢，透射特性较好。同时考虑到贴片沿电场方向相对于容性带栅是有一定长度的，此时相当于在等效的电容旁并联一个电感，形成 LC 并联谐振电路，只不过因为形成的电感较弱，即电感 L 值很小，相对于电容 C 作用可以忽略不计，所以整体贴片单元还是呈现容性，具有低通滤波特性。

对于金属网栅结构，类似于感性带栅，受激电子有很长的运动路径，将不受限地随着电场的变化而振荡。在低频波照射下，电子将有效吸收入射电磁波能量进行振荡，降低透射效果，呈反射特性；而当高频波照射时，电子只能在小范围内低频振荡，对入射电磁波的影响不大，入射电磁波透射能力较强，呈传输特性。同样考虑到网栅结构缝隙之间也会存在耦合电容 C，相当于在等效电感 L 基础上串联电容，形成 LC 串联谐振电路，只不过由于缝隙距离较大，耦合作用较弱，相对于等效电感可以忽略，因此单元整体还是呈现感性，具有高通滤波特性。

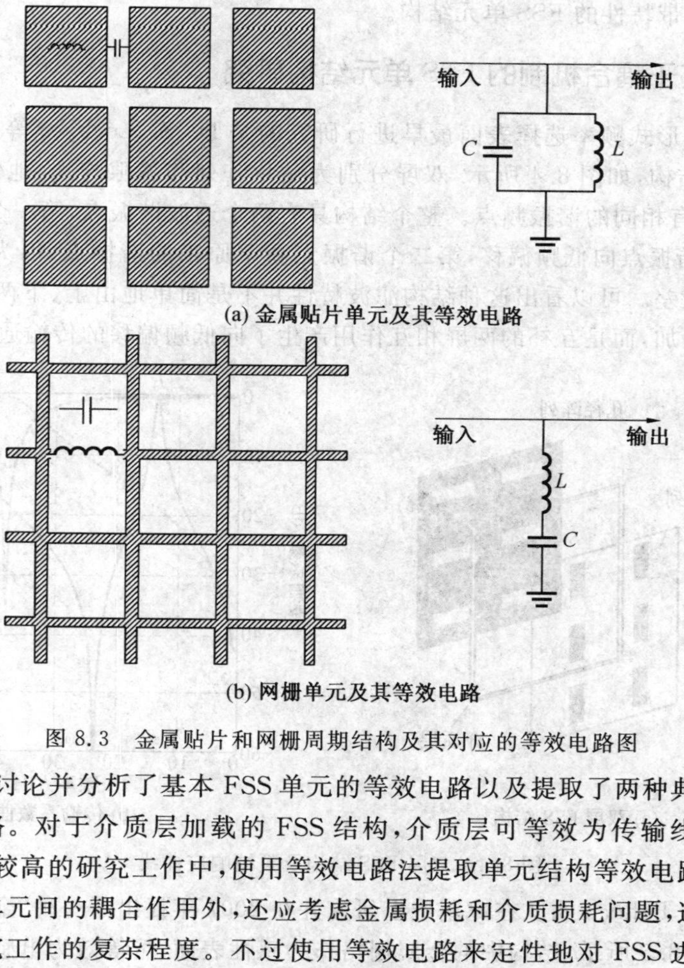

图 8.3　金属贴片和网栅周期结构及其对应的等效电路图

至此，已经讨论并分析了基本 FSS 单元的等效电路以及提取了两种典型的 FSS 单元结构的等效电路。对于介质层加载的 FSS 结构，介质层可等效为传输线。需要说明的是，在精度要求较高的研究工作中，使用等效电路法提取单元结构等效电路时除了要考虑单元的形式和单元间的耦合作用外，还应考虑金属损耗和介质损耗问题，这也将会在一定程度上提升研究工作的复杂程度。不过使用等效电路来定性地对 FSS 进行研究和分析却是一种比较方便快捷的手段。在接下来的宽带和小型化结构设计中，将结合这种等效电路方法进行设计和研究。

8.2　宽带频率选择表面设计

传统 FSS 设计中，展宽 FSS 工作频带的主要方法为通过多层级联手段，即在周期阵列的垂直方向将 FSS 金属屏按照一定的距离排列并在阵列间使用介质层加载，但是这种级联结构在原本单元的基础上展宽工作带宽效果十分有限，有时通带内甚至伴有较为严重的凹陷。放眼现今，针对宽带 FSS 的研究主要集中于有宽带潜质的单元结构本身上，产生了许多新颖的 FSS 单元结构设计。近些年来，先后有些学者将波导结构和 FSS 相结合，利用两者互补的谐振特性设计了一种频带很宽的三维单元结构，尽管该结构具有很宽的工作带宽，但是其对入射电磁波的极化方式较为敏感，且实际组装困难，且在某些工程中需要对FSS进行曲面共形，使用三维结构也很难适用于这种情况。考虑到目前宽带 FSS 研究的局限性，下面将对一种基于耦合机制的 FSS 单元结构进行研究，优化设计出一种具有良好宽带特性的 FSS 单元结构。

8.2.1 基于耦合机制的 FSS 单元结构研究

对多屏耦合形式频率选择表面最早进行研究的是 D. S. Lockyer 等人，他们设计了一种双屏 FSS 结构，如图 8.4 所示，双屏分别为贴片阵列和缝隙阵列，他们具有 90°互补对称的关系，具有相同的谐振频点。整个结构具有两个透波谐振点，第一个谐振点相比原来缝隙 FSS 的谐振点向低频偏移，第二个谐振点高于原来的谐振点，因为距离栅瓣较近所以稳定度比较差。可以看出这种结构滤波特性并不是简单地由上、下两个 FSS 屏传输和反射效应的叠加，而是互补的两屏相互作用产生了向低频偏移的传输通带。

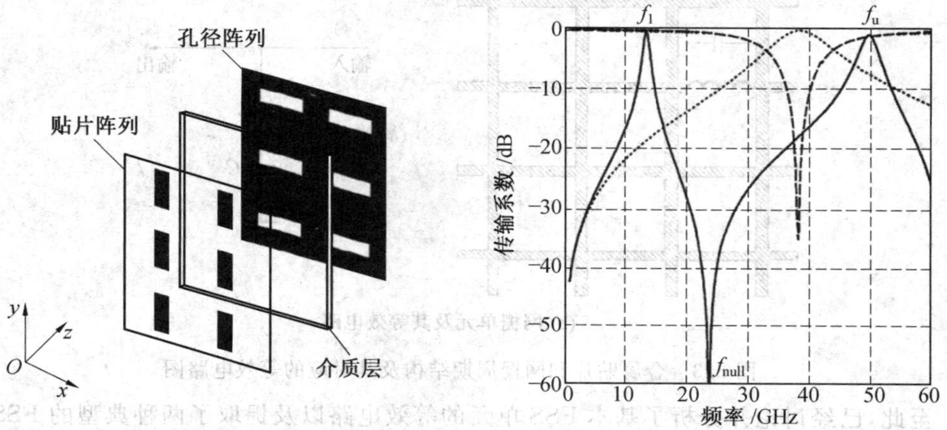

(a) 双屏 FSS 结构　　(b) 传输系数曲线

图 8.4　双屏 FSS 结构及频域响应曲线

之后 Nader Behdad 团队在此基础上研究并在 2007 年提出了一种“金属贴片—网栅”互补结构，如图 8.5 所示，结构中的金属栅格作为感性表面，可等效为电感储存磁场能量，而金属贴片结构作为容性表面，等效为电容储存电场能量，结构的电尺寸相对较小，具有小型化特征，从频域响应曲线可以看出，结构的通带传输特性较好，但是其工作带宽特性一般。不同于传统 FSS，此种结构的相邻网栅和金属贴片之间存在电磁能量的耦合效应，故其电尺寸相对于工作波长可一定程度缩小。考虑到这种异面耦合机制多层频率选择表面，通过一定的手段应该可以实现高稳定性的透波性能，所以基于这种耦合机制的多层结构对宽带 FSS 进行了设计研究。

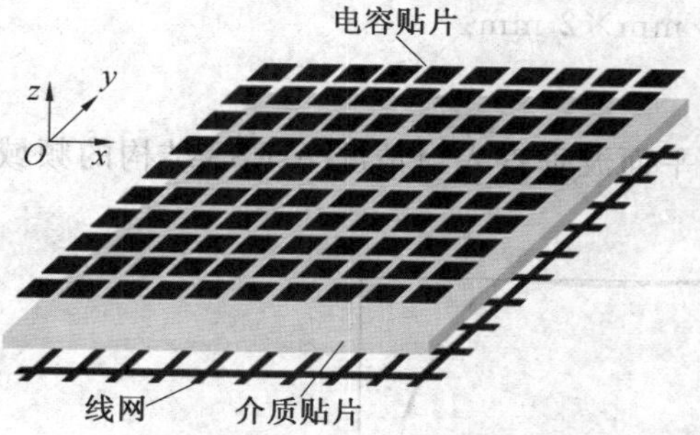

(a) 金属贴片－网栅互补结构

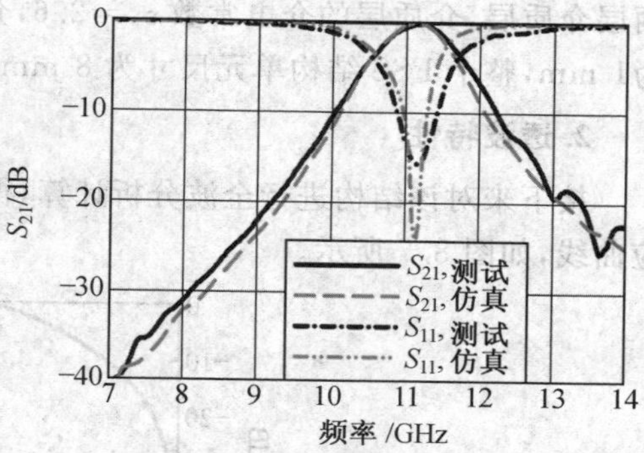

(b) 传输系数曲线

图 8.5　“金属贴片一网栅”互补结构及频域响应曲线

8.2.2　宽带 FSS 结构设计

1. 单元结构模型

要实现宽频域响应特性，传统平面单层的 FSS 单元结构很难达到要求。受到耦合机制 FSS 单元思想的启发，基于等效电路理论，设计了一种具有超宽带特性的单元结构，其结构示意图如图 8.6 所示。

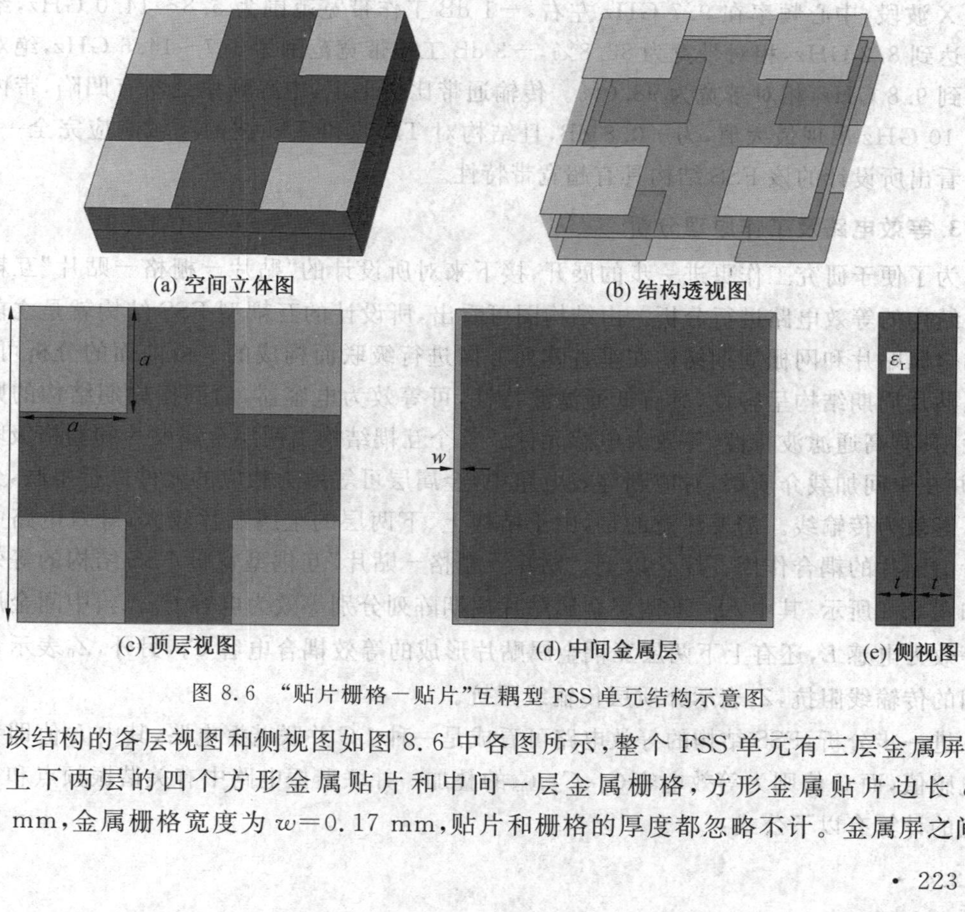

图 8.6　“贴片栅格一贴片”互耦型 FSS 单元结构示意图

该结构的各层视图和侧视图如图 8.6 中各图所示，整个 FSS 单元有三层金属屏，分别为上下两层的四个方形金属贴片和中间一层金属栅格，方形金属贴片边长 $a=2.67$ mm，金属栅格宽度为 $w=0.17$ mm，贴片和栅格的厚度都忽略不计。金属屏之间加两层介质层，介质层的介电常数 $\varepsilon_r = 2.6$，介电损耗 $\tan\sigma = 0.01$，长度 $l = 8$ mm，厚度 t 均为1 mm，整个 FSS 结构单元尺寸为 8 mm×8 mm×2 mm。

2. 透波特性

接下来对该结构进行全波分析计算，得到平面波垂直入射情况下 FSS 结构的频域响应曲线，如图 8.7 所示。

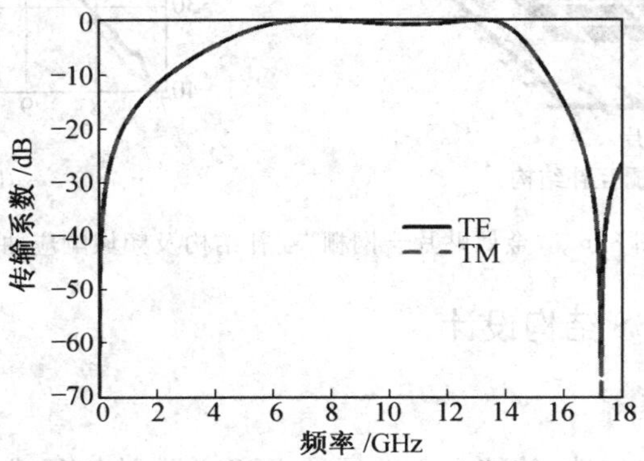

图 8.7　平面波垂直入射时的频域响应曲线

从频域响应曲线可知，该结构在仿真计算的频段之间形成了很宽的通带，传输通带覆盖了 X 波段，中心频率在 9.7 GHz 左右，−1 dB 工作带宽范围为 5.8～14.0 GHz，绝对带宽达到 8.2 GHz，相对带宽为 82.8%，−3 dB 工作带宽范围为 4.7～14.5 GHz，绝对带宽达到 9.8 GHz，相对带宽为 98.0%。传输通带比较平坦，中心频率处略有凹陷，带内插损在 10 GHz 出现最大值，为−0.8 dB，且结构对 TE 波和 TM 波的频域响应完全一致。可以看出所设计的该 FSS 结构具有超宽带特性。

3. 等效电路及工作原理分析

为了便于研究工作更进一步的展开，接下来对所设计的“贴片－栅格－贴片”互耦型 FSS 结构的等效电路进行分析。由结构图可看出，所设计的互耦型 FSS 结构就是之前介绍的金属贴片和网栅周期结构在垂直阵列方向进行级联而构成的。由前面的分析可知，金属贴片周期结构呈容性，具有低通滤波特性，可等效为电容器，而网栅周期结构的则呈感性，具有高通滤波特性，等效为电感元件。整个互耦结构由两层金属贴片和栅格级联而成，并在中间加载介质层，对应到等效电路中，金属层可等效为相应的元件进行串联，介质层可等效为传输线。需要注意的是，由于结构上、下两层的金属贴片较大，等效电路中还要考虑贴片的耦合作用。综合以上，“贴片－栅格－贴片”互耦型宽带 FSS 结构的等效电路如图 8.8 所示，其中，上、下两层金属贴片周期阵列分别等效为电容 C_1、C_2，中间金属栅格等效为电感 L，还有上下两层互耦金属贴片形成的等效耦合电容 C_3，另外，Z_0表示自由空间的传输线阻抗，Z_1表示介质层传输线阻抗。

进一步分析，FSS 结构的等效电路可看成是一种 LC 并联谐振电路，其中 L 值即为等效电感值，而 C 值则为等效电容 C_1、C_2、C_3的叠加。并联谐振电路中有关谐振频点和工作带宽的计算有以下公式：

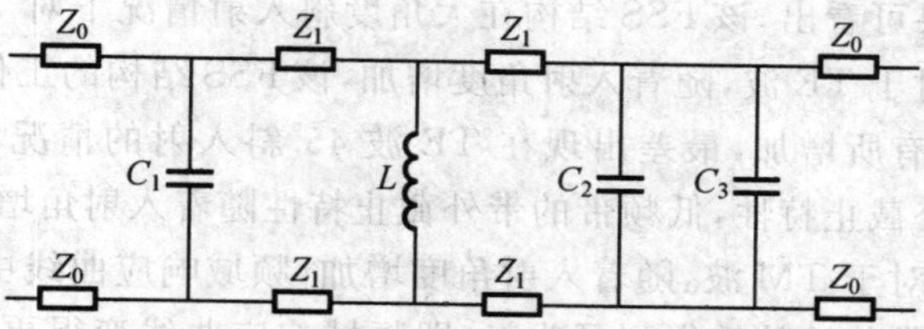

图 8.8　“贴片－栅格－贴片”FSS 结构等效电路图

$$f_0=\frac{1}{2\pi\sqrt{LC}} \tag{8.3}$$

$$\frac{\Delta f}{f_0}\propto\sqrt{\frac{L}{C}} \tag{8.4}$$

式中　L——等效电路的总电感值，H；

C——等效电路的总电容值，F；

f_0——等效电路的谐振频率即中心频点，GHz；

Δf——3 dB 工作带宽，GHz。

由式(8.4)可得出，等效电路的相对带宽 $\Delta f/f_0$ 正比于等效电感和等效电容的比值，即等效电感 L 越大，等效电容 C 值越小，结构的工作带宽越宽。对照着所设计的耦合型 FSS 结构，电感 L 值取决于金属栅格，而电容 C 值则取决于金属贴片结构。由于该结构的金属栅格宽度足够窄，而金属贴片的则比较小，且上下耦合作用不是特别强烈，因此相比之下等效电感 L 值很大，故两者比值比较大，也就给该结构带来了超宽带的特性。

至此，已经完成对该结构滤波机理的分析，下面对所设计的“贴片－栅格－贴片”互耦型 FSS 结构的滤波特性进行更加深入的探究。

4. 斜入射稳定性分析

继续对该 FSS 结构的滤波稳定性进行研究，仿真计算该 FSS 结构在入射电磁波以不同角度入射情况下的频域响应，分别得出 TE 和 TM 波斜入射时在不同入射角度条件下的频域响应曲线，如图 8.9 所示。

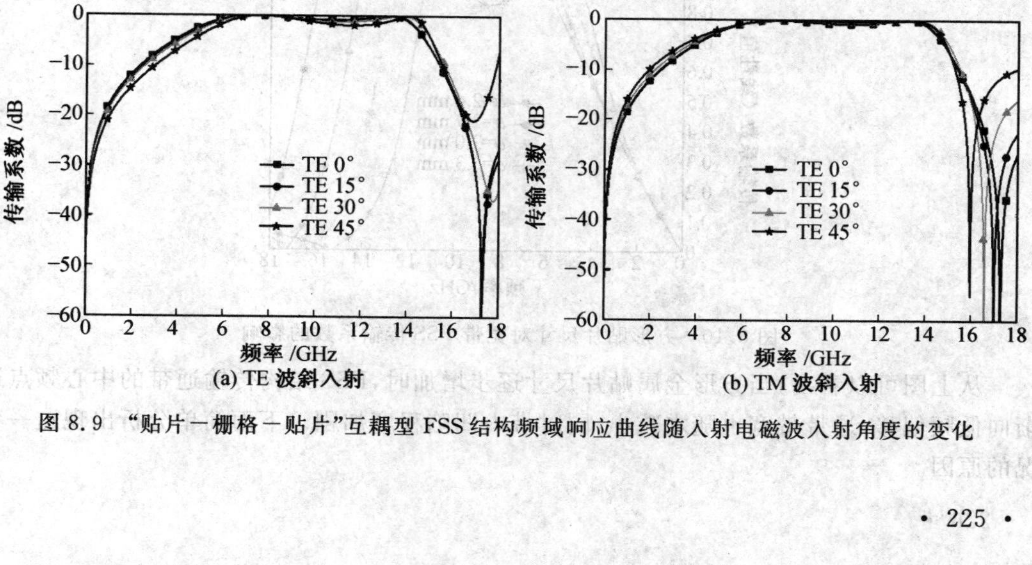

图 8.9　“贴片－栅格－贴片”互耦型 FSS 结构频域响应曲线随入射电磁波入射角度的变化

从仿真计算结果可看出，该 FSS 结构在大角度斜入射情况下对 TE 波和 TM 波的频域响应略有差异。对于 TE 波，随着入射角度增加，该FSS结构的工作频率和宽带基本保持不变，通带内插损有所增加，最差出现在 TE 波 45°斜入射的情况，带内插损最大达到 −1.9 dB。关于带外截止特性，低频带的带外截止特性随着入射角增加有所改善，而高频带外截止特性变差；对于 TM 波，随着入射角度增加，频域响应曲线中心频率和工作带宽也基本保持不变，通带传输特性得到了改善，即频域响应曲线变得更加平坦，同时低频带的截止特性略微变差，而高频带的截止特性得到改善。

综合来看，这种基于互耦原理所设计的“贴片－栅格－贴片”FSS 结构具有相当宽的工作频带且通带非常平坦，对于入射电磁波斜入射的情况，TE 波透波特性略有变差，TM 波透波特性则有所改善。但是这种 FSS 结构也同样存在缺陷，如电尺寸比较大、带外抑制效果不是很好，即带外截止度没有达到指标要求。考虑到所设计的“贴片－栅格－贴片”互耦型 FSS 结构本身具有超宽带等优良特性，本书后面章节将在结构基础上进行进一步优化设计，从而实现高透波特性。

8.2.3　结构参数对宽带 FSS 透波性能的影响

为了便于有目的性地对结构进行调整和优化以适用于各种工程应用，下面对所设计的 FSS 结构的各参数进一步探究。在研究工作之前要说明的是，由前面的计算和分析结果可知，该 FSS 结构对入射电磁波的极化不敏感，即在垂直入射条件下，TE 波和 TM 波的频域响应是一致的，所以这里仅对 TE 波垂直入射进行仿真计算。同时为了更好地体现出各频域响应曲线的差异，以下不做说明时，传输系数均采用线性值。

1. 方形贴片尺寸对宽带 FSS 结构透波性能的影响

首先讨论的是 FSS 结构上下两层方形贴片对结构透波特性的影响。保持结构其他参数不变，设置方形贴片长度从 $a=2.4$ mm 到 $a=3.3$ mm 范围内变化，变化梯度为 0.3 mm。仿真得到的频域响应曲线如图 8.10 所示。

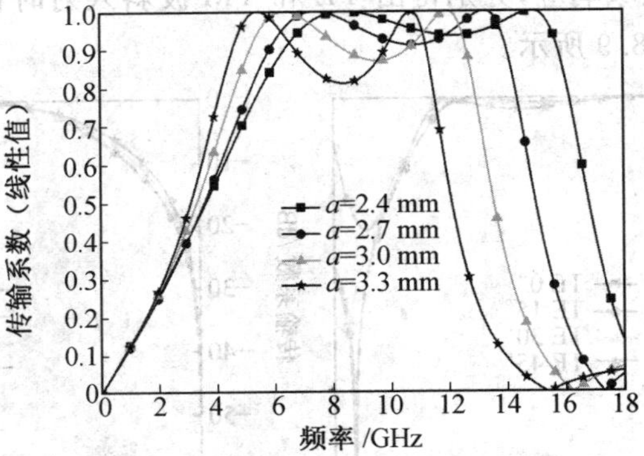

图 8.10　方形贴片尺寸对宽带 FSS 传输系数的影响

从上图可以看出，当方形金属贴片尺寸逐步增加时，FSS 结构传输通带的中心频点逐渐向低频偏移，通带带宽也随之减小，同时带内凹陷程度加剧。下面简单分析出现这一状况的原因。

结合等效电路图8.3，考虑到方形贴片在等效电路中主要等效为片间的互耦电容C_1、C_2和C_3，当贴片尺寸逐渐增加时，由于FSS单元尺寸是不变的，因此对于同面的方形贴片，贴片间的距离和互耦面积随贴片尺寸增加而减小。根据电容定义式：

$$C = \varepsilon \frac{S}{4\pi kd} \tag{8.5}$$

式中　C——电容值；

S——电容片的正对面积；

d——电容片之间的距离；

ε——常数；

k——静电力常量。

推导，同面贴片的耦合面积S增加，片间距离d降低，电容C值上升；而对于上下互耦异面产生的电容C_3，由于贴片尺寸增加，因此耦合面积S增加，也将使C_3值增加。所以贴片变大的整体效果是增加等效LC并联电路中的电容值，又由式(8.3)、式(8.4)可知，电容C值增加，则对应谐振频率f_0和相对带宽$\Delta f/f_0$降低，以上便是关于方形贴片参数对宽带FSS传输系数影响的物理解释。

2. 金属栅格对宽带FSS透波性能的影响

下面要探讨的是宽带FSS结构中间金属栅格宽度对透波性能的影响。保持宽带FSS其他参数不变，设置中间金属栅格宽度w在0.1～0.4 mm范围内变化，变化梯度设为0.1 mm，通过全波分析法计算得到图8.11所示的频域响应曲线。

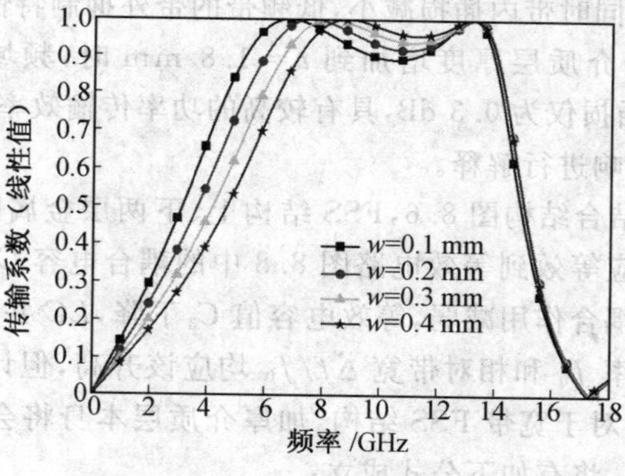

图8.11　不同金属栅格宽度下宽带FSS的频域响应曲线

由图8.11可知，金属栅格宽度对宽带FSS透波性能的影响主要体现在低频带上。当金属栅格宽度增加时，各频域响应曲线的高频过渡带保持不变，低频工作带向低频偏移，工作带宽逐渐展宽，通带内插损略有增加，当w=0.4 mm时，通带插损的最大值为−0.98 dB，仍未超过−1 dB。对于这一参数的物理解释，对应到图8.8的等效电路中，金属栅格结构在等效电路中作为电感L，当栅格宽度减小时，相应的电感值L增加，由式(8.3)、式(8.4)可知，L值增加则对应谐振频率f_0降低，相对带宽$\Delta f/f_0$升高。

由此可以看出，适当调整栅格宽度可展宽宽带FSS结构的通带，但是同时通带平坦特性会有所牺牲，所以设计时应做到适当的权衡。

3. 介质层参数对宽带 FSS 透波性能的影响

接下来，研究宽带 FSS 结构所加载的介质层参数对其透波性能的影响。常见的 FSS 加载介质层参数主要有介质层介电常数和介质层厚度两方面。下面对这两个参数分别进行探讨。

首先研究介质层的厚度这一参数。保持宽带 FSS 其他结构参数不变，设置介质层厚度 t 在 0.6～1.8 mm 范围内变化，变化梯度设为 0.4 mm，仿真计算得到不同介质层厚度下宽带 FSS 频域响应曲线，如图 8.12 所示。

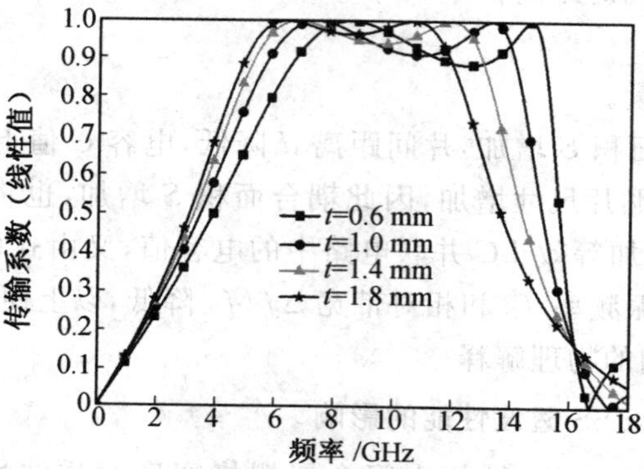

图 8.12　不同介质层厚度下宽带 FSS 的频域响应曲线

图 8.12 可知，随着介质层厚度增加，宽带 FSS 结构频域响应曲线中心频率向低频偏移，通带带宽有所减小，同时带内插损减小，低频带的带外抑制特性随之增强，而高频带的带外抑制有所减弱。当介质层厚度增加到 $t=1.8$ mm 时，频域响应曲线中心频率为 8.6 GHz，通带内最大插损仅为 0.3 dB，具有较高的功率传输效率。下面就介质层厚度这一参数对透波性能的影响进行解释。

按照之前的理论，结合结构图 8.6，FSS 结构上、下两层金属贴片通过介质层产生一定程度的互耦作用，对应等效到等效电路图 8.8 中的耦合电容 C_3，根据式(8.5)可知，电容片的厚度 d 增加，则耦合作用减弱，等效电容值 C_3 下降，LC 并联谐振电路中总的电容值 C 降低，进而谐振频率 f_0 和相对带宽 $\Delta f/f_0$ 均应该升高，但计算结果与理论正相反。实际上，前面已经介绍，对于宽带 FSS 结构，加厚介质层本身将会导致谐振频率降低，对于单层加载介质的情况，将有如下公式成立：

$$f=\frac{f_0}{\sqrt{(1+\varepsilon_r)/2}}$$

式中　f_0——无介质加载时的谐振频率；

f——加载介质后 FSS 的谐振频率；

ε_r——介质的相对介电常数。

对于宽带 FSS 结构，加厚介质层致使频率偏移是两个现象共同作用的结果，但是由于结构上下金属贴片的耦合作用较弱，因此影响较小，最终频率会向低频偏移。

由以上分析可知，适当调整介质层厚度可以改善宽带 FSS 结构的耦合作用，使频域响应曲线的通带更加平坦，增加其功率传输效率。

其次研究介质层介电常数这一参数。介电常数是物质的重要特性，而 FSS 所加载的介质层一般情况下都是均匀媒质。正如前面介绍，宽带 FSS 选择加载适当的介质层可为其性能带来很大程度上的提升。下面继续探讨介质层介电常数对透波性能的影响。

保持宽带 FSS 其他结构参数不变，设置介质层的介电常数 ε_r 在 2.1 ～ 3.6 范围内变化，介电常数的变化梯度设为 0.5，针对不同介质层介电常数的情况下对宽带 FSS 进行全波分析，计算得到的频域响应曲线如图 8.13 所示。

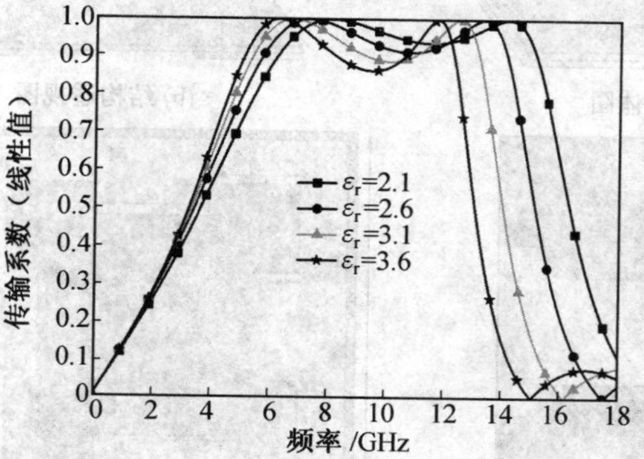

图 8.13　不同介质层介电常数的情况下宽带 FSS 频域响应曲线

由图 8.13 可知，当介质层介电常数增加时，宽带 FSS 的中心频带向低频偏移，工作带宽减小，同时通带带内插损有所增加。当介质层介电常数增加到 $\varepsilon_r = 3.6$ 时，对应的频域响应曲线中心频率为 9.1 GHz，通带内最大插损为 1.26 dB。

不难看出，宽带 FSS 结构对介质层不同介电常数的频域响应同普通 FSS 结构一样，都是随着介电常数增加，谐振频率向低频段偏移，这主要是由于入射电磁波在介质中工作波长明显缩短，而单元本身的谐振波长不变，因此整体谐振频率降低。通过选取不同介电常数的介质可以实现谐振频点调控，但同时也要注意宽带 FSS 通带带内的插损情况。

至此，本节完成了基于互耦原理的宽带频率选择表面结构的设计和分析工作，并且对该结构一些特性进行了深入研究和探讨。仿真计算结果表明该结构具有超宽带特性、良好的滤波稳定性以及具有结构简单易于加工实现的特点。

8.3　MEFSS 设计

8.3.1　基于耦合机制的 MEFSS 设计

1. 单元结构模型

前面的研究已经指出，不同于传统频率选择表面，基于异面互耦原理设计的频率选择表面结构可以摆脱工作波长的束缚，在实现小型化方面有不错的潜力。考虑到上一节中的超宽带结构也是基于互耦原理，结构中金属贴片和金属栅格可分别等效成并联 *LC* 谐振电路中的电容和电感，其中由于等效电感值相对比较大，进而实现了结构的超宽带透波特性。下面接着上一节的宽带 FSS 结构模型展开小型化的研究工作，建立 MEFSS 单元结构。三层异面互耦 MEFSS 示意图如图 8.14 所示。表 8.1 给出了三层异面互耦 MEFSS 的具体参数。

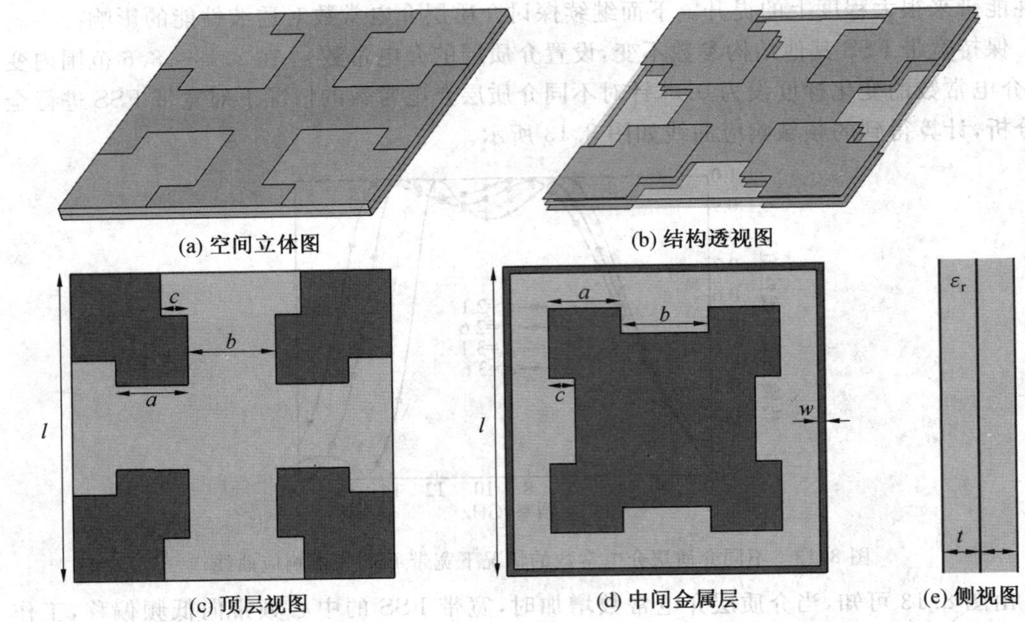

图 8.14　三层异面互耦 MEFSS 示意图

表 8.1　三层异面互耦 MEFSS 的具体参数

结构参数	参数值
l	1.88 mm
a	0.80 mm
b	0.14 mm
c	0.34 mm
w	0.03 mm
t	0.125 mm
ε_r	2.4

对比图 8.6 可以看出，同样为三层异面金属互耦结构，不同的是，MEFSS 单元结构的中间金属栅格层中添加了一层分形耦合金属片，同时介质层厚度有所减小，这是为了便于上、下两层贴片形成更加强烈的电磁耦合效应。同时为了增加该结构在通带内对电磁波的透射能力，在保持有效耦合面积不变的前提下降低了金属贴片的覆盖面积，即对上下各四个矩形金属贴片也进行了分形处理。最后整个的结构尺寸为 1.88 mm×1.88 mm×0.25 mm，相当于工作波长的十六分之一，可看出结构小型化效果十分显著。

2. 透波特性

接下来对三层异面互耦 MEFSS 进行全波分析计算，得到平面波垂直入射时三层异面互耦 MEFSS 的频域响应曲线，如图 8.15 所示。

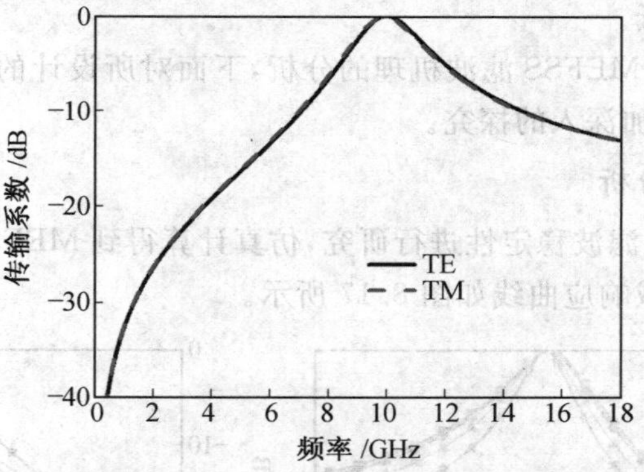

图 8.15 平面波垂直入射时三层异面互耦 MEFSS 的频域响应曲线

从频域响应曲线可以看出，结构在 X 波段的中心处出现了谐振，谐振频点约为 10 GHz，且在谐振频点处的传输系数达到 0.99，具有高传输效率，结构的 −3 dB 工作带宽范围 8.8～11.2 GHz，绝对带宽为 2.4 GHz，相对带宽达到 24%。并且 FSS 结构对正入射 TE 波和 TM 波的频域响应完全一致。可看出所设计的小型化 FSS 结构具有明显的谐振现象和稳定的频域响应。

3. 等效电路及工作原理分析

下面结合三层异面互耦 MEFSS 的等效电路进行分析，原理同宽带 FSS 的等效电路。将三层异面互耦 MEFSS 分解成前面介绍的最基本的金属贴片和金属网栅单元结构，上、下分形金属贴片等效为电容元件，中间金属网栅等效为电感元件，同时因为中间分形耦合层分别和上、下两层金属贴片具有强烈的耦合作用，所以也要等效为电容元件。通过以上分析，三层异面互耦 MEFSS 的等效电路如图 8.16 所示。其中上、下两层金属贴片周期阵列分别等效为电容 C_1、C_2，中间金属栅格等效为电感 L，还有三层耦合金属贴片形成的等效耦合电容 C_3。另外，Z_0 和 Z_1 分别表示自由空间和介质的传输线阻抗。

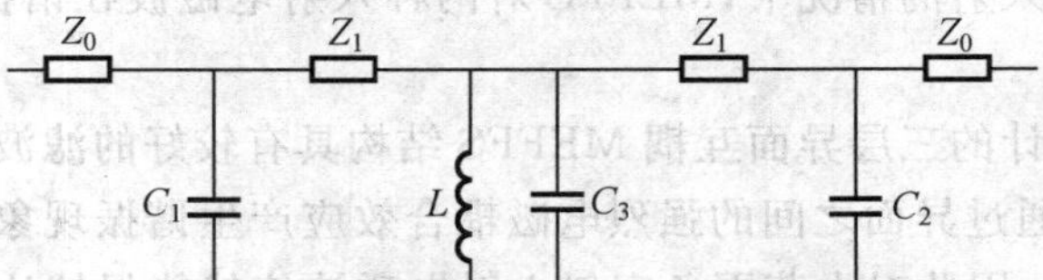

图 8.16 三层异面互耦 MEFSS 的等效电路

由图 8.16 可知，三层异面互耦 MEFSS 的总的等效电路可看成是一种 LC 并联谐振电路，其中 L 值即为等效电感值，而 C 值则为等效电容 C_1、C_2、C_3 的叠加。对比互耦型宽带 FSS 结构，MEFSS 由于介质层厚度很小，同时分形金属贴片的有效耦合面积很大，由电容定义式(8.5)可知，此时三层分形金属贴片的电磁耦合作用非常强烈，因此电容值 C_3 比较大，总的电容值 C 也随之明显增大。由式(8.3)可知，谐振频率和电容值是成反比的，电容值显著增加，则谐振频率降低，即实现了结构的小型化。但同时，由工作带宽公式

(8.4)知，工作带宽和等效电容也是呈反比关系，所以工作带宽也会随着中间分形金属贴片耦合层的加入而降低。

至此，已经完成对 MEFSS 滤波机理的分析，下面对所设计的三层异面互耦型 MEFSS 的滤波特性进行更加深入的探究。

4. 斜入射稳定性分析

继续对 MEFSS 的滤波稳定性进行研究，仿真计算得到 MEFSS 在不同极化波以不同角度入射情况下的频域响应曲线如图 8.17 所示。

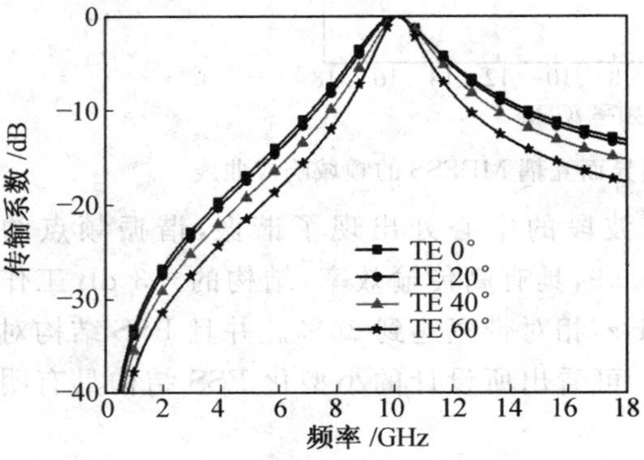

(a) TE 波斜入射

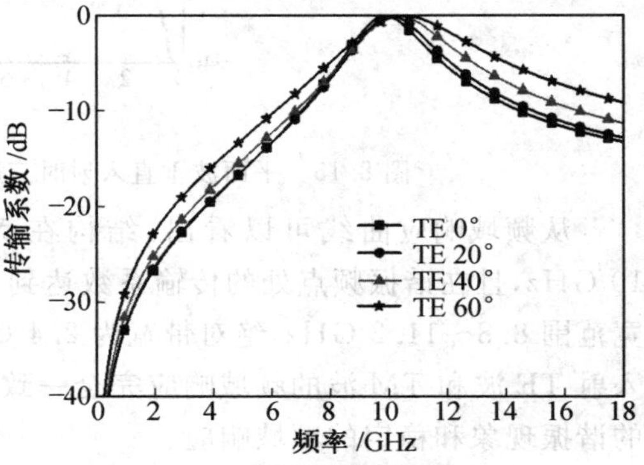

(b) TM 波斜入射

图 8.17　MEFSS 在不同极化波以不同角度入射情况下的频域响应曲线

由图 8.17 可知，MEFSS 对 0°～60°大角度范围的入射电磁波均能保持较好的滤波性能。对于 TE 极化入射电磁波，随着入射角度增加，结构的谐振频点基本保持不变，工作带宽随入射角度增加而变窄；对于 TM 极化入射电磁波，随着入射角度增加，频域响应曲线中心频率在入射电磁波 0°～40°斜入射时基本保持不变，超过 40°时略向高频偏移，同时工作通带随入射角度增加而逐渐展宽。可见，MEFSS 的工作带宽频域响应随入射电磁波角度的变化趋势与传统的结构正好相反，但对 TE 波斜入射的情况更为稳定。同时要说明的是，在大角度入射的情况下，MEFFS 对两种入射电磁波在谐振频点处依然能保持很高的传输效率。

总体来看，所设计的三层异面互耦 MEFFS 结构具有较好的滤波特性，同时由于此种小型化 FSS 结构是通过异面之间的强烈电磁耦合效应产生谐振现象的，FSS 单元电尺寸被显著减小到 $\lambda_0/16$，因此对大范围角度斜入射电磁波依然能保持比较稳定的频域响应。不足之处在于，MEFFS 结构的工作带宽不是特别宽，由前面对结构本身特性的分析可知，这是不可避免的。受到小型化和宽带设计的启发，在接下来的章节中，将尝试把宽带结构和小型化技术相结合进而设计实现高透波 FSS 结构。

8.3.2　结构参数对 MEFSS 滤波性能的影响

下面对所设计的 MEFSS 的各参数进一步探究。同样，由于 MEFSS 对入射电磁波的极化不敏感，因此这里仅以 TE 波正入射为条件进行仿真计算。

1. 耦合金属贴片大小对 MEFSS 透波性能的影响

首先讨论 MEFSS 中耦合金属贴片尺寸对透波特性的影响。保持 MEFSS 中其他参数不变，设置三层金属贴片有效耦合长度 a 在 0.5～0.8 mm 范围内变化，变化梯度为 0.1 mm。仿真计算得到各耦合金属贴片下 MEFSS 的频域响应曲线，如图 8.18 所示。

由图 8.18 可知，当耦合金属贴片尺寸逐步增加时，MEFSS 的谐振频点逐渐向低频偏移，通带带宽也随之变窄。对于此现象的解释同宽带耦合型 FSS 结构，即当耦合金属贴片面积增加时，不仅加大了同面耦合电容，同时也增加了异面的耦合电容，等效电容值 C_1、C_2 和 C_3 均显著增加，结合式(8.3)、式(8.4)可知，对应的谐振频率 f_0 和相对带宽 $\Delta f/f_0$ 降低。所不同的是，MEFSS 的等效电路中异面互耦产生的电容值 C_3 在总的电容值中占较大比重，所以耦合金属贴片大小对结构传输性能的影响要比宽带 FSS 明显。

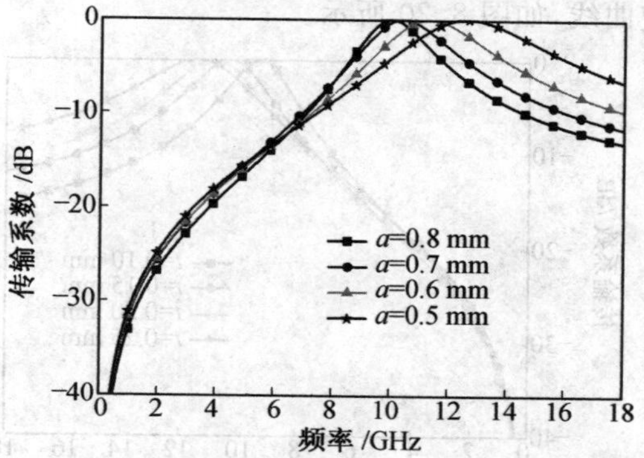

图 8.18　各耦合贴片有效耦合长度下 MEFSS 的频域响应曲线

2. 金属栅格对 MEFSS 透波性能的影响

接下来研究 MEFSS 中金属栅格的宽度对透波性能的影响。保持 MEFSS 其他参数不变，设置金属栅格宽度 w 在 0.1～0.4 mm 范围内变化，变化梯度设为 0.1 mm，通过全波分析法计算得到图 8.19 所示的频域响应曲线。

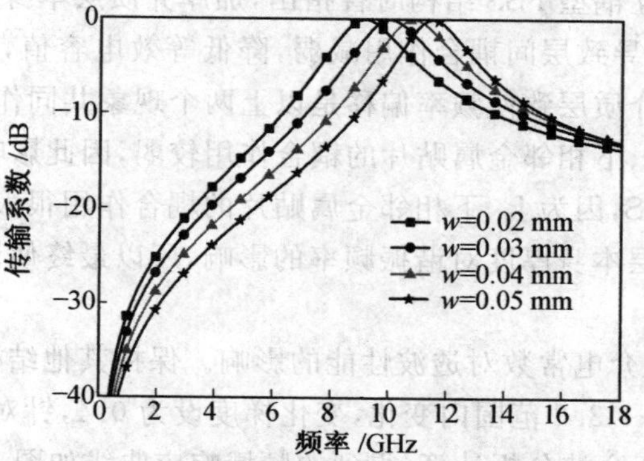

图 8.19　不同金属栅格宽度时 MEFSS 的频域响应曲线

由图 8.19 可知，金属栅格宽度对 MEFSS 的影响主要是对工作频带起到偏移作用，而对工作带宽的影响较小。随着金属栅格宽度增加，频域响应曲线逐渐向高频段偏移，通带带宽略有降低，但程度较小，可看作工作带宽基本保持不变。这主要是因为，金属栅格在等效电路中等效为电感，随着宽度增加对应的电感值 L 降低，由工作带宽和谐振频率公式可知，L 值降低则对应谐振频率 f_0 升高，相对带宽 $\Delta f/f_0$ 降低。

由此可知，通过调整 MEFSS 的金属栅格宽度可实现频率调控的特性，同时其他参数基本不受影响，是一个比较好的参数特性。

3. 介质层参数对宽带 MEFSS 透波性能的影响

最后研究 FSS 结构所加载的介质层参数对 MEFSS 透波性能的影响。下面分别对介质层厚度和介电常数这两个参数进行探讨。

首先，研究介质层厚度这一参数。保持 MEFSS 其他结构参数不变，设置介质层厚度 t 在 0.1 ～ 0.2 mm 范围内变化，变化梯度设为 0.05 mm，仿真计算得到不同介质层厚度下 MEFSS 的频域响应曲线，如图 8.20 所示。

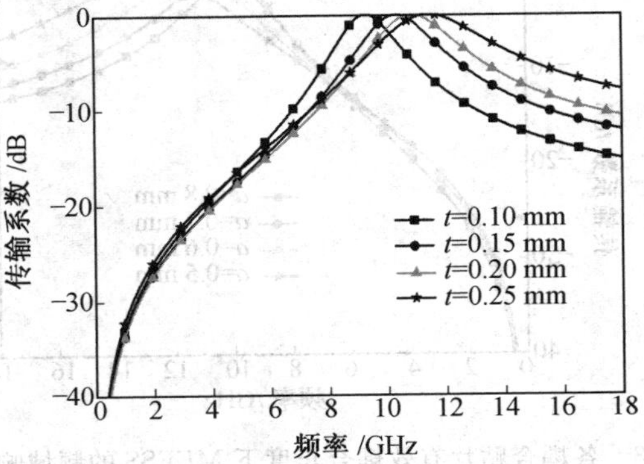

图 8.20　不同介质层厚度下 MEFSS 的频域响应曲线

由图 8.20 可知，随着介质层厚度增加，MEFSS 频域响应曲线的中心频率向高频段偏移，通带带宽展宽。对比宽带 FSS 的情况，介质层厚度对传输特性的影响效果正好相反。下面就这一现象进行物理解释。

之前在研究宽带互耦型 FSS 结构时曾指出，加厚介质层本身可以降低 FSS 的谐振频率，而介质层变厚也将导致层间耦合作用减弱，降低等效电容值，使谐振频率下降并展宽工作带宽。所以加厚介质层致使频率偏移是以上两个现象共同作用的结果。对于宽带互耦型 FSS，由于结构上、下相邻金属贴片的耦合作用较弱，因此影响较小，最终频率会向低频偏移，而对于 MEFSS，因为上、下相邻金属贴片的耦合作用很大，占主要的等效电容值，耦合作用超过了介质层本身厚度对谐振频率的影响，所以最终使谐振频率向高频段偏移，同时展宽工作带宽。

其次，探讨介质层介电常数对透波性能的影响。保持其他结构参数不变，设置介质层的介电常数 ε_r 在 2.0 ～ 3.2 范围内变化，变化梯度设为 0.4，针对不同介质层介电常数的情况下对 MEFSS 进行全波分析计算，得到的频域响应曲线如图 8.21 所示。

由图 8.21 可知，介质层介电常数对 MEFSS 透波特性的影响同普通 FSS 结构一样，都是随着介电常数增加，谐振频率向低频段偏移，同时工作带宽变窄。这主要是由于入射电磁波在介质中工作波长明显缩短，而单元本身的谐振波长不变，因此整体谐振频率降

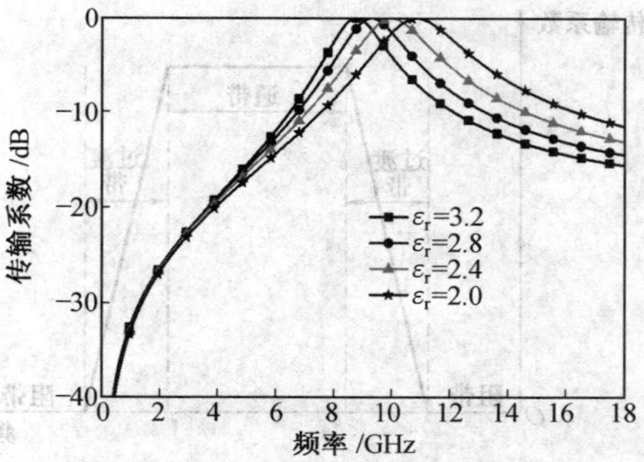

图 8.21　不同介质层介电常数情况下 MEFSS 的频域响应曲线

低。可见，通过加载不同介电常数的介质板可以实现对 MEFSS 的谐振频点进行调控，但是需要注意的是工作带宽也会随之改变。

至此，本节完成了三层异面互耦小型化频率选择表面的设计和分析工作，并且对该结构的一些特性进行了深入研究和探讨。仿真计算结果表明，所设计的 MEFSS 小型化显著，具有良好的滤波特性，且在不同极化方式下大角度范围的入射电磁波均能保持比较好的稳定性。

8.4　X 波段高透波频率选择表面设计

要实现高透波 FSS 设计，则 FSS 单元结构本身必须具有宽通带滤波特性，同时为了保持结构的入射角稳定性并改善通带传输性能，FSS 单元还应具有小型化的特征。结合上一章的研究内容，所设计的互耦型宽带 FSS 具有超宽的通带，但是其带外抑制程度不是特别理想，且结构的电尺寸较大，入射电磁波的入射角只能在 0°～45°范围内保持相对稳定的状态，超过 45°后通带传输特性则会变差；而对于三层异面互耦 MEFSS，虽然其对大角度入射电磁波可保持稳定的频域响应，但是其通带比较窄。所以接下来，针对上述情况，对三层异面互耦 MEFSS 进一步研究，结合相应的技术手段实现 X 波段高透波频率选择表面设计。

8.4.1　多层级联结构实现 FSS 矩形化滤波特性

一个性能优异的频率选择表面，不仅要有较宽且平坦的传输通带以保障带内信号正常通信，同时也要具有较好的带外抑制度以有效滤除带外的干扰杂波，即要求 FSS 具有高透波特性。理想高透波频率选择表面的频域响应曲线如图 8.22 所示。由图可知，高透波 FSS 的通带平坦，带外截止程度高，即具有“矩形化”的滤波特性。要实现这种频域响应，如图 8.23 所示，可参考光学领域中将多层滤波片进行级联以获得高 Q 值滤波特性的手段，将 FSS 结构进行多级级联。本章研究设计的三层异面互耦 MEFSS，本身就是由三层平面金属屏级联而成的，所以可以考虑将其进行多层级联设计后再对结构参数进行优化调整，在保持 FSS 通带平坦的同时增加带外截止度，从而实现高透波。

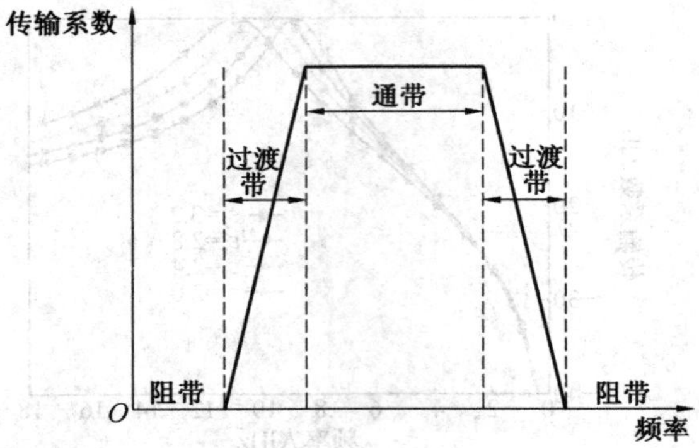

图 8.22　理想高透波 FSS 的频域响应曲线

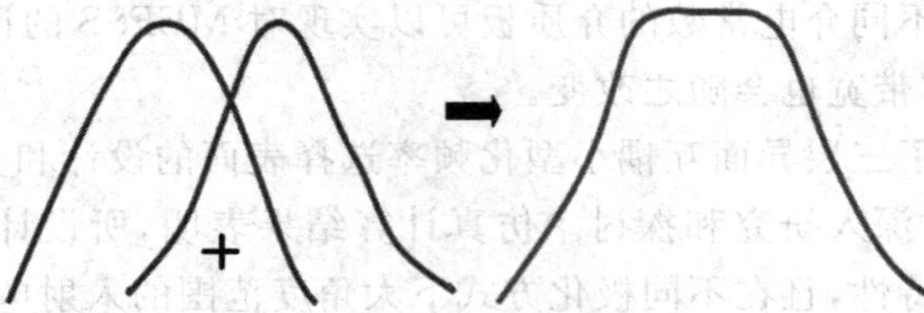

图 8.23　光学领域中多腔滤光片级联实现“矩形化”滤波特性

B. A. Munk 研究指出，简单双层 FSS 结构的传输系数 $T.C$ 可表示为

$$T.C=\frac{1}{\sqrt{1+\rho_2^2}} \tag{8.6}$$

$$\rho_2=\frac{Y_{0\mathrm{re}}}{2|Y_{1,2}|}\left[\left(\frac{y}{Y_{0\mathrm{re}}}\right)^2-\left(\frac{|Y_{1,2}|}{Y_{0\mathrm{re}}}\right)^2+1\right] \tag{8.7}$$

式中　$Y_{1,2}$ ——两层 FSS 结构 1、2 之间的互导纳；

$Y_{0\mathrm{re}}$ ——两层 FSS 自导纳实部。

在双层 FSS 结构中，由于上、下层完全对称，$Y_{0\mathrm{re}}$ 与 $Y_{1,2}$ 的值基本不受频率变化影响。在式(8.6)、式(8.7)中对 y 一阶微分，传输系数有极值时，满足 $2\rho_2(\mathrm{d}\rho_2/\mathrm{d}y)=0$。式中，若 $\rho_2=0$，则 $T.C$ 为 1，若 $\mathrm{d}\rho_2/\mathrm{d}y=0$，则 $T.C$ 对应为最小值。

当 $T.C=1$ 时，式(8.7)相应变为

$$y=Y_{0\mathrm{re}}\sqrt{\left(\frac{|Y_{1,2}|}{Y_{0\mathrm{re}}}\right)^2-1} \tag{8.8}$$

$$T.C_0=\frac{2}{\frac{|Y_{1,2}|}{Y_{0\mathrm{re}}}+\frac{Y_{0\mathrm{re}}}{|Y_{1,2}|}} \tag{8.9}$$

图 8.24 给出了几种归一化耦合系数 $|Y_{1,2}|/Y_{0\mathrm{re}}$ 下关于 $y/Y_{0\mathrm{re}}$ 的典型频域响应曲线。由图 8.24 可见，对于双层 FSS，可将其频域响应曲线分为三种基本类型：

(1) 切比雪夫(Chebyshev)型频域响应曲线($|Y_{1,2}|>Y_{0\mathrm{re}}$)。

此时 FSS 导纳为复数，这将直接导致频域响应曲线的通带出现凹陷，同时带外截止度较差，如图 8.24 中曲线 a 所示。此时称双屏 FSS 处于过临界耦合状态。

（2）巴特沃茨（Butterworth）型频域响应曲线（$|Y_{1,2}|=Y_{0re}$）。

此时 FSS 导纳是实数，即虚部为 0。频域响应曲线通带平坦没有凹陷，且带外截止特性最好，如图 8.24 中曲线 b 所示，此时称双屏 FSS 处于临界耦合状态。

（3）一般形式的 FSS 频域响应曲线（$|Y_{1,2}|<Y_{0re}$）。

此时频域响应曲线不具备宽带和平顶特性，如图 8.3 中曲线 c 所示。

三种频域响应曲线相比较而言，一般形式的频域响应曲线没有宽传输通带；Chebyshev 型频域响应曲线拥有工作带宽优势，但是通带内插损较大，带外抑制不佳；Butterworth 型频域响应曲线不仅有较宽的工作带宽，带内也很平坦且带外截止度较好。所以，Butterworth 型频域响应曲线是比较理想的。

以上是对于双屏 FSS 耦合作用的讨论，对于多屏 FSS 结构也是同样道理。在设计多层 FSS 级联结构时，通过适当调整级联介质层厚度进而调整 FSS 层间耦合作用，将 $|Y_{m,n}|/Y_{0re}$ 值控制在 1 左右，即可实现宽通带平顶和高带外抑制特性。

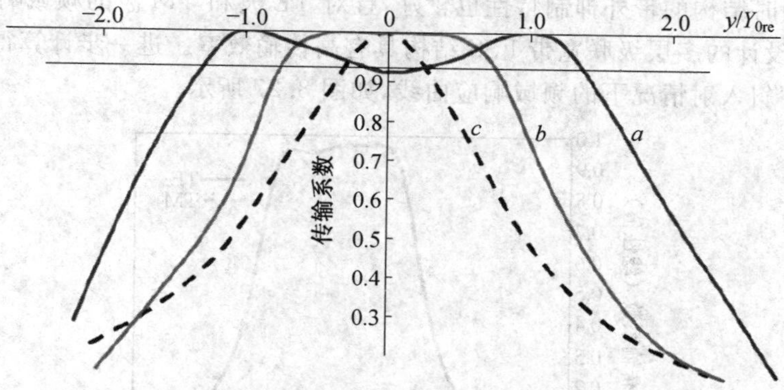

图 8.24　几种归一化耦合系数 $|Y_{1,2}|<Y_{0re}$ 下关于 y/Y_{0re} 的典型频域响应曲线

8.4.2　X 波段高透波 FSS 单元结构设计

由上面分析可知，通过将 FSS 结构进行多层级联并适当调整级联介质层厚度以改变层间耦合系数，最终可获得 Butterworth 型的频域响应曲线，从而实现高透波特性。故在上节 MEFSS 的基础上进一步级联，然后对耦合介质层厚度以及金属贴片大小、金属栅格的宽度等参数进行调节，优化设计出多层级联宽带 FSS 结构，结构示意图如图 8.25 所示。整个结构由五层金属层、四层介质层级联而成，金属贴片层的四个方形贴片边长均为 $a=1.70$ mm，两层金属栅格宽度均为 $w=0.084$ mm，结构两端介质层厚度 $t_1=t_4=1.46$ mm，里面两层介质层厚度 $t_2=t_3=1.76$ mm，介质的介电常数均为 $\varepsilon_r=3.2$，损耗角正切 $\tan\sigma=0.01$，整个级联结构大小 4.02 mm×4.02 mm×6.44 mm，尺寸相当于工作波长的八分之一，结构具有小型化特征。

对所设计的多层级联宽带 FSS 结构进行全波仿真，得到结构在平面波垂直入射时的频域响应曲线，如图 8.26 所示。由图可知，多层级联宽带 FSS 结构在 X 波段形成了 Butterworth 型的传输通带，−1 dB 工作带宽范围为 7～12.1 GHz，−3 dB 工作带宽范围为 6.51～12.66 GHz，传输通带比较平坦，在 10.7 GHz 处通带插损达到最高，仅为

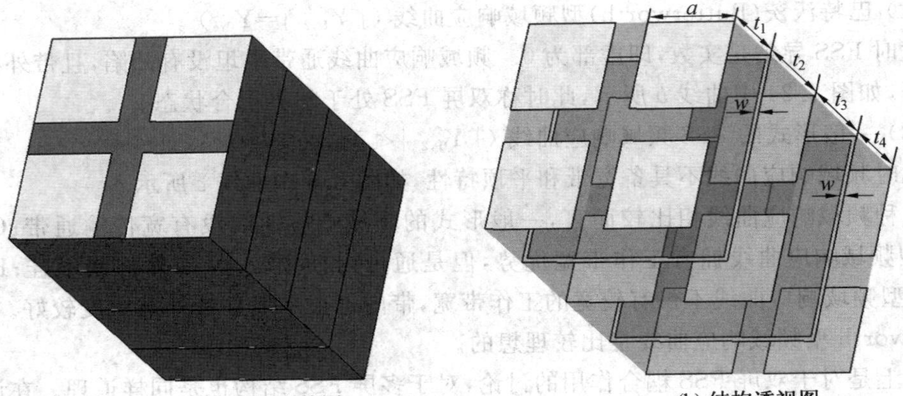

(a) 空间立体图　　　　(b) 结构透视图

图 8.25　多层级联宽带 FSS 结构示意图

−0.52 dB，同时结构的带外抑制特性也较好，且对 TE 波和 TM 波的频域响应完全一致。可以看出，所设计的多层级联宽带 FSS 结构具有高传输效率。进一步计算得到该 FSS 结构在不同角度斜入射情况下的频域响应曲线，如图 8.27 所示。

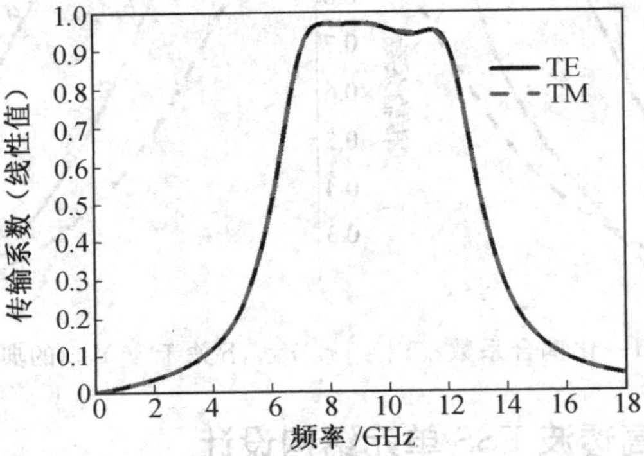

图 8.26　多层级联宽带 FSS 结构在平面波垂直入射时的频域响应曲线

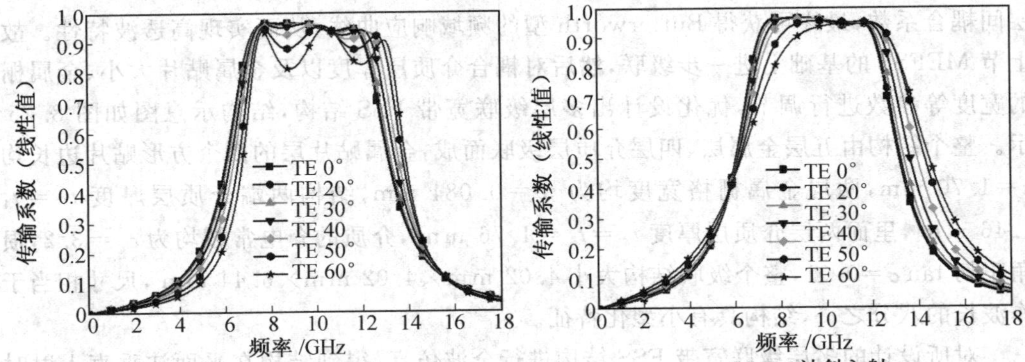

(a) TE 波斜入射　　　　(b) TM 波斜入射

图 8.27　多层级联宽带 FSS 结构在不同角度斜入射情况下的频域响应曲线

由以上仿真结果可知，大角度斜入射下，多层级联宽带 FSS 结构对 TE 波和 TM 波的频域响应略有差异。对于 TE 波斜入射，随着入射角度增加，结构从临界耦合状态逐渐转向过耦合状态，传输通带略向高频段漂移，工作带宽基本保持不变，同时带内插损增加，带内纹波加剧，当入射角度增加到 60°时，通带内的插损达到最大值 −1.8 dB；对于 TM 波斜入射，随着入射角度增加，同样传输通带略向高频段偏移，工作带宽基本不变，但是对于 TM 波斜入射，传输通带始终保持平坦特性，带内插损没有增加。总体来看，多层级联宽带 FSS 结构在两种入射情况下均保持较好的带外抑制特性，且 TM 波斜入射时相对而言具有更好的透波性能。

综合以上，多层级联宽带 FSS 结构保持了原来耦合结构的宽带和平顶特性，通过多层级联的方式增加了带外抑制能力，同时提升了对斜入射电磁波的稳定性，主要原因是多层级联的方式增加了原来的异面电磁耦合，大幅提升了电路中的等效电容值，从而使谐振频率下降，实现小型化，进而增加了对电磁波斜入射下的工作稳定性。总体上所设计的多层级联宽带 FSS 结构在 X 波段具有高透波性能，也可称为 X 波段高透波 FSS 结构。

8.5　基于雷达罩壁结构的小型化高透波频率选择表面设计

上一节中已经设计得到了一种 X 波段具有高透波性能的多层级联宽带 FSS 结构，具有较好的通带传输和带外抑制特性，但同时也存在一些缺陷，如 TE 波大角度斜入射时使得 FSS 结构层间转向过耦合状态，通带内出现波纹，一定程度上会影响通带传输效率。本节将在之前研究基础上结合常规的雷达罩壁结构，对 FSS 单元加以小型化设计，最终得到一种在 X 波段具有高稳定性和高透波性能的频率选择表面结构。

8.5.1　FSS 雷达罩概述

雷达罩是一种“电磁窗口”，不仅能为雷达天线提供稳固的物理支撑，有效保护天线系统，还可以起到滤除杂波干扰，从而起到保证天线稳定工作的效果，可以说在大型电子设备系统中，雷达罩一直扮演着不可或缺的重要角色。将 FSS 和雷达罩结构相结合，即把 FSS 结构加载到常规雷达罩壁结构中去，形成的 FSS 雷达罩（或称混合雷达罩）不仅可以降低雷达系统的质量，还可以最大程度上发挥 FSS 的滤波性能，增强雷达罩的工作效率和稳定性。

常规雷达罩按照介质层的壁结构可分为半波壁、A 型、B 型、C 型以及混合型夹层结构等，各结构的横截面示意图如图 8.28 所示，图中的阴影部分表示蒙皮材料，白色部分则表示芯层材料。下面对这些雷达罩壁结构及相应特性进行简要介绍。

半波壁结构的壁厚度为介质内工作波长的一半，其在大入射角和不同极化模式下均能达到比较低的反射，且结构强度高，有一定的环境适应能力，主要缺点是频带较窄且质量大，现在较少使用。

A 型夹层结构由三层材料级联构成，两端为高硬度、高介电常数的复合蒙皮材料（一般为树脂或玻璃纤维等），中间为低强度、低介电常数的芯层材料（一般为复合泡沫或蜂窝材料）。A 型夹层结构质量相对较小，且在中、低入射角下能保持较好的传输特性，而在高入射角度情况下极化模式差异明显，整体滤波性能明显下降，应用受限。

B 型夹层结构也由单层材料级联而成，同 A 型夹层结构相反，两端为低介电常数的蒙皮材料，中间为高介电常数的芯层。相较于 A 型夹层结构，B 型夹层结构质量大，频带宽，可用于做成 X/Ka 双波段的雷达罩。

C 型夹层结构在两端和中间共有三层蒙皮材料，蒙皮之间由低介电常数、低质量的芯层级联而成。C 型夹层结构也可看作由 A 型夹层结构背对背级联构成，但 C 型夹层结构的强度质量比要优于 A 型夹层结构。相较而言，C 型夹层结构有更宽的工作通带且在高入射角可时保持稳定的透波性能。在制作一些流线型雷达罩时往往将该结构作为优先考虑。据悉苏－27 战机上的机载雷达罩采用的就是 C 型夹层结构。

混合雷达罩就是在以上基本夹层基础上进行多层混合级联形成的七层、九层甚至更多层的复杂罩壁结构。通过适当的优化设计，混合雷达罩通常具有高强度和宽频带特性，并且能够很好地适用于大角度入射范围。

综上，因为各种不同的罩壁结构具有不同特性，在选择罩壁结构时应该充分考虑雷达罩的外形及入射角范围、工作带宽、雷达系统的质量限制以及性能稳定性等相关要求，酌情选择相应的罩壁结构。

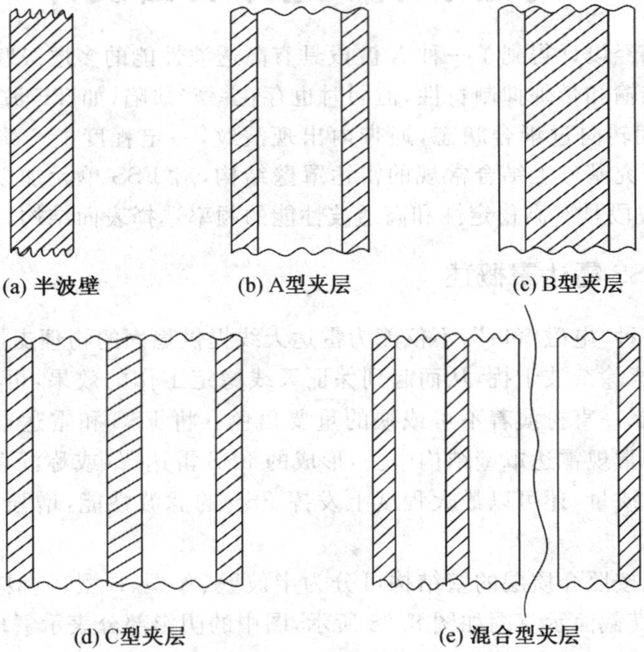

图 8.28　雷达罩壁各结构的横截面示意图

8.5.2　基于 C 型夹层雷达罩壁结构的 X 波段小型化高透波 FSS 设计

考虑到 C 型夹层雷达罩壁结构具有宽频和高稳定性的优势，且 C 型夹层结构的强度质量比较高，可较好地适用于各种 FSS 雷达罩。结合之前研究的宽带 FSS 结构，将其加载到 C 型夹层雷达罩中，得到基于 C 型夹层雷达罩壁结构的 FSS 单元结构，如图 8.29 所示。图中结构的三层蒙皮材料均为介电常数 3.2、介电损耗 0.01 的玻璃钢，芯层则为介电常数 1.1、介电损耗 0.005 的蜂窝材料。

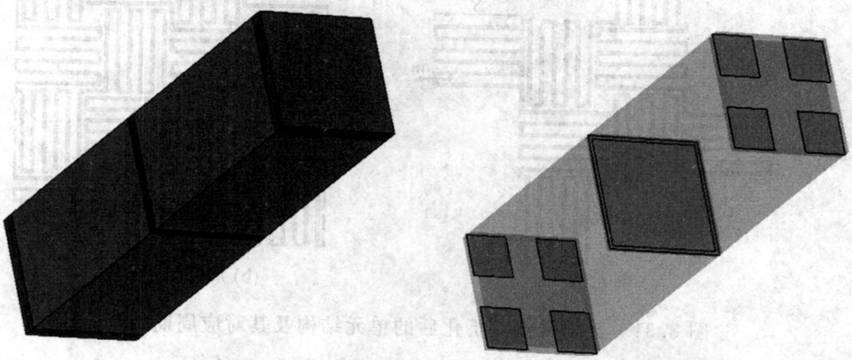

(a) 空间立体图　　(b) 结构透视图

图 8.29　基于 C 型夹层雷达罩壁结构的 FSS 单元结构

为了使 C 型夹层 FSS 结构具有宽频带的同时保持高稳定的透波性能，接下来对其进行小型化设计。通过之前的研究可知，结构的中间金属栅格部分在等效电路中等效为电感 L，根据并联 LC 谐振频率公式可知，要实现结构的小型化，也就是降低谐振频率，可通过增加电感值 L 的手段实现，具体可表现为减小金属栅格宽度或者增加金属栅格谐振长度，由于金属栅格宽度已经足够窄，因此只能采用增加金属栅格长度的方法。现对 FSS 结构中间金属栅格进行曲折化设计，如图 8.30 所示。图 8.31 为曲折化后的单元结构及其对应的周期延拓结构示意图，图中 w 表示折叠金属线宽，S 表示金属线的折叠深度。经计算，曲折化后得到的折叠型金属线的单元长度为原来矩形金属栅格单元长度的 7.3 倍。可见，通过这种将金属线内外折叠的形式，最大程度上加长了中间金属栅格单元的电长度，增加了等效电感，从而达到小型化的设计目的。

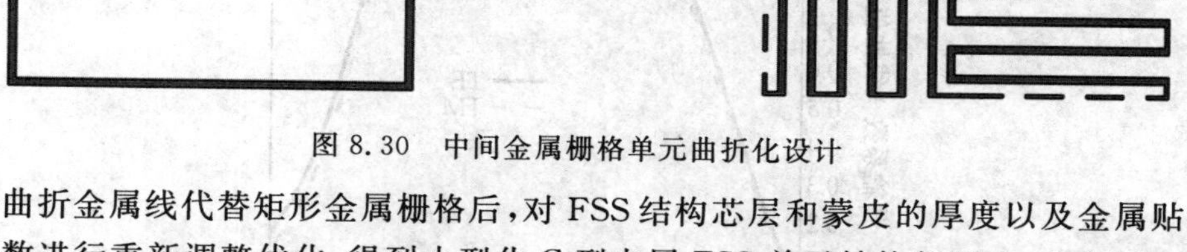

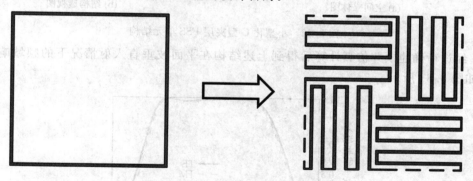

图 8.30　中间金属栅格单元曲折化设计

将曲折金属线代替矩形金属栅格后，对 FSS 结构芯层和蒙皮的厚度以及金属贴片大小等参数进行重新调整优化，得到小型化 C 型夹层 FSS 单元结构如图 8.32 所示。该结构中蒙皮材料为介电常数 3.2、介电损耗 0.01 的玻璃钢，上下两层厚度 $d_1=d_3=0.24$ mm，中间层厚度 $d_2=0.16$ mm，级联芯层为介电常数 1.1、介电损耗 0.005 的蜂窝材料，两层厚度均为 $t_1=t_2=4$ mm，嵌在结构两端蒙皮中的每个矩形金属贴片单元边长

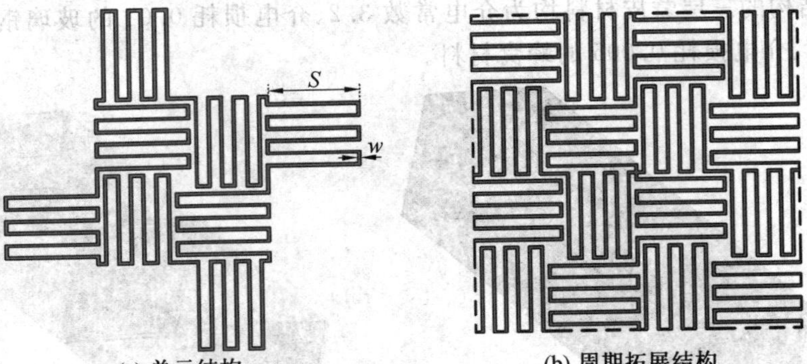

(a) 单元结构　　(b) 周期拓展结构

图 8.31　金属栅格曲折化后的单元结构及其对应周期结构

为 $a=0.78$ mm，嵌在中间蒙皮中的折叠金属线宽度为 $w=0.04$ mm，内折深度 $S=1.16$ mm。整个 FSS 单元结构尺寸 2.16 mm×2.16 mm×8.64 mm，相当于工作波长的十四分之一，可见小型化效果显著。

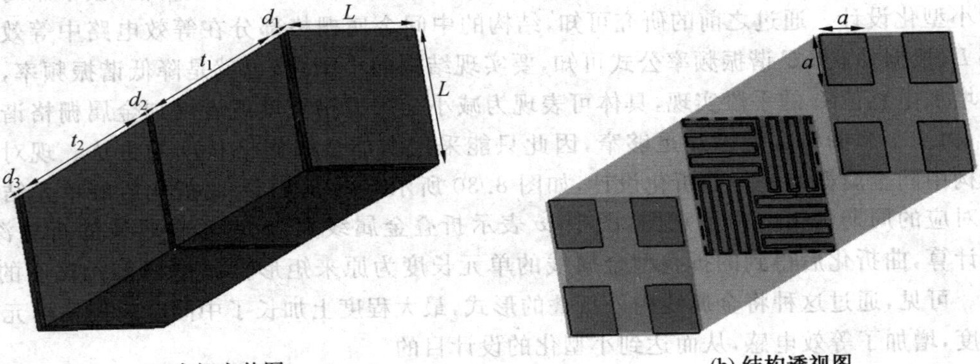

(a) 空间立体图　　(b) 结构透视图

图 8.32　小型化 C 型夹层 FSS 单元结构

经过精确建模并仿真计算后得到上述结构在平面波垂直入射情况下的频域响应曲线，如图 8.33 所示。

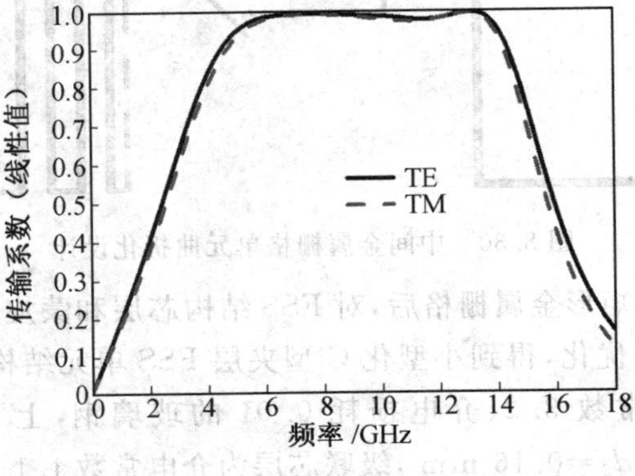

图 8.33　小型化 C 型夹层 FSS 在平面波垂直入射时的频域响应曲线

由图 8.33 可知，小型化 C 型夹层 FSS 结构具有很宽的传输通带，覆盖了 X 波段，且通带平坦，带内保持较高传输系数。

进一步，为了增加带外抑制度，提升矩形系数，增强结构对入射电磁波的稳定性，借鉴之前的研究，可在上面结构基础上增加一层折叠金属线蒙皮层，然后对结构各参数继续优化，调整各层之间的耦合状态，最后得到改进的小型化高透波 FSS 单元结构，如图 8.34 所示。结构由四层蒙皮材料和三层芯层材料级联而成，蒙皮材料介电常数为 3.2，介电损耗为 0.01，上下两层蒙皮厚度 $d_1=d_4=0.38$ mm，中间两层蒙皮厚度 $d_2=d_3=1.62$ mm，三层芯层厚度均为 $t_1=t_2=t_3=2.49$ mm 。FFS 结构矩形金属贴片边长 $a=0.32$ mm，金属线宽 $w=0.06$ mm，内折深度 $S=0.88$ mm。整个结构单元尺寸为 1.67 mm×1.67 mm×11.46 mm，相当于工作波长的十八分之一，可见折叠金属线蒙皮层的加入又进一步增强了结构的小型化程度。

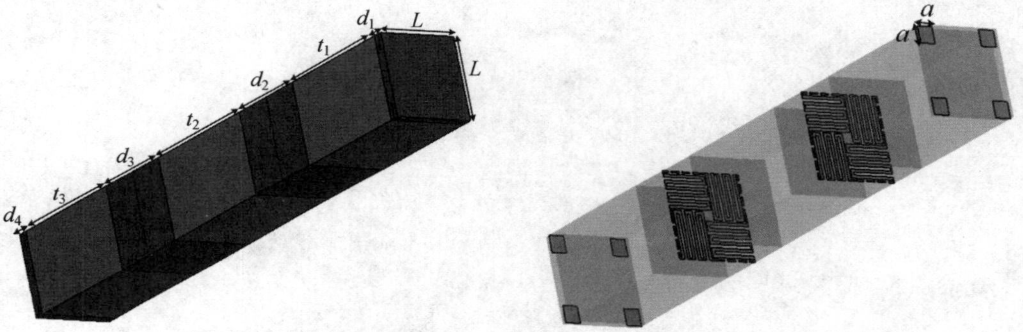

(a) 空间立体图　　(b) 结构透视图

图 8.34　改进的小型化高透波 FSS 单元结构

对以上结构仿真计算得到改进的小型化高透波 FSS 结构在入射电磁波以不同角度斜入射情况下的频域响应曲线，如图 8.35 所示。

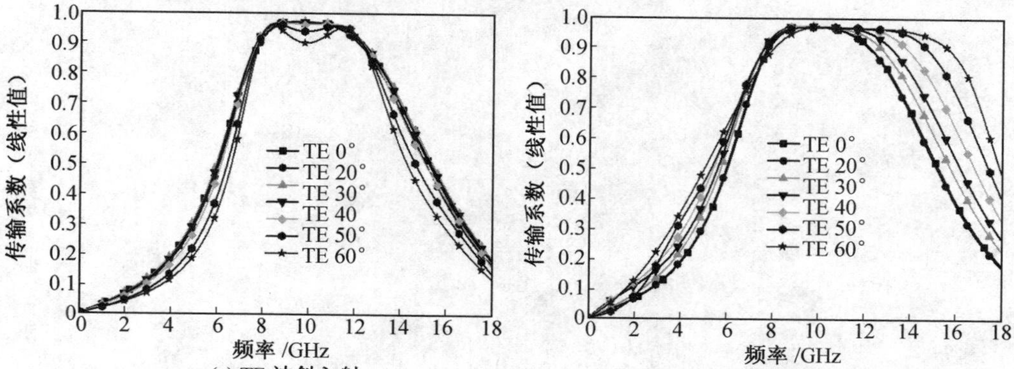

(a) TE 波斜入射　　(b) TM 波斜入射

图 8.35　改进的小型化高透波 FSS 结构在入射电磁波以不同角度斜入射情况下的频域响应曲线

由图 8.35 可知，对于 TE 波斜入射，改进的小型化高透波 FSS 结构保持了很好的斜入射稳定性，当入射电磁波入射角在 0°～60°逐渐增加时，频域响应曲线频带没有产生偏移，工作带宽也没有发生变化，只是通带内的插损略微增加，当60°斜入射时，传输系数达到波谷值0.91，保持在0.9以上；对于TM波斜入射，当斜入射角度增加时，仍保持通带平顶和带外抑制特性，同时频域响应曲线通带向高频方向展宽，但通带范围仍覆盖X波段。可见在大角度斜入射情况下，该结构对TE波的频域响应稳定性更好。

总体来看，FSS结构小型化效果显著，在X波段对大角度范围内斜入射的TE波和TM波均保持宽且平坦的传输通带，同时保持较好的带外抑制特性，具有高透波性能。

参考文献

[1] MUNK B A. Frequency selective surfaces: theory and design [M]. Hoboken: A Wiley-Interscience Publication John Wiley & Sons, Inc., 2000.

[2] PUENTE-BALIARDA C, ROMEU J, POUS R, et al. On the behavior of the Sierpinski multiband fractal antenna [J]. IEEE Transactions on Antennas and Propagation, 1996, 46(4):517-524.

[3] LANGLEY R J, PARKER E A. Equivalent circuit model for arrays of square loops [J]. Electronics Letters, 1982, 18(7):294-296.

[4] LANGLEY R J, PARKER E A. Double-square frequency-selective surfaces and their equivalent circuit [J]. Electronics Letters, 1983, 19(17):675-677.

[5] ERDEMLI Y E, SERTEL K, GILBERT R A, et al. Frequency-selective surfaces to enhance performance of broad-band reconfigurable arrays [J]. IEEE Transactions on Antennas and Propagation, 2002, 50(12):1716-1724.

[6] GOODMAN D J. Trends in cellular and cordless communications [J]. IEEE Communications Magazine, 1991, 29(6):31-40.

[7] WINTERS J H. Optimum Combining for Indoor Radio Systems with Multiple Users [J]. IEEE Transactions on Communications, 1987, 35(11):1222-1230.

[8] WINTERS J H, SALZ J, GITLIN R D. The impact of antenna diversity on the capacity of wireless communication systems [J]. IEEE Transactions on Communications, 1994, 42(11):1740-1751.

[9] COSTA F, MONORCHIO A, TALARICO S, et al. An Active High-Impedance Surface for Low-Profile Tunable and Steerable Antennas [J]. IEEE Antennas and Wireless Propagation Letters, 2008(7):676-680.

[10] CHENG J, HASHIGUCHI M, IIGUSA K, et al. Electronically steerable parasitic array radiator antenna for omni—and sector pattern forming applications to wireless ad hoc networks[J]. IEE Proceedings-Microwaves, Antennas and Propagation, 2003, 150(4):203-208.

[11] LAI M I, WU T Y, HSIEH J C, et al. Design of reconfigurable antennas based on an L-shaped slot and PIN diodes for compact wireless devices [J]. IET Microwaves, Antennas & Propagation, 2009, 3(1):47-54.

[12] HARRINGTON R. Reactively controlled directive arrays [J]. IEEE Transactions on Antennas and Propagation, 1978, 26(3):390-395.

[13] SCHLUB R, LU T W, OHIRA T. Seven-element ground skirt monopole ESPAR antenna design from a genetic algorithm and the finite element method [J]. IEEE Transactions on Antennas and Propagation, 2003, 51(11):3033-3039.

[14] HUANG A M, WAN Q, CHEN X X, et al. Enhanced Reactance-Domain ESPRIT Method for ESPAR Antenna[C]//TENCON 2006. 2006 IEEE Region 10 Conference, Hong Kong,Nov, 14-17, 2006:1-3.

[15] TSAO C H, MITTRA R. Spectral-domain analysis of frequency selective surfaces comprised of periodic arrays of cross dipoles and Jerusalem crosses [J]. IEEE Transactions on Antennas and Propagation, 1984, 32(5):478-486.

[16] 李成凯. 频率选择表面的宽带及多频技术研究[D]. 西安:西安电子科技大学, 2014.

[17] 陈士县. 多频和宽带频率选择表面设计与分析[D]. 合肥:安徽大学, 2017.

[18] 梁冰苑, 薛正辉, 刘惠翔, 等. 超宽带频率选择表面设计[C]// 全国微波毫米波会议, 2013.

[19] 郑书峰. 频率选择表面的小型化设计与优化技术研究[D]. 西安:西安电子科技大学, 2012.

[20] 王秀芝. 小型化频率选择表面研究[D]. 长春:中国科学院研究生院(长春光学精密机械与物理研究所), 2014.

[21] 施永荣. 新型人工周期结构的特性研究及应用[D]. 南京:南京理工大学, 2015.

[22] 王良翼. 有源可重构频率选择表面分析与设计[D]. 成都:电子科技大学, 2013.

[23] 马爽. 电可控频率选择表面的研究及其应用[D]. 哈尔滨:哈尔滨工业大学, 2014.

[24] 李世鹤. 智能天线的原理和实现[J]. 电信建设,2001(04):12-19.

[25] HADER B, KAMAL S. A miniaturized band-pass frequency selective surface [C]//5th Global Symposium on Millimeter Waves, Harbin: GSMM,2012.

[26] KAMAL S, NADER B. A Frequency Selective Surface With Miniaturized Elements[J]. IEEE Transactions on Antennas and Propagation, 2007, 55(5): 1239-1245.

[27] LOCKYER D S, VARDAXOGLOU J C, SIMPKIN R. Complementary frequency selective surfaces[C]//IEE Proceedings-Microwaves Antennas and Propagation, December, 2000, 147(6): 501-507.

[28] OHIRA M, DEGUCHI H, TSUJI M, et al. Novel waveguide filters with multiple attenuation poles using dual-behavior resonance of frequency-selective surfaces[J]. IEEE Transactions on Microwave Theory and Techniques, 2005,53(11): 3320-3326.

[29] PELLETTI C, MITTRA R, BIANCONI G. Three-dimensional FSS elements with wide frequency and angular response[C]//International Symposium on Electromagnetic Theory, Hioshima,May 20-24, 2013: 698-700.

[30] PARKER E A, HAMDY S M A, LANGLEY R J. Arrays of concentric rings as frequency selective surfaces[J]. Electronics Letters, 1981, 17(23):880-881.

名词索引